"十三五"普通高等教育系列教材

电力企业信息化系列教材

数据仓库与数据挖掘原理工具及应用

（第二版）

潘 华 项同德 编著
郭菊娥 主审

中国电力出版社
CHINA ELECTRIC POWER PRESS

内 容 提 要

本书为“十三五”普通高等教育系列教材。

本书全面深入介绍了数据仓库、联机分析处理（OLAP）和数据挖掘的基本概念、工具及实际应用。全书分成三篇，数据仓库与数据挖掘原理篇的主要内容包括数据仓库的基本概念和结构、创建过程、联机分析处理、数据挖掘的基本概念和方法等；数据仓库与数据挖掘工具篇介绍几个现在市场上主流的数据仓库和数据挖掘工具，包括ETL工具Data Stage、商务智能工具Congos和数据挖掘工具SAS；数据仓库与数据挖掘应用篇以某电力公司为例介绍一个数据仓库应用系统的建设过程，包括系统需求分析、系统架构设计、数据模型设计、数据库规划、ETL开发等。

本书可作为计算机、信息管理与信息系统等相关专业的学生学习数据仓库、OLAP及数据挖掘技术的实用教程，也可供从事数据仓库、数据挖掘研究、设计、开发等工作的科研人员和工程人员参考。

图书在版编目（CIP）数据

数据仓库与数据挖掘原理、工具及应用/潘华，项同德编著. —2版. —北京：中国电力出版社，2015.12（2024.2重印）
“十三五”普通高等教育规划教材．电力企业信息化系列教材
ISBN 978-7-5123-8603-7

Ⅰ．①数… Ⅱ．①潘…②项… Ⅲ．①数据库系统－高等学校－教材②数据采集－高等学校－教材 Ⅳ．①TP311.13 ②TP274

中国版本图书馆CIP数据核字（2015）第301262号

中国电力出版社出版、发行
（北京市东城区北京站西街19号 100005 http://www.cepp.sgcc.com.cn）
北京天泽润科贸有限公司印刷
各地新华书店经售

*

2007年12月第一版
2015年12月第二版 2024年2月北京第四次印刷
787毫米×1092毫米 16开本 19印张 464千字
定价 **38.00** 元

序

电力是关系国计民生的重要基础行业，也是关系千家万户的公用事业。电力行业是技术密集和装备密集型产业，其独特的生产与经营方式决定了它对企业信息化的迫切需求。电力企业信息化是指信息技术在电力行业中的应用，是电力行业在信息技术的驱动下由传统行业向高度集约化、高度知识化、高度技术化行业转变的过程。

我国电力企业信息化建设起步较早。在20世纪60年代，我国电力行业已经将信息技术应用到生产过程自动化及发电厂、变电站的自动监测等方面。到了20世纪90年代以后，随着电力行业改革的逐步开展，信息化在电力企业生产和管理中的重要性越来越明显，信息化对电力企业的发展战略和实现电力企业的产业更新和技术升级的作用也越发凸显出来。经过多年发展，现代电力生产和经营管理都已具备高度网络化、系统化、自动化等特征，以网络、数据库及计算机自动控制技术为代表的信息处理技术已经渗透到电力生产、电网调度、电量管理、配电自动化、电力企业管理、电力营销等多个方面，且规模日益增长。

2007年至2008年间，上海电力学院有幸参与到中国电力教育协会组织制订的普通高等教育"十一五"规划教材的编写工作中。以当时"上海高等学校本科教育高地建设项目——电力经济与管理"相关成果为基础，上海电力学院经济与管理学院组织骨干教师编写出版了电力企业信息化系列教材。作为当时国内首部公开出版的电力企业信息化系列丛书，该套教材以电力工业发、输、配、供四大环节核心价值链为主线，构建了电力企业信息化整体框架模型，并在该模型的基础上围绕不同类型的企业、不同的信息化应用层次建立了若干个专题，以求全面把握电力企业信息化的建设体系和功能，为解决电力企业信息化遗留问题提供一些思路。自公开出版以来，该套教材得到了电力行业界和电力教育与培训界的广泛好评。

上海市教育委员会于2011年启动了"上海地方本科院校'十二五'内涵建设"项目(085工程)，上海电力学院参与其中。2015年，上海电力学院"一带一路"能源电力管理与发展战略研究中心被上海市教育委员会认定为上海高校人文社会科学重点研究基地(WKJD15004)。为了更好地对接国家能源战略，满足能源工业发展的新要求，结合国家教育发展规划纲要、上海市中长期教育改革和发展规划纲要与上海电力学院发展定位规划，适应学校内涵建设、学科发展和人才培养的需要，上海电力学院经济与管理学院经过多次认真地规划和论证，确立将"电力企业信息化"继续作为学院教学与科研的重点方向之一。

本次改版编写的电力企业信息化系列教材充分反映了上海电力学院经济与管理学院在相关学科领域的最新产学研成果。本系列教材计划编撰和出版七本，分别是《电力企业信息化（第二版）》《电力企业决策支持系统原理及应用（第二版）》《发电企业信息化（第二版）》《电网企业信息化原理及应用（第二版）》《数据仓库与数据挖掘原理、工具及应用（第二版）》《电力企业信息化实务》及《电子商务原理及应用（第三版）》。

本系列教材的作者长期从事电力企业信息化领域的教学和科研工作及产学研实践工作，积累了大量的企业应用案例，注重理论分析和典型应用案例相结合。既具有一定的理论深度又具有较强的可理解性和可操作性，也是本系列教材的鲜明特点。本次改版中，各教材内容与时俱进，相对于第一版有较大幅度的更新。增加了国内外电力企业信息化领域最新技术的相关理论与应用案例介绍，特别是结合全球能源互联网、智能电网与新能源发展、我国电力体制改革等新形势、新问题进行了详细阐述。作者们继续重视将电力行业各环节信息化与电力企业的整体信息化框架紧密承接，同时又能自成体系，既能够满足相关专业的本科教学及研究生阶段教学，又能作为行业培训教材使用，满足不同层次、不同需求的读者需要。

周光耀[1]

2015 年 10 月

---

[1] 上海市协同创新中心、上海高校知识服务平台——上海电力学院智能电网技术研究院名誉理事长，上海电力学院原党委书记。

前　言

20 世纪 90 年代以来，信息技术在我国电力系统的应用得到了前所未有的发展，各级电力企业纷纷建立各种各样的信息系统，如办公自动化（OA）、生产管理系统、设备管理系统、燃料管理系统、电力市场和营销系统、电力调度系统、送电和配电地理信息系统、呼叫中心（Call Center）等。然而，这些信息系统往往是根据某个企业，甚至是某个部门自身需求而设计的，信息的采集、加工和存储大多着眼于本企业或本部门的信息，忽视了相互之间信息沟通和共享的要求。这样建立起来的信息系统虽然覆盖了各方面的信息，但同时也形成了一个个信息孤岛，这就使得原本可以相互沟通和共享的信息被一道道"篱笆"分隔开来了。

21 世纪电力体制改革推开之后，电力企业解除管制的商业环境以及更加多变的电力市场使得信息和知识成为电力公司最有价值的资源，而上述情况使得电力企业信息化最终不能构造有效的知识管理系统，信息传递困难，难以提供企业级的决策分析支持。国家电网公司 SG186 工程的实施，虽然一定程度上解决了不少的问题，但是以往的很多问题还在局部广泛存在，主要表现为：

（1）异构性强，信息集成度差。电力企业各应用系统在数据建模、软硬件平台、应用系统平台和开发工具等方面都存在着显著的差异，从而导致彼此数据交换困难，使得各个应用系统在信息上成为相对孤立的"自动化孤岛"，不易与其他系统交换数据或在企业范围内实现集成。

（2）数据冗余和多信息源问题。由于建设时期的不同以及当时技术水平的限制，造成了过量的数据冗余和多信息源等问题，使得数据资源访问困难，难以进行有效的决策分析。

（3）缺乏企业级的决策支持系统。电力企业各应用系统信息共享困难，管理系统难以跨应用系统实施生产业务流程管理，不能构造有效的知识管理系统，难以提供管理层和决策层的综合分析和辅助决策支持。

数据仓库和数据挖掘技术就可以很好地解决以上问题。这种技术自 20 世纪 90 年代初开始在美国等国家流行，并在 90 年代中期传入我国，现在已经逐渐在我国推广应用，特别在金融、电信，制造、零售等企业，正在发挥着越来越重要的作用。相比而言，由于体制、观念、技术、人才等方面的原因，数据仓库与数据挖掘技术在电力行业的应用尚处于起步阶段。但是可以预测，随着电力体制改革和行业信息化的进一步深入，数据仓库和数据挖掘技术将会在这个行业有很大的应用。

本书编者这几年来一直从事数据仓库、数据挖掘方面的研究与开发，所参与设计和开发的项目涉及金融、保险、电力等多个领域。近年来在上海电力学院也开设了相关课程。本书是在此基础上编写而成的。与其他此类书籍相比较，本书有自己的一些特色：

（1）基于电力行业应用来介绍数据仓库和数据挖掘的原理。

（2）详细介绍数据仓库主流开发工具架构及其使用。

（3）详细介绍数据仓库在电力行业中的应用现状及相关实例。

全书共三篇，分别是数据仓库与数据挖掘原理篇、工具篇、应用篇。内容组织的思路为：基本概念→基本原理→开发工具→实际应用。

本书在内容介绍上力求深入浅出，通俗易懂。除理论联系实际外，还使用了大量的图示及实例，使得该书有较强的可读性和可理解性。因此，凡具有一定数据库基础知识的人，都能学懂本书的内容。

本书适合于企业信息化管理人员、技术人员以及软件开发人员阅读，也可作为在校大专、本科学生和研究生的教材。

本书的写作过程也是编者学习、研讨、提高的过程。在此过程中，笔者参考了大量网站和图书资料，特别参阅和引用了不少前辈和同行的工作成果，是他们的一些工作成果使得本书能够比较系统、全面地反映一些有关数据仓库和数据挖掘方面的最新研究成果。书中所引用部分作者的研究成果已经在参考文献中列出，在此表示衷心的感谢！在本书的出版过程中，得到了中国电力出版社和上海电力学院的大力支持和帮助，特别得到了上海市电力经济与管理本科教学高地的资助，在此一并向他们表示诚挚的感谢！

本书由潘华主编并同时担任统稿工作，由西安交通大学博士生导师郭菊娥教授担任主审，参加编写工作的还有项同德同志，其中潘华编写第一、三篇，项同德编写第二篇。

本书第二版增加了作者在发电信息化领域最新的一些成果，以及新的数据挖掘工具。

由于编者水平有限，书中难免有疏漏和不妥之处，恳请各方面专家、学者及广大读者批评指正。作者的电子邮箱：panhua@shiep. edu. cn。

编　者

2015 年 10 月

目　录

第一篇　数据仓库与数据挖掘原理篇

第一章　数 据 仓 库 概 述

第一节　数据仓库的产生

信息技术在企业生产各个环节的深入运用极大地改善了企业的业务流程，提高了企业的生产效率。企业的生产经营活动由从事企业生产过程的业务活动和进行企业经营决策的分析活动组成。与之对应的信息系统同样分成了两种类型：一种是面向业务操作层面的应用系统，专注于规范企业的业务流程；另一种是面向决策分析层面的应用系统，专注于提高企业的决策水平，指引企业的发展方向。我们分别把这两种系统称为联机事务处理（On-Line Transaction Process，OLTP）系统和联机分析处理（On-Line Analytical Process，OLAP）系统，因此数据处理也相应地划分为两大类：操作型数据处理和分析型数据处理（或信息型处理）。

联机事务处理系统是随着数据库技术的不断完善发展起来的，典型的系统如企业资源计划（ERP）系统、供应链（SCM）系统、面向很多行业的交易系统以及各种类型的管理信息系统（MIS）。联机事务处理系统体系架构也由早期的单机系统发展到客户—服务器（Client/Server，C/S）架构的两层架构，随着网络技术的不断完善，随后又出现了基于 Web 的三层和多层架构。联机事务处理系统面向业务活动渗透到企业运作流程的各个环节，及时详细地记录下企业运行中的各种数据。随着时间的推移，联机事务处理系统中积累了大量的详细数据，并且被分散存储在不同的计算机系统中。由于企业的业务系统可能由不同的厂商在不同的时间分阶段开发完成，并且为了实现不同的业务目标和出于系统安全等多方面因素的考虑，这些系统相互之间并不沟通。我们称这些孤立在某些计算机系统中的数据为"信息孤岛"。信息孤岛中的数据量越来越大，种类越来越多，结构也越来越复杂。使得企业不能充分利用和管理信息资源，出现了"企业数据泛滥，信息匮乏"的尴尬局面。对一些来自高层或管理人员的数据分析需求常常表现得无能为力。下面是某电力公司的一个例子。

W 先生是某省电力公司总经理，该公司在信息化建设中投入了大量的资源，建立了财务、呼叫中心、电力负荷管理、人力资源管理等业务系统。这些业务系统都非常先进、高效。可以说，企业的很多数据都可以在这些业务系统中找到，W 先生也为此感到非常自豪。然而，从几年前的某一天开始，W 先生几乎麻烦不断，以下是他的部分经历。

（1）一天，他坐在办公室，想了解不同地区、不同行业、不同电压等级、不同时间、几个大客户的用电情况，却被告知，要获得这样的信息很困难，这使他无法理解，"为什么这些数据都在计算机里，而我却看不到?"

（2）通过不同的途径计算出来的客户信用度总是不一致，不是多一点就是少一点，很难确认哪一个是正确的。

(3) 他要出席一个重要会议，突然打电话要求几张欠费分析情况的临时报表，其中包括欠费对企业流动资金、利润的影响等几项复杂指标。由于这些信息存在于不同的系统中，结果，W 先生和他的部下经过几天的奋战，终于在最后 1min 把报告交到了上级主管手里。现在他只能祈祷千万别因为时间紧迫而在报告中有什么差错，并且以后这样的会议尽量少一点。

(4) 一些系统如统计分析、客户发展潜力分析等总是需要用到其他系统所产生的数据，而这些要求往往涉及不同部门间的协调和不同系统间的数据交换，这让 W 先生非常头疼。

(5) 公司计划建立一个庞大的客户服务分析系统，而这个系统几乎需要使用到全企业的所有数据，还要用到之前 10 年的很多数据，在当前的数据环境下，这几乎是不可能的。

这些问题出现的根源在于分析型数据处理系统的缺失。该电力公司目前建立的所有系统都是事务处理系统，是面向操作型数据处理的，系统设计的初衷是满足工作人员的日常操作，即对一个或一组记录的查询和修改，主要为企业特定的业务流程服务，用户关心的是响应时间、数据的安全性和完整性。例子中列举的所有工作已经超出了事务处理系统支持的范围。要想从根本上解决这些问题，企业必须建立面向经营决策的分析型数据处理系统。数据仓库（Data Warehouse，DW）也就是在这种背景下产生的。数据仓库是一种新的数据处理体系结构，它是对企业内部各部门业务数据进行统一和综合的中央数据仓库。它为企业决策支持系统和行政信息系统提供所需的信息。它也是一种信息管理技术，为预测利润、风险分析、市场分析以及加强客户服务与营销活动等管理决策提供支持。

数据仓库作为一种从数据库发展而来的新型技术，用于分析型处理，它弥补了许多传统数据库的不足之处，其最大的用途是提供给决策者一种全新的方式，从宏观或微观的角度来观察多年累积的数据，从而使决策者可以迅速地掌握自己企业的经营运作状况、运营成本、利润分布、市场占有率、发展趋势等对企业发展和决策有重要意义的信息，以利于做出更加及时、准确、科学的决策。

操作型处理和分析型处理的分离划清了数据处理的分析型环境与操作型环境之间的界限，使企业数据环境由原来的以单一数据库为中心的数据环境发展为以数据库和数据仓库为中心的企业数据环境，如图 1-1 所示。

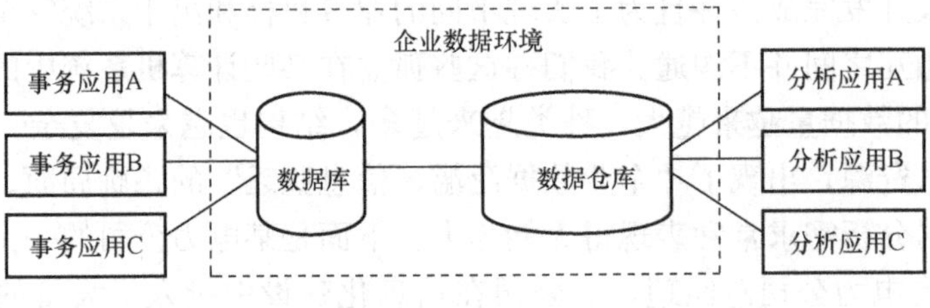

图 1-1 以数据库和数据仓库为中心的企业数据环境

第二节 数据仓库的相关概念

数据仓库的概念是由 W. H. Inmon（被称为数据仓库之父）在《建立数据仓库》（*Building the Data Warehouse*）一书中提出的。随着人们研究和行业发展的不断深入，相继涌现出了很多相关的概念，包括数据集市、商务智能等。下面依次介绍数据仓库领域常见的概念。

一、数据、信息和知识

数据仓库的所有领域都是围绕着数据、信息和知识展开的，它们是以数据仓库为基础的企业信息工厂的原料和产品。

传统的数据可定义为客观事物记录下来的、可以鉴别的符号（文字、字符串等），是客观事实的属性、数量、位置及相互关系等的抽象表示。随着科学技术的发展，人们可以使用电子化文档、图像、声音、视频进行交流和记录客观事实，我们把这些新的记录客观事实的形态也称为数据。数据依据组织方式可以分成结构化数据和非结构化数据。结构化数据是按照特定的规则组织起来的数据，这种数据可以通过技术手段方便地访问，典型的例子是存储于关系型数据库中的关系型数据。非结构化数据是松散的、无规则的数据，数据的内容也是没有结构的，这种数据通常的技术无法直接利用。数据通常包含两方面的属性：一是数据的类型，如数值型、字符型、日期型、二进制类型等；二是数据长度，如数值型数据的精度、字符型数据的字符数、二进制数据的字节数等。

信息是人们对数据进行系统地采集、组织、整理和分析的结果，是经过加工以后并对客观世界产生影响的数据。人们一般都是将数据转化成信息的形式加以使用。有的专家认为信息是数据和上下文的结合，可用于决策。一般信息都可以用一组词及其值来描述。

关于知识，人们有很多不同的理解和定义。比较有代表性的知识定义如：Feign 认为知识是经过削弱、塑造、解释、选择和转换了的信息；Bernstein 定义知识是由特定领域的描述、关系和过程组成的；Hayes-Roth 则认为知识＝事实＋信念＋启发式。还有些专家认为知识是经验、价值、有条理的信息、专家的见解和本能的直觉的结合体，它可以提供评价和吸收新的经验和信息的环境和架构。虽然关于知识没有统一的定义，但一般将事实、规则、模式、规律和约束等看作知识。事实是指人类对客观事物属性的值或状态的描述，可以用一个值为真的命题陈述或一种状态的描述来表达。规则可以分为前提条件和结论两部分，用于表示因果关系的知识。如果规则中含有可以实例化为不同具体值的变量，则这种规则称为规律。模式是指符合事物生存运行的内在规律，具有正确的发展导向和行为要求的统一式样、运行机制、管理体制、解决方案的综合，一般可以作为范本、摹本和变本的式样。广义上，知识是类别特征的概括性描述。根据数据的微观特性发现其表征的、带有普遍性的、较高层次概念的、中观和宏观的知识，反映同类事物的共同性质，是对数据的概括、精炼和抽象。知识是以多种方式把一个或多个信息关联在一起的信息结构。

二、数据仓库的概念

数据仓库一词尚没有一个统一的定义，最早是由 W. H. Inmon 提出来的：数据仓库是一个面向主题的、集成的、相对稳定性的、反映历史变化的数据集合，用于支持管理决策。此后，不同的学者从不同的角度为数据仓库下了不同的定义。

Informix 公司负责研究与开发的公司副总裁 Tim Shelter 把数据仓库定义为："数据仓库将分布在企业网络中不同信息岛上的业务数据集成到一起，存储在一个单一的集成关系型数据库中，利用这种集成信息，可方便用户对信息的访问，更可使决策人员对一段时间内的历史数据进行分析，研究事务发展的走势。"

另外，在由 A. Silberscharz 等发表的《数据库研究：面向 21 世纪的机遇与成就》中把数据仓库定义为："来自一个或多个数据库的数据的备份。"

现在，业内普遍公认的是 W. H. Inmon 的定义。该定义指出了数据仓库面向主题、集成、相对稳定性、随时间变化这 4 个重要的特征。

（一）面向主题

传统的操作型系统中数据是围绕企业的应用进行组织的，与此相对应，数据仓库中的数据是面向主题进行组织的。所谓主题，是一个归类的标准，每一个主题基本对应一个宏观的分析领域。对于一个电力公司来说，应用问题可能是计量管理、电力负荷管理、财务管理、客户服务等，公司的主要主题可能是销售利润、售电量分析、欠费分析等。有时可以对以上主题进一步分解得到二级主题，如售电量分析可以分为地区用电分析、重点客户用电分析、各类电价分析、用电变化趋势预测等。

在图 1-2 中，显示了一个电力企业的情况。该企业基于传统数据库已经建立了营销数据库、呼叫中心数据库、财务数据库等。其中，营销数据库记录了客户用电量信息，呼叫中心数据库记录了客户咨询、报修、投诉等信息，财务数据库记录了客户电费缴纳情况信息。如果要在原有数据库的基础上分析客户电费缴纳、用电量、咨询等全方位的信息无疑是费时费力的，因为这个工作要同时访问 3 个数据库。同样，如果要分析公司收益情况，也会遇到同样的问题。

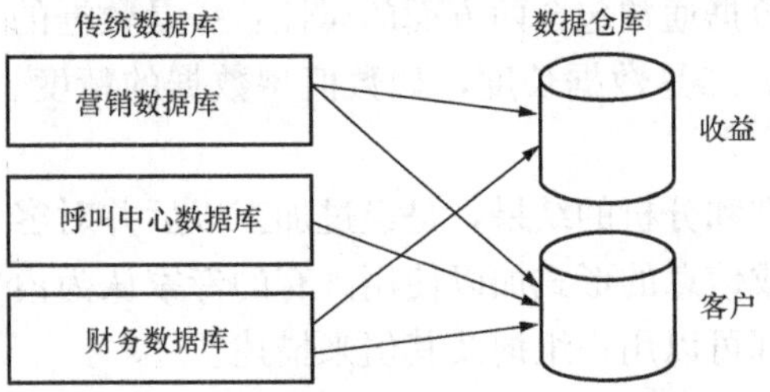

图 1-2 数据仓库面向主题特性

基于以上原因，我们以收益和客户为主题建立数据仓库。其中，收益主题可以从财务和营销数据库中了解公司收入情况，客户主题可以从财务、营销数据库和呼叫中心数据库中获得客户用电量、电费缴纳、咨询等全方位的信息。由此可见，数据仓库极大地方便了数据分析的过程。

（二）集成

在数据仓库的所有特性之中，这是最重要的。数据仓库中的数据是从多个不同的数据源传送来的，当这些数据进入数据仓库时，需要进行转换、重新格式化、重新排列以及汇总等操作。这是因为操作型环境下的数据并不适合用来做分析，做分析时也不需要用到全部业务数据。另外，数据仓库中每一个主题所涉及的数据分散在不同的数据库中，且有很多重复和不一致。图 1-3 说明了当数据由面向应用的操作型环境向数据仓库传送时所进行的集成。

当数据进入数据仓库时，要采用某种方法来消除应用层的许多不一致性。例如，在图 1-3 中，考虑关于“性别”的编码，在数据仓库中数据是被编码为 m/f 还是 1/0 并不重要，重要的是，无论方法或源应用是什么，在数据仓库中应该一致地进行编码。如果应用数据编码为 X/Y，当其进入数据仓库时就要进行转换。对所有的应用设计问题都要考虑同样的一致性处理，比如命名习惯、关键字结构、属性度量单位以及数据物理特点等。

（三）相对稳定性

操作型环境下一般只存储短期的数据，并且数据会随着业务的进行不断地被更新。另外，数据的访问和处理一般按一次一条记录的方式进行。数据仓库中的数据呈现出一组非常不同的特性，其数据通常是以批量方式载入与访问的，而且数据仓库环境中并不进行一般意义上的数据更新，数据仓库中的数据在进行装载时是以静态快照的格式进行的。当产生后继变化时，一个新的快照记录就会被写入数据仓库。这样在数据仓库中就保存了数据的历史状况，所以对于访问数据仓库的最终用户而言，数据是只读的，如图 1-4 所示。

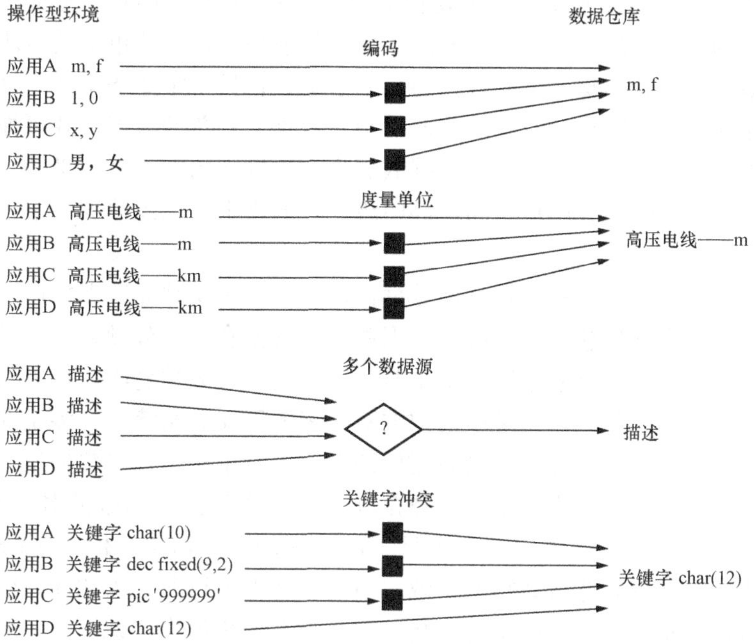

图 1-3 数据由面向应用的操作型环境向数据仓库传送时所进行的集成

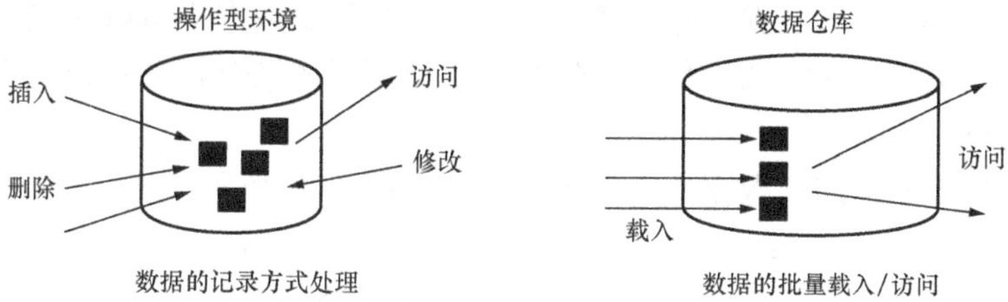

图 1-4 数据仓库相对稳定性示意

（四）随时间而变化

数据仓库中的数据一般按照一个固定的时间间隔批量载入，是稳定的，这使得数据仓库中的数据总有一个时间维度，用来表明数据的历史时期。

操作型环境和分析型环境下有不同的时间范围。数据仓库中的数据时间范围要远远长于操作型系统中的数据范围。操作型系统的时间范围一般是 60～90 天，而数据仓库中数据的时间范围通常是 5～10 年。由于这种在时间范围上的差异，数据仓库含有比任何其他环境中都多的历史数据。

事实上，数据仓库除了以上 4 个重要特性外，还有数据量大、对软硬件要求高等特点。

三、数据集市

数据仓库的工作范围和成本常常是巨大的。针对所有的用户并以整个企业的眼光对待任何一次决策分析，将形成代价很高、时间较长的大项目。因此更紧凑集成的、拥有完整图形接口且价格更具吸引力的工具即数据集市（Data Mart）应运而生。目前，全世界对数据仓库总投资的一半以上均集中在数据集市上。

数据集市是一种更小、更集中的数据仓库，是为企业提供分析商业数据的一条廉价途径。它是具有特定应用的数据仓库，主要针对某个具有战略意义的应用或具体部门级的应用，它支持客户利用已有的数据获得重要的竞争优势或找到进入新市场的解决方案。

因此数据集市可以看作整个企业数据的一个子集，包括特定业务单元、部门或用户集的值。该子集包含从事务处理或企业仓库获取的历史数据、汇总的数据，并可能会有一些详细数据。数据集市是根据特定主题而不是根据数据集市数据库的大小来定义的。数据集市通常服务于单个部门或企业的部分用户，满足部门级用户的需求，因此数据集市也被称为部门级数据仓库。

数据集市可以分成两种，一种是从属数据集市，另一种是独立数据集市。从属数据集市的数据直接来自于中央数据仓库，一般是为那些访问数据仓库十分频繁的关键业务部门建立的，从而很好地提高查询的反应速度。由于基于统一的中央数据仓库，从属数据集市可以很好地保证数据的一致性。独立数据集市的数据直接来源于业务系统。许多企业在规划数据仓库时，往往出于投资等方面的考虑，最后建成的就是这种结构的独立数据集市，用来解决个别部门比较迫切的决策问题。它和企业级数据仓库除了在数据量和服务对象上有所区别外，逻辑结构是相似的。独立数据集市虽然满足了部门级的决策需求，但由于缺乏企业级的集成，独立数据集市之间容易造成数据不一致。目前，在电力行业尤为如此，由于数据仓库投资巨大，对该行业还是一个比较陌生的事物，对其潜在的价值也认识不足，多数电力公司在打算实施数据仓库时，多选择有一定需求的市场营销部门建立数据集市，然后再进行推广，此时建立的就是一种独立数据集市。独立数据集市是企业在特定发展阶段中为适应特殊需要建立的，往往会随着企业级数据仓库的建立而弃用，被从属数据集市取而代之。不过值得一提的是，独立数据集市在建立的过程中已经与部门应用紧密结合，会对企业级数据仓库的建立提供有力的支持。

独立型数据集市和从属型数据集市的逻辑结构如图 1 - 5 所示。

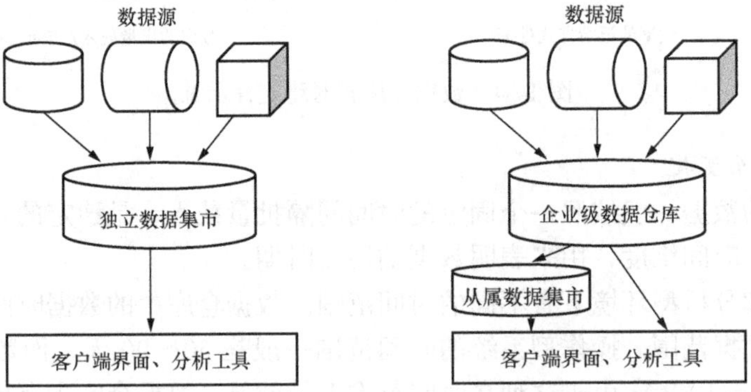

图 1 - 5　独立型数据集市和从属型数据集市的逻辑结构

需要注意的是，数据集市并不是数据仓库，也不是小型的数据仓库。数据集市是根据用户的功能范围（即特定主题）而不是根据数据集市数据库的大小来定义的。数据集市的累加也不是数据仓库。因为数据仓库的数据覆盖了整个企业范围，并在企业级对数据进行了集成，而数据集市则是分别在部门级对数据进行集成，并没有进行企业级的数据集成，无法提供统一的全局视图。当进行部门级的数据分析时，人们通常通过数据集市提高访问效率，但当分析的问题是企业级的时候，则需要完整的数据仓库。

四、商务智能

在以数据库为中心的业务处理系统和以数据仓库为基础的分析系统的基础上，IBM公司首次提出了商务智能（Business Intelligence，BI）系统的概念，商务智能系统将信息转化为知识，并强调在正确的时间将准确的信息交给合适的用户，从而支持决策过程。TDWI 的 Wayne Eckerson 在 *Understanding Business Intelligence* 一文中将商务智能系统类比成一座炼油厂——数据炼油厂（Data Refinery），如图 1-6 所示。

图 1-6 将 BI 环境看作一个"数据炼油厂"

在数据炼油厂中，以数据为原材料，经过数据处理过程，生产出各种能够满足用户特定需求的信息产品，包括信息、知识、计划、行动等。数据处理过程由以下 5 个部分组成。

（1）从数据到信息的过程：这个过程将业务系统的数据抽取并集成到数据仓库，作为信息存储在数据仓库中。

（2）从信息到知识的过程：业务人员使用分析工具（如查询、报表、OLAP、数据挖掘等）访问和分析数据仓库中的信息，识别信息中存在的趋势、模式和异常，从而使信息转化成业务人员的知识。

（3）从知识到规则的过程：业务人员一旦获取了自己需要的知识后，会从识别的趋势、模式和异常中创建规则和模型，从而指导和改善业务运行。

（4）从规则到计划和行动的过程：在制定了规则之后，人们通过制订计划来执行规则，这样计划便将知识和规则转化成行动。

（5）循环反馈过程：计划一旦被执行，将反馈到业务系统，知道业务系统的运行，改进企业的流程。

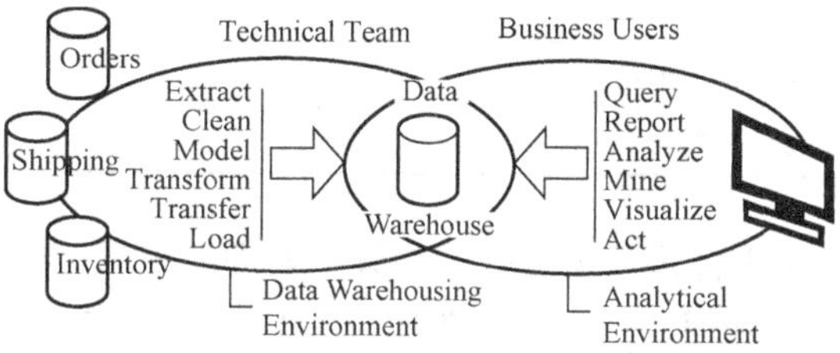

图 1-7 包含数据仓库和分析环境的 BI 环境

Wayne Eckerson 认为一个完整的商务智能系统框架应当包含两个基本环境，如图 1-7 所示。

（1）数据仓库环境：在该环境中技术人员将花费大量的时间从事抽取、清洗、建模、转化、加载等工作，将一个或者多个业务系统的数据集成到数据仓库环境。技术人员需要熟悉业务环境中大量的数据，这个过程被称为数据考古（Data Archaeology），总结出企业级的单一业务模型，按照业务模型创建数据仓库的框架，并将这些数据集成到数据仓库中。之后可以创建数据集市来满足部门级数据访问需求，提高访问性能。

（2）分析环境：在分析型环境中，业务人员使用分析工具基于数据仓库的数据从事查询、报表、数据挖掘等各种分析活动。技术人员一般根据业务人员的常用需求创建报表，使业务人员能够通过一定的条件访问到自己需要的数据，并且通过争取可以访问到更加细节的数据。为了能够直观地反映计划进度或企业的绩效，可以通过仪表板或平衡记分卡的方式呈现给业务人员。

综上所述可以知道商务智能更加强调企业从数据集成到分析决策的全过程。商务智能系统具有以下主要优点：商务智能系统不仅采用了最新的信息技术，同时提供预先打包好的应用领域的解决方案；商务智能系统着眼于终端用户对业务数据的访问和业务数据的传送，服务于信息提供者和信息消费者。因此商务智能也成了以数据仓库为基础的分析型应用技术的行业代名词。在这个行业当中，数据仓库处在核心位置，同时还要提供方便业务用户查询分析数据的整体解决方案。这些解决方案通常被称为 BI 工具，它们是数据仓库前端开发的核心工具。

第三节 数据仓库与 OLTP 的比较

通过前面的分析，我们可以总结一下操作型数据（OLTP 数据库）与分析型数据（数据仓库）之间的区别，如表 1-1 所示。

表 1-1 操作型数据和分析型数据的区别

操 作 型 数 据	分 析 型 数 据
细节的	综合的或提炼的
在存取瞬间是准确的	代表过去的数据
可更新	不更新
操作需求事先可知道	操作需求事先不知道
需求驱动的“瀑布式”系统开发方法	由数据开始的“螺旋式”系统开发方法
对响应性能要求高	对响应性能要求宽松
一个时刻操作一个单元	一个时刻操作一个集合
事务驱动	分析驱动
面向应用	面向分析
一次操作数据量小	一次操作数据量大
支持日常操作	支持管理需求

上述操作型数据与分析型数据之间的差别从根本上体现了事务处理与分析处理的差异。传统的 OLTP 数据库系统由于主要用于企业的日常事务处理工作，存放在数据库中的数据也就大体符合操作型数据的特点。但这些数据却并不适用于分析处理，很难直接对它们进行分析。

事务处理环境不适宜分析处理应用的原因主要有以下 5 点。

1. 事务处理和分析处理的性能特性不同

在事务处理环境中，用户的行为特点是数据的存取操作频率高而每次操作处理的时间短，涉及的数据量一般不大，而且数据的更新和查询同样频繁；在分析处理环境中，用户的行为模式与此完全不同，某个分析处理应用程序可能需要连续运行几个小时，涉及大量数据的连接操作，从而占用大量的系统资源。因此，将具有不同处理性能的这两种应用放在同一个环境中运行显然是不恰当的。

2. 数据集成问题

分析处理需要集成的数据，而各个 OLTP 数据库中常常只有与分析主题相关的部分数据。全面而正确的数据是有效的分析和决策的首要前提，相关数据收集得越完整，得到的结果就越可靠。当前绝大多数企业内，数据的真正状况是分散而非集成的。造成这种分散的原因有多种，主要有事务处理应用分散、“蜘蛛网”问题、数据不一致问题、外部数据和非结构化数据。

3. 数据动态集成问题

静态集成的最大缺点在于，如果在数据集成后数据源中的数据发生了变化，这些变化将不能反映给决策者，导致决策者使用的是过时的数据。集成数据必须定期（例如 24h）进行刷新，称为动态集成。显然，事务处理系统不具备动态集成的能力。

4. 历史数据问题

事务处理一般只需要当前数据，在数据库中一般也是存储短期数据，而且不同数据的保存期限也不一样，即使有一些历史数据保存下来了，也会因为相关的其他数据已经被删除，导致这些数据无法使用。但对于决策分析而言，历史数据是相当重要的，许多分析方法必须以大量的历史数据为基础。没有对历史数据的详细分析，是难以把握企业的发展趋势的。分析处理对数据在空间和时间的广度上都有了更高的要求，需要存储尽可能多、尽可能久的数据，而事务处理环境难以满足这些要求。

5. 数据的综合问题

在事务处理系统中积累了大量的细节数据，一般而言，分析处理并不会直接对这些细节数据进行分析。在分析前，往往需要对细节数据进行不同程度的综合。而事务处理系统不具备这种综合能力，根据规范化理论，这种综合还往往被视为数据冗余而加以限制。

要提高分析和决策的效率，就必须把分析型处理及其数据与操作型处理及其数据相分离。必须把分析型数据从事务处理环境中提取出来，按照分析处理的需要进行重新组织，建立单独的分析处理环境，数据仓库正是为构建这种新的分析处理环境而出现的一种数据存储和组织技术。

第四节　数据仓库的发展历程

数据仓库概念的产生时间可能比一般人想象的都要早一些，中间也经历了比较曲折的过程。其最初的目标是为了实现全企业的集成（Enterprise Integration），但是在发展过程中却退而求其次，即建立战术性的数据集市。到目前为止，还有很多分歧、争论，许多概念模棱两可，甚至是彻底让人迷惑。从以下数据仓库的发展历史中可以看到一些发展的脉络，了解数据仓库应该是怎样的，并展望数据仓库未来的发展方向。

1. 起步阶段

数据仓库最早的概念可以追溯到 20 世纪 70 年代 MIT 的一项研究，该研究致力于开发一种优化的技术架构并提出这种架构的指导性意见。MIT 的研究员有史以来第一次将业务系统和分析系统分开，将业务处理和分析处理分成不同的层次，并采用单独的数据存储和完全不同的设计准则。

同时，MIT 的研究成果与 20 世纪 80 年代提出的信息中心（Information Center）相吻合，即把那些新出现的、不可预测的、但是大量存在的分析型的负载从业务处理系统中剥离出来。但是限于当时的信息处理和数据存储能力，该研究只是确立了一个论点：这两种信息处理的方式差别如此之大，以至于它们只能采用完全不同的架构和设计方法。

到20世纪80年代中后期，作为当时技术最先进的公司，DEC已经开始采用分布式网络架构来支持其业务应用，并且首先将业务系统移植到其自身的RDBMS产品RdB上。DEC公司还从工程部、销售部、财务部以及信息技术部抽调了不同的人员组建了新的小组，不仅研究新的分析系统架构，并要求将此系统应用到其全球的财务系统中。该小组结合MIT的研究结论，建立了TA2（Technical Architecture 2）规范，该规范定义了分析系统的4个组成部分：数据获取、数据访问、目录服务和用户服务。

其中的数据获取和数据访问目前大家都很清楚，而目录服务是用于帮助用户在网络中找到他们想要的信息，类似于业务元数据管理。用户服务用以支持对数据的直接交互，包含了其他服务的所有人机交互界面，这是系统架构一个非常大的转变，第一次将交互界面作为单独的组件提出来。

同时，IBM也在处理信息管理不同方面的问题，最烦人的问题是不断增加的信息孤岛——IBM的很多客户要面对很多分立系统的数据集成问题，而这些系统有不同的编码方式和数据格式。1988年，为解决全企业集成问题，IBM爱尔兰分公司的Barry Devli和Paul Murphy第一次提出了“信息仓库”（Information Warehouse）的概念，将其定义为：“一个结构化的环境，能支持最终用户管理其全部的业务，并支持信息技术部门保证数据质量。”并于1991年在DEC TA2的基础上把信息仓库的概念包含进去，称之为VITAL规范（Virtually Integrated Technical Architecture Life Cycle），将PC、图形化界面、面向对象的组件以及局域网都包含在VITAL里，并定义了85种信息仓库的组件，包括数据抽取、转换、有效性验证、加载、Cube开发和图形化查询工具等。但是IBM只是将这种领先的概念用于市场宣传，而没有付诸实际的架构设计。这是IBM又一个在创新后停滞不前导致领先地位丧失的例子。

因此，在20世纪90年代初期，数据仓库的基本原理、框架架构以及分析系统的主要原则都已经确定，主要的技术包括关系型数据存取、网络、C/S架构和图形化界面均已具备，只欠东风。在1988～1991年，一些前沿的公司已经开始建立数据仓库。

2. 企业级数据仓库

1991年，Bill Inmon出版了有关数据仓库的第一本书，这本书不仅说明为什么要建数据仓库、数据仓库能带来什么，更重要的是，Inmon第一次提供了如何建设数据仓库的指导性意见，该书定义了数据仓库非常具体的原则，包括数据仓库是面向主题的（Subject-Oriented）、集成的（Integrated）、随时间变化的（Time-Variant）、非易失的（Nonvolatile）、面向决策支持的（Decision Support）、面向全企业的（Enterprise Scope）、最明细的数据存储（Atomic Detail）和数据快照式的数据获取（Snap Shot Capture）。

这些原则到现在仍然是指导数据仓库建设的最基本原则，虽然中间的一些原则引发了一些争论，并导致一些分歧和数据仓库变体的产生。但是，Bill Inmon凭借这本书奠定了其在数据仓库建设的位置，被称之为“数据仓库之父”。

数据仓库发展的第一明显分歧是数据集市概念的产生。由于企业级数据仓库的设计、实施很困难，使得最早吃数据仓库螃蟹的公司遭到大范围的失败，因此数据仓库的建设者和分析师开始考虑只建设企业级数据仓库的一部分，然后再逐步增加。但是这有悖于Bill Inmon的原则——各个实施部分的数据抽取、清洗、转换和加载是独立的——导致了数据的混乱与不一致。而且部分实施的项目也有很多失败，除了常见的业务需求定义不清、项目执行不力之外，很重要的原因是其数据模型设计。在企业级数据仓库中，Inmon 推荐采用 3 范式设计，从而无法支持 DSS 系统的性能和数据易用性的要求。

这时，Ralph Kimball 出现了，他的第一本书 *The Data Warehouse Toolkit* 掀起了数据集市的狂潮，这本书提供了如何进行数据模型优化的详细指导意见。从此，Dimensional Modeling 大行其道，也为传统的关系型数据模型和多维 OLAP 之间建立了很好的桥梁。从此，数据集市在很多地方出现，并获得很大成功，而企业级数据仓库逐渐被人淡忘。

3. 从争论到合并

采用企业级数据仓库还是部门级数据集市，是关系型还是多维？Bill Inmon 和 Ralph Kimball 一开始就争论不休，其各自的追随者也唇舌相向，形成相对立的两派——Inmon 派和 Kimball 派。

初期，数据集市的快速实施和较高的成功率让 Kimball 派占了上风，但是很快，他们也发现自己陷入了某种困境：企业中存在 6～7 个不同的数据集市，分别有不同的 ETL，相互之间的数据也不完全一致。同时，各个项目实施中也任意侵犯了 Inmon 开始定下的准则：把数据集市当成众多 OLTP 系统之后的又一个系统，而不是一个基础性的集成性的东西；为保证数据的准确性和实时性，有的甚至可以由 OLTP 系统直接修改数据集市里面的数据；为了保证系统的性能，有的数据集市删除了历史数据等。当然，这导致了一些新应用的出现，例如 ODS，但是人们对 Data Warehouse，Data Mart，ODS 的概念非常模糊，经常混为一谈。有人说 OLAP 就是数据仓库；有人说我要 ODS 和 Data Mart，不要 Data Warehouse；还有人说 Data Mart 建得多了，自然就有 Data Warehouse。但是 Bill Inmon 一直旗帜鲜明：“你可以打到几万吨的小鱼小虾，但是这些小鱼小虾加起来不是大鲸鱼。”

多番争吵证明，统一尺码（One-Size-Fits-All）是不可能的，需要不同的 BI 架构来满足不同的业务需求。Bill Inmon 推出了新的 BI 架构 CIF（Corporation Information Factory），把 Kimball 的数据集市也包容进来了，但是仍然还有很多人在争论是自顶向下，还是自底向上。

CIF 的核心思想是把整个架构分成不同的层次以满足不同的需求，对 DW，DM，ODS 进行详细描述。现在 CIF 已经成为建设数据仓库的框架指南。

4. 新一代数据仓库架构的提出——DW2.0

自 20 世纪 80 年代数据仓库概念提出之后，系统架构、科学技术以及信息系统都有了很大的进展，构建数据仓库的理论和实际经验也在逐步发展，Inmon 在 2006 年总结了 20 年来数据仓库实践经验和存在的问题，提出了 DW2.0 的概念，作为新一代数据仓库系统来区别于第一代数据仓库。

第一代数据仓库的主要特色是将操作数据进行整合，并将整合结果保存在磁盘上。当然，第一代数据仓库也有一些其他特色，如 ETL 的出现等。但是由于认识能力的原因，第一代数据仓库还是缺少了很多重要的特色和功能。在第二代数据仓库架构 DW2.0 中，包含了很多在第一代数据仓库架构中没有的特色。这些新增的功能如下：

（1）对非结构化数据的确认和编辑功能。

（2）整合的元数据管理，包括业务元数据和技术元数据。

（3）在线提供高性能分析的数据可以被更新的功能。

（4）主数据管理。

（5）连续的时间跨度数据。

（6）概况分析数据。

在第二代数据仓库DW2.0的架构中（如图1-8所示），Inmon认为数据本身存在着生命周期。数据伴随着业务活动而产生，并由业务系统记录下来，然后分析系统将数据集成存储，作为历史数据加以使用，最后随着时间的推移，该部分数据被访问的频率越来越低，直至被弃用存档。依据数据生命周期，DW2.0将数据仓库分成以下4个重要部分。

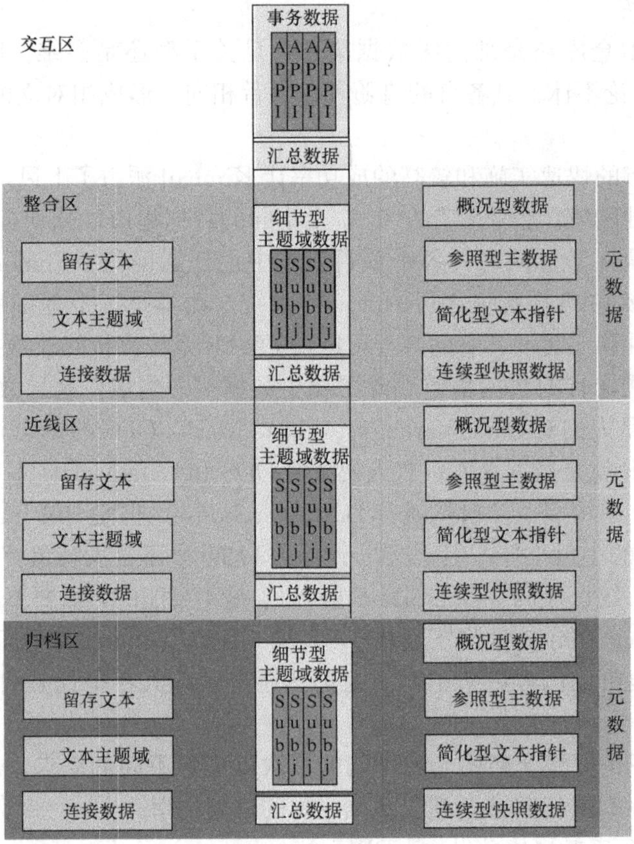

图1-8 第二代数据仓库DW2.0架构

（1）交互区（The Interactive Sector）：交互区的数据是企业最当前的数据，比如一个月以内的数据。在交互区中，数据伴随着应用系统的运行而产生，这些应用按照规则执行事务处理。为了满足快速响应和极高的可访问性要求，这些数据的集成度并不是很高。

（2）整合区（The Integrated Sector）：交互区的数据可以是企业一天到两年或三年的数据。交互区的数据按主题经过整合后进入整合区，构成整合区数据的主要部分，并以详细主题域的形式存在。当然整合区除了存储数据库中的关系型数据外，还存储不经过应用区而进入整合区的各种类型的数据，主要包括非结构化数据，以及针对非结构化数据而产生的各类衍生数据，用来对非结构化数据进行标识、分类，此外还包括元数据。

（3）近线区（The Near Line Sector）：近线区包含了从6个月到10年之间的数据，数据的访问频率和访问速度的要求比整合区要求都低了很多。

（4）归档区（The Archival Sector）：归档区的数据一般都在 5 年以上，在数据分析中很少再次被利用，或者实际已经被弃用。

交互区的数据叫做事务数据，是伴随业务活动而产生的，并被业务系统以事务处理的方式记录下来的关系型数据，主要产生于企业内容，允许数据中数值的更新、插入和创建。由于受限于响应时间和访问性的要求，这些数据通常是未整合的。

近线区和归档区包含与整合区相同的数据组件，这些数据组件包括以下几项。

（1）细节型主题域数据。细节型主题域数据是来自应用系统的经过整合后的细节数据，按照主要的主题域组织，绝大部分来自于事务数据，是数据仓库数据的核心。细节型主题域数据是具有最低粒度的数据，可以按照需要进行各种重塑，通常以关系型格式存在，并且每条记录都带有时间戳。

（2）汇总数据。汇总数据是源自细节型主题域数据的低粒度层次的数据。数据的汇总方式是按照汇总数据在整个企业内部使用的广泛性确定的，如果一类数据经常需要经过汇总后使用，那么将该类数据以汇总数据的形式计算存储会大大提高数据分析的效率。在创建汇总数据时，应当明确汇总的规则，比如包含什么数据、不包含什么数据、如何进行计算等。

（3）留存文本。留存文本是来自非结构化环境的各类非结构化数据，如电子文档、电子邮件、电话交流信息、影像文档、声音文件等。这些数据是企业数据资产的重要组成部分，因此理所应当将该部分数据纳入到数据仓库中，为企业管理决策提供依据。数据仓库对每一个非结构化文件通过文本标识来标识每一个文件。

（4）文本主题域。文本主题域是针对企业决策需要、与非结构化数据相关的文本型的类别信息。这种类别可以来自于企业内部或外部，源于非结构化环境中文本的组织方式。

（5）连接数据。连接数据是关联非结构化文件的文本标识与文本主题域类别的主键关系数据。

（6）参照型主数据。参照型主数据是将企业融合到一起的参照数据。每个企业都有自己的参照数据，也包含多种形式的参照表，当参照数据应用于整个企业时，该数据就成为了参照型主数据。

（7）简化型文本指针。在一些情况下，非结构化环境中可能存在太多的数据，以至于不能将其纳入到数据仓库中，然而其中又包含了许多有价值的信息。在这种情况下，可以创建简化型文本指针指向非结构化环境，从而使这些非结构化数据在需要时可以访问到。

（8）连续型快照数据。连续型快照数据是由一系列开始日期和结束日期连接在一起的数据。这种连接是逻辑的，而非物理的，便于用于记录数据中个别变量随时间产生缓慢变化的过程。

（9）概况型数据。概况型数据是从源系统经聚合或合并之后的数据，可以是一个或多个单元的数据的合并，也可以在进入概述记录前经过了汇总，典型的例子是客户信息。概况型数据是来自不同数据源的混合型数据，体现了对多种数据的概述。

（10）元数据。DW2.0 的元数据包含两部分：本地元数据和企业级元数据仓储。本地元数据包含本地业务元数据和本地技术元数据。本地业务元数据是对业务人员有帮助的，用业务人员的语言描述的元数据；本地技术元数据是对技术人员有帮助的，用技术人员的语言描述的元数据。企业级元数据仓储存放企业全部元数据，该区域本身不创建和更新数据，而是由各种本地元数据汇合组成，根据企业的需要，对企业级元数据仓储存放的本地元数据进行编辑和再组织。

DW2.0 描述了第二代数据仓库的框架，指明了未来数据仓库发展的方向。

第二章　数据仓库的基本结构

本章在讲述数据仓库参考架构的基础上，针对其中的重点模块如数据存储、数据加载、数据分析展现、元数据管理、门户管理模块进行详细的介绍。

第一节　数据仓库的参考架构

数据仓库参考架构描述了数据仓库包含的基本组件以及各组件之间的相互逻辑关系，为数据仓库的设计和开发提供一个基本的依据。一个通用的数据仓库参考架构如图 2-1 所示。

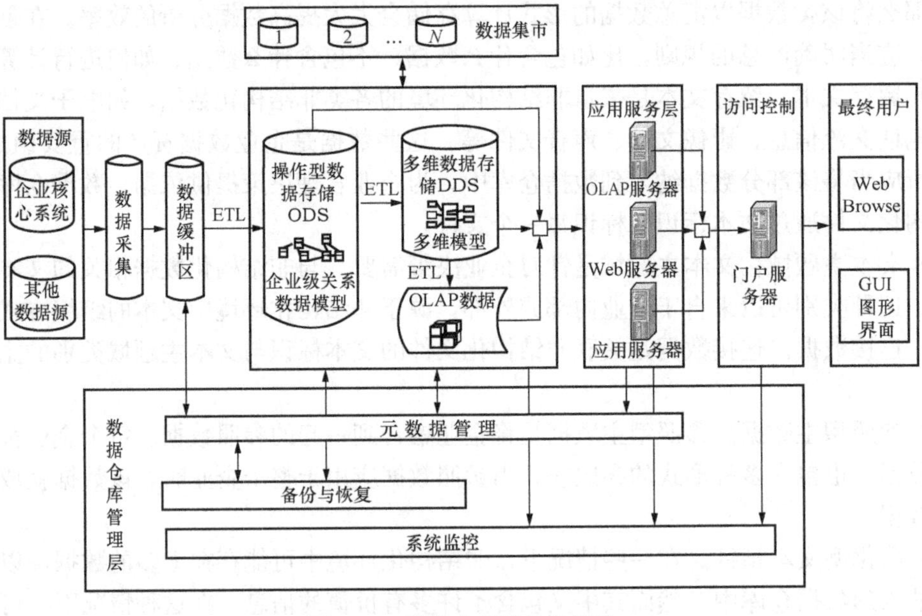

图 2-1　数据仓库的参考架构

按照组建的基本功能，数据仓库的基本组建可以分成以下两个层次。

一、数据仓库基本功能层

数据仓库基本功能层包含为实现数据仓库从数据集成到数据展现从而为决策分析提供支持的基本功能的基本模块，这些基本模块如下：

1. 数据源

数据源主要是指存储在数据仓库中的数据来源。这些数据源包括以下几种。

（1）业务数据：在企业业务活动过程中产生的数据，通常指存储于关系型数据库中的数据，这些数据通常按照第三范式进行组织，是数据仓库主要的数据来源。

（2）历史数据：企业在长期持续的生产经营过程中积累的业务数据，通常与特定的时间戳相关联。这些数据记录了企业在一个特定时间段内的状态，从长期来看，可以反映企业业务的发展趋势。

(3) 办公数据：这些数据是企业在办公过程中积累的各种非结构化数据，如电子文档、电子邮件、音频及视频文件等。

(4) Web数据：这些数据是指通过互联网获取的有价值的数据。

(5) 外部数据：这些数据是指从企业外部获取的数据，如行业标准数据、市场行情数据等，通常有特定的组织发布，由企业搜集进入自己的数据仓库系统，为管理决策提供参考。

数据仓库的构建必须要有充足的数据来源，否则数据仓库将称为“无源之水，无本之木”。通常情况下，不同的数据源包含不同的语义定义和格式，还会出现冗余的数据，这些数据的共享和协调并没有被合理地配置。正是因为这个原因，建设一个可以为全企业各个部门以及其他信息用户提供一致的、无冗余的、可靠的、集中化的信息基础架构将给企业带来增值利益。

例如，某省电力公司每个月电量销售数据由各市级电业局、供电局通过企业内部Intranet进行上报，由于历史原因，他们采用的数据源是异构的，如有的电业局采用的是Visual FoxPro数据库，有的是SQL Server数据库，有的用Excel表，且数据结构存在很大的差异，建立数据仓库首先必须要解决这些问题。

2. 数据采集模块

由于数据仓库的数据源可能分布在不同地域的不同物理平台上，并且以不同格式存放，因此需要通过一个数据采集模块将数据汇总成一个集中的、以统一格式存储的数据缓冲区。数据采集模块需要解决的问题包括采集来的数据放在哪里，如何解决地域上的分布问题，如何解决硬件系统和数据格式的异构问题以及怎样才能做到按规定的时间采集？

3. 数据缓冲区模块

数据缓冲区（Staging Area）是所有经过数据采集系统采集上来的数据的目的地。数据在进入数据缓冲区后，虽然数据的形式和内容并没有发生任何变化（最多增加一个时间戳），但存储的格式和平台已经达到了统一。一般来说，数据缓冲区将使用一个数据库系统，但也可以直接采用文件系统，如文本格式。

数据缓冲区存在的目的仅仅是为了使采集上来的数据有一个统一的存储格式，方便数据加载的数据读取。因此，数据缓冲区中并不要求一定要保存历史数据。例如，一个数据仓库的数据采集周期是每天一次，那么在存储资源不足的情况下数据缓冲区中也可以只保留一天的数据。

在通常的情况下，考虑到数据仓库巨大的数据量，我们应该为数据缓冲区设定一个合适的时间窗口，比如一周或者一个月，缓冲区内只保留该时间窗口内的数据。万一由于某些特殊原因，数据仓库加载程序需要读取数据窗口以外的数据，那么只能重新进行数据采集或者从缓冲区备份中获取数据。

4. 数据加载模块

数据加载又被称为ETL（Extract/Transformation/Load），其主要任务包括数据的抽取、清洗、转换和加载等，其中包含了对数据仓库至关重要的数据集成逻辑。ETL推动着数据从数据缓冲区流向数据仓库的上层。具体包括数据抽取（Data Extract）、数据转换（Data Transform）、数据清洗（Data Cleaning）和数据装载（Data Loading）。

(1) 数据抽取。从数据仓库的角度看，外部数据源所提供的数据并不是全部都有用的，进入数据仓库的只是决策所需要的那部分数据，所以在构建数据仓库时，我们只需提取出系统分析必需的那些数据。例如，某电力公司以客户服务分析为主题建立数据仓库，只需抽取与此主题相关的数据到数据仓库，而该电力公司员工的数据就没有必要放进数据仓库。所以数据是否有抽取价值取决于与分析主题的相关度。

(2) 数据清洗。外部数据源提供的数据并不是完美的，存在很多“脏数据”——数据有空缺、不正确、不一致等缺陷。这些数据如果不经过一定的处理直接进入数据仓库，那将会对决策分析造成严重的影响，必须对数据进行必要的清洗，从而得到准确的数据。例如，由于种种原因，某一个时间段内，一些电力公司客户的用电量在财务系统和营销系统中常常是不一致的，在建立以售电量为主题的数据仓库时必须对这些数据进行清洗。

(3) 数据转换。由于业务系统可能使用不同的数据库厂商的产品，比如 IBM DB2，Oracle，Informix，SQL Server 等，各种数据库产品提供的数据类型可能不一致，因此需要转换成统一的格式。

值得注意的是，在外部数据源中，常存在一些非结构化的文本文件，在进行转换时，可能要针对实际应用，开发专门“关键数据转换”程序。

(4) 数据装载。数据装载部件负责将数据按照物理数据模型定义的表结构装入数据仓库。这些步骤包括清空数据域、填充空格、有效性检查等。

现有的 ETL 工具有很多，如 Data Stage，SQL Server 中的 DTS 等，它们多具有数据的“净化提炼”功能、数据加工功能和自动运行功能。

5. 操作型数据存储模块

操作数据存储又称为 ODS（Operational Data Store），是整个数据仓库的主要数据存储地之一。ODS 是一个集成和集中化的数据存储，由多个主题的企业级数据组成，包括低层的、细粒度的、需要长期保存的数据。ODS 必须以关系型数据库来存储和管理数据，最佳的结构通常是按照与业务远景和战略一致的主题而划分的第三范式。用一句话来描述，ODS 是“用企业级的实体关系（ER）模型来存储数据的中央共享业务数据总库”。

6. 多维数据存储模块

多维数据存储又称为 DDS（Dimensional Data Store），代表用多维模型存储的数据，也是整个数据仓库的最主要数据存储地之一。和 ODS 相比，虽然两者都是采用关系型数据库的存储方式，但所使用的数据模型是完全不同的。ODS 采用的是“企业级的实体关系模型”，而 DDS 采用的则是所谓的“分主题的多维关系模型”（例如星型、雪花型等）。

7. OLAP 数据模块

OLAP 数据是专门为多维查询（OLAP）应用提供服务的数据。OLAP 数据和 ODS、DDS 一起构成了整个数据仓库的主体数据存储部分。由于 OLAP 应用事实上已经成为数据仓库的标准应用形式之一，因此 OLAP 数据在数据仓库中的作用和地位也越来越重要。如前所述，目前的 OLAP 系统大多已经不再采用关系型数据库，而是使用多维数据库（MDDB），这种方式又被称为 MOLAP。与之相对应，采用关系型数据库作为底层存储的 OLAP 系统就称为 ROLAP，而两者兼有的就是 HOLAP。

ODS、DDS 和 OLAP 数据构成了数据仓库的数据主体。

8. 应用服务层

在数据仓库的应用系统中，除了少数特殊的应用可能采取直接读取数据的 C/S 结构外，绝大多数应用都将采取 3 层或 3 层以上的架构。应用服务层就是指能够提供各种应用服务的中间应用服务层，主要提供的服务类型可能包括查询、报表、OLAP 和数据挖掘等。

9. 数据集市

数据集市是根据需要建立的专为该部门服务的面向专业应用的部门级数据库。

数据仓库基本功能层各模块构成了数据仓库的主线，将企业数据从数据源通过数据采集抽取到数据缓冲区，实现源数据物理存储的统一。通过 ETL 将数据从缓冲区加载到基于实体关系模型的 ODS 和基于多维模型的 DDS 中，根据实际需要建立数据集市，最后应用服务层按照业务用户的要求，将数据以查询、报表、OLAP 等形式实现数据的呈现。

二、数据仓库管理层

数据仓库管理层是围绕数据仓库的主线，为了数据仓库安全、稳定、高效地运行而建立的模块。数据仓库管理层基本组建包括以下模块。

1. 元数据管理模块

在整个数据仓库中，有两种不同类型的数据。第一种是业务数据，存放在业务数据仓库中；第二种是元数据（Meta Data），存放的是用来描述或者帮助企业对数据仓库中的数据进行发现、管理、控制和理解的数据，所以经常称元数据为有关数据的数据。

元数据管理体系是整个数据仓库技术架构中至关重要的部分。其管理范围可以从缓冲区开始，一直到具体的应用系统。在理想的情况下，整个数据仓库的所有行为都应该是由元数据驱动的，因此元数据又可以看作是数据仓库的 DNA。

元数据在数据仓库中拥有非常重要的地位。我们在设计时试图将数据仓库的所有管理参数都放入元数据中，因此在理想状态下数据仓库应该是由元数据驱动的。也就是说，元数据中的内容就好像是数据仓库的基因序列，修改它们的内容可以影响整个数据仓库的行为；同样，想调整数据仓库的行为也是通过修改元数据的内容来实现的。数据仓库中元数据大致包括如下内容。

（1）数据仓库的主题描述：主题名，主题的公共码键，有关描述信息等。

（2）外部数据和非结构化数据的描述：外部数据源名，存储地点，存储内容等。

（3）记录系统的定义：主题名，属性名，数据源系统，源表名，源属性名。

（4）逻辑模型的定义：关系名，属性 1，属性 2，…，属性 n。

（5）数据进入数据仓库的转换规则。

（6）数据的抽取历史。

（7）粒度的定义。

（8）数据分割的定义。

（9）广义索引：广义索引名，属性 1，属性 2，…，属性 n。

（10）有关存取路径和结构的描述。

2. 数据仓库监控系统

本模块的主要作用是监视和控制数据仓库系统中各项资源的使用情况，确保系统持续和更好地运行。监视的对象如下：

（1）硬件：服务器、磁盘阵列、磁带库、网络等。

（2）软件：数据库、OLAP 软件、数据挖掘软件等。

系统监控的内容主要包括以下三个方面。

（1）性能监视：实时监督以识别、去除或解决性能异常问题，同时还要提供系统是否稳定运行的视图。

(2) 系统调试：以产生更佳的系统性能。①应用和数据库设计调试：变更应用设计以及物理数据库设计。②系统优化调试：调整系统配置平衡及系统的可调组件。

(3) 工作量管理：对系统负荷进行管理，以提高工作负荷分配的合理性并对各种工作负荷的资源配置进行定制。

3. 数据备份和恢复模块

数据备份的对象包括缓冲区、ODS、DDS、OLAP 数据和元数据等。数据备份中非常重要的两点是备份策略和备份频率。备份策略主要包括全备份和增量备份两种。全备份会备份所有待备份数据，而增量备份则只备份自上次备份以来发生变化的数据。备份频率是指一天备份一次还是一周备份一次等，企业也可以根据实际情况进行调整。

4. 数据仓库门户

数据仓库的门户系统能够让业务用户从单一的渠道访问数据仓库的各个应用，是数据仓库的统一入口，为用户提供了一个统一的应用界面。门户系统将集成所有应用、各种数据仓库管理系统，集成访问权限，控制每个用户仅访问到应该访问的数据，保证企业信息的安全性。

第二节 数据仓库的数据存储和数据模型

对于数据仓库的数据结构，Inmon 在其理论中进行过描述。Inmon 认为，在数据仓库中数据存在不同的细节级：早期细节级（通常是存储在备用海量存储器上）、当前细节级、轻度综合数据级（数据集市级）以及高度综合数据级。数据是由操作型环境导入数据仓库的。相当数量的数据转换通常发生在数据由操作层向数据仓库层传输的过程中。一旦数据过期，就由当前细节级进入早期细节级。综合后的数据由当前细节级进入轻度综合数据级，然后由轻度综合数据级进入高度综合数据级。

虽然 W. H. Inmon 提出的上述数据仓库数据结构可以为我们设计现实数据仓库项目的数据存储和数据模型提供理论指导，但它毕竟过于理论化，缺乏可操作性。经过多年的发展以后，数据仓库技术已经在很多方面发生了变化。数据存储结构理论也得到了深入的发展。如前所述，目前 ODS、DDS 和 OLAP 数据是数据仓库核心的数据存储模块，本节将详述 ODS、DDS 和 OLAP 数据及其依据的数据模型。

一、ODS 数据存储

一个完整的 ODS 中应该包含企业中所有的业务数据（当然 ODS 是可以分步建设的）。这些数据应该是原始的、清洁的和集成的。所谓原始，就是指 ODS 并不对业务数据进行加工，而是忠实地保持业务系统中数据的内容。所谓清洁，就是指 ODS 中的数据是经过清洗的，并且是正确的。错误的或者不符合逻辑的数据不应该进入 ODS。所谓集成，就是指整个 ODS 应该有统一的数据标准和代码。

如前所述，ODS 中包含了企业几乎所有的原始数据，并且这些数据是以“企业级的实体关系模型”来存放的。实体关系模型应该是大家所熟知的概念，它以实体和关系来描述企业的业务活动，然后再用关系型数据库中的表来描述这些实体和关系，最终达到以表来描述企业业务活动的目的。“企业级的实体关系模型”实际上是描述整个企业所有的业务活动的实体关系模型。它把整个企业看成一个整体，其中再也没有原来的各个业务系统的概念。举例来说，“客户”这个实体在整个模型中被统一使用，不再像原来分散在各个销售系统中，这样更有利于企业建立客户关系管理系统（CRM）。

企业级的实体关系模型体现了数据仓库企业级的数据集成，为企业提供了一个一致的数据集成视图。基于企业级的实体关系模型，ODS 将企业几乎所有的业务数据存储进来，因此其数据存储量往往是巨大的，通常可以达到 TB 级甚至 10TB 级。这些数据通常具有最低粒度，可以满足企业几乎所有的查询分析需求。但是，需要重点说明的一点是，ODS 并不是针对查询分析需求而建立的。由于 ODS 中的数据粒度很低，并且数据量很大，查询效率也会很低。试图解决所有查询问题是 ODS 设计中的一个误区。要知道，对数据仓库的查询最多只有 10%～20%能够落到 ODS 中，而这 20%中的 99%是可以设法保证效率的，应该针对它们做出优化设计。

二、DDS 数据存储

DDS 是专门为快速查询而设计的，其中应该包含所有经常被查询的数据以及由 ODS 中原始数据衍生出来的数据。在设计和选择一个完整的 DDS 的数据内容时，应该保证在数据仓库中，所有针对关系型数据库的查询至少有 80%～90%可以在 DDS 中完成。DDS 将成为用户最常使用的数据存储区域。这些数据被分主题存放，并且采用的数据模型是关系型数据库的多维模型。

在 DDS 中数据按照主题、子主题的方式划分，最终将划分到特定的“数据单元”，形成一个典型的树型拓扑结构，如图 2-2 所示。

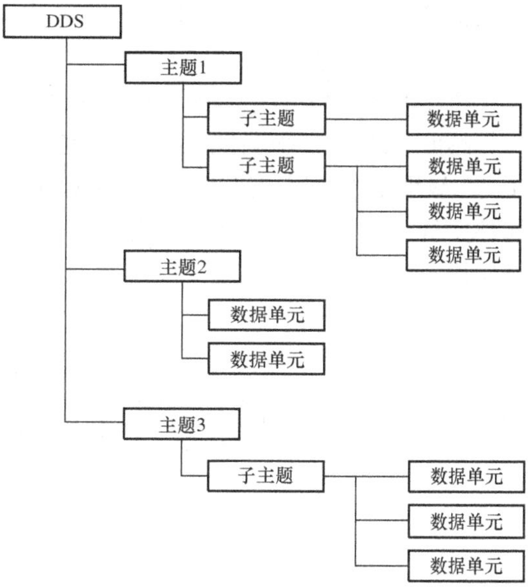

图 2-2　DDS 数据拓扑结构

在 DDS 的树型组织结构中，叶节点只能是数据单元。数据单元是由一组关系型数据库的表组成的逻辑组，这些表在一起形成一个独立的关系型多维模型。换句话说，一个数据单元可以对应到一个关系型多维模型，而一个关系型多维模型中所包含的所有表的集合就是数据单元。每一个数据单元都是按照关系型多维模型来组织的。关系型多维模型包含了维度、属性、度量等基本信息，并把它们存储在不同的表中。典型的关系型多维模型有星型多维模型和雪花型多维模型。

1. 星型模型

星形模型指的是这样一套数据，该数据由一个事实表（Fact Table）和若干个维度表（Dimension Table）组成。一般来说，在事实表中应该有 $n+m$ 个字段，其中 n 个字段表示维度，用来对数据进行分类，m 个字段则是该模型的 m 个测量值（分析变量）。上述的 n 个维度变量构成事实表的主键，而每一个维度又是和一个维度表相连的外键。每一个维度表用来描述一个维度，它由一个主键和若干个“属性变量”构成。星型结构的数据逻辑图如图 2-3所示。

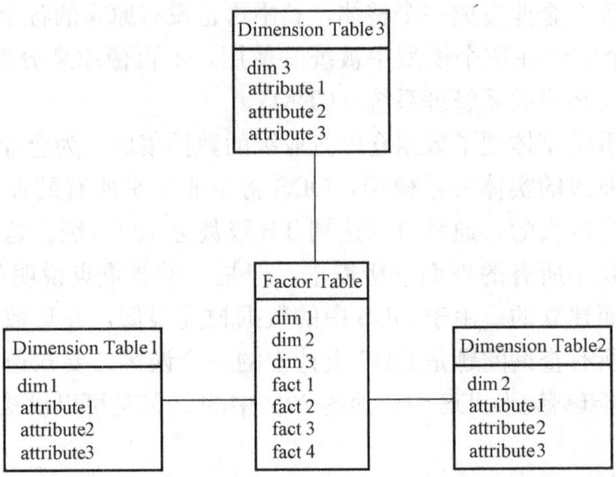

图 2-3　星型结构数据逻辑图

星型模型简单、高效而且适用性非常广泛，是用得最多的一种多维模型。星型模型的最大优点是最多只需要一层 SQL 链接就可以获得所有需要的数据。这是一种非常好的特性，它保证了星型模型的查询效率。

2. 雪花型模型

雪花型多维模型实际上是星型模型的一种扩展，其主要区别在于：在雪花型多维模型中，维度表的某一个属性变量也可以是一个外键，它和另外一个“2 级维度表”相连接。一个“2 级维度表”用来描述一个属性变量，其中除了主键以外，还包含若干个“属性变量的属性变量”。据此类推，还可以有 3、4 级维度表等。在一般情况下，2 级雪花型结构已经足够使用，其逻辑图如图 2-4 所示。

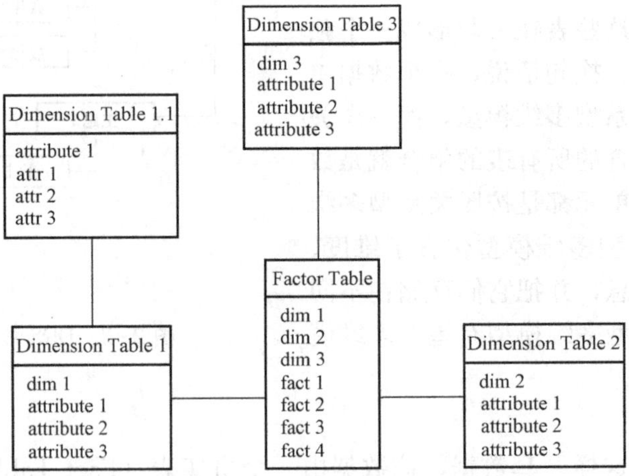

图 2-4　雪花型结构数据逻辑图

与星型多维模型相比，由于雪花型模型的结构相对复杂，查询时需要多一层链接，因此查询速度要慢一些。但是雪花型多维模型可以避免维度表的大量数据冗余，当维度表的某一个属性本身拥有很多“属性的属性”并且数据量较大时往往就需要使用雪花型多维模型。

由此可以看出 DDS 和 ODS 相比有以下区别。

(1) 理论上讲 ODS 应该包含所有可用的数据，而 DDS 只包含常用的数据，因此很多非常用信息只存在于 ODS 中，而不存在于 DDS 中。

(2) ODS 中只有原始的业务数据，而 DDS 中却可能有大量的衍生数据。这些衍生数据非常重要，不但具有极高的应用价值，而且使整个数据仓库中的信息价值大大提高，这也是 DDS 的价值所在之一。

(3) ODS 采用的是企业级的实体关系模型，而 DDS 采用的是多维关系模型（如星型），因此 DDS 的查询速度和效率高于 ODS。

(4) ODS 的数据粒度比 DDS 更详细。DDS 的数据粒度通常只为了满足常用的用户查询，而 ODS 中存储的则是原子级数据。此外，DDS 还是 OLAP 数据的数据源，而在一般情况下 OLAP 数据很少直接从 ODS 中汇总数据。

三、OLAP 数据存储

OLAP 数据是专门为 OLAP 应用（即多维分析）提供服务的数据，它的存储单位被称为“立方体”或者 CUBE。CUBE 的内容应该根据 OLAP 应用的需求来确定，其中主要包含了各种不同维度下的汇总信息。OLAP 数据从 DDS 汇总而来，并且有专门的格式来保存这些汇总结果。根据具体策略不同，OLAP 数据的存储方式既可以是多维数据库（MDDB），也可以是关系型数据库（RDBMS）。后续章节会详细介绍 OLAP 的相关知识。

第三节 数据加载模块

数据加载过程在数据仓库中通常称作 ETL 过程，负责将源数据按照既定的规则加载进 ODS、DDS 和 OLAP 数据，通过 ETL 作业的定期调度，实现数据的自动加载，并且在加载的过程中通过数据质量检查，保证数据的准确性。ETL 是实施数据仓库的重要步骤。如果说数据仓库的模型设计是一座大厦的设计蓝图，数据是砖瓦，那么 ETL 就是建设大厦的过程。在整个项目中最难的部分是用户需求分析和模型设计，而 ETL 规则设计和实施则是工作量最大的部分。

一、ETL 加载过程

根据数据仓库存储结构，ETL 加载过程通常分成 3 个部分。

(1) 从数据缓冲区加载数据至 ODS：数据缓冲区中存放的是通过数据采集系统获得的数据源数据，是未经任何处理的原始数据。而 ODS 中存放的虽然也是原始数据，但应该是清洁的和统一的，并且是以企业级的实体关系模型来存放。在此阶段，ETL 完成数据的抽取、清洗、映射、转换和装载工作。

数据抽取就是从数据缓冲区识别、获取所需数据的过程。数据清洗是对源数据中的数据问题进行修正的过程，这些问题包括数据值的错误、业务逻辑错误、重要数据缺失等。数据清洗保证进入 ODS 的数据的准确性。数据映射就是对来自不同数据源的数据之间存在的不一致问题（如编码的不一致、计量单位的不一致、字段名称的不一致等）使用统一的代码加以转换的过程。数据转换就是按照 ODS 的数据模型要求进行数据转化，最后经过数据装载过程，把转化完毕的数据写入物理数据库。

(2) 从 ODS 加载数据至 DDS：根据 ODS 和 DDS 之间的区别，将 ODS 加载数据至 DDS

的 ETL 过程将完成数据抽取、转换、汇总、计算和装载的过程。

数据抽取是从 ODS 中获取数据的过程，经过数据转换，把 ODS 中基于 ER 模型的数据转换成基于多维模型的数据。数据汇总和计算是针对常见的数据查询或业务逻辑，基于 ODS 最低级数据粒度的数据，计算出汇总数据，并将结果保存在结果表中，为数据查询做好准备。通常的汇总和计算过程都是非常复杂和耗时的，因此汇总和计算的数据对响应用户在规定的时间内的复杂查询具有十分重要的意义。数据装载也是将抽取转换的数据写入 DDS 物理数据库的过程。

(3) 从 DDS 加载数据至 OLAP 数据立方体：数据立方体是 OLAP 的数据存储方式。从 DDS 加载数据至 OLAP 数据立方体的 ETL 过程通常借助于 OLAP 工具的支持，按照预先建立的 OLAP 数据立方体模型，将数据加入到数据立方体中。

二、数据加载策略

针对不同的数据形式，ETL 通常使用以下几种数据加载策略。

(1) 全表覆盖：对于一般业务表，如果数据不经常变化，数据量小，业务意义上又不需要对历史数据的变化进行保留，则可以采用全表覆盖的加载方式进行加载，如一些代码表。

(2) 追加加载：对于有时间戳、每日进行当日数据的增量、每日增量数据量不是太大、需要保留历史数据，并且不会对历史数据进行修改的业务表，可以采用追加加载方式，如每日交易成交数据。

(3) 增量加载：同追加加载类似，只是在业务表的每日增量过程中有可能对历史数据进行修改、删除、插入等操作，对于这类表，采用增量加载方式，采用唯一主键来标识每条记录。

(4) 比对加载：每日数据量相对较大，而每日相对于上日的数据变化不大，同时需要对历史数据进行保留，一般有时间戳，对于这类业务表则采用比对加载方式，每条记录都采用开始日期和结束日期来进行记录，这样可以大大减少表的记录数。

三、ETL 作业的调度

ETL 作业是 ETL 加载过程的基本单位，一个 ETL 作业通常针对一个目标表进行数据的抽取、转换、计算和装载。ETL 过程就是由大量的基本 ETL 作业构成的。需要注意的是，ETL 作业之间并不是孤立的，通常 ETL 作业的执行具有先后顺序，我们通常把这种先后顺序称为作业间的依赖关系。依赖关系决定一个作业是否具备执行条件。假设有两支作业 A 与 B，如果 B 必须等待 A 成功执行完毕后才能执行，那么我们称 B 作业有作业依赖性存在，而 A 就是 B 的依赖作业。一支作业可以设定多支的依赖作业，当一支作业有多支的依赖作业时，那么此作业必须等到其所有的依赖作业都成功执行完毕后才能执行。

保证 ETL 作业按照既定的依赖关系有序运行是 ETL 系统正确且高效运行的重要任务，我们把 ETL 这种作业运行管理机制称为 ETL 作业调度，负责对所有数据加载作业（包括 ODS 加载作业、DDS 加载作业、OLAP 加载作业等）进行管理、调度和监控。ETL 作业调度管理工具也就成了 ETL 系统工具的重要组成部分。专业的 ETL 产品通常以工作流的形式来运行和管理 ETL 作业，通常的功能如下：

(1) 对每一个新完成的数据加载作业进行登记，记录其作业名称、加载目标、过程描述、运行方法/参数等信息；对已经进行登记的数据加载作业，提供上述信息的修改功能；对不再使用的数据加载作业，允许管理员从已经登记的作业中删除。

（2）对于每一个已经登记的数据加载作业，设定其自动加载策略（或者称为自动运行计划），内容包括加载频率（如每天、每周、每月等）、自动开始时间、加载的先后次序和依赖关系（如必须在某个作业完成后才能进行）等。

（3）提供数据加载作业的自动调度功能，根据设定的作业加载策略信息，在合适的时间按照合适的次序自动运行相应的数据加载作业。此外，自动作业调度程序还应该提供作业运行的并发控制功能。

（4）能够以手动的方式在任何时间启动任何数据加载作业。

（5）查看和监控当前的作业加载队列，并显示每一个作业的加载状态（如完成、等待、正在进行、出错等）。

（6）浏览和查看历史上所有数据加载作业的运行执行情况，允许查询任何一个数据加载作业在任何一次运行中的运行日志或者出错信息。

四、数据质量控制

数据质量问题是在开发任何 ETL 模块时都无法回避的一个问题。数据质量问题通常包括以下几种。

（1）数据格式错误，例如缺失数据、数据值超出范围或是数据格式非法等。对于同样处理大数据量的数据源系统，通常会舍弃一些数据库自身的检查机制，例如字段约束等。数据源系统尽可能将数据检查在入库前进行，但是这一点是很难确保的。这类情况诸如身份证号码、手机号、非日期类型的日期字段等。

（2）数据一致性，同样，数据源系统为了性能的考虑，会在一定程度上舍弃外键约束，这通常会导致数据不一致。例如，在账务表中会出现一个用户表中没有的用户 ID，有些代码在代码表中找不到等。

（3）业务逻辑的合理性，这一点很难说对与错。通常，数据源系统的设计并不是非常严谨，例如让用户开户日期晚于用户销户日期都是有可能发生的，一个用户表中存在多个用户 ID 也是有可能发生的。对这种情况，有什么办法吗？

ETL 数据质量问题是用户最关心的方面之一，如果 ETL 源头不能保证比较干净的数据，那么后面的分析功能的可信度也都成为问题。所以对于 ETL 过程中产生的质量问题，必须要建立数据质量控制机制，保证数据质量。在 ETL 过程中需要做下列 4 种类型数据质量检测方式。

（1）格式（Formatting）及对照（Mapping）检查：确保 ETL 过程中的格式变换正确，并且各字段的转换和计算正确。

（2）记录数平衡检查（Count Balance）：验证 ETL 各步骤中输入和输出的记录数没有变化，记录数平衡检查可以确认 ETL 程序运行中没有丢失或重复记录。

（3）汇总平衡检查（Amount Balance）：从业务上按不同的计算口径对计算结果进行比较，误差应在一定数据值范围内。

（4）参照完整性（Referential Integrity）检查：检查数据是否遵照数据模型定义的数据实体的参照关系，即 Identify 关系中，是否每个子实体中的记录都能够对应相应的父实体中的记录，RI 检查保证数据仓库中实体间逻辑关系的正确。

格式及对照检查和记录数平衡检查相辅相成，前者确保入库记录中的每个字段符合要求，后者保证源数据中所有记录都被处理到，没有遗漏或重复。汇总平衡检查确保数据计算过程的准确性。参照完整性检查通过关联等手段，确认入库的数据是否符合业务逻辑关系，前面三种检查强调的是每个数据实体的正确性，参照完整性检查则强调数据实体之间的关系正确性。通过参照完整性检查，也可以发现源数据中的质量问题，例如，在把数据中的地区名称转换为地区代码时，可以部分地检查到源数据中的地区名称是否规范或准确。

在实现上，格式及对照检查在测试阶段完成，它是系统测试阶段的重要工作，根据测试案例，以人工或测试程序来检测数据的每个字段是否都准确按照数据对照的要求进行转换。

记录数平衡检查需要在每一次 ETL 运行时进行，以确认当次运行过程的正常，没有出现程序错误、系统错误或其他运行过程的错误，通过记录数平衡检查，对程序进行长期跟踪，对 ETL 程序的维护提供重要的线索。记录平衡检查通常由 ETL 工具在运行过程中自动完成，运行人员可以通过查看运行的日志，获得 ETL 每个步骤的输入输出记录数据，如果检查到某个 ETL 步骤的记录数不平衡，则应检查 ETL 程序是否存在异常。

汇总平衡检查需要由业务人员制定规则，由 ETL 来实现相关的程序，并在 ETL 加载过程中统一调度，一般是在 ETL 加载完成以后调用汇总平衡检查程序，如果检查结果误差超出了规定的误差范围，ETL 加载应作为不成功处理。

多数参照完整性的检查过程也包含在程序中，在每次 ETL 运行过程中被执行。很大一部分参照完整性检查是在数据关联和合并的过程中实现的，将数据的外键与参考数据表进行比较，如果该数值在参考数据表中找不到，则说明该记录是孤儿记录，存在参照完整性问题。根据需要，也可以在关联程序中编写专门的参照完整性检查的逻辑，对必要的参照完整性进行检查。并非所有数据模型中的参照（外键）关系都需要进行检查，因为源数据质量原因，可能存在部分数据的父数据已经无法得到，但该数据仍然需要入库，则不需要对其进行参照完整性检查。

如果数据在入库一段时期后才发现源数据存在错误，就需要对入库数据进行相应修改，修改过程需要手工完成，不同数据错误的涉及面不相同，处理也不会相同，针对不同的错误相应采取不同的应对策略。

（1）如果是定期更新的不含历史的数据表，如代码表等，只需等源数据修改以后重新运行 ETL 作业即可。

（2）如果是包含短期历史数据的细节表，根据源数据的修改经由数据管理人员签字认可后可直接修改数据仓库的相应数据。

（3）如果是包含历史的维度表，则要视错误发生的字段不同而相应处理也不同。

（4）如果只是维表本身使用的属性字段发生错误，则直接修改该数据本身即可。

（5）如果是用来给其他表做参照的关键字段发生错误，则需要分析其影响，除了修改维表本身的数据以外，还要将其影响到的数据表中相应的使用到该参照数据的地方进行相应修改，如果数据量较小，通过手工比对进行修改；如果数据量较大，则可能需要通过专门的程序分析并修改相应的数据。

关键源数据质量问题所引起的维护成本相当昂贵，对业务不稳定而且数据源质量较差的数据入库，将导致很多维护工作。由于数据仓库在运行的初期一般数据质量都不是特别可靠，因此数据仓库设计的初始阶段应尽量避免设计汇总表，而将一部分力量投入到数据源的规范和管理上，减少错误频度。对 ETL 过程发现的质量不合格的源数据应及时修正，并积极制定相应策略，对源数据进行管理规范化。

对错误数据的更正也不只是数据库开发和维护人员的事情，源数据的维护人员，特别是产生业务数据的业务部门的参与和协调非常重要。该工作的具体实施策略需要权衡考虑业务部门的源数据质量情况、业务上对数据准确性的要求、IT 人员的工作量和项目的进度以及数据仓库系统的状况等各个方面，才能得到各方都比较满意的效果。

第四节　数据分析展现模块

数据仓库的数据分析展现模块又称为数据仓库前端应用系统，负责将数据仓库的数据按照业务人员的需求、结合数据的访问性能和安全性要求以特定方式展现出来，因此前端应用系统也是业务人员访问数据仓库的接口。在数据仓库实施后，业务人员最直接的需求就是采用数据仓库系统产生各种报表，替代传统的繁重工作，产生大量的报表和复杂查询需求，前端应用系统则主要针对其中的主要内容提供解决方案。前端应用系统展现数据的主要方式包括 KPI 分析、固定式报表与即席查询、多维报表和数据挖掘等。本节主要讲述 KPI 分析、固定式报表和即席查询，多维报表和数据挖掘将在后续章节进行详细介绍。

一、KPI 分析

KPI 是 Key Performance Indicator 的缩写，中文译为关键绩效指标，是企业用来全面衡量各机构业绩和效益的标准，从时间、机构等角度或多角度的组合来分析公司各方面的运营情况，使决策者可以快速掌握关键信息。更进一步讲，KPI 是战略导向且层层分解量化的，能够帮助企业把握发展方向，准确衡量工作成果，是一种先进的绩效管理方法。

作为衡量管理客体绩效表现的量化指标，绩效计划的重要组成部分，关键绩效指标具有如下几项特点。

（1）KPI 来自于对公司战略目标的分解。这首先意味着，作为衡量各职位工作绩效的指标，关键绩效指标所体现的衡量内容最终取决于公司的战略目标。当关键绩效指标构成公司战略目标的有效组成部分或支持体系时，它所衡量的职位便以实现公司战略目标的相关部分作为自身的主要职责；如果 KPI 与公司战略目标脱离，则它所衡量的职位的努力方向也将与公司战略目标的实现产生分歧。

KPI 来自于对公司战略目标的分解，其第二层含义在于，KPI 是对公司战略目标的进一步细化和发展。公司战略目标是长期的、指导性的、概括性的，而各职位的关键绩效指标内容丰富，针对职位而设置，着眼于考核当年的工作绩效、具有可衡量性。因此，关键绩效指标是对真正驱动公司战略目标实现的具体因素的发掘，是公司战略对每个职位工作绩效要求的具体体现。

最后一层含义在于，关键绩效指标随公司战略目标的发展演变而调整。当公司战略侧重点转移时，关键绩效指标必须予以修正以反映公司战略的新内容。

（2）KPI 是对绩效构成中可控部分的衡量。企业经营活动的效果是内外因综合作用的结果，其中内因是各职位员工可控制和影响的部分，也是关键绩效指标所衡量的部分。关键绩效指标应尽量反映员工工作的直接可控效果，剔除他人或环境造成的其他方面影响。例如，销售量与市场份额都是衡量销售部门市场开发能力的标准，而销售量是市场总规模与市场份额相乘的结果，其中市场总规模则是不可控变量。在这种情况下，两者相比，市场份额更体现了职位绩效的核心内容，更适于作为关键绩效指标。

(3) KPI是对重点经营活动的衡量，而不是对所有操作过程的反映。每个职位的工作内容都涉及不同的方面，高层管理人员的工作任务更复杂，但KPI只对其中对公司整体战略目标影响较大、对战略目标实现起到不可或缺作用的工作进行衡量。

(4) KPI是组织上下认同的。KPI不是由上级强行确定下发的，也不是由职位自行制定的，它的制定过程由上级与员工共同参与完成，是双方所达成的一致意见的体现。它不是以上压下的工具，而是组合中相关人员对职位工作绩效要求的共同认识。

KPI所具备的特点决定了KPI在组织中举足轻重的意义。第一，作为公司战略目标的分解，KPI的制定有力地推动公司战略在各单位、各部门得以执行；第二，KPI让上下级对职位工作职责和关键绩效要求有了清晰的共识，确保各层各类人员努力方向的一致性；第三，KPI为绩效管理提供了透明、客观、可衡量的基础；第四，作为关键经营活动的绩效的反映，KPI帮助各职位员工集中精力处理对公司战略有最大驱动力的方面；第五，通过定期计算和回顾KPI执行结果，管理人员能清晰了解经营领域中的关键绩效参数，并及时诊断存在的问题，采取行动予以改进。

（一）KPI设计方法

1. 基本方法

设计关键绩效指标有一个重要的SMART原则，SMART是5个英文单词首字母的缩写。

S——Specific（具体），指绩效考核要切中特定的工作指标，不能笼统。

M——Measurable（可度量），指绩效指标是数量化或者行为化的，验证这些绩效指标的数据或者信息是可以获得的。

A——Attainable（可实现），指绩效指标在付出努力的情况下可以实现，避免设立过高或过低的目标。

R——Realistic（现实性），指绩效指标是实实在在的，可以证明和观察。

T——Time bound（有时限），注重完成绩效指标的特定期限。

建立关键绩效指标的要点在于流程性、计划性和系统性。

首先明确企业的战略目标，并在企业会议上利用“头脑风暴法”和“鱼骨分析法”找出企业的业务重点，也就是企业价值评估的重点。再用头脑风暴法找出这些关键业务领域的关键绩效指标，即企业级KPI。

接下来，各部门的主管需要依据企业级KPI建立部门级KPI，并对相应部门的KPI进行分解，确定相关的要素目标，分析绩效驱动因素（技术、组织、人），确定实现目标的工作流程，分解出各部门级的KPI，以便确定评价指标体系。

然后，各部门的主管和人员一起将KPI再进一步细分，分解为更细的KPI及各职位的业绩衡量指标。这些业绩衡量指标就是员工考核的要素和依据。

这种对KPI体系的建立和测评过程本身就是统一全体员工朝着企业战略目标努力的过程，也必将对各部门管理者的绩效管理工作起到很大的促进作用。

指标体系确立之后，还需要设定评价标准。一般来说，指标指的是从哪些方面衡量或评价工作，解决“评价什么”的问题；而标准指的是在各个指标上分别应该达到什么样的水平，解决“被评价者做多少”的问题。

最后，必须对关键绩效指标进行审核。比如，审核这样的一些问题：多个评价者对同一个绩效指标进行评价，结果是否能取得一致？这些指标的总和是否可以解释被评估者80%以上的工作目标？跟踪和监控这些关键绩效指标是否可以操作？……审核主要是为了确保这些关键绩效指标能够全面、客观地反映被评价对象的绩效，而且易于操作。

2. 组合平衡计分卡设计 KPI

平衡计分卡（Balance Score Card，BSC）及关键绩效指标（Key Performance Indicator，KPI）都是极佳的绩效战略管理工具，BSC 兼顾财务、顾客、内部流程、员工4大层面；KPI 则是将企业战略转化为内部的过程和行动，也是衡量企业战略实施效果的关键指标。前者强调目标均衡，让公司的长期与短期目标并重；后者则找出公司成功的关键因素，制定各部门关键绩效指标，让公司战略目标可以由上至下进行层层分解。

目前非常流行的解决方案就是“BSC＋KPI”：通过 BSC 将绩效指标分至各个层面，运用 KPI 方式，具体说明企业的绩效考核指标和绩效考核标准。

“BSC＋KPI”解决方案的基础设计理念是依据平衡计分卡的观念，考察企业经营上不同层面不同级别的管理考核需要，分为财务绩效、客户绩效、流程管理、员工4个方面，并从企业全局观点、业务部门观点、地理区域观点、地区分行/部门观点及个体员工等不同级别由上而下由粗而细地区分为不同等级指标。它不仅实际体现了企业的内部管理现况和外部竞争形势，更可以找到问题的核心和原因作为未来行动方案的基础。企业的经营管理阶层将根据它们考核本身的经营业绩，评估是否符合当初设定的目标方向，满足为所有者权益、客户、员工增值的目的。

（1）为所有者权益增值（Shareholder Value Add，SVA）：如何提高经营效率，创造最大利润。

（2）为客户增值（Customer Value Add，CVA）：如何为客户增加利润贡献。

（3）为员工增值（People Value Add，PVA）：如何激励员工，增进创新及管理能力，提高服务质量。

（二）基于数据仓库的 KPI 应用

在数据仓库系统建立之后，各业务系统每天的详细业务数据都通过网络及时汇集到数据仓库中。数据集成的主要目的和价值是提高数据的利用率，增强企业核心竞争力。KPI 应用正是为了更加科学、全面地评估企业整体经营情况。它通过合理选取反映企业各方面经营状况的关键指标，按照行业通用惯例和标准对各项指标进行明确的定义，采集各项指标的考核值和标准值，对各项任务指标进度和水平进行跟踪和监控；并从时间、机构、产品的角度让决策者探测各类指标的实际值、计划值、计划完成率、指标得分、综合得分，对于异常变动的指标立即预警，在最短时间内提醒业务人员关注。因此，数据仓库的建立为 KPI 分析应用的实施提供了更加全面的数据环境和合适的技术环境。

1. KPI 设计

基于数据仓库实施 KPI 分析应用，在设计 KPI 时特别需要遵循以下几项原则。

（1）目标明确。KPI 必须依据企业的经营目标，包括部门目标和职务目标，把个人和部门的目标同组织的整个战略联系起来，以全局的观点思考问题。目标不同，KPI 也不尽相同。

（2）简洁明了。KPI 应当简洁明了，使执行者容易理解和接受。

（3）可操作性。KPI 再好，如果难以操作，也没有实际价值。必须从技术上保证指标的可操作性，对每一个指标都给予明确的定义，同时应建立完善的信息收集渠道。

（4）相对稳定性。KPI 一般应当比较稳定，即如果业务流程基本未变，则 KPI 的项目也不应有较大的变动。

（5）可控性。指标应当可以控制，可以达到。

基于数据仓库的 KPI 设计常常是按照业务分析主题进行分类。比如在银行信用卡部门，可以分为营销指标、风险指标、运营指标和财务指标等大类；营销指标又进一步分为发卡和收单两类，风险指标则进一步分为信用额度、逾期、催收、核销等子类。另外一种常见的分类方法是按照业务部门进行划分。

在定义 KPI 时需要明确定义如表 2-1 所示的项目。

表 2-1　KPI 定义中的项目

项　目	定　义	意　义
KPI 编号	KPI 的唯一标识，可以通过编码方式体现一定的分类含义	系统使用的唯一标识，KPI 的主键
KPI 名称	KPI 的称谓名称。这种称谓应该简洁明了，既可以表达出衡量的概念，也便于记忆、便于系统显示，如赔付率、不良赃款比率等	让人了解 KPI 大概的范围与内容
KPI 说明	KPI 说明就是对 KPI 进行简要的描述，清晰描述出它的定义、范围。例如，总资产周转率——总资产在一个会计年度内周转的次数；客户集中度——占销售额前 3 名的客户在总销售额中的比例	在 KPI 名称的基础上，对 KPI 进行更为明确的规定，让人理解 KPI 的内容
KPI 计算公式	如何计算该 KPI。例如，总资产周转率＝销售额/[（年初的总资产＋年末的总资产）]/2	在具体的操作中，如何计算该 KPI，明确计算方法，避免产生歧义
KPI 单位	计分单位是指 KPI 用什么样的单位来计算分数。例如，%、率、次数、等级	
KPI 计划值	指标的阶段计划值	有利于衡量指标的完成情况
KPI 的行业参考值	该指标在行业范围内的平均值或参考值	有利于评价企业绩效在行业中的位置
KPI 指标极性	该指标是越高越好，越少越好，还是保持在一个范围内最好。例如，销售增长率的性质是越高越好，差错率是越少越好	初步说明指标刻度的指向性
KPI 制定目的	描述为什么要制定该 KPI。例如，与客人沟通的次数的意义是：通过对该指标的考核，保障服务人员与客户进行足够的沟通，及时了解客户需求	说明 KPI 考核的目的，便于绩效考核的衡量
KPI 的计分方法	通过公式将 KPI 计算出来后，如何转换为被考核者的分数。例如销售增长率，30%为 100 分，20%以下包括 20%为 0 分	使绩效考核更为客观，便于操作
KPI 的信息提供者	KPI 以事实为基础，所以，KPI 需要搜集事实信息，这些信息一般不能是被考核者自己提供的，需要信息的提供者。例如，重大质量事故的次数，如果该指标的承担者是制造部门，那么，信息提供者应该是品管部	如果没有信息的提供者，KPI 就不能得到真实的数据，就不可能衡量好坏的差异程度
KPI 的责任人	承担考核指标的人，也就是被考核者，有时一个指标的承担者可能不是一个部门或一个人，可能是几个人或者相关的部门	明确谁应该承担该指标，为该指标的结果作贡献

续表

项　　目	定　　义	意　　义
KPI检查频率	该KPI指标所指内容的管理周期。例如，大型机械设备的销售，销售额可能要在年度或者半年度进行考核；而对于商业企业来说，可能每天每周都需要检查数据	设置检查频率，对于正确的考核与检查这是非常重要的

2. KPI应用系统

在数据仓库项目中，比较流行的KPI应用是基于Web的KPI分析系统，即展示、管理与维护关键绩效指标的应用系统。

一般来讲，KPI分析系统的最终用户常常是企业中的高层领导，他们没有时间像分析师那样直接使用数据仓库分析工具，通过查询和分析等方式逐渐挖掘隐藏在数据中的业务价值。他们需要简单快速地掌握影响企业绩效的关键指标，需要直接了解分支机构、部门或员工的绩效情况。

为了满足高层领导的需求，KPI分析系统多采用表格、图形、动画等方式来展示KPI，并且至少包括以下功能。

(1) 经营分析快报。经营分析快报使用最简单的表格、图形全面展示KPI值，一般采用时间、机构作为分析维度，尽量使高层领导能够在一个页面中全面了解一类KPI的整体面貌。

(2) 完成情况考核。完成情况考核使用仪表盘等图例直接反映出KPI指标的计划完成情况，让领导能够快速掌握经营状况，以及时制定接下来的应对方法。仪表盘一般通过指针所处的不同位置来反映经营状况。

(3) 行业参考与比较。对于能采集到行业参考值的指标，KPI分析系统还应该支持指标完成情况与行业参考值的对比，使领导能够了解企业在行业中的位置，知己知彼方能百战百胜。

(4) 关键产品分析。关键产品分析是将企业的关键产品或产品组作为指标维度，考核不同产品的指标完成情况，并通过饼图、柱状图等进行展示。

(5) 重要报告。重要报告是指将KPI组织成预定义格式的Word等格式的文档，形成企业重要指标周报/月报等文件，定期直接发送到高层领导的邮箱，采用PUSH的方式向领导汇报工作。

(6) 使用帮助。使用帮助一般需要提供KPI分析系统的使用手册以及KPI的详细说明文档。

(7) 系统管理。系统管理功能一方面包括系统管理员的管理功能，如用户管理、用户权限管理、指标管理、指标分类设定、机构管理、产品管理等；另一方面包括用户个性化管理功能，如选择自己关心的KPI展示、设定喜欢的展示图表和颜色、设定报告寄送的地址和频率等。

二、报表

报表一般又可以细分为固定报表和自定义报表。固定格式日常报表的开发最重要的在于需求分析，通过需求分析了解数据定义，清楚数据来源。定义好报表格式之后，就可以按照要求的格式进行编程开发。开发好的报表类似一些接口文件，按照设定的周期、条件刷新结果，并把结果文件直接送往相关用户。自定义报表一般是指那些针对特定应用开发的灵活报表模板。业务人员在使用时可以自己调整查询请求项和查询条件，从而得到不同的查询结果。根据选用的报表工具，还可以对查询结果进行旋转、钻取等灵活分析。

1. 固定报表

固定报表通常是企业内部使用的日常统计报表，或满足外部监管和信息发布需求的上报报表，具有报表格式固定、数据统计口径明确等特点。

下面将按照固定报表的开发流程来介绍基于数据仓库的报表开发。

（1）需求分析。固定报表开发最关键的阶段是需求分析，该阶段的主要工作是根据企业报表应用的规划和要求收集并整理业务需求，完成需求书编写和业务需求分析，整理统一的业务指标规范，提出报表应用的数据需求，并整理完整的报表需求详细说明书。

通过这个过程，组织访谈和调查，进一步收集、细化业务需求，组织编写各种需求及需求分析文档，整理统一的业务指标规范。整个工作过程需要企业相关业务人员的积极配合，协调业务咨询和业务用户提供明确的业务需求，协调业务用户参与需求讨论及对一些业务问题的确认。因此，该阶段的工作难点在于协调和沟通，最终使技术人员和业务人员达成一致，明确需求，为后续的设计开发打好基础。

下面通过一个具体的工作计划安排表（表 2-2）来说明固定报表需求分析阶段的工作内容和时间分配情况。

表 2-2　工作计划安排表

序号	任　务	时　间	序号	任　务	时　间
1.1	准备需求分析模板	2个工作日	1.8	业务需求分析初稿编写	5个工作日
1.2	企业报表收集并整理清单	1个工作日	1.9	业务需求分析访谈	3个工作日
1.3	报表分类、指标项分组及任务分派	2个工作日	1.10	业务需求分析讨论确定	2个工作日
1.4	报表业务需求访谈	1个工作日	1.11	报表数据需求书	8个工作日
1.5	业务需求书编写	5个工作日	1.12	数据支持分析	6个工作日
1.6	业务指标规范整理	10个工作日	1.13	整理报表需求详细说明书	5个工作日
1.7	业务需求的讨论确认	5个工作日			

该阶段的主要提交物包括报表的业务需求说明书、业务指标规范、报表的业务需求分析说明书、报表的数据需求说明书和报表需求详细说明书。

（2）设计开发。需求分析完成之后，固定报表的设计开发就是非常明确的一项工作了，但是工作量和工作步骤还是很繁杂的。报表的设计与开发阶段的主要工作和提交物如下：

1）报表设计。报表设计阶段的主要工作包括报表应用功能设计、报表应用详细设计和报表应用数据模型设计。

主要提交物有报表的应用功能设计说明书和报表的应用数据模型说明文档。

2）报表开发。报表开发阶段的主要工作包括报表应用数据的 ETL 脚本开发、报表数据集市数据加载和报表应用功能开发。

主要提交物有报表应用数据映射及 ETL 程序和报表应用的功能程序。

下面同样通过一个具体的工作计划安排表（表 2-3）来说明固定报表设计开发阶段的工作内容和时间分配情况。

2. 自定义报表

所谓自定义报表，是指根据某些特定分析主题设计开发的报表模板，用户在使用时可以部分修改查询请求项和查询条件，从而得到不同的查询结果，并对结果进行灵活分析。由于大多数业务人员不具备 IT 背景，自定义报表能够为他们提供一种灵活简便的数据仓库访问方式。与固定报表不同，在数据仓库建设初期，自定义报表并没有明确的业务需求，需要经过较多的业务访谈来发现需求，并且一般会由数据仓库厂商根据实施经验提供一些符合行业业务分析需求的自定义报表模板。

表 2-3　工作计划安排表

序号	任　务	时　间	序号	任　务	时　间
2	报表应用设计		3.1.5	进行压力测试及估算	10 个工作日
2.1	应用功能设计	7 个工作日	3.1.6	脚本移植到生产环境	1 个工作日
2.2	应用详细设计	10 个工作日	3.1.7	进行初始加载	5 个工作日
2.3	应用逻辑模型设计	10 个工作日	3.1.8	日常加载，并跟踪运行情况	10 个工作日
2.4	应用物理模型设计	2 个工作日	3.2	应用开发	
2.5	初步填写数据映射	5 个工作日	3.2.1	开发环境搭建	3 个工作日
3	监管与内部管理报表应用开发		3.2.2	开发规范定义	1 个工作日
3.1	数据加载		3.2.3	功能开发	20 个工作日
3.1.1	数据映射	8 个工作日	3.2.4	单元测试	10 个工作日
3.1.2	安排任务调度和流程	1 个工作日	3.2.5	集成到门户	10 个工作日
3.1.3	开发脚本，进行数据加载	10 个工作日	3.2.6	功能发布	5 个工作日
3.1.4	进行数据准确性测试	10 个工作日			

自定义报表的开发过程类似固定报表开发过程，分为需求分析、设计、开发几个阶段，只是它的开发更依赖于选用的报表工具。目前这类工具非常多，包括 Cognos，Essbase，Brio，Business Objects，MicroStrategy，Crystal，SAS 等，各有特点。不同工具的局限性不同，在项目中可以结合实际需要进行选择。关于这些工具的使用和特点可以查阅相关的技术白皮书。

三、即席查询

建立数据仓库最终的目的和价值就是要让数据说话，也就是要了解客户隐藏在数据背后的行为模式，了解企业真正的获利能力。即席查询正是让数据讲话的最有效方法，为市场分析人员、客户服务人员等各个业务领域的高级查询用户提供随机、灵活的查询手段，真正体现数据仓库的业务价值。

1. 查询方法

即席查询是为了解决业务问题、实现业务分析而访问数据仓库，从数据仓库中寻找答案的一种方法。和关键绩效指标相比较，即席查询的特点在于灵活多变、不可预知等，但并不是无章可循。世界著名数据仓库厂商 NCR 从多年的实践经验中总结出即席查询的 5 大步骤。

（1）发现业务问题。

（2）计划执行步骤。

（3）设计开发即席查询。

（4）执行即席查询。

(5) 分析结果。

这个过程是周而复始的。在分析查询结果时可能引出新的问题、可能成为其他业务问题的基础、可能不够明确需要进一步查询等，于是需要重新从任一步骤开始继续，直至最终形成能够解决业务问题或为业务发展提出建议的结果与方案，整个过程如图2-5所示。

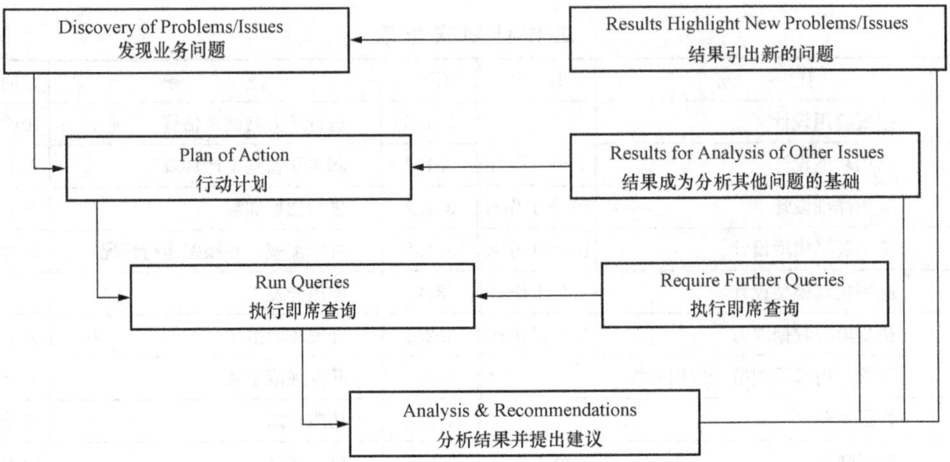

图2-5 即席查询的步骤

2. 工具与技术

从即席查询的方法中看到，即席查询的设计开发既可以利用商业智能前端信息分析工具、通过可视化界面实现，也可以直接编写SQL、通过数据仓库的查询工具执行，二者本质上都是将查询数据表的SQL语句提交给数据仓库进行查询，并获得查询结果。

利用前端分析工具的优点在于：可以降低开发难度，可视化的设计和结果展示界面使普通业务人员很容易掌握，查询结果以报表方式存储可以在不同业务人员和部门之间共享和重用。利用即席查询报表的分析方式，经授权的业务使用者（Business User）可以自行从数据仓库中抽取解决业务问题所需的数据资料，而无需事事求助于IT人员，从而大幅减少了数据资料产生的时间。同时，在提供报表给管理阶层或进行业务分析之前，使用者可以利用即席查询报表访问数据仓库中的数据资料，找出对分析业务问题有帮助的数据，以提高制作报表的效率和业务分析的准确性。

很多前端分析工具同时提供Portal系统，即发布报表的Web平台。Power User通过即席查询分析，常常会总结出一些非常好的报表模板，发表在Portal上以后，其他业务人员就可以直接访问，输入不同的查询条件即可得到结果，并且可以通过对结果的上钻下取、旋转等方式进行灵活分析。但是，由于前端分析工具的局限性，并不能保证实现所有查询，对于一些特殊查询则需要直接编写SQL来完成。因此前面我们提到BIU项目组成员应该具备的一项基本技能就是掌握SQL语言。

第五节 元数据管理模块

数据仓库中的元数据是关于数据的数据，元数据在数据仓库中有着非常重要的作用，正是有了元数据，才使得数据仓库的最终用户可以随心所欲地使用数据仓库，对数据仓库进行各种模式的探讨。因此，这里对元数据的类型、作用、来源、元数据管理等进行进一步介绍。

一、元数据的类型

从用户角度对元数据进行分类是最常见的方法，根据用户对数据仓库的认识和使用目的，可将数据仓库中的元数据分为两类：技术元数据和业务元数据。

（一）技术元数据

技术元数据将开发工具、应用程序以及数据仓库系统联系在一起，对分析、设计、开发等所有技术环节进行详细说明。技术元数据主要供数据仓库管理人员和应用开发人员使用，它为技术人员维护和扩展系统提供一个详细的“说明书”和“结构图”。技术元数据的内容如表 2-4 所示。

表 2-4　　技术元数据的内容

项目	作用
基础数据信息	对数据集市、数据仓库和 OLAP 系统的体系结构实施方案做出详细的描述，如操作系统和 DBMS 的种类与版本，表的结构与属性的限制等
抽取调度信息	说明数据从数据源中经过抽取、清洗、转换、最终进入数据仓库的方法，着重说明抽取过程的调度方法以及元数据和目标数据的对应关系
映射依赖信息	对数据仓库内部各表之间的依赖、映射关系、表与视图的对应关系，中间表与源表的依存关系等，从物理级和实现级的角度做出详细的解释
其他技术信息	介绍系统导入的元数据、特定用户（DBMA 的 sa）所产生的元数据的情况

（二）业务元数据

业务元数据可以认为是通用业务术语和关于数据仓库的上下文信息的集合，它是联系业务用户和数据仓库中数据的桥梁，为业务用户提供有关数据仓库整体结构的视图。业务元数据的内容如表 2-5 所示。

表 2-5　　业务元数据的内容

项目	作用
企业概念信息	介绍企业的数据模型及业务概念，说明各业务之间的关系，为用户提供帮助
多维数据信息	为业务用户提供多维数据库中有关维定义、维类别、数据立方体、数据集市等信息
数据依存信息	说明物理上的库、表及其属性与具体业务属性之间的对应关系
数据挖掘信息	描述数据仓库中的语义关联和专有的业务概念层次关系，为基于元数据的假设、生成和结果过滤准备条件，从而支持以此为依据的数据挖掘
查询导航信息	对数据依存信息的全面细化实现面向业务的导航

数据仓库元数据还有其他分类方法，如按元数据描述的内容分类，可以分为关于基本数据的元数据、关于数据处理的元数据、关于企业组织的元数据；按元数据在数据仓库中的作用，分为静态元数据和动态元数据。

二、元数据的作用

元数据描述数据的结构、内容、码、索引等项内容。在传统的数据库中，元数据是对数据库中各个对象的描述，数据库中的数据字典就是一种元数据。在关系数据库中，这种描述就是对数据库、表、列、观点和其他对象的定义。但在数据仓库中，元数据定义数据仓库中的许多对象——表、列、查询、商业规则或数据仓库内部的数据转移。元数据是数据仓库的重要构件，是数据仓库的指示图（Roadmap），指出数据仓库中的各种信息的位置和含义，它的重要作用具体体现在以下几个方面。

（一）元数据是进行数据集成所必需的

数据仓库最大的特点就是它的集成性。这一特点不仅体现在它所包含的数据上，还体现在实施数据仓库项目的过程中。一方面，数据仓库中的数据来自不同的数据源，在数据集成过程中，元数据对数据源和目标数据之间的对应关系做出详细的说明；另一方面，在数据仓库的构建过程中，多数企业选择“自下而上”的方法，即首先建立面向部门级的数据集市，条件成熟时再建立企业级的数据仓库。在这个过程中，元数据起着至关重要的作用。如果在建立数据集市时忽视了元数据管理，建立企业级数据仓库的想法必然要付诸东流。

（二）元数据定义的语义层可以帮助最终用户理解数据仓库中的数据

数据仓库的最终用户不会像系统开发人员那样熟悉数据仓库技术，他们往往不了解数据仓库中数据的含义，更不了解数据的来龙去脉。这时，元数据充当起非常重要的“翻译官”角色，帮助用户更好地理解和使用数据仓库中的数据。

（三）保证数据仓库内容的质量

通过元数据，一方面能够保证数据的一致性（数据描述统一、无定义混淆与内容冲突）、完整性（数据无缺失）、精确性（数据的精确度与可信度符合要求）、正确性（数据存储值与设计字段的意义吻合）等；另一方面，负责跟踪应用系统的更新/升级所造成的数据源的变化，包括数据结构的改变、合并和重组，数据类型的变化等，以充分保证数据抽取/转换结果的高质量。

（四）元数据可以提高系统灵活性，以支持需求变化

随着信息技术的发展和企业职能的变化，企业的需求也在不断地改变。如何构造一个具有足够的灵活性，能适应企业需求不断变化的软件系统，一直是软件工程领域一个重要的问题。元数据中的很多数据并不包含在经过编译以后的应用程序中，而是以系统配置文件的方式存在，这样，通过修改元数据就直接改变应用系统的一些功能，从而方便而可靠地提高了数据仓库的灵活性。

在理想状态下数据仓库应该是由元数据驱动的。也就是说，元数据中的内容就好像是数据仓库的基因序列，修改它们的内容可以影响整个数据仓库的行为；同样，想调整数据仓库的行为也是通过修改元数据的内容来实现的。

事实上，很多和数据仓库相关的商业软件，如关系型数据库、多维数据库、报表制作工具、ETL 工具等。这些产品本身都是由元数据管理的，也就是说，它们都有一套自己的元数据。

三、元数据的来源

元数据存在于数据仓库过程中的每个步骤，在不同的数据仓库处理过程中都会产生一些新的元数据。这些过程主要包括以下几个方面。

（1）源系统。在源系统中，元数据的内容包括对业务系统中操作型数据模型、系统文件

的数据元素定义、物理文件布局以及表和字段定义等内容的描述。

（2）数据仓库存储。数据仓库存储结构包括数据缓冲区、操作型数据存储、多维数据存储、OLAP数据中的数据对象信息，是元数据的重要数据来源，包括数据仓库的数据模型、物理文件、表和列的定义、有效性检查的规则等内容的描述。

（3）ETL阶段。该阶段产生的元数据包含所有选择的数据源的布局和定义、用于抽取的字段的定义、标准化字段类型与长度的规则、数据抽取计划，以及ETL的转换规则、字段的默认值、有效性检查的规则、分类及重排序安排等内容。

（4）数据展现阶段。该阶段产生的元数据包含固定式报表、即席查询、OLAP报表、数据挖掘展现元素的数据源、转换规则、布局方式等。

（5）企业数据标准。企业数据标准是业务元数据的重要来源，包含了企业对业务活动中要素的标准化定义、分类等。

四、元数据管理架构

元数据管理是数据仓库中及其重要的一个方面，具体内容包括获取并存储元数据、元数据集成、元数据标准化、保持元数据同步等。从技术上讲，元数据管理的架构主要有三种形式，分别是集中式架构、分布式架构和联邦式（或共享式）架构。

（一）集中式架构

集中式架构的特征是具有一个所有工具可以直接访问的中央元数据存储库。所有的元数据都存储在中央存储库，任何元数据不会存储在本地的工具内，如图2-6所示。

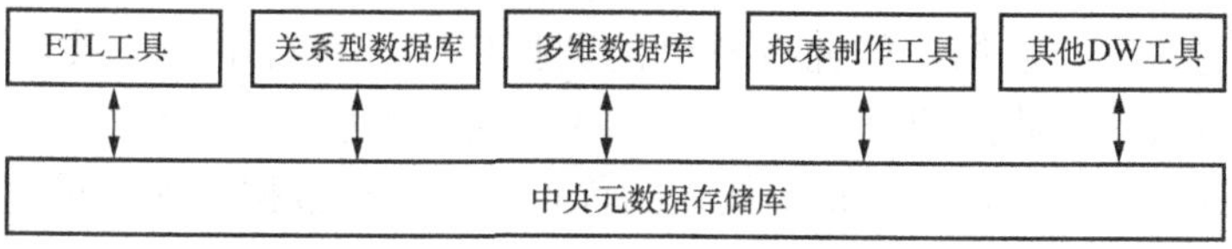

图2-6　集中式元数据管理架构

集中式元数据管理架构的优点非常明显。工具之间元数据没有重复、所有元数据可以一致管理、每个组件都可以访问所有元数据、变化管理和版本控制简单而统一、可以使用一个统一的工具对元数据进行管理维护等。遗憾的是，集中式元数据管理架构在拥有上述优点的同时，却有一个致命的缺点，就是可行性太差。由于目前业界还没有形成一个统一的数据仓库中央元数据存储库标准，因此来自不同厂商的产品在技术上无法使用同一个元数据存储库。即使有办法将各产品的元数据放在同一个数据库中，也仅仅是一种元数据的物理堆积而已，根本谈不上是一个统一的中央元数据存储库。除非所有的数据仓库部件都自行开发，或者全部使用同一厂商的产品（事实上即使是来自同一厂商的产品也不一定能够共享元数据存储库），实现集中式的元数据管理架构才有可能。

（二）分布式架构

分布式架构的特征是所有工具和关系数据库都有相应元数据存储库的支持。各种工具各扫门前雪，在数据仓库中建立起多个互不相干的局部元数据存储库，这些元数据存储库之间在一般情况下互不通信，如图2-7所示。

分布式元数据管理架构的优点是实现简单，性能良好，且费用低廉。目前我们所见到的大部分数据仓库项目都采用了分布式的元数据管理，因为这是一种最自然的元数据管理方

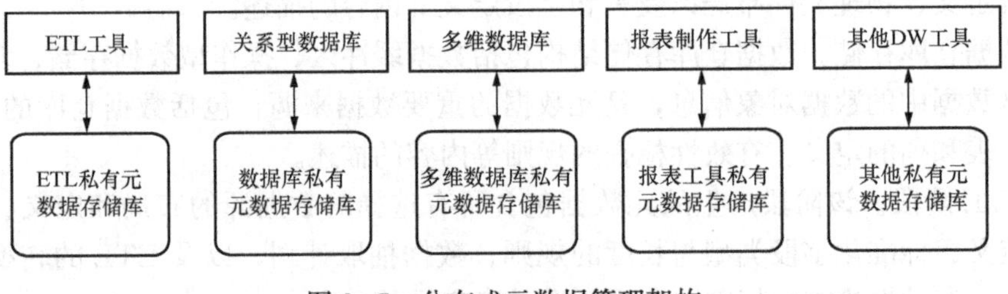

图 2-7　分布式元数据管理架构

式。分布式元数据管理架构的缺点也非常明显：缺乏统一管理、元数据可能存在重复和不一致、元数据查询和使用困难等。

在分布式的元数据管理架构中，元数据存储库之间在必要时也可以交互，但这需要额外开发元数据存储库之间的双向数据交换工具。这样做将使复杂性和成本增加，从而让分布式架构失去其最基本的优势。

（三）联邦式架构

在联邦式架构中，各工具仍可以使用其原有的元数据存储库，称之为地方（或者局部）元数据存储库。在地方元数据存储库中，又把其中的元数据分为两类：第一类是仅仅为本工具服务的元数据，称为私有元数据；第二类是除了为本工具服务以外，还需要在整个数据仓库范围内共享的元数据，称为共享元数据。除了地方元数据存储库以外，在联邦式架构中，还将在数据仓库中建立一个中央的共享元数据存储库。该存储库中的元数据内容来自各地方元数据存储库中的共享元数据，但拥有自己的数据模型。在有了中央共享元数据存储库以后，还提供对所有共享元数据的访问接口，以便各类用户访问，如图 2-8 所示。

联邦式架构结合了集中式和分布式架构的优点，是一种数据仓库建设过程中被极力推荐的方案。

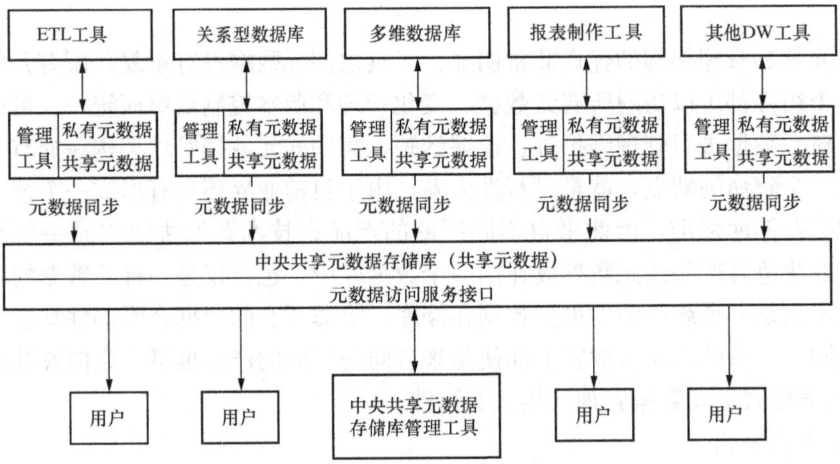

图 2-8　分布式元数据管理架构

第六节　数据仓库门户管理模块

数据仓库系统内部包含了很多功能模块，每个模块都提供对外的访问接口，比如数据展现模块、元数据查询模块以及其他数据仓库管理模块，这些系统从内部来说都是一个完整的体系，彼此之间相对独立。对于数据仓库系统，需要将各种系统集成起来，作为数据仓库统一的对外接口，提供数据访问平台的唯一集成入口，这个系统就是数据仓库的门户系统。

一个典型的门户系统，应当完成如下三个方面的集成。

一、统一安全认证

统一安全认证为数据仓库用户提供一套完整的用户认证和单点登录解决方案。其基本要包括如下内容。

（1）统一用户管理。实现用户信息的集中管理，并提供标准接口。

（2）统一认证。用户认证是集中统一的，支持多种身份认证方式。

（3）单点登录。支持不同域内多个应用系统间的单点登录。

单点登录（Single Sign-on，SSO）是一种方便用户访问多个系统的技术，用户只需在登录时进行一次注册，就可以在多个系统间自由穿梭，不必重复输入用户名和密码来确定身份。单点登录的实质就是安全上下文（Security Context）或凭证（Credential）在多个应用系统之间的传递或共享。当用户登录系统时，客户端软件根据用户的凭证（例如用户名和密码）为用户建立一个安全上下文，安全上下文包含用于验证用户的安全信息，系统用这个安全上下文和安全策略来判断用户是否具有访问系统资源的权限。

统一安全认证基本的数据流向如下：

（1）客户端向应用服务器请求访问某资源。

（2）应用服务器重定向到 SSO 服务器请求。

（3）如果用户未登录 SSO 安全域，SSO 服务器将请求重定向到身份认证服务。

（4）用户同身份认证后，SSO 服务器为其生成身份标示，并签发。

（5）SSO 服务器重定向到应用服务器，应用服务器验证相关的有效性，并从共享信息汇总获得用户身份信息，访问结束。

因此数据仓库门户系统通过采用一个服务基础框架，能够使用这个框架的统一身份认证服务，进行身份认证；通过提供统一的登录界面，要求合法的用户名和密码进行用户认证，使数据仓库用户只需在门户登录一次，通过门户进入其他应用系统而无需再次登录，从而实现用户用户名/密码的单点登录。

二、应用集成

一个企业级数据仓库具有大量的应用，包括数据展现模块的查询和报表、元数据查询模块的数据查询以及其他数据仓库管理模块的查询等，对这些应用的有效组织是很有必要的，因为这样可以使用户方便地找到自己想要的数据。应用集成在通过门户统一安全认证之后，将用户能够访问的应用提供给用户，这些应用包括以下几个方面。

（1）复杂查询/固定报表应用。

（2）多维数据展示应用。

（3）KPI应用。

（4）元数据管理系统的对外应用。

（5）数据仓库管理系统的对外应用。

（6）其他相关应用。

以上的应用类型都需要集成在门户中，提供统一的入口、统一的访问和集成平台服务。

对数据展现模块的查询和报表的组织是门户功能的重要部分，这些组织方式包括以下几个方面。

（1）提供用户可访问应用的目录树结构，即使用传统的系统应用分类树和应用分类并根据用户的相关权限信息提供应用服务。

（2）用户自定义区域：用户可以拥有一定的自定义页面，将自己常用或感兴趣的应用自由组合到自定义页面中。

（3）错误信息服务：提供一定的机制满足服务失败后的错误提示；用户操作失败或应用错误，能够提供相关的错误提示，并记录所有的用户操作错误信息。

（4）查询和搜索服务：能够对门户内容进行查询和搜索，可以根据系统应用关键字进行查询应用及应用所在位置，帮助用户快速定位需要访问报表的位置。

（5）审计监控服务：包括用户登录信息审计监控、用户访问应用审计监控、用户操作审计监控、系统管理审计监控，整个审计和监控模块都以报表、图形的多种组合方式以应用的方式提供给最终的用户。

三、权限集成

权限集成完成用户权限的统一管理功能，主要包括以下几项。

1. 管理权限结构

定义如下权限相关基本元素。

用户组：用户组是用户的集合，是快速处理批量用户的工具。

角色：角色是权限的集合，是快速处理批量权限的工具。

权限：每一个权限都对应一个唯一的应用。也就是说，权限和应用是一对一的等价关系。

通过定义用户与用户组、用户组和角色、角色和权限的关系，实现门户权限管理的框架。

2. 授权管理

（1）用户管理：管理用户的增加、修改、删除等操作。

（2）用户组管理：管理用户组的增加、修改、删除操作，以及管理用户组的用户添加、删除操作。

（3）应用管理：管理应用程序目录、应用程序信息的增加、修改、删除操作。

（4）角色管理：管理角色的增加、修改、删除操作，以及管理角色的权限添加、删除操作。

（5）用户权限管理：管理用户组的角色添加、删除操作，以及用户的权限查询操作。管理用户的角色添加、删除操作，以及用户的权限查询操作。

第七节 数据仓库监控和日常管理

数据仓库的建立是一个持续不断的过程，为了保证数据仓库的安全、稳定和长期有效，数据仓库的监控和日常管理是不可或缺的。数据仓库的监控和日常管理包括两个重要方面。

一、保证数据仓库访问性的持续有效

建立数据仓库监控系统是保障数据仓库访问性的有效手段，能够使数据仓库运营维护人员及时了解系统的运行状态和故障并及时加以解决。数据仓库监控系统主要负责以下方面的功能。

1. 网络监控管理

网络监控管理定期自动查询系统中的设备，监视各种接入线路，监控各种设备的运行状况。能够通过系统监测，分析预测可能的故障，及时进行故障报警。收集网络设备、网络链路的故障进行分级，并可通过定制的过滤策略和事件响应实现对故障的定位、报警等智能化管理；同时，可形成历史记录作为今后管理员参考故障再次发生时的解决方法。

2. 数据仓库平台服务器监控

（1）故障管理：监控数据仓库平台所有服务器系统及应用故障，获取系统级故障，如关键应用进程的状态监控（主要包括进程是否存在，基于启动时间判断是否挂死，进程系统资源消耗）、系统日志监控、系统性能瓶颈指标检测等。

（2）性能管理：监控 CPU、磁盘、内存、网络接口、关键进程的资源消耗状况和效率等。

（3）病毒监控：通过对防病毒软件的信息集成监控病毒信息。

3. 数据仓库各模块运行状况的监控

（1）监控数据库运行状况、资源消耗，当性能参数的值超过阈值时自动报警，执行一些恢复操作。

（2）监控 ETL 作业运行状况，当作业失败时及时通知维护人员。

（3）监控前端应用服务如报表服务、OLAP 服务运行状况。

（4）其他网络服务监控，如元数据查询系统、数据仓库门户系统的运行监控等。

二、保证数据仓库数据的持续有效

保证数据仓库数据的持续有效需要完善的数据日常加载和备份恢复策略。

数据的日常加载将企业每日产生业务数据集成到数据仓库环境。通过 ETL 作业调度工作可以有效地管理每日 ETL 加载作业，该部分内容在前面章节已经讲述。

数据备份恢复是数据仓库系统整体解决方案的重要组成部分，数据仓库中的数据是最重要的，虽然这部分数据来源于业务系统，但是一旦出现数据损坏或丢失，重新从业务系统中生成 TB 级数据的代价太高，同时也将影响业务系统的正常运行，因此有必要对数据仓库中的数据进行良好的备份工作。日常数据备份的方式通常可分为增量备份、全备份和完全备份。

1. 增量备份

增量备份是指对所选定的对象，在前一次备份的基础上只对变化的部分进行备份，恢复时则需要一个全备份和此后每次的增量备份才能对所选定的对象进行恢复。这是一种在

OLTP系统中经常采用的备份方式，数据仓库不作增量备份。但是可以针对某些特定的需求制定相应的增量备份策略，譬如将来可以考虑将历史数据按年备份到磁带上。

2. 全备份

全备份是指对所选定对象进行完整备份。恢复时，仅依靠这一个备份就能对所选定的对象进行恢复。通常说的全备份意味着不是对整个系统，而是对系统中特定的一部分对象进行备份。

3. 完全备份

完全备份是指对一个系统中的所有对象进行完整备份。恢复时仅依靠这一个备份就可以将整个系统或系统中指定的对象进行恢复。

第三章 数据仓库的构建

通过第二章的内容，我们了解了数据仓库的基本构成，也让我们了解到数据仓库的实施是一个庞大而长期的过程。要成功实施一个数据仓库项目，除了需要人力、财力的投入之外，还需要实施人员使用规范的实施方法。本章将围绕数据仓库的设计过程，讲述数据仓库的构建过程以及数据仓库项目的实施过程。

第一节 数据仓库设计开发过程

数据仓库的开发应用像生物一样具有其特有的、完整的生命周期，数据仓库的开发应用周期可以分成数据仓库的规划分析、数据仓库的设计实施和数据仓库的使用维护三个阶段。

这三个阶段是一个不断循环、完善、提高的过程。因为一般情况下数据仓库系统不可能在一个循环过程中完成，而是经过多次循环开发，每次循环都会为系统增加新的功能，使数据仓库的应用得到新的提高。

一、数据仓库开发的特点

1. 数据仓库开发应用的阶段性

数据仓库的成功开发应用需要逐步完善、逐步成长，形成一个不同阶段的开发应用过程。根据诺兰（Nolan）的"阶段理论"可以将数据仓库的开发应用过程划分为创始阶段、成长阶段、控制阶段和成熟阶段。

（1）创始阶段。在数据仓库成长或决策支持的创始阶段，往往是为了满足一种明确的商业需求，倾向于建立一个小型数据仓库来提供管理报表和决策查询。此时，系统的重点聚焦在单个问题或单个业务单位或部门的单个主题上。此时，数据仓库中的数据通常是从企业重要的交易业务文档和数据库中复制或摘录出来而形成的。在这一阶段，使用数据仓库的主要目的是提供更有效的管理报表，数据仓库的真正潜力是难以预料的。因此相应的解决方案往往是由对数据仓库有需求的独立部门提出的。这种建造早期的数据仓库的方法在短期内有效，而且对以后数据仓库的建造具有指导作用。但是，这些数据仓库只能称为数据集市，这种数据仓库的开发方法会限制企业各个部门今后的信息分享。

（2）成长阶段。在随后的数据仓库发展过程中，为开展新的商业活动或产生新的管理报表，由此建立的数据仓库可能是前两个或前三个决策支持或商业活动管理的解决方案。它们一般在范围和数据方面受到限制，需要在企业内部得到支持、获得再投资或扩大数据量。在这个阶段，为更多的应用开始建立更多的数据仓库。但是，由于决策人员仅仅对自身业务领域感兴趣，互不相同而分散的解决方案形成数据库内容的多个备份，会引起数据冗余现象的发生。随着多个部门分散数据仓库的建立开始引发大量的问题：单一的业务聚集在单一的主题上，没有数据和使用的集成；对冗余数据的管理和存储及数据间的转换没有统一标准，存在着多种转换、汇总方法；虽然可以快速提交报表，但是可以访问的细节内容太少；数据集市仅在每个团体或业务单位使用；企业整体的信息资源没有被充分利用。

为了解决出现的这些问题，管理者必须把注意力放在重点业务需求上，需要对共享信息环境的重要意义和有用性具备洞察力，这种环境提供了实现“唯一的真实版本”数据仓库的动力。

(3) 控制阶段。在这个阶段需要用控制和整合的方法将各个主题数据仓库整合，把聚焦点正确地转移到“集中化方法”上。在这一阶段，需要完全改变聚焦点以实现成功的数据仓库，以求基于企业级的数据仓库为企业决策分析提供强有力的支持。此时，数据仓库的实现已经具有一些成熟的特征：唯一的真实版本（关于每一个历史主题）、公司的存储和交易的历史、数据和表格的整合主题领域、详尽的历史数据、多样化复杂查询、随时小结、在线或实时分析、支持基础设施的整合信息结构、集中的知识管理，从而将多个数据仓库结合起来形成一个决策支持环境。

(4) 成熟阶段。随着组织在使用决策支持和数据仓库应用过程中的不断改进，在将核心信息和客户的交易历史或业务的其他主要领域进行合并和集中后，信息转化为决策知识的比率大幅度提高，数据仓库开始逐渐成熟。成熟阶段的数据仓库可以利用集中和分布的结构将遍及系统内部和外部的信息资源进行整合，实现处理流程的相互连接和决策信息的相互交换，并适时分配合理的资源。成熟的数据仓库具有以下特征：企业聚焦于集成的信息、大量的来源和不断发展的主题领域、有多种用途的单一业务模型、数据的快速采集与加入、广泛的交易采集和使用、以客户为中心、唯一的真实版本、广泛的访问和管理安全、跨部门的应用、从属的数据集市或从属的数据仓库、使用数据仓库支持管理决策活动。

2. 数据仓库的螺旋式开发方法

数据仓库开发与应用的阶段性是对数据仓库开发应用生命周期的描述。按照生命周期法可以将数据仓库开发应用的全过程分成数据仓库的规划分析、数据仓库的设计实施和数据仓库的使用维护三个阶段，如图 3-1 所示。完成这三个阶段的任务后，并不意味着数据仓库开发应用的终止，而是数据仓库开发应用向更高阶段发展的一个转变。一方面，通过这三个阶段的数据仓库开发应用的过程，积累了数据仓库的开发应用经验，可以转向其他主题的数

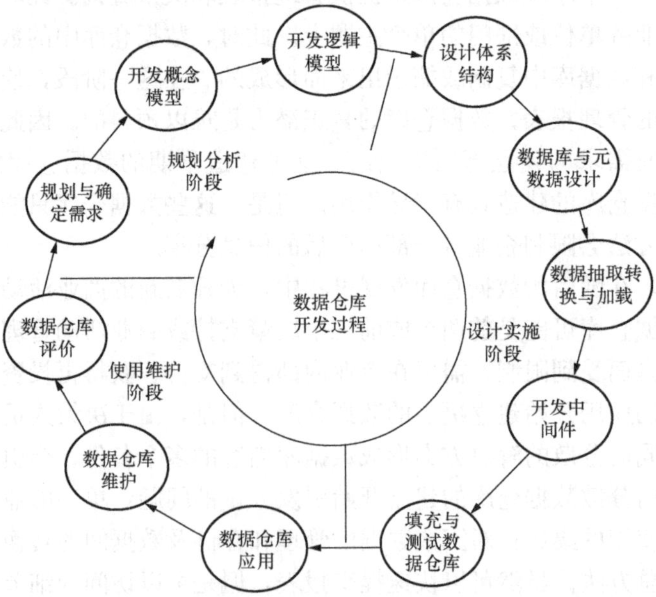

图 3-1 数据仓库的生命周期开发过程

据仓库的开发应用；另一方面，通过对元数据仓库的开发应用经验的积累可以对元数据仓库提出改进建议，使元数据仓库通过改进得到提高。这就是所谓的螺旋式周期性开发方法。这种开发方法目前在数据仓库的开发应用中占有重要地位。

数据仓库规划分析阶段的工作内容主要包括调查、分析数据仓库环境，完成数据仓库的开发规划，确定数据仓库开发需求；建立包括实体关系图、星型模型、雪花模型、元数据模型以及数据源分析的主题区数据模型，并根据主题区数据模型开发数据仓库逻辑模型。

数据仓库设计实施阶段的工作内容主要包括：根据数据仓库的逻辑模型设计数据仓库体系结构；设计数据仓库和物理数据库；用物理数据库的元数据填充元数据库；为数据仓库中的每一个目标列确认数据抽取、转换与加载的规则，开发或购买用于数据抽取、清洁、变换和合并的中间件；将数据从现有系统中传送到仓库中，填充数据仓库并对数据仓库进行测试。

数据仓库使用维护阶段的工作内容主要包括对数据仓库的用户进行培训、指导；将数据仓库投入实际应用；在应用中改进、维护数据仓库；对数据仓库进行评价，为下一循环开发提供依据。

3. 数据仓库的开发特点

数据仓库的使用就是在数据仓库中建立 DSS 应用，这与业务处理系统的应用环境有本质的区别，这也导致了数据仓库开发与传统系统开发在开发出发点、需求确定和开发过程上的差异。

（1）数据仓库开发是从数据出发的。创建数据仓库是在原有数据库系统中数据的基础上进行的，即从存在于业务处理系统环境中的数据出发进行数据仓库的创建。这种从已有数据出发的数据仓库设计方法称为“数据驱动”的设计方法。“数据驱动”的设计方法就是利用以前所取得的工作成果进行系统建设，这就要首先识别当前系统与以前系统的“共同性”，即在进行数据仓库设计前，需要知道原有的数据库系统中已有什么，对当前系统设计有什么影响，要尽可能利用已有的数据、代码等，而不是全部从头开始做。这是“数据驱动”设计方法的出发点，也是其目的所在。“数据驱动”的设计方法不再是面向应用和从应用需求出发的。数据仓库的设计是从已有的数据库系统出发，按照分析领域对数据及数据之间的联系重新考察、组织数据仓库的主题。“数据驱动”设计方法的中心是利用数据模型有效地识别原有数据库中的数据和数据仓库中的主题数据的“共同性”。

（2）数据仓库使用的需求不能在开发初期明确。面向应用的数据库系统设计往往有一组较确定的应用需求，这是数据库系统设计和开发的出发点和基础。在数据仓库环境中，并不存在类似业务处理环境中的固定且较确切的物流、数据处理流和信息流，数据的分析处理需求更加灵活，更没有固定的模式，甚至可以说用户自己也对所要进行的分析处理不能事先确定。因此，在数据仓库的开发初期往往不能明确了解数据仓库用户的使用需求。

（3）数据仓库的开发是一个不断循环的启发式过程。数据仓库的系统开发是一个动态反馈启发式的循环过程。一方面，数据仓库的数据内容、结构、粒度、分割以及其他物理设计应根据用户所返回的信息不断地调整和完善，以提高系统的效率和性能；另一方面，通过不断地理解用户的决策分析需求，不断地进行数据仓库的调整和完善，以求为用户提供更准确、更有效的决策信息。

二、数据仓库的规划

数据仓库的开发应用规划是开发数据仓库的首要任务。只有制定了正确的数据仓库规划，才能组织主要力量有序地实现数据仓库的开发应用。在数据仓库的规划中一般要经历这样几个步骤：选择实现策略、确定数据仓库的开发目标和实现范围、选择数据仓库的体系结构、建立商业和项目规划预算。

当数据仓库规划完成后，就需要编制数据仓库的规划说明书，说明数据仓库与企业战略的关系，以及与企业急需处理的、范围相对有限的开发机会，重点支持的职能部门和今后数据仓库开发工作的建议，实际使用的方案和开发预算，以作为数据仓库实际开发的依据。

1. 选择数据仓库的实现策略

数据仓库的开发策略主要有自顶向下、自底向上以及这两种策略的联合使用。自顶向下策略在实际应用中比较困难，因为数据仓库是一种决策支持功能，这种功能在企业战略的应用范围中常常是很难确定的，因为数据仓库的应用机会往往超出了企业当前的实际业务范围。而且，在开发前就确定目标会在实现了预定的目标后不再追求新的应用，使数据仓库丧失更有战略意义的应用。但是，由于该策略在开发前就可以给出数据仓库的实现范围，能够清楚地向决策者和企业描述系统的收益情况和实现目标，因此是一种有效的数据仓库开发策略。该方法的使用需要开发人员具有丰富的自顶向下开发系统的经验，企业决策层和管理人员完全知道数据仓库使用的预定目标并了解数据仓库能够在哪些决策中发挥作用。

自底向上策略一般从某一数据仓库的原型开始，选择一些特定的为企业管理人员所熟知的管理决策问题作为数据仓库开发的对象，在此基础上进行数据仓库的开发。因此，该策略常常用于一个数据集市或一个部门的数据仓库的开发。该策略的优点在于企业能以较小的投入获得较高的数据仓库应用效益，在开发过程中，人员投入较少，也容易获得成效。当然，如果某个项目的开发失败可能会造成企业整个数据仓库系统开发的推迟。该策略一般用于企业希望对数据仓库的技术进行评价，以确定该技术的应用方式、地点和时间，或希望了解实现和运行数据仓库所需要的各种费用，或在数据仓库的应用目标并不是很明确以及数据仓库对决策过程影响不是很明确时采用。

在自顶向下的开发策略中可以采用结构化或面向对象方法。按照数据仓库的规划、需求确定、系统分析、系统设计、系统集成、系统测试和系统试运行的阶段完成数据仓库的开发。而在自底向上的开发中，则可以采用螺旋式的原型开发方法，使用户可以根据新的需求对试运行的系统进行修改。螺旋式的原型开发方法要求在较短时间内快速生成可以不断增加功能的数据仓库。螺旋式的原型开发方法适用于这样一些场合：企业的市场动向和需求无法预测；市场的时机是实现产品的重要组成部分；不断地改进对于企业的市场调节是必需的；持久的竞争优势来自连续不断的改进；系统的改进基于用户在使用过程中的不断发现。

自顶向下和自顶向上策略的联合使用具有两种策略的优点，既能够快速地完成数据仓库的开发与应用，又可以建立具有长远价值的数据仓库方案，但是在实际使用中难以操作，通常需要能够建立、应用和维护企业模型、数据模型和技术结构的、具有丰富经验的开发分析人员，能够熟练地从具体（如业务系统中的元数据）转移到抽象（只基于业务性质而不是基于实现系统技术的逻辑模型）。企业需要拥有由最终用户和信息系统人员组成的有经验的开发小组，能够清楚地指出数据仓库在企业战略决策中的应用。

2. 确定数据仓库的开发目标和实现范围

为确定数据仓库的开发目标和实现范围，首先需要对企业管理者等数据仓库用户解释数据仓库在企业管理中的应用和发展趋势，说明企业组织和使用数据来支持跨功能系统的重要性，对企业经营战略的支持，以确定开发目标。在该阶段要确认与使用数据仓库有关的业务要求，这些要求应该只支持最主要的业务职能部门。将使用精力集中在收益明显的业务上，使数据仓库的应用立即产生效果，不应该消耗太多的精力在各个业务上同时铺开数据仓库的应用。在确定开发目标和范围以后，应该编制需求文档，作为开发数据仓库的依据。

数据仓库开发的首要目标是确定所需信息的范围，确定数据仓库在为用户提供决策帮助时，在主题和指标领域需要哪些数据源。这就需要定义：用户需要什么数据；面向主题的数据仓库需要什么样的支持数据；为成功地向用户提交数据，开发人员需要哪些商业知识和哪些背景信息。例如，当前系统或外界数据提供者能否提供这些数据；更新和维护这些数据需要哪些数据源。这就需要定义整体需求，以文件形式整理现存的记录系统和系统环境，对使用数据仓库中数据的候选应用系统进行标识、排序，构造一个传递模型，确定尺度、事实及时间标记算法，以便从系统中抽取信息并将它们放入数据仓库。通过信息范围确定可以为开发人员提供一个良好的分析平台，和用户一起分析哪些信息是数据仓库需要的，进行商业活动需要什么数据。开发人员可以和用户进一步定义需要，例如数据分级层次、聚合的层次、加载频率以及要保持的时间表等。

数据仓库开发的另一个重要目标是确定利用哪些方法和工具访问和导航数据。虽然用户都需要存取并检索数据仓库的内容，但是所存取数据的粒度有所不同，有的可能是详细的记录，有的可能是比较概括的记录或是十分概括的记录。用户要求的数据概括程度不同，将导致数据仓库的聚集和概括工具的需求不同。数据仓库还要具有一定的功能来访问和检索图表、预定义的报表、多维数据、概括性的数据和详细数据。用户从数据仓库中获取信息，应该有电子表格、统计分析器和支持多维分析的分析处理器等工具的支持，以解释和分析数据仓库中的内容，产生并验证不同的市场假设、建议和决策方案。为了能够将决策建议和各种决策方案向用户清楚地表达出来，需要利用报表、图表和图像等强有力的信息表达工具。

数据仓库开发的其他目标是确定数据仓库内部数据的规模。在数据仓库中不仅包含当前数据，而且包含多年的历史数据。数据的概括程度决定了这些数据压缩和概括的最大限度。如果要让数据仓库提供对历史记录进行决策查询的时间，还将直接影响到企业决策的质量。

在数据仓库的开发目标中还有：根据用户对数据仓库的基本需求来确定数据仓库中数据的含义；确定数据仓库内容的质量，以确定使用、分析和建议的可信级别；哪种类型的数据仓库可以满足最终用户的需要；这些数据仓库应该具有怎样的功能；需要哪些元数据；如何使用数据源中的数据等。

数据仓库的开发目标多种多样，十分复杂，需要开发人员和用户在开发与使用的过程中不断交流完善。在规划中需要确定数据仓库的开发范围，使开发人员能够根据需求和目标的重要性逐步进行，并在开发中吸取经验教训，为数据仓库在企业中的全部实现提供技术准备。因此，在为数据仓库确定总体开发方向和目标以后，就必须确定一个有限的能够很快体现数据仓库效益的有效范围。在考虑数据仓库的应用范围时，主要从使用部门的数量和类型、数据源的数量、企业模型的子集、预算分配以及开发项目所需要的时间等角度分析。在分析这些因素时可以从用户的角度和技术的角度两方面进行。

从用户的角度应该分析哪些部门最先使用数据仓库；是哪些人员为了什么目的使用数据仓库以及数据仓库首先要满足哪些决策查询，因为这些决策查询往往就确定了对来自数据源数据的聚集、概括、集成和重构等技术要求，同时决策查寻的范围还确定了关于数据维数、报表的种类。这些因素都将确定数据仓库定义时所需要的数量关系。查询的格式越具体就越容易提供数据仓库的维数、聚集和概括的规划说明。

从技术的角度分析，应该确定数据仓库元数据库的规模，数据仓库的元数据库是存储数据仓库中数据定义的模型。数据定义存储在仓库管理器的目录中，可以作为所有查询和报表工具构造和查询仓库的依据。元数据库的规模直接表示了数据仓库中必须管理的数据规模。因此，通过对元数据库规模的确定，实际上也就确定了数据仓库所需要管理的数据量。

三、数据仓库的结构

在数据仓库的设计中，可以对数据仓库结构进行灵活的选择，将组织所使用的各种平台进行恰当的分割，使数据源、数据仓库和最终用户使用的工作站具有恰当的结构。在数据仓库的结构选择中，可以从用户的应用结构和技术平台结构两方面进行考虑。

1. 数据仓库的应用结构

(1) 基于业务处理系统的数据仓库。在这种数据仓库结构中，数据仓库应用程序不对基于业务处理系统中的数据进行任何修改，只是对业务系统中的数据进行只读操作。具有这种结构的数据仓库的元数据库是一种虚拟数据仓库，它指向业务数据库的元数据，而不是数据仓库自身的元数据。在数据仓库元数据库的直接指导下，对仓库的查询就是简单地从业务数据库中抽取数据。

(2) 单纯数据仓库。利用在数据仓库中的数据源净化、集成、概括和集成等操作将数据源从业务处理系统传入集中的数据仓库，各部门的数据仓库应用只在数据仓库中进行。这种结构经常在多部门、少用户使用数据仓库的情况下采用。这里的集中仅是逻辑上的，物理上则可能是分散的。

(3) 单纯数据集市。数据集市是指只在部门中使用的数据仓库，因为企业中的每个职能部门都有自己的特殊管理决策需要，而统一的数据仓库可能无法同时满足这些部门的特殊要求。这种体系结构经常是在个别部门对数据仓库的应用感兴趣，而组织中其他部门对数据仓库的应用十分冷漠之时，由热心的部门单独开发时所采用的。

(4) 数据仓库和数据集市。企业各部门拥有满足自己特殊需要的数据集市，其数据从企业数据仓库中获取，而数据仓库则从企业各种数据源中收集和分配。这种体系结构是一种较为完善的数据仓库体系结构，往往是在组织整体对数据仓库的应用感兴趣时采用。

2. 数据仓库的技术平台结构

(1) 单层结构。单层结构主要是指在数据源和数据仓库之间共享平台，或者让数据源、数据仓库、数据集市与最终用户工作站使用同一个平台。共享一个平台可以降低数据抽取和数据转换的复杂性，但是共享平台在应用中可能会遇到性能和管理方面的问题。这种体系结构一般在数据仓库规模较小，同时业务系统平台具有较大潜力时采用。

(2) 客户机/服务器两层结构。一层为客户机，另一层为服务器，最终用户访问工具在客户层上运行，而数据源、数据仓库和数据集市位于服务器上。该技术结构一般用于普通规模的数据仓库。

(3) 三层客户机/服务器。基于工作站的客户层、基于服务器的中间层和基于主机的第三层。主机（宿主）层负责管理数据源和可选的源数据转换，服务器运行数据仓库和数据集市软件，并存储仓库的数据，客户工作站运行查询和报表应用程序，有的还可以存储从数据集市或数据仓库卸载的局部数据。在数据仓库稍具规模，两层数据仓库结构已经不能满足客户的需求，需要将数据仓库的数据存储管理、数据仓库的应用处理和客户端应用分开时，可以采用这种体系结构。

（4）多层式结构。这是在三层客户机/服务器上发展起来的数据仓库结构，在该结构中从最内层的数据层到最外层的客户层依次是单独的数据仓库存储层、对数据仓库和数据集市进行管理的数据仓库服务层、进行数据仓库查询处理的查询服务层、完成数据仓库应用处理的应用服务层和面向最终用户的客户层。体系层次可能多达五层，这种体系结构一般用于超规模数据仓库系统。

四、数据仓库使用方案和项目规划预算

数据仓库的实际使用方案与开发预算是数据仓库规划中最后需要确定的问题。因为数据仓库主要用于对企业管理人员的决策支持，确保其实用性是十分重要的，因此需要让最终用户参与数据仓库的功能设计。这种参与是通过用户的实际使用方案来实现的，使用方案是一个非常重要的需求原型。实际使用方案必须有助于阐明最终用户对数据仓库的要求，这些要求有的只使用适当的数据源就可以得到基本满足，而有的却需要来自企业外部的数据源，这就需要通过使用方案将这些不同的要求联系起来。

实际使用方案可以将最终用户的决策支持要求与数据仓库的技术要求联系起来，因为当用户确定了最终要求后，就为数据仓库的开发提供了一个有效范围。其次，还可以确定数据仓库的元数据库，为元数据库的范围确定一个界限。此外，还可以确定所需要的历史信息的数量，当根据特定的用户进行数据仓库的规划时就可以确定数据的抽取、净化、集成、转换、概括和聚集等操作的复杂程度，并且可以确定最终用户所关心的维度（时间、地区、商业单位和生产企业），因为维度与所需要的概括操作有紧密的关系，必须选择对最终用户有实际意义的维度，例如“月”“季”“年”等。最后，还可以确定数据集市/数据仓库的结构需要，使设计人员可以确定是采用单纯数据仓库结构，还是单纯数据集市结构或两者相结合的结构，甚至是分布式的结构。

在实际使用开发方案确定后，还需要对开发方案的预算进行估计，确定项目的投资数额，投资方案的确定可以依据以往的软件开发成本，但是这种预算的评估比较粗糙。另一种方法是参照结构进行成本评估，也就是说将数据仓库实际使用方案所确定的构件进行分解，根据各个构件的成本进行估算。数据仓库的构件包含在数据源、数据仓库、数据集市、最终用户存取、数据管理、元数据管理、传输基础等部分中，这些构件有的在企业原有信息系统中已经具备，有的可以选择商品化构件，有的则需要自行开发。根据这些构件的不同来源就可以确定比较准确的预算。

在完成数据仓库规划后，需要编制数据仓库开发说明书，说明系统与企业战略目标的关系、系统与企业急需处理的范围相对有限的开发机会、所设想的业务机会的说明以及任务概况说明、重点支持的职能部门和今后工作的建议。数据仓库项目应由明确的业务价值计划开始，在计划中需要阐明期望取得的有形利益和无形利益，有形利益包括允许顾客直接访问数据仓库而降低了顾客服务成本等；无形利益包含利用数据仓库使决策完成得更快更好从而产生的收益等利益。业务价值计划最好由目标业务主管来完成，因为数据仓库是用户驱动的，应该让用户积极参与数据仓库的建设。在规划书中要确定数据仓库的开发目标、实现范围、体系结构、使用方案及开发预算。

第二节　数据仓库模型设计

数据仓库模型设计是数据仓库构造工作的第一步，一个灵活、正确、完备的数据模型是整个系统建设过程的导航图，是用户业务需求的具体体现，也是数据仓库项目成功与否最重要的技术因素。目前较为流行的数据仓库设计模型是概念模型、逻辑模型和物理模型三级数据模型。

需要指出的是，传统数据库是面向应用的，数据仓库是面向分析的，两者有本质的区别，所以数据仓库的开发方法与传统数据库开发方法不同，有其自身的特点。

一、数据仓库和传统数据库系统设计方法的区别

数据仓库系统的设计有别于传统数据库系统设计，在具体分析三级模型之前，有必要分析一下这两者的主要不同点，如表 3-1 所示。

表 3-1　　数据仓库与传统数据库系统设计的区别

	传统数据库系统设计	数据仓库系统设计
面向的处理类型	面向应用	面向分析
应用需求	比较明确	不太明确
系统设计的目标	事务处理的并发性、安全性、高效性	保证数据的 4 个特征和全局一致性
数据来源	业务操作员的输入	业务系统
系统设计的方法	需求驱动	数据驱动

(1) 传统数据库系统的设计是面向应用的，通常针对具体的应用出发来进行设计，如针对电力营销，建立一个营销业务数据库系统，存放所有和营销相关的数据，从而建立一个面向营销业务的操作型数据环境。而数据仓库是面向分析的，它是按照分析主题来组织数据的，如按照销售利润分析主题来建立数据仓库，组织与此主题相关的电力营销、财务等数据，最终建立一个分析型数据环境。

(2) 在设计传统的数据库系统时，需求往往比较明确，如系统要实现哪些功能，最终达到什么目标等。在数据仓库的设计中，由于最终用户往往对数据仓库系统缺乏感性的认识，并且这些用户（一般是中高管理层）对自己在进行决策时需要的信息也很难明确下来。一开始常常抱有“我先看看能得到什么？这个系统到底能做什么再说”的态度。当他们对系统有一定的了解后，就会有很多想法，其中许多是不可能在短期内实现的，所以在数据仓库设计过程中，在需求分析阶段就把系统的全部或大部分需求确定下来是不可能的。

(3) 传统数据库系统的设计主要为了进行事务处理，通常是对一个或一组记录的查询和更新，主要是为企业特定应用服务的。因而进行事务处理的响应时间、数据的安全性和完整性是系统的主要目标。数据仓库设计是为了进行分析决策，因此数据仓库设计的主要目标是保证数据的 4 个特征，建立起一个全局一致的数据环境以作为企业决策支持系统的基础。

(4) 传统数据库系统的数据来源主要是业务操作人员的输入，因此数据库系统的设计就是要描述如何通过操作人员交互获取数据，如何将获取的数据按照事务处理的需求存放，如

何使得事务处理的性能更加优化，如何选择好的数据输入方式等。数据仓库系统的数据来源于业务系统，数据仓库的设计主要解决如何从业务系统中得到完整一致的数据，如何对数据进行转换、清洗、综合，如何有效地提高数据分析的效率与准确性。

（5）传统数据库的设计由需求驱动，即先进行需求分析，然后进行设计和开发。系统的需求在需求分析阶段结束后就应该被确定下来，一旦进入设计阶段就不允许改变，系统的设计和开发是完全按照系统的需求展开的。数据仓库的设计是数据驱动的，从分析原有业务系统中的数据开始，对数据进行集成并检查正确性，依据分析领域对数据及数据之间的联系重新考虑，组织数据仓库中的主题（在设计中会不断发现新主题，完善已有主题）。通过和用户不断交流来进行设计和开发。它没有独立的需求分析阶段，需求分析的过程是贯穿数据仓库设计整个过程的，这种开发方法也可以称为螺旋式开发方法，即系统的构建过程是一个不断反馈、不断完善的螺旋上升过程。

二、数据仓库设计的三级数据模型

所谓数据模型，就是对现实世界进行抽象的工具，抽象的程度不同，也就形成了不同抽象级别层次上的数据模型。

数据仓库构建过程中的三级数据模型是对现实世界中的客观事物由浅入深进行抽象处理的结果。将客观事物从现实世界的存在到计算机内物理实现的抽象过程划分为 4 个阶段，即现实世界、概念世界、逻辑世界和计算机世界。

所谓现实世界，即客观存在的世界，它是存在于现实中的各种客观事物及其相互关系的总和。对于数据仓库而言，它的内容只是完整的客观世界的一个真子集，包含了对特定决策进行支持所必需的所有客观对象。

所谓概念世界，是人们对现实世界中对象的属性进行分析、逐步概括和归纳之后，将其以抽象的形式反映出来的结果。

所谓逻辑世界，是指人们依据计算机物理存储的要求，将头脑中的概念世界进行转化，从而形成的逻辑表达结果。这一结果的形成可以帮助人们将需要描述的对象从概念世界转入计算机世界。

所谓计算机世界，是指现实世界中的客观对象在计算机中的最终表达形式，即计算机系统中的实际存储模型。客观对象的内容只有在计算机中实现了物理存储，才能供人们有效地进行分析和处理。

表 3 - 2 形象地说明了这 4 个方面之间的关系。

表 3 - 2　客观对象从现实世界到计算机世界的变化过程

现实世界	概念世界	逻辑世界	计算机世界
电价	特性	属性	字段
某单位 1 月份电费支出	事物	实体	记录
电量销售情况	整体	同质实体集合	表文件
电力公司营销情况	整体间联系	异质实体集合	数据库

创建数据仓库的过程是依据上述 4 个世界的划分理论，按照顺序不断深入的过程。对概念世界的分析形成概念模型，对逻辑世界的分析形成逻辑模型，由对计算机世界的分析得到物理模型。

三、数据仓库的概念模型设计

概念模型是对客观问题及解决方案的描述，它是将客观问题引入到计算机系统中进行求解的中间过程。概念模型的设计是数据仓库系统设计的开始，这一阶段首先要进行概念模型需求分析以确定决策者所关心的问题有哪些、要做的决策主要有哪些、解决这些问题都需要哪些信息等，根据分析的结果进行模型定义即确定系统的基本主题域。由于数据仓库系统是由数据驱动的，概念模型的定义并不能完全确定系统的具体功能需求，但是这一过程可以界定系统边界。

概念模型定义是进行数据仓库系统设计的基本蓝图，根据模型中涉及的系统用户和系统环境对概念模型定义中的主要主题进行确定，并进一步挖掘不同主题域之间的关系。

概念模型定义是概念模型设计的基础，我们可以采用 ERD，HyperCube，Information-Package、面向对象方法 4 种方式进行建模设计，从不同的角度进行描述。

ERD（实体关系层）是进行高层建模的主要技术，在 ERD 中的实体位于系统最高抽象层。在 ERD 图中通常用矩形表示一个实体或者主要主题，并在矩形中标识主题名；用椭圆表示主题属性，并用无向边将主题与属性连接；用菱形表示主题之间的关系，并在菱形内标识主题之间的关系，分别用无向边将菱形与主题相连；在无向边上标识联系类型。通过 ERD 可以清晰地描述数据仓库系统中不同主题域之间的关系，如图 3 - 2 所示。

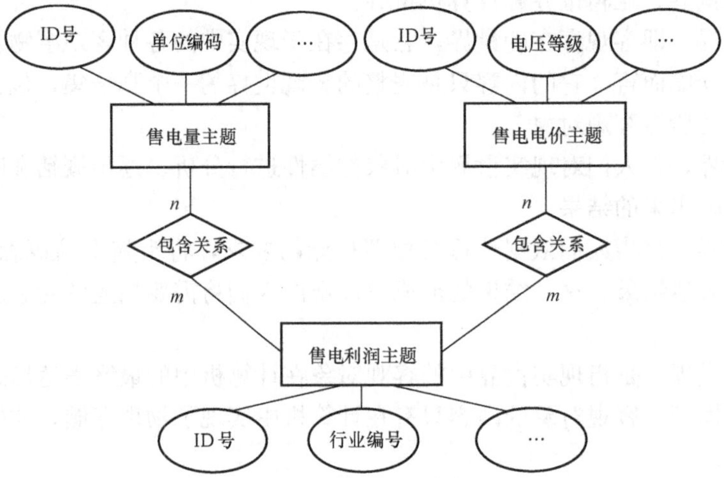

图 3 - 2 ERD 图示例

四、数据仓库的逻辑模型设计

逻辑数据模型（Logical Data Model，LDM）是用来发现、记录和沟通业务的详细“蓝图”。一般来讲，它以图形的展现方式，采用面向主体的方法，按照第三范式和星型模式的规则有效阻止来源多样的业务数据。逻辑数据模型是数据仓库的基础，逻辑模型设计的成功与否对数据仓库的实施有着决定性的影响，其重要性表现在以下几个方面。

(1) 数据模型是整个系统建设过程的导航图：通过数据模型可以清楚地表达企业内部各种业务主体之间的相关性，使不同部门的业务人员、应用开发人员和系统管理人员获得关于系统的统一完整的视图。

(2) 有利于数据的整合：数据模型是整合各种数据源的重要手段，通过数据模型，可以建立起各个业务系统与数据仓库之间的映射关系，实现源数据的有效采集。

(3) 可以消除数据仓库中的冗余数据：数据模型的建立可以使开发人员清楚地了解数据之间的关系以及数据的作用。在数据仓库中只需要采集那些用于分析的数据，而不需要那些纯粹用于操作的数据。

(4) 通过数据模型的建立，可以排除数据描述的不一致性，如同名异义、异名同义等，使系统的各方参与人员基于相同的事实进行沟通。模型使用统一的逻辑语言描述业务，便于业务与业务之间的功能理解，是数据管理的分析工具和交流的有力手段。

(5) 由于数据模型对现有的信息以及信息之间的关系从逻辑层进行了全面的描述，当未来业务发生变化或系统需求发生变化时，可以很容易地实现系统的扩展。数据结构的变化不会偏离原有的设计思想。同时，它独立于技术，支持大量的分析应用，又为物理数据库设计做好了准备。

(一) 第三范式和星型模式

前面讲过，数据仓库数据存储中的 ODS 和 DDS 是分别基于实体关系模型和多维模型的，而实体关系模型和多维模型常用的建模方法分别是第三范式和星型模式。

范式理论是数据库逻辑模型设计的基本理论，一个关系模型可以从第一范式到第五范式进行无损分解，这个过程通常称为规范化（Normalize）。在数据仓库设计 ODS 的实体关系模型时一般采用第三范式。一个符合第三范式的关系必须具有以下 3 个条件。

(1) 每个属性的值唯一，不具有多义性。

(2) 每个非主属性必须完全依赖于整个主键，而非主键的一部分。

(3) 每个非主属性不能依赖于其他关系中的属性，因为这样的话，这种属性应该归到其他关系中去。

可以看出，第三范式基本上是围绕着主键和非主属性之间的关系而做出的。如果满足第一个条件，则称为第一范式，满足前两个条件，则满足第二范式，依次类推。因此，各级范式是向下兼容的。第三范式可以最大程度地减少冗余，保证结构具有足够的灵活性和扩展性。

星型模式是一种多维数据关系，它由一个事实表（Fact Table）和一组维表（Dimension Table）组成。每个维表都有一个维作为主键，所有这些维表键值的组合构成了事实表的主键。换言之，事实表主键的每个元素都是维表的外键。事实表的非主属性称为事实（Fact），它们一般都是数值或其他可以进行计算的数据。

(二) 逻辑数据模型的设计目标

鉴于数据仓库的海量存储和分析需求不确定，理想的逻辑数据模型应该具有非冗余性、稳定性、一致性、数据使用灵活性等特征，因此，逻辑数据模型包括如下设计目标。

1. 中性与共享性

具有中性特征的逻辑数据模型能涵盖整个企业的业务范围，满足不断产生的业务发展需求。模型设计应该结合业务角度建模方法和关系建模方法，以一种清晰的表达方式记录跟踪企业的重要数据元素及其变动，并利用它们之间各种可能的限制条件和关系来表达重要的业务规则，如父子关系、排他分类、多对多关系等。

2. 一致性

作为数据仓库基础的逻辑数据模型，必须在设计过程中保持一个统一的业务定义，比如重要数据元素的定义、分类等应该在整个企业内部保持一致，将来各种分析应用都使用同样的数据，这些数据应按照预先约定的规则进行刷新，保证同步和一致。

从第三方购买的外部数据和企业内部数据必须依照一套相同的存放规则进行处理，它们和其他数据的关联以及刷新的频率等都应该保持同步。

统一这样的定义和概念，使得将来不同系统的开发人员在进行功能设计和展现时都使用同样的语言，方便大家的沟通和交流。

3. 灵活性

逻辑数据模型应该能够最大程度地减少冗余，并保证结构具有足够的灵活性和扩展性。如果有新的需要，逻辑数据模型的这种结构能够进行简单、自然的扩展，允许在设计过程"想大做小"，在有一个全局规划的同时，选定某些部分入手，然后再逐步进行完善。

4. 粒度性

为了满足将来不同的应用分析需要，逻辑数据模型的设计应该能够支持最小粒度的详细数据的存储，以支持各种可能的分析查询。

以这些最小粒度的详细数据为基础，可以根据不同的统计分析口径汇总生成所需的各种结果。如果仅仅根据目前的一些分析需求对数据进行筛选和加工，很难保证将来新的一些统计分析需求的实现。

此外，在进行各种统计分析时，分析人员往往会从汇总数据入手，他们通常只针对一些汇总数据进行分析，但是当某些问题出现以后，他们会非常希望能够向下钻取找到根本原因。这种对详细数据的查询分析需求的支持依赖于逻辑数据模型中数据粒度的大小。

5. 历史性

作为数据仓库系统基础的逻辑数据模型，为满足某些分析的需要，模型中利用各种不同的时间戳保留大量的历史数据信息。如评估客户生命周期价值时，除了用户现在的特征外，为了得到保留该客户、销售新产品的可能性，或预测客户是否会有欺诈行为，可能还需要分析客户在过去一段时间内的各种行为，包括所持有产品的变化以及交易的次数、金额、渠道、地点等。

（三）逻辑模型设计过程

逻辑数据模型的设计过程一般分为源系统分析、模型建设、模型回顾与验证几个重要阶段，下文将按照这个过程介绍每个阶段的重要工作。

1. 源系统分析

实施数据仓库的企业一般都拥有许多不同的业务系统，分别存储了不同的数据信息，其中所涉及的业务种类、相关的业务规则也都有各自的特点。因此，需要基于已经确定的数据源范围全面了解现有的数据和相应的业务规则。

在整个源系统分析的过程中，需要对源业务系统的设计思想、系统架构、数据架构以及重要业务关系都进行详细的了解和分析。了解源系统的途径主要有如下 3 种。

（1）系统文档。通过阅读系统文档（包括系统概要设计、详细设计、体系架构说明、数据字典等），可以了解系统的架构、主要设计思想、与其他系统的关系等。

（2）交流研讨。交流包括与业务系统开发人员、业务人员的交流，采取的方式可以分为开交流会、问卷调查等多种。

（3）样本数据。正如大家所知道的，文档总是与系统的实际有所差异，而且数据的质量情况在文档中也体现不出来。样本数据可以帮助验证重要的、复杂的业务规则，分析数据的使用规则，初步判断数据的质量。

针对数据仓库建设的特点，在源业务系统分析阶段需要特别关注以下内容。

（1）探索源业务系统。在源业务系统探索中需要了解系统建设背景、系统建设目标和系统定位、主要设计思想、目前有没有基于该系统完成的分析应用；近期有没有什么改造和升级的计划；业务系统的物理结构图、逻辑结构图、该系统在企业的应用情况（尤其是版本和数据）如何；系统包含几个子应用，不同应用之间的关系如何；每个应用的主要功能是什么；其中关键业务的处理过程是什么样的（比如在银行业中，开户时对客户号的识别是怎样实现的？同一客户办理不同业务时能否识别成同一客户？销户时需要判断什么条件？贷款审批过程如何体现）；系统和哪些系统有关系；不同系统之间的数据交互情况如何。并特别注意一些公用信息的一致性，比如客户号是否同步，如何同步，机构设置是否一致，公用参数的维护模式等。

（2）分析整理数据结构。收集源业务系统的数据结构，了解每个表的用途、分析每个字段的含义、整理规范的数据结构文档并归纳分类数据表。在这个过程中要注意对源业务系统的数据表进行归纳，比如哪些是原始数据表，哪些是汇总表，汇总规则如何；哪些是历史表，哪些是代码表，其更新频率和方式怎样。

（3）分析样本数据。通过样本数据来分析数据的填写规则、验证复杂业务规则、查询某种业务规律是非常有效的方法。在分析样本数据时特别关心相关系统能否提供完整、正确的DDL，能否提供合适的样本数据。同时要保证一定的数据量，注意时间的连续性，充分重视代码表，并保证不同系统样本数据的同步下载。

源系统分析是逻辑数据模型设计的起点，通过这个过程，帮助项目组成员清晰了解企业目前的系统、数据现状，并对这些数据信息进行分类整理，为模型设计打下基础。整个过程的关键点在于有效的问题反馈机制，完备的数据资料和文档。

2. 模型建设

通过分析源系统，已经深入了解企业数据的现状，进一步确定了数据仓库应用的数据范围，接下来开始逻辑数据模型的建设。在这一阶段，项目组的工作主要包含三个部分：框架设计、分主题详细设计、模型整合。

（1）框架设计。与传统数据库面向应用进行数据组织的方式不同，数据仓库中的数据是面向主题进行组织的。在逻辑意义上，主题是对应企业中某一宏观分析领域所涉及的分析对象。面向主题的数据组织方式就是对分析对象的数据的一个完整、一致的描述，能完整、统一地刻画各个分析对象所涉及的企业的各项数据以及数据之间的联系。

既然数据仓库是按主题来组织数据的，那么主题域的确定自然成为了逻辑数据模型设计的第一步。在项目前期准备阶段，我们已经划定了系统实施的范围，主题域的确定是对项目范围的进一步细化。根据所设定的目标和源数据范围，对需求范围内的业务及其间的关系进行高度概括性的描述，把密切相关业务对象进行归类，即划分主题域，在此基础上构建逻辑数据模型的原型框架。该原型框架决定数据仓库的数据组织原则和基本形式，也决定了数据仓库的应用范围和应用模式。概念模型的设计是为逻辑模型的设计做准备，它没有统一的标准，主要是根据设计者的经验。原型框架应该主要包括模型中包括哪几个主题，每个主题中主要的实体有哪些，哪些实体之间的关系体现了重要的业务规则，哪些属性非常重要和关键，主题之间的关系是怎样的，并就模型的外观和建模过程中使用的通用命名规范等进行约束和规定。

(2) 分主题详细设计。在原型框架确定后，逻辑数据模型的分主题详细设计就可以开始了。详细设计的主要任务包括创建各主题的实体和属性，并进行尽可能详细、准确的定义和说明；建立各实体间的关系，准确地体现业务规则；建立主题之间的关联，参照业务需求对实体和属性进行调整；对相关代码表进行整理，产生相关文档。

逻辑数据模型的设计工作一般是多人参与的，在分主题的设计工作过程中要特别注意协同工作，需要建立一套有效的工作机制，从技术手段和管理手段来实现模型版本的可控性。

(3) 模型整合。在分主题详细设计完成后，需要对设计成果进行整合。由于分主题设计中多个建模人员同步工作，每个建模人员都从自己的视角来建立自己的视图，可能忽略了其他方面的因素对模型的影响，从而各人设计出来的部分之间会产生某些冲突。在模型整合阶段，负责整个模型管理的人需要发现这些冲突，进行比较和修正，对模型进行调整，以达到融合统一的目的。在模型整合完成后，逻辑数据模型就有了一个初步成型的版本。

(四) 模型回顾与验证

逻辑数据模型是数据仓库建设的基础，因此在各主题的详细设计基本结束之后，还需要经过模型小组内部的模型回顾和项目评审委员会的模型验证，才能进入物理数据模型设计阶段。

1. 模型回顾

在逻辑数据模型详细设计完成之后，首先应该在模型小组内部对主题之间的关系进行回顾，并参照业务需求调整相关的实体和属性，主要从以下两个方面进行。

(1) 技术方面。与熟悉业务系统的技术人员进行交流和探讨，看看在模型建设过程中是否可以正确理解现在各业务系统的数据；是否有重要的数据被遗漏；各实体之间的关系是否正确。

(2) 业务方面。与业务分析人员进行模型的回顾和验证，看是否可以通过模型帮助实现需求，在回答、解决问题时是否方便；模型是否很容易理解，是否可以在模型中体现；对于今后业务的扩展是否存在瓶颈；对于以后实施其他应用是否具有支持作用等。

通过上述两个方面的讨论和交流，根据技术和业务人员的反馈，数据模型小组需要对模型中的主题、实体、属性进行少许调整，并形成最终确认的版本。

同时，数据模型小组应该准备逻辑数据模型的说明文档，帮助参加验证的人员更好地理解模型。这些文档首先要回答“为什么要建立逻辑数据模型”、“逻辑数据模型能够给企业带来什么益处”等问题；其次，针对每个主题，还应该从“主题概述”、“现状描述”、“唯一标识”、“主要分类”、“历史数据保存”等几个方面进行详细描述；最后，还需要详细描述模型中的重要关系，以体现各种业务规则。

2. 模型验证

在模型定稿和完成文档准备之后，就要请项目评审委员会进行逻辑数据模型设计的验证和评审工作。验证和评审应该主要从技术和业务两方面进行。

(1) 技术角度。技术角度包括是否符合逻辑数据建模的规范；是否符合范式化的要求；数据的理解、关系的建立是否正确；是否有足够的文档支持。

（2）业务角度。选取不同的业务需求，从不同的角度对模型进行验证；通过应用需求验证，评估数据组合的合理性；是否具有足够的灵活性和扩展性。

（五）设计中的关键问题

逻辑数据模型的设计需要掌握多方面的专业知识，包括数据仓库及关系型数据库的基础理论、数据模型理论及建模方法、行业领域业务知识等，还需要读者参阅专业的建模书籍学习。本节仅针对数据仓库逻辑数据模型建设过程中常遇到的一些问题进行解答。

1. 统一业务定义

在整个模型建设的过程中，需要同步进行的另一项重要工作是明确和统一业务定义。前面我们已经提到过，由于企业各源业务系统的相对独立性，对于一些重要概念和业务定义可能缺乏统一的认识。在模型建设阶段，基于前一阶段对源系统分析的工作成果，IT 人员和业务人员应该对一些重要的业务元素和规范进行统一定义，以便确定各个主题的准入原则，为逻辑模型的设计和后续工作提供指导。例如，目前国内的银行普遍缺乏统一的产品管理机制和系统，对产品没有明确的定义，在模型建设时就需要对产品给出明确的界定，整理出完整的产品目录等。在进行业务定义时，一方面应该充分考虑模型的设计理念；另一方面也要充分考虑到企业的实际情况，积极争取业务人员的配合。

另外，不同业务系统中可能有各自定义的数据信息，按照各自不同的业务流程进行数据的组织和模型的设计。比如“客户”的概念，在不同的系统中可能叫“个人客户”“公司客户”“贷款企业”“持卡人”等，在统一业务定义时可以考虑都称为“当事人 PARTY”；同时，可能还有一些“担保人”“商户”的概念会出现在不同的业务系统中，他们在模型中也都称为“当事人 PARTY”。

2. 关联实体的使用

一个灵活的模型中应该有许多关联实体来体现各种可能的复杂关系。例如，一个客户可能持有一个或多个账户，一个账户可能同时被一个或多个当事人持有；一个客户可能有一个或多个地址信息，用于不同的联系目的。

在逻辑模型中有很多关联实体（当事人和协议的关系、当事人和地址的关系等），可以自然地反映现实世界的真实状况，同时还可以应对将来的变化。比如“当事人和账户的关系”这个实体，通过“关系种类代码”可以存储各种可能的关系，如全部持有、部分持有、管理、负责等。在新的关系出现时，只需要简单地增加“关系种类代码”的取值，即可将新出现的关系放入数据模型，不需要做任何结构的改动。

两个实体之间存在关联关系时，在逻辑数据模型就体现为“主外键”的方式。比如图3-3所示的关联实体的使用示例中，“当事人与账户关系历史”中的“账号（FK）”来自“账户”实体，“当事人编号（FK）”来自“当事人”实体，业务规则为“账户和当事人之间存在某种关系”，其关系类型“当事人与账户关系代码（FK）”来自“当事人与账户关系代码表”。“当事人”中的“证件类型代码（FK）”来自“证件类型代码表”。

定义上述关系时，需要注意所引用的属性字段一定要保留“FK”，而且需要定义 cardinality（即关系的“势”）。例如，“当事人与账户关系历史”和“当事人”的关系，就需要指定 cardinality 为 1～0，1，M，业务规则为“1 个当事人可能没有账户，可能有 1 个账户，也可能有多个账户”。而“当事人与账户关系历史”和“账户”的关系，就需要指定 cardinality 为 1～1，M，业务规则为“1 个账户一定和 1 个或者多个当事人有关”。

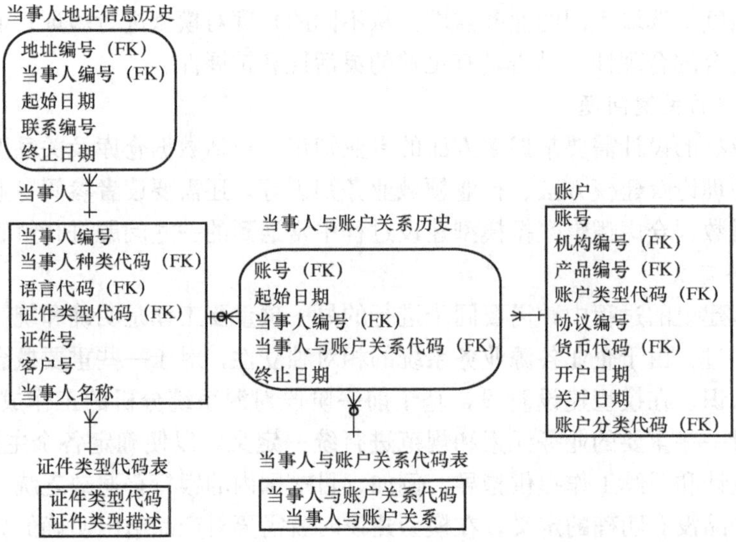

图 3-3 关联实体的使用示例

了解关联实体的含义之后，用户在使用中如果看到某实体的一个属性（字段）旁标有“FK”，则应该知道，该字段参照了另一个实体；各种关系实体一定是关联实体，体现了多个实体之间的关系；另外，大部分实体中的代码字段都参照了对应代码表中的主键，用关联代码表即可查询到代码字段取值的含义（代码描述字段）。

3. 父类、子类的使用

从父类创建不同子类的层次架构，一方面能够从上而下地继承一些共同的属性，另一方面又用许多不同的子类型来存储和展现各自具有的不同属性。例如“当事人”包括个人当事人、组织机构当事人等不同类型的当事人，所有这些当事人都具有一些共同的属性（如当事人名称、证件类型、证件号等）；同时个人当事人的属性不同于组织机构当事人，比如婚姻状态等属性是组织机构当事人不可能具有的，因此它们是当事人的不同子类；进一步，组织机构当事人又可以分为公司当事人、商户、内部机构等。

根据需要，可以在新类型当事人出现时不改变模型的结构，或者直接和现有的当事人类型合并，或者是单独建立一个特殊的子类型，实施时根据需要进行模型的定制和完善。

4. 键码的选择

数据仓库中含有来自于多个源系统的需要长期保留的数据，这使得在数据仓库中创建和维护唯一键的任务复杂化，模型设计人员必须在模型设计一开始就考虑键的选择问题。键选择问题的复杂性主要来自于不同业务系统之间系统定义和标识的不一致。以客户为例，在某些业务系统中没有客户的概念，客户的信息是作为合同的附属信息存在的；而在某些业务系统中，客户的信息是独立存在而有标识的。即使各系统都有类似的客户定义，由于各个业务系统之间的独立性，其客户标识也是不一致的。也就是说，同一个人在企业的不同系统中可能具有不同的标识，且不具有联系。这种系统间的不一致会给数据集成带来很大问题。

在进行键的选择时，通常有三种基本情况。

（1）来自源系统的键。使用来自于现存的源业务系统的键是最简单的一种选择。这种选择对业务系统的键有一定的要求：具有唯一性；键不能被重用；键具有稳定性，不会改变。

通常选择来自现存系统的键会有两种情况。

1）当存在一个公认的主要数据源时，就可以采用这个选择。例如，在企业中存在一个客户信息系统，所有业务系统的客户都在这里维护，实现了对客户的唯一标识，那就可以选择该系统的客户标识作为数据仓库的客户实体主键。

2）当有多个数据源，各个数据源的键都满足唯一、不重用、稳定的要求时，可以考虑的一个方式是使用包括源系统标识的复合键。

（2）来自公认标准的键。对于一些存在国际和国内公认编码的情况，如国家代码、货币代码等，可以采用这些标准编码来作为数据仓库中的键，然后建立源系统编码和标准编码的映射关系。这种选择的前提是源系统的编码和标准编码之间存在直接的映射关系，可以实现简单的转换。同时应该在数据仓库中保留源系统的编码，以满足分析和业务人员的要求。

（3）代理键。代理键是目前最经常的选择。代理键是一个替代键，它是在数据装载过程中系统生成的，其值没有业务含义。代理键符合对于好键的要求，具有很多优点：代理键很小，可以节省存储空间；消除了复合键，可以进行更有效的维护和索引；代理键是唯一的、稳定的，在数据仓库的整个生命周期中保持不变。一般在选择代理键时，会把源系统的键值作为参考号存放在对应实体中备查。

五、数据仓库的物理模型设计

所谓数据仓库的物理模型，就是逻辑模型在数据仓库中的实现，主要解决数据的存储结构、表结构的定义、数据的索引策略、数据的存放位置、存储分配等问题。物理设计的主要目的有两个，一是提高性能，二是更好地管理存储的数据。根据物理模型就可以直接建立物理数据库，并进行测试和性能优化，为系统数据加载和应用开发做好准备。

（一）物理模型设计的主要内容

确定数据仓库实现的物理模型，首先要做到以下几个方面。

（1）要全面了解所选用的数据库管理系统，特别是存储结构和存取方法。

（2）了解数据环境、数据的使用频度、使用方式、数据规模以及响应时间要求等，这些是对时间和空间效率进行平衡和优化的重要依据。

（3）了解外部存储设备的特性，如分块原则、块大小的规定、设备的I/O特性等。

基于逻辑数据模型，物理数据模型设计主要是确定数据的存储结构、确定索引策略、确定数据存放位置以及确定存储分配。

1. 确定数据的存储结构

一个数据库管理系统往往都提供多种存储结构供设计人员选用，不同的存储结构有不同的实现方式，各有各的适用范围和优缺点，在选择合适的存储结构时应该权衡三个方面的主要因素：存取时间、存储空间利用率和维护代价。

2. 确定索引策略

数据仓库的数据量很大，因而需要对数据的存取路径进行仔细的设计和选择。由于数据仓库的数据都是不常更新的，因而可以设计多种多样的索引结构来提高数据存取效率。在数据仓库中，对各个数据存储建立专用的、复杂的索引，以获得最高的存取效率，因为在数据仓库中的数据是不常更新的，也就是说每个数据存储是稳定的，因而虽然建立专用的、复杂的索引有一定的代价，但一旦建立就几乎无需维护索引。

3. 确定数据存放位置

前面我们讲到同一个主题的数据并不要求存放在相同的介质上。在物理设计时，我们要按数据的重要程度、使用频率以及对响应时间的要求进行分类，并将不同类的数据分别存储在不同的存储设备中。重要程度高、经常存取并对响应时间要求高的数据存放在高速存储设备上，如硬盘；存取频率低或对存取响应时间要求低的数据则可以放在低速存储设备上，如磁盘或磁带。数据存放位置的确定还要考虑到其他方法，例如：决定是否进行合并表；是否对一些经常性的应用建立数据序列；对常用的、不常修改的表或属性是否冗余存储。如果采用了这些技术，就要记入元数据。

4. 确定存储分配

许多数据库管理系统提供了一些存储分配的参数供设计者进行物理优化处理，例如：块的尺寸、缓冲区的大小和个数等，它们都要在物理设计时确定。这同创建数据库系统时的考虑是一样的。

（二）常见的几个技术问题

在数据仓库物理模型设计中经常遇到和需要解决的问题包括多表连接、表的累计、数据排序、大量数据的扫描。下面列出了一些数据库管理系统在实际系统中针对这些困难所采用的折中处理办法。

如何避免多表连接：在设计模型时对表进行合并，即所谓的预连接（Pre-join）。当数据规模小时，也可以采用星型模式，这样能提高系统速度，但增加了数据冗余量。

（1）如何避免表的累计：在模型中增加有关小计数据（Summarized Data）的项。这样也增加了数据冗余，而且如果某项问题不在预建的累计项内，需临时调整。

（2）如何避免数据排序：对数据事先排序，但随着数据仓库系统的应用，不断有新的数据加入，数据库管理员的工作将大大增加。大量的时间将用于对数据的整理，系统的可用性随之降低。

（3）如何避免大表扫描：通过使用大量的索引，可以避免对大量数据进行扫描，但这也将增加系统的复杂程度，降低系统进行动态查询的能力。

这些措施大都属于逆规范化处理。由于数据库引擎的限制，当把规范的逻辑数据模型进行物理实施时，常常需要进行逆规范化处理。举例来说，当系统数据量很小，比如只有几个GB时，进行多表连接之类复杂查询的响应时间是可以忍受的。但是设想一下，如果数据量扩展到很大，到几百GB，甚至TB，一个表中的记录往往有几百万、几千万，甚至更多，这时进行多表连接这样的复杂查询，响应时间会长得不可忍受。这时就有必要将几个表合并，尽量减少表的连接操作。当然，逆规范化处理的程度取决于数据库引擎的并行处理能力。用户在选择数据库引擎时，除了参考一些相关的基准测试结果外，最好是能根据自己的实际情况设计测试方案，从几个数据库系统中选择最适合企业决策要求的一种。

下面分小节介绍几种在物理数据模型设计中常用的技术手段，供读者参考。

1. 表划分

数据分割（Partition，表划分）是提高数据仓库性能的一项重要技术，是指把逻辑上统一整体的数据分割成较小的、可以独立管理的物理单元（称为分片）进行存储，以便于重构、重组和恢复，从而提高创建索引和顺序扫描的效率。数据的分割使数据仓库的开发人员和用户具有更大的灵活性。

数据仓库中的数据分割概念与数据库中的数据分片概念是相近的。数据库系统中的数据分片有多种方式：水平分片、垂直分片、混合分片和导出分片。水平分片是指按一定的条件将一个关系按行划分为若干个不相交的子集，每个子集为关系的一个片段；垂直分片是指将关系按列划分为若干子集，垂直分片的片段必须能够重构原来的全局关系。下面我们主要讨论水平分片的情形。

分割同时也可以有效地支持数据综合。在实际系统设计中，通常采用的分割形式是按时间对数据进行分割：将同一时段内的数据组织在一起，并在物理上也紧凑地存放在一起，如将商场的销售数据按季节进行分割，这样分割的理由是商场的经理们经常关心的问题是某商品在某个季节的销售情况，如果数据已经是按照季节分割存储好的，就可以大大减小数据搜索的范围，从而达到减小物理 I/O 次数，提高系统性能的目的。按照时间进行数据分割还可以是以时点采样的形式进行。例如，商品的库存信息的分割，我们将周末的商品库存数据组织在一起，以代表一周的商品库存。

按时间进行数据分割是最普遍的，一是因为数据仓库在获取数据时一般是按时间顺序进行的，同一时间段的数据往往可以连续获得，因而按时间进行数据分割简单易行；二是因为数据仓库的数据汇总常常在时间维上进行，比如，需要求出某商品某季节的销售总量等，按时间进行分割的数据便于进行这样的统计。另外，还可以按业务类型、地理分布等对数据进行分割。更多情况下，数据分割采用的标准不是单一的，往往是多个标准的组合。因为数据仓库中的数据时间跨度较长，如果仅按地理或业务等来分割数据，每一分片上的数据量仍可能很大，所以经常可以将其他标准与时间标准组合使用，而时间几乎是分割标准的一个必然组合部分。

设计数据分割最重要的就是选择适当的分割标准。选择适当的数据分割标准，一般要考虑以下几方面因素：数据量（而非记录行数）、数据分析处理的实际情况、简单易行以及粒度划分策略等。

数据量的大小是决定是否进行数据分割和如何分割的主要因素。如果数据量较小，可以不进行数据分割，或只用单一标准将数据分割成数目较少的若干分片；如果数据量很大，就应当考虑采用多重标准的组合来较细致地分割数据。

数据分割是跟数据分析处理的对象紧密联系的，换句话说，不同的主题内数据分割的标准不同。例如，“商品”主题内对于数据的分割更多地采用商品大类、商品小类和时间标准，因为人们经常对商品进行分类分析或聚类分析；而在“供应商”主题内，数据分割的标准则更常用的是按地理位置（即供应商的地址）和时间来进行分割。

选择用以数据分割的标准应当易于实施。如前面我们讨论了以时间为标准进行数据分割往往是易于实现的。另外，按照业务类型进行数据分割也是易于实现的，因为同一业务的数据来自同一业务部门，也就是说其源数据库系统是一样的，往往也是可以连续获取的，所以可以在数据仓库获取数据的同时进行分割。

进行数据分割设计时，更重要的是要将数据分割标准与粒度的划分策略统一起来。例如，“商品”主题关于商品销售数据的粒度是按时间和商品类别来划分的，那么，我们就应该对每一粒度层次上的数据都按时间和商品类别的组合标准来进行分割（如果该层次上的数据量仍较大的话），以便对每个分片在时间和商品类别上进行再综合，综合为更高层次粒度的数据。因此，在进行数据仓库设计时需要把数据分割与粒度划分结合进来考虑。

2. 索引技术

索引就是加快检索表中数据的方法。数据库的索引类似于书籍的索引。在书籍中，索引允许用户不必翻阅完整书本就能迅速地找到所需要的信息。在数据库中，索引也允许数据库程序迅速地找到表中的数据，而不必扫描整个数据库。在书籍中，索引就是内容和相应页号的清单。在数据库中，索引就是表中数据和相应存储位置的列表。索引可以大大减少数据库管理系统查找数据的时间。

为什么要创建索引呢？这是因为，创建索引可以大大提高系统的性能。

第一，通过创建唯一性索引，可以保证数据库表中每一行数据的唯一性。

第二，可以大大加快数据的检索速度，这也是创建索引最主要的原因。

第三，可以加速表和表之间的连接，特别是在实现数据的参考完整性方面特别有意义。

第四，在使用分组和排序子句进行数据检索时，同样可以显著减少查询中分组和排序的时间。

第五，通过使用索引，可以在查询的过程中使用查询优化器，提高系统的性能。

也许会有人要问：增加索引有如此多的优点，为什么不对表中的每一个列创建一个索引呢？这是因为，增加索引也有许多不利的方面。

第一，创建索引和维护索引要耗费时间，这种时间随着数据量的增加而增加。

第二，索引需要占物理空间，除了数据表占物理空间之外，每一个索引还要占一定的物理空间，如果要建立聚簇索引，那么需要的空间就会更大。

第三，当对表中的数据进行增加、删除和修改的时候，索引也要动态的维护，这样就降低了数据的维护速度。

索引建立在数据库表中的某些列上。因此，在创建索引的时候，应该仔细考虑在哪些列上可以创建索引，在哪些列上不能创建索引。一般来说，应该在下面这些列上创建索引。

1）在经常需要搜索的列上，可以加快搜索的速度。

2）在作为主键的列上，强制该列的唯一性和组织表中数据的排列结构。

3）在经常用于连接的列上，这些列主要是一些外键，可以加快连接的速度。

4）在经常需要根据范围进行搜索的列上创建索引，因为索引已经排序，其指定的范围是连续的。

5）在经常需要排序的列上创建索引，因为索引已经排序，这样查询可以利用索引的排序，加快排序查询时间。

6）在经常使用在 WHERE 子句中的列上创建索引，加快条件的判断速度。

同样，对于有些列不应该创建索引。一般来说，不应该创建索引的这些列具有下列特点。

第一，对于那些在查询中很少使用或者参考的列不应该创建索引。这是因为，既然这些列很少使用到，那么有无索引并不影响查询速度。相反，由于增加了索引，反而降低了系统的维护速度，增大了空间需求。

第二，对于那些只有很少数据值的列也不应该增加索引。这是因为，由于这些列的取值很少，例如人事表的“性别”列，在查询的结果中，结果集的记录数占了表中记录数的很大比例，即需要在表中搜索的记录数的比例很大。增加索引并不能明显加快检索速度。

第三，对于那些定义为 text，image 和 bit 数据类型的列不应该增加索引。这是因为，这些列的数据量要么相当大，要么取值很少。

第四，当修改性能远远大于检索性能时，不应该创建索引。这是因为，修改性能和检索性能是互相矛盾的。当增加索引时，会提高检索性能，但是会降低修改性能；当减少索引时，会提高修改性能，降低检索性能。因此，当修改性能远远大于检索性能时，不应该创建索引。

上文介绍了一些建立索引的基本原则，供读者参考。不同的数据库产品采用了不同的索引技术，比如B+树索引、哈希索引、位图索引等，因此使用不同的数据库产品时需要采用的索引优化技术也是不尽相同的，具体参照相关的技术手册进行才可能达到最佳效果。

3. 表合并

在数据仓库中，往往存在一些例行的分析处理，它们要求的查询也是例行的、相对固定的。当某一例行的查询涉及固定的多个表的数据项，就需要首先对这几个表进行连接操作，如果这几个表的数据项分散存放在几个物理块中，多个表的存取和连接操作的代价会很大。为了节省I/O开销，可以把这些表的数据项混合存放在一起，就可以降低表连接操作的代价。

4. 加工汇总表

对数据仓库开发者来说，划分粒度是设计过程中最重要的问题之一。所谓粒度，是指数据仓库中数据单元的详细程度和级别。数据越详细，粒度越小，级别就越低；数据综合度越高，粒度越大，级别就越高。一般需要将数据划分为详细数据、轻度总结、高度总结三级或更多级粒度。不同粒度级别的数据用于不同类型的分析处理。粒度的划分是数据仓库设计工作的一项重要内容，粒度划分是否适当是影响数据仓库性能的一个重要方面。

为了保证业务分析的灵活性，在数据仓库产品可以承受的范围内，一般还是建议存储详细数据。但是大多数数据查询又常常是在汇总层面进行的，因此在物理数据模型设计中，适当地加工汇总表是经常采用的一种方法。比如对各种细节数据按照时间、客户、产品、机构等维度进行汇总，基本可以满足企业80%的查询需求，其余20%的复杂查询往往是高级分析人员对详细数据的深层次挖掘。这样做既提高了查询效率，也减轻了数据仓库的负载压力。

5. 引入冗余

我们多次强调，数据分析的处理数据范围是广泛的，通常要涉及不同表的多个属性。一些表的某些属性可能在很多地方用到，如果这些属性上的值是不常更新的话，那么就可以将这些属性复制到多个主题中，从而减少处理时被存取的表的个数。

例如，在商场数据仓库系统中，在“商品”主题中有一个保存商品固定信息的关系表“商品（商品号、商品名、类别、……）”，而在“商品销售表”或“采购表”中则只存商品号。但几乎没有人问：“×××号商品的销售情况如何”而是经常问：“某品牌冰箱的销售可好”或“今年什么类型的洗衣机最畅销”等。这类问题以商品的一些具体描述信息作为分析的限定条件，并且涉及的有关销售的数据量又很大，这样就不得不反复存取商品表，与大量的销售表记录进行连接或半连接操作。如果将商品表的一些特定属性加入到销售表或采购表中，即增加数据冗余，就可以省去这一步连接操作，减少访问的代价。

这种引入冗余的方法与前面所说的合并表方法是不同的。合并表是将两个或多个相关表的相关记录物理上存放在一起，但逻辑上仍是两个或多个表，即没有改变各表的关系模式，而且合并表只是对表记录的存放策略的改进，并没有冗余的数据。引入冗余的方法是对表的关系模式的改变，即同一项数据属性（主外键不算此类）存在于多个关系模式中，因而这样的关系模式不再是规范化的，如上例中，在“商品销售表”中可以加入商品名称、类别等属性，即在这些属性上的数据有多个备份，是真正意义上的冗余。

引入冗余后，需要维护数据各个备份间的一致性，即在这些数据上的修改操作将变得更为复杂。一是因为它破坏了关系模式的规范化，二是因为引入冗余势必要增加修改操作的代价。所幸在数据仓库中的数据是稳定的，几乎是不更新的，适当地引入冗余也就成了提高系统性能的一种有效的方法。

6. 参照完整性

现有的关系数据库一般都支持参照完整性机制，在数据库系统中实现参照完整性约束是有益而且实用的功能，这一点毋庸争议。然而，如果面临的是海量的表、批量的数据装载、受到限制的时间窗口，参照完整性检查往往会降低数据仓库批量数据处理的性能，成为累赘。删除数据库中的参照完整性约束可以极大地提高数据仓库的批量数据装载性能，明显地减少装载时间。

建议采用另外一种备选方法，即通过装载过程的设置来实施参照完整性。数据仓库使用批处理过程以可控的方式来装载数据，可以控制处理中的依赖关系和先后次序，从而消除潜在的完整性冲突。

如果装载时间是一个需要考虑的问题，那么建议考虑从数据仓库中删除一些约束，包括主键约束、外键约束和唯一索引约束。检查装载处理以明确何处存在着冗余、何处缩减约束后能有利于装载时间。

第三节 数据加载设计

通过物理模型设计，数据仓库中的核心数据库对象如表、字段、视图等均已建立，数据仓库的框架也就搭建起来了。不过我们只是建立了一个空壳，因为数据表中没有任何内容，就像建立仓库，只是将房子建好了，而仓库内部却是空的一样。ETL 系统就是将数据装载到数据表中的工具。

一、ETL 系统设计的主要内容

ETL 系统设计的主要内容包括以下几项。

1. ETL 系统规划

ETL 系统规划就是在了解数据仓库及 ETL 系统基本配置的基础上，对 ETL 的性能和功能进行有效的估计和规划，包括数据仓库服务器和 ETL 服务器的硬件配置和软件配置，以及相应的网络配置。硬件配置包括主机型号、CPU 数量及主频、内存大小、磁盘存储空间大小等。软件配置包括操作系统平台、数据库类型等。网络配置包括各个服务器的网络拓扑结构、网络地址及网络带宽等。

2. 接口数据传输方式设计

常见的接口数据传输方式包括三类：由 ETL 系统直接连接到业务数据库上进行抽取并加载；通过读取业务数据库的日志文件解析出相应数据，然后加载到数据仓库中；从业务数据库中抽取数据并形成数据文件，然后加载到数据仓库中。然而，出于系统安全性和复杂性等方面的考虑，第三种方式是最常被采用的。

对第三种方式数据传输方式，业务系统每天按照数据接口规范约定的格式（命名规范、格式规范）生成接口单元文件（包括数据文件和控制文件），并按照数据传送规范向数据仓库系统主动发送生成的文件和相应的控制文件，数据加载服务器接收文件后即开始数据的加载。

3. 接口数据提供功能的主要内容

业务系统向数据仓库系统提供数据是业务系统日常工作的重要组成部分。根据数据仓库系统的设计目标，原则上按业务日期更新数据，要求业务系统在完成业务日期的工作后，准备业务日期内的数据并提供给数据仓库，它是业务系统操作员日常操作的一个步骤。

业务系统数据提供包括三个阶段的工作：数据提供功能实现（包括设计、开发、测试和上线及程序的维护）、初始数据的准备以及日常数据的提供（包括对异常数据的处理）。

（1）数据提供功能实现。根据定义的数据提供方式、抽取周期、数据内容、数据格式、校验方法、数据传输方法，业务系统开发或维护部门需要实现以下功能来支持文件发送方式向数据仓库的数据提供。

数据准备（数据抽取）：从业务系统数据库按照规定的格式和命名规则导出数据文件。数据抽取的周期可以分为两类：初始抽取和定期抽取。初始抽取是在数据仓库建设时，首次从源系统一次性抽取全部数据的数据抽取方式。定期抽取是指根据不同的数据内容，按照数据抽取周期，在指定的时间内对数据进行抽取的方式。导出数据的类型包括全表导出（导出数据表中的所有数据）、增量数据导出（只导出业务日期段内变动和增加的数据）。一般情况下，日常数据导出采用增量导出，初始数据导出采用全表导出；对于不能产生增量的数据可采用全表导出。一个典型的接口数据文件设计如表 3-3 所示。

表 3-3　　数据文件示例

数据内容				
接口单元名称	重点客户			
接口单元编码	0001			
接口单元说明	符合电力企业重点客户标准的客户资料			
接口单元属性列表				
属性编码	属性名称	属性描述	属性类型	备注
00	记录行号	唯一标识记录在数据文件中的行号	Number	
01	客户标识	唯一标识客户的编码	Char（20）	
02	客户名称		Char（20）	
03	联系人姓名		Char（20）	
04	联系电话		Char（15）	
…	…	…	…	…

控制文件的产生：该功能产生所需的控制文件。数据仓库系统接收到数据文件后，需要判断数据文件的完整性，故要求业务系统在传输数据文件的同时发送控制文件。完成数据文件的准备后，业务系统产生每个数据文件的控制文件。构成控制文件的基本信息如表 3-4 所示。

表 3-4 控制文件的构成

序号	信息内容	数据类型及长度	说明
1	接口数据文件名称	Char (40)	
2	文件的大小（字节数）	Number (20)	文件的数据存储大小
3	文件中包含的记录数	Number (20)	
4	数据日期	Char (8)	日期格式：YYYYMMDD，若为月份，则格式为 YYYYMM，后补两位空格
5	文件生成时间	Char (14)	日期格式：YYYYMMDDHH24MMSS
6	0x0D0A		回车换行符

文件（包括数据文件和控制文件）向数据仓库系统的传送：该功能完成所有已产生的数据文件和控制文件向数据仓库系统的发送。通常遵循以下策略。

1）使用 FTP 文件传输工具发送文件。

2）应根据不同的业务系统、不同格式的数据文件选择文本或二进制模式发送。

3）控制文件应紧随数据文件发送。

4）控制文件采用文本方式发送。

在数据提供功能开发完成后，数据仓库系统将与各业务系统进行联合调试和测试，确认功能正确后，在各业务系统上线。

（2）初始数据准备。在数据仓库投产时或投产的初期应装载一段时间的业务系统数据，业务系统应当准备这些数据。对于没有存储在业务系统当前数据库中的备份数据，应当按照规定的格式导出数据，供数据仓库加载。

各业务系统初始数据准备包括的另一项重要内容是提供基准日数据。基准日数据全部是全表导出数据。

业务系统向数据仓库提供基准日数据后，要连续提供以后每天的日常加载数据。

为了检查数据仓库中数据的正确性，数据仓库每隔一段时间要求各业务系统按基准日方式提供一次数据。

（3）日常数据准备和提供。业务系统在完成本业务日期的处理后，运行数据提供功能，进行数据文件和控制文件的传输。操作人员应监视运行过程中的意外情况并做相应的处理。

在数据提供功能模块运行的同时，ETL 系统也要同时检测源数据系统传送数据的情况，数据仓库管理人员负责查看数据加载的日志，如果出现数据加载问题，需重新加载数据。

4. 数据抽取、传输和加载流程

整个数据抽取、传输和加载流程大致可以分成数据抽取和数据传送、数据加载、数据校验三大部分。

（1）数据抽取和数据传送。数据仓库的主要数据来源是业务数据库，但是业务数据库常常有一个或一个以上的同质或异质数据库，且各数据库内所存储的数据内容、形式皆有所不同。所以当把这些来自不同数据库的数据加载至数据仓库中时，需要有一定的规范，定义各源数据系统在将数据交给数据仓库前的数据域位和字段格式。若数据域位定义为日期

(Date) 或数字格式 (Decimal)，也一律以字符 (Character) 方式产出。

(2) 数据加载。当数据从源数据转出后 (包括传输到数据仓库)，紧接着就要将其加载至数据仓库环境，包括 ODS 和 DDS。这些加载工作都是通过 ETL 调度工具通过运行特定的 ETL 作业实现的。

(3) 数据校验。数据仓库的数据量很大，数据来源很多，源系统可能因为设计问题或其他原因而导致数据本身可能会有一些不符合逻辑的情况发生。由于数据仓库主要用于分析，这类问题的存在肯定会影响到分析的结果。将这些问题搜集、汇总分析，可有助于业务系统和信息部门判断并解决原始数据正确性问题。

二、ETL 作业设计

前面提到 ETL 作业是 ETL 系统数据加载转换的基本单元，ETL 作业的设计和开发是 ETL 系统开发的主要部分。ETL 作业设计与实施主要包括以下几部分工作。

1. 数据源的确认

明确系统的数据获取来源，包括数据源的数据存储格式、数据库类型、操作系统平台、网络状况以及数据源数据的更新周期与方式等。

2. 源数据分析

针对源系统的数据模型设计进行分析，理解源系统的数据表及表间关系的业务逻辑含义，进一步了解字段含义；根据源数据的生成周期确定 ETL 系统对源数据的抽取周期 (每日、每周、每月、近实时等)；确定源数据的抽取方式：增量抽取/全量抽取，如果是增量抽取，进一步确定进行增量抽取的基准字段；了解源系统每张表目前的数据量以及每日增长的数据量。

3. 源目的数据映射

根据系统物理数据模型的定义，即确定模型中每张表的各个字段对应的是源系统中哪些表的哪个字段，转换规则如何，表间的关联关系如何等。

源系统与目标数据表的映射关系可能为一对一、一对多、多对一和多对多。

同时，制定每张目的表的加载转换策略：全表覆盖、增量追加、增量比对。

数据映射分析完成后，通常需要编写《源数据映射说明书》，也称为 SDM (Source Data Mapping) 文档。SDM 中逐个说明目标表和源系统和接口单元之间的对应关系。这种说明包括两个层次：表级映射和字段级映射。表级映射说明数据仓库中的表来源于源系统中哪些表或接口单元，若来源于多张表或接口单元，则需说明以哪张表为主表，以及如何和其他表关联；字段级映射则用于说明数据仓库中表的每个字段来源于源系统中相应表的哪些字段，以及如何通过转换、关联等操作进入数据仓库。

典型表级映射设计如表 3-5 所示。

表 3-5　　表级映射示例

表名	中文表名	SDM 备注	抽取方式	抽取周期
GM_VIP	VIP 客户信息表	来源于 vip_client 表	全量	每天
…	…	…	…	…

典型字段级映射设计如表 3-6 所示。

表 3-6　　字段表级映射示例

目的表说明								
对应源表								
加载规则说明								
目的表名称	目的字段名	目的字段说明	目的字段类型	源表名称	源字段名	源字段说明	源字段类型	匹配及计算规则描述

4. 数据获取接口的设计与定义

与源系统之间定制数据获取接口，包括双方如何进行信息握手，源系统以何种方式通知目标系统数据已准备好，目标系统如何根据得到的信息去源系统进行数据获取；双方针对数据获取流程进行控制表的设计与字段定义。

5. ETL 子系统和作业依赖关系的定义与划分

结合源目的映射以及数据获取接口的确定，可对系统所有 ETL 的子系统进行划分与定义，并进行子系统下各作业的定义以及作业间依赖关系的定义，以便后续的任务开发与流程控制。

6. ETL 任务脚本的开发

根据源目的映射中的转换规则，编写 ETL 转换任务中的各个脚本。

7. ETL 控制流程的设计与开发

根据数据获取接口的定义，进行 ETL 控制流程的设计和总控脚本的开发，使得每日的 ETL 过程能够根据数据库中的配置信息自动地触发启动，并自动化地进行数据抽取、数据加载和数据转换操作。

8. ETL 模块测试与流程测试

针对每个 ETL 任务脚本，都要进行模块测试，保证脚本的正确运行，完成 ETL 作业的上线和试运行。

第四节　应用及门户系统建设

应用系统建设是整个数据仓库建设过程中的重要组成部分。虽然数据仓库的各个应用系统无论在功能上还是形式上都可能存在着很大的差异，但只要是数据仓库应用系统，就应该有一个统一的思路来规划、管理和开发。应用系统的建设涉及很多方面，包括应用系统规划、应用需求分析整理、前端应用设计开发和应用集成等。

一、应用系统规划

应用系统规划的核心任务是设计应用系统的体系架构。设计应用系统的体系架构首先要确定应用系统使用的技术架构。数据仓库的应用系统分为两种类型，一种是浏览器，另一种是 GUI 客户端。在实际的数据仓库应用系统建设中，浏览器方式的应用系统可能会占到 80%以上。对应的技术架构上也有两层架构的 C/S 架构和三层或多层架构的 B/S 架构；从开发工具和语言方面也是各式各样，最常见的如 Java、JSP、C＃、VB、VC＋＋、Delphi 等。理论上数据仓库应用系统可以是上述的任何一种形式，但在实际应用中对于整个数据仓库的应用系统开发应该有一个统一的框架。考虑到应用系统的部署问题，大部分的数据仓库应用系统将采用 B/S 结构，当然也存在少量采用 C/S 结构的复杂应用。在 B/S 架构中，常见的技术架构为 J2EE 架构和 .NET 架构。

值得一提的是，目前在市场上有一大类产品，称为商业智能（BI）产品，它们已经非常成熟，并且在数据仓库的应用开发中获得了广泛的应用（主要包括报表工具、OLAP 工具等）。使用这些产品的 API 可以使数据仓库应用系统的开发效率和可用性得到很大提高。同时商务智能工具都含有各自的 API，方便实现与企业信息门户的无缝集成。

应用系统技术架构的确定主要涉及如下内容。

（1）应用系统网络和服务器基础架构设计：由于应用系统是用户访问数据仓库数据的唯一入口，应用系统的稳定性至关重要，这就对应用系统的硬件基础设施提出了很高的要求。为了保证应用系统的高访问性，通常通过两台或两台以上的服务器，每台服务器包含相同的配置，通过簇方式连接，防止因服务器硬件问题造成应用系统无法访问。在正常情况下多台服务器均可响应用户访问请求，在系统软件或应用软件的支持下，实现负载均衡。网络和服务器基础架构设计就是描述应用系统涉及的多台服务器间的互联关系和网络拓扑结构，使数据仓库各类人员能够清晰地了解网络结构和硬件配置。

（2）软件架构：在应用系统的软件架构中应当在确定使用的商务智能工具的基础上清晰地描述应用服务器软件配置情况，包括操作系统、商务智能服务、Web 服务、连接数据仓库服务器等各类中间件。目前商务智能工具很多，主流的商务智能工具包括 BO、Brio、Cognos、Hyperion 等。基于企业现状和数据仓库建设总体要求，选择适当的商务智能工具。商务智能工具为了完成固定时报表、多维报表的展示，通常提供完备的系统服务体系，方便连接数据库和数据立方体和报表的部署和发布，同时提供报表访问服务，并且有效管理用户的访问请求，保持数据访问的性能和稳定性。软件架构设计应当描述使用的商务智能工具的体系结构以及设计的主要系统服务；描述商务智能环境的外部访问接口，说明访问接口的部署环境；描述访问环境的用户认证和安全机制。

二、应用需求整理

数据仓库的需求分析是在数据仓库项目启动后通过需求访谈的方式进行的。需求访谈阶段需要和企业的多个部门进行走访交流，了解企业现有的业务流程和数据流程，发现客户需要哪些深入的分析功能，可以帮助他们解决什么样的业务问题。因为很多用户都是初次接触数据仓库，所以让他们明确完整地提出期望常常是很困难的。这时需要从他们目前已经使用的部分分析应用入手，进行启发。比如可以询问他们的日常工作会涉及哪些报表和统计分析工作，这些报表和统计分析工作的目的是什么，在生成报表和进行分析时常常遇到哪些困难。然后可以向用户介绍该行业内数据仓库的一些典型应用，比如定制报表、OLAP 分析和一些数据挖掘应用等，最后找到期望和实际情况的交集，从而确定用户的需求访问。为了提高需求访谈的效果，访谈前通常需要准备访谈的内容，必要时可以通过调查问卷的方式进行调研。大型的数据仓库项目中为了保证需求调研的准确性和全面性，会成立业务专家委员会，由项目组成员和业务专家共同讨论需求内容。在访谈结束后，需要整理访谈中涉及的主要内容，形成需求调研文档。形成的调研文档需要及时反馈给业务专家委员会和相关需求人员，确认需求的正确性，确保需求调研文档真实反映业务人员的意图。

完成需求调研文档之后，首先需要对调研的内容进行分析总结，最终确定明确的需求点，确定每个需求点实现的方式，如固定式报表、OLAP 报表等，形成报表需求。接着要从需求点总结提炼出业务主题，把每个需求点归并到相应的业务主题中。由于需求点是根据需求调研文档中业务人员提出的需求总结出来的，业务人员通常是从本部门对业务分析的角度出发，只会关注自身相关的一部分需求，不同部门的人员提出的需求会有一定的重复，而数据仓库的业务分析功能应用的展开是基于企业级的数据存储，面向企业级的业务分析服务的。所以基于部门的详细需求，完成从企业业务视图角度的需求主题提炼、功能归并整理，排除重复的需求点的工作是必须的。这样可以提高报表的集成度，同时降低项目开发的工作量。完成上述工作后，就要将总结的报表需求整理成应用需求文档。

因此应用需求文档的主要内容包括以下几项。

1. 业务主题提炼

通过业务需求访谈结果，从企业业务运营模式、组织结构、部门职能等角度，采用面向对象的业务逻辑分析方法，进行业务主题的提炼。

2. 业务需求汇总

完成了业务需求归类整理后，需要对来自于部门的业务需求进行汇总整理工作。汇总工作包括以下三个环节。

（1）归类工作：将业务部门的需求按照新提炼的业务主题进行重新分类。

（2）归并工作：不同部门可能在原始的需求阶段提出相同的业务需求，在需求按照业务主题重新归类以后就可以进行需求的重新归并工作了。

（3）需求补充和完善工作：在归并后完成相同需求的不同描述方式的提炼，进行需求的补充完善。

3. 业务统计口径定义

在业务需求中，虽然每个部门关注统计分析业务的角度不同，但是对于企业关键业务指标，采用的统计口径应当是一致的，这样避免了不同部门之间统计数据上的不一致性，这也是数据仓库建立企业单一视图的宗旨。因此在应用需求文档中应当进行统一的定义和分析，对企业关键业务指标的统计方式进行详细的说明。

4. 指标计算公式

每个行业的企业都有自身领域内的专业性指标，这些指标的计算方法是应用开发的重要依据。因此应用需求文档中应当详细记录涉及的专业性指标的含义和指标的计算公式。

比如财务指标中描述企业盈利能力指标包括以下几项。

（1）销售毛利率＝主营业务利润/主营业务收入

（2）营业利润贡献率＝营业利润/利润总额

（3）资产利润率＝利润总额/总资产

（4）净资产利润率＝利润总额/净资产

（5）主营业务收入增长率＝（本年主营业务收入－上一年主营业务收入）/上一年主营业务收入

描述企业偿债能力指标包括以下各项。

（1）资产流动负债率＝流动负债/总资产

（2）资产长期负债率＝长期负债/总资产

（3）资产总负债率＝总负债/总资产

（4）流动负债速动资产率＝（流动资产合计－待摊费用－存货净额）/流动负债

（5）流动比率＝流动资产/流动负债

5. 维度定义

定义需求中使用最广泛的关键维度，比如时间维度定义如表 3-7 所示。

表 3-7　时间维度定义示例

属性名称	属性描述	格式/样本值	属性名称	属性描述	格式/样本值
年	年	YYYY，2001	周	周	星期一
季度	季度	4Q2001	日	日	YYYYMM，200110
月	月	YYYYMM，200110			

6. 应用需求描述

详细描述每个查询或报表的需求，这个是应用需求文档的主要内容，通常在按照应用主题划分后以表格的形式描述，典型的需求描述表格如表 3-8 所示。

表 3-8　需求描述表格示例

需求编号		归属主题	
需求名称			
功能说明			
输入说明			
输出说明			
统计口径			
实现方式		使用频率	
实现优先级		数据源	
备　注			

三、应用系统设计

在完成需求整理后，即可以开始应用系统的设计了。应用系统的设计内容包括概要设计和详细设计。

1. 概要设计

概要设计针对应用需求，分析实现需求的方式，分析应用需求的输入条件（如查询日期段、区域等）、输出信息（如查询输出哪些字段信息等），分析涉及的主要数据源，以及数据源之间重要的逻辑关系。

2. 详细设计

详细设计根据概要设计提供的信息，对每一个应用需求的开发方式进行描述。根据固定式报表和 OLAP 报表的特点，详细设计的内容也有差异。

固定式报表详细设计的内容包括以下几项。

（1）应用分析：详细定义应用名称、所属主题、业务说明、数据源、输入条件、输出结果、展现方式（表格、图表等）、排序方式、合计项、分页方式、打印方式。

（2）元数据关系：详细描述每一个输出字段对应的源表和源字段，并对其中的业务规则和转换规则进行描述。

（3）报表主体设计：定义报表表体包含的主要对象，如表头、列表、交叉表、图表等，定义报表查询的参数和每个参数的输入方式，定义报表的关联报表等。

（4）如果报表需要建立视图和查询过程时，需要定义对应视图和过程。

（5）必要情况下客户给出整个报表的输出样例。

OLAP 报表详细设计的内容包括以下几项。

（1）应用分析：定义报表的名称、所属主题、业务说明、包含的维度、度量、数据立方体名称等。

（2）维度设计：包括维度数据表、维度名称、维度层次、每个层次的数据来源、层次中类别的键值、描述字段、排序字段等。

（3）度量设计：包括事实表、每个度量的原字段、汇总方式。

（4）数据立方体设计：定义数据立方体名称、加载策略、分区、钻取策略等。

四、应用的集成和管理

前面提到前端应用是根据业务主题组织的，当应用数量达到几百个甚至上千个时，应用的集成、管理和审计就变得非常必要了，这就是所谓的应用门户（Portal）。传统的应用门户只能管理到 B/S 结构的应用系统，而数据仓库的应用门户却要求能够管理数据仓库所有类型应用，包括 B/S 应用和 C/S 应用。

通常前端应用开发使用的商务智能工具都集成有报表管理和展现模块。数据仓库前端可以直接使用商务智能工具的展现模块实现应用的集成和管理，但如果要实现与企业现有信息系统实现无缝集成，通常要实现诸如单点登录、特定化的权限控制、应用集成等，商务智能工具自身的集成展现模块也许不能完全满足企业要求，此时需要开发定制的门户系统来实现集成需求。商务智能工具一般都会提供 API，方便将应用无缝集成到门户系统中。

第五节　元数据管理系统设计

元数据管理系统设计的主要内容包括确定总体架构、设计元模型、设计元数据采集方案、设计元数据应用等内容。

一、元数据管理的标准化

元数据在数据仓库占有着非常重要的地位，不幸的是，业界出现的各种数据仓库管理和分析的工具通常使用不同的元数据标准，使得不同系统之间的迁移、数据交换变得困难，企业无法通过单一的资料库为所有的元数据统一部署元模型。因此我们希望使用单一的元数据标准，使得各种组织的元数据具有单一的元模型（Metamodel），这样迫切需要建立一种标准，使得不同的数据仓库和商业智能系统之间可以相互交换元数据。

（一）OIM 和 CWM 标准

近几年，随着元数据联盟 MDC（Metadata Coalition）的开放信息模型 OIM（Open Information Model）和 OMG 组织的公共仓库模型 CWM（Common Warehouse Model）标准的逐渐完善，以及 MDC 和 OMG 组织的合并，为数据仓库厂商提供了统一的标准，从而为元数据管理铺平了道路。

这里提到的两套标准中，CWM 实际上是专门为数据仓库元数据而制定的一套标准，而 OIM 并不是针对数据仓库元数据的。OIM 所关注的元数据的范围比 CWM 要广，CWM 只限定于数据仓库领域，而 OIM 模型却包括有分析与设计模型、对象与组件、数据库与数据仓库、商业工程、知识管理等 5 个领域。OIM 和 CWM 在建模语言的选择（UML）、数据库模型的支持、OLAP 分析模型的支持、数据转换模型的支持方面都比较一致；但是 OIM 并不是基于元对象设施（MOF）的，这意味着用 OIM 所描述的元数据需要通过其他接口才能访问，而 CWM 所描述的元数据可以通过 CORBA IDL 来访问；在数据交换方面，OIM 必须通过特定的转换形成 XML 文件来交换元数据，而 CWM 可以用 XMI 来进行交换。需要说明的是，由于 MDC 与 OMG 组织已经合并，今后所有的数据仓库工具都将遵循统一的 CWM 标准。所以下面只具体介绍 CWM 标准，略去 OIM 标准。

（二）CWM 标准

OMG 组织于 2001 年 3 月颁布了元数据标准 CWM1.0（Common Warehouse Metamodel Version1.0）。CWM 定义了一个描述数据源、数据目标、转换、分析、处理、操作等与建设和管理数据仓库相关信息的元数据基础框架，以及定义建立和管理数据仓库的过程和操作，提供使用信息的继承，为我们在多个厂商的产品之间进行元数据的通信和共享提供了切实可行的标准。

目前宣布支持 CWM 的厂商包括 IBM，NCR，Oracle，Hyperion，Dimension EDI，Genesis IONA，Hewlett Packard 和 Unisys 等。

1. CWM 包含的规范

CWM 是基于 UML，MOF 和 XML 三个标准来设计、操作、交互数据仓库的元数据。对这三个标准的说明如下：

（1）UML：Unified Modeling Language，OMG 建模标准，使用 UML 进行建模。

（2）MOF：Meta Object Facility，OMG 建立元模型和模型库的标准，提供在异构环境下的数据交换的接口。

（3）XMI：XML Metadata Interchange，OMG 元数据交换标准，使元数据以 XML 文件流的方式进行交换。

UML 在 CWM 中得到充分的应用，担任三个不同的角色。

（1）UML 作为与 MOF 对应的 Metamodel。UML 被用来作为建模语言、图形符号、约束语言，定义和描述 CWM。

（2）UML 用来创建元模型。UML 作为 Object Model 包描述的子集，其他元模型从中继承等级和关联。

（3）UML 作为面向对象元模型（Object-Oriented Metamodel）。UML 被用来描述面向对象的数据源。

CWM 为数据仓库和商业智能工具之间共享元数据制定了一整套关于语法和语义的规范。它主要包含以下 4 个方面的规范。

（1）CWM 元模型：描述数据仓库系统的模型。

（2）CWM XML：CWM 元模型的 XML 表示。

（3）CWM DTD：DW/BI 共享元数据的交换格式。

（4）CWM IDL：DW/BI 共享元数据的应用程序访问接口（API）。

2. CWM 的组成

CWM 元模型包括大量的子元模型（Sub-Metamodel），这些子元模型描述了建立数据仓库和商业智能的各个主要部分的公共数据仓库元数据，主要包括以下几个方面。

（1）数据资源：包括各个元模型，描述了面向对象数据、关系数据库、记录、多维和 XML 等数据。

（2）数据分析：包括描述数据转换、OLAP、数据挖掘、信息展现、商业术语等的元模型。

（3）数据仓库管理：包括数据仓库过程以及数据仓库操作结果的元模型。

CWM 元模型由一系列包组成，结构如图 3-4 所示。

<table>
<tr><td colspan="3">数据仓库过程
（Warehouse Process）</td><td colspan="3">数据仓库操作
（Warehouse Operation）</td></tr>
<tr><td colspan="2">转换
（Transformation）</td><td>OLAP</td><td>数据挖掘
（DataMining）</td><td>信息
可视化</td><td>业务术语</td></tr>
<tr><td>对象模型
（Object Model）</td><td>关系模型
（Relational Model）</td><td>记录
（Record）</td><td colspan="2">多维
（Multidimensional）</td><td>XML</td></tr>
<tr><td>业务信息
（Business
Information）</td><td>数据类型
（Data Type）</td><td>表达式
（Expression）</td><td>关键字和
索引
（Keys and
Index）</td><td>类型映射
（Type
Mapping）</td><td>软件发布
（Software
Deployment）</td></tr>
<tr><td colspan="6">UML 1.3（核心、行为和关系）</td></tr>
</table>

图 3-4　CWM 元模型

（1）元模型包：构造和描述其他 CWM 包中的元模型类的基础。它是 UML 的一个子集，由以下 4 个子包组成。

1）核心（Core）包：它的类和关联是该模型的核心，其他所有的包都以它为基础。

2）行为（Behavioral）包：包括描述 CWM 对象行为的类与关联，并且它为描述所定义的行为提供了基础。

3）关系（Relationships）包：包括描述 CWM 对象之间关系的类与关联。

4）实例（Instance）包：包括表示 CWM 分类器（Classifier）的类与关联。

（2）基础包（Foundation）：包括表示 CWM 概念和结构的模型元素，这些模型元素又可被其他 CWM 包所共享，它由以下 6 个子包组成。

1）业务信息（Business Information）包：包括描述模型元素业务信息的类与关联。

2）数据类型（Data Types）包：包括描述建模者可以用来创建所需数据类型的结构的类与关联。

3）表达式（Expressions）包：包括描述表达式树的类与关联。

4）关键字和索引（Keys and Indexes）包：包括描述键和索引的类与关联。

5）软件发布（Software Deployment）包：包括软件如何在数据仓库中发布的类与关联。

6）类型映射（Type Mapping）包：包括描述不同系统之间数据类型映射的类与关联。

（3）资源包（Resource）：描述数据资源，它包括以下 4 个子包。

1）关系（Relational）包：包括描述关系型数据资源的元数据的类与关联。

2）记录（Record）包：包括描述记录型数据资源的元数据的类与关联。

3）多维（Multidimensional）包：包括描述多维数据资源的元数据的类与关联。

4）XML 包：包括描述 XML 数据资源的元数据的类与关联。

（4）分析（Analysis）包：定义了如何对信息进行加工和处理，它由以下 5 个子包组成。

1）转换（Transformation）包：包括描述数据抽取和转换工具的元数据的类与关联。

2）OLAP 包：包括描述 OLAP 工具的元数据的类与关联。

3）数据挖掘（Data Mining）包：包括描述数据挖掘工具的元数据的类与关联。

4）信息可视化（Information Visualization）包：包括描述信息可视化工具的元数据的类与关联。

5）业务术语（Business Nomenclature）包：包括用来描述商业分类学和术语表的元数据的类与关联。

（5）管理（Management）包：用于数据仓库管理和维护，它包括以下 2 个子包。

1）仓库过程（Warehouse Process）包：包括描述仓库过程的元数据的类与关联。

2）仓库操作（Warehouse Operation）包：包括描述仓库操作结果的元数据的类与关联。

3. CWM 的使用

CWM 标准包括了技术元数据和业务元数据的定义，涉及数据仓库生命周期的所有阶段，所以不只是实施工程师和实施顾问使用 CWM，最终用户也会受益于 CWM。

CWM 的目标使用者包括以下 6 类人员。

（1）数据仓库平台和工具供应商。

（2）专业服务咨询商。

（3）数据仓库开发者。

（4）数据仓库管理员。

（5）最终用户。

（6）信息技术主管（CIO）。

基于 CWM 标准的数据仓库建设要求 CWM 的目标使用者都参与到开发和使用基于 CWM 的数据仓库的过程中，但并不是每个角色都参与到整个过程中，而是参与到下面列举的 4 个阶段中的一个或多个阶段中。

（1）Establishment：实现和配置 CWM，包括建立一个通用资料库。

（2）Build：使用 CWM 定义一个基线数据仓库配置（建立数据源和目的的交换路径）。

（3）Operation：操作和使用基于 CWM 的数据仓库。

（4）Maintenance：维护使用了 CWM 定义的数据仓库的配置。

二、元数据管理系统的设计原则

在数据仓库环境上构建元数据管理系统是非常困难的，但是在数据仓库项目的实施过程中，这个环节又是非常重要的。我们在建立元数据管理系统的时候，不能在开始的时候就追求大而全的元数据管理系统，要坚持以目标驱动为原则，在实施的时候采取逐步增加的建设原则。具体步骤建议如下：

（1）如果是在建设数据仓库系统的初期，首先要确定元数据管理系统的管理范围。建议系统范围确定的原则是优先保障重点的部分，不求大，只求精。

（2）系统管理范围确定以后，把现有系统的元数据整理出来，加入语义层的对应，然后将这些元数据保存到一个数据库中。这个数据库可以采用专用的元数据知识库，也可以建立在关系型数据库的基础上。

（3）确定元数据管理的内容。比如，我们只想通过元数据来管理数据仓库中数据的流动过程，以及有关数据转换的方式，以保证数据仓库开发和使用人员明白仓库中数据转换的整个历史过程。

（4）确定元数据管理的工具，采用合适的工具可以更有效完成相应的工作。当然，这个不是必须的。可以自己开发出一个元数据管理工具，工作量并不是很大，但应该遵循元数据管理的思想。

总之，建立元数据管理系统一定要坚持关注标准，又不被标准所束缚的原则，建立符合自身目标的元数据管理系统。

三、元数据管理系统举例

下面介绍一个自行开发的元数据管理系统，该系统中主要包括了元数据管理、元数据应用两个部分。其中，元数据管理部分完成了整个元数据系统的后台支撑，包括元数据集成、元数据组织、元数据维护等功能。元数据应用部分是建立在元数据之上的应用，实现了元数据浏览、数据流程管理、数据安全管理、数据审计管理等功能。

（一）整体结构

元数据管理系统功能如表 3 - 9 所示。

表 3 - 9　　元数据管理系统功能

模　　块	类　　别	功　　能
元数据管理	元数据组织	元模型
	元数据采集	源系统元数据
		数据加载元数据
		数据汇总元数据
		数据模型元数据
		数据展现元数据
		业务元数据
	元数据维护	元模型维护程序
		元数据审计
		元数据维护流程
元数据应用	元数据浏览	元数据查询模块
		元数据主题浏览模块
		元数据系统架构浏览模块
		数据生命周期浏览
	数据流程管理	配置管理
		事件管理
		变更管理
		发布管理
	数据安全管理	数据及用户密级管理
		应用密级信息查询
	数据审计报告	前端应用使用频率分析
		数据使用频率分析

元数据管理系统结构图如图 3-5 所示。

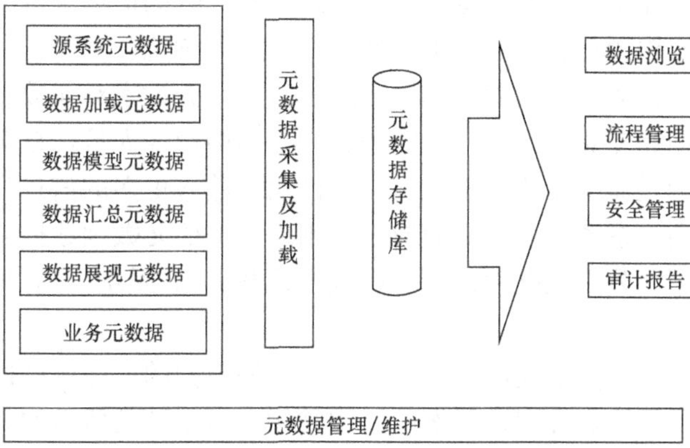

图 3-5 元数据管理系统结构图

（二）元模型

为了有效地存储这些数据源的数据信息，必须在元数据存储库中搭建合理的框架，即进行元模型的设计及实施，一方面完整地存储数据源的数据信息；另一方面将这些散乱的数据信息整理成一个完整的系统。

依据元数据需求和元数据数据源，元数据可分为以下 5 个部分。

(1) 企业支撑元模型：存储企业级架构及定义元数据。

(2) 核心元模型：存储业务文档、业务术语、业务规则等业务元数据以及多维数据模型。

(3) 数据库对象元模型：存储数据库平台的技术元数据。

(4) 应用系统元模型：存储应用系统的技术元数据。

(5) 数据汇总元模型：存储数据映射、汇总规则等 ETL 相关的技术元数据。

（三）元数据采集

元数据采集就是开发一系列连接程序连接到各个系统上来抽取元数据。无论是源系统还是类似于 Erwin，Cognos，Essbase，Informatica，Brio 这样的模型管理，OLAP 服务器，ETL 工具和展现工具，我们都可以通过开发一定的程序来提取其中的元数据，并把这些元数据按照元模型中定义的结构进行存储。

业务元数据的采集是一个人工化的过程，其采集方式将包括以下步骤。

(1) 项目组人员与相关业务人员制定业务元数据范围。

(2) 项目组人员编制业务元数据模板。

(3) 业务人员根据模板填入业务元数据。

(4) 项目组人员将业务元数据加载到元数据存储库。

(5) 开发元数据应用界面，将业务元数据与技术元数据进行对应，并最终按照业务人员能够理解的方式来提供给业务用户使用。

（四）元数据应用

元数据应用包括了以下几类应用：元数据浏览、数据流程管理、数据安全管理和数据审计。

1. 元数据浏览

元数据浏览模块可让用户按照特定的组织方式，对元数据信息进行浏览。其功能主要包括元数据查询、系统架构浏览、主题浏览和数据生命周期浏览。

（1）元数据查询。元数据查询功能允许用户通过输入关键字对元数据信息进行检索。元数据查询包括业务查询和专业查询。其中业务查询是面向业务人员，是对业务相关信息进行的随机查询；专业查询是面向专业技术人员，允许用户输入更多的信息，以缩小查询范围。

（2）系统架构查询。系统架构查询面向技术用户，按照元数据数据源系统的应用属性进行分类，将元数据数据源分为数据库系统、前端系统和ETL系统。用户可以根据树型结构，查找系统的层次结构。

（3）主题浏览。主题浏览是面向业务用户的，按照数据的业务属性进行分类。业务人员可以根据数据的业务种类及业务属性层次的树型结构，探索到其所需的数据，并可以根据元数据了解某个指标值的生成过程。

（4）数据生命周期浏览。数据生命周期展示的是数据从加载、转换、各个汇总阶段一直到最终展现给用户的整个过程。

2. 数据流程管理

数据流程管理提供对数据事件管理的功能，包括配置管理功能、事件管理功能、变更管理功能、发布管理功能。数据流程管理包括后台数据组织（配置管理）和前台功能应用。其前台的功能是以B/S架构实现的。

3. 数据安全管理

数据安全管理包括数据及用户密级管理、前端对象安全信息等两个部分。其中数据及用户的密级管理包括数据（ODS，DDS，前端应用）的密级管理以及用户的最高密级管理。用户的最高密级是通过其所属的用户组（角色）的安全密级获得的。

4. 数据审计管理

数据审计的数据源是企业门户网站（Portal）的应用审计数据，通过该数据的获得，应用数据关系可以获得ODS数据及DDS数据的使用频率。

第四章 联机分析处理

在数据仓库中，存储数据的目的是查询、分析和传送。由于决策支持用户的需求是未知的、临时的、模糊的，因此在决策中需采用多维数据分析的方法。多维数据分析（Multi-Dimensional Data Analysis，MDDA）是数据仓库技术最重要的特点，也是领域内应用最广泛的分析方法。MDDA是指以多维方式来组织数据和显示数据，多维分析从不同角度按不同的维对数据进行合成，并完成随机查询、复杂的数据统计和分析，使用户从多个角度、不同的侧面观察、访问和分析数据。

联机分析处理（Online Analytical Processing，OLAP）是一种专门进行多维数据分析的技术，它从数据仓库中的集成数据出发，构建面向分析的多维数据模型，利用这个带有普遍性的数据分析模型，用户可以使用不同的方法，从不同的角度对数据进行分析，实现了分析方法和数据结构的分离。基于OLAP在数据仓库中的重要地位，本章将专门介绍OLAP。

第一节 OLAP 概述

OLAP技术是与数据仓库技术相伴而发展起来的，作为分析处理数据仓库中海量数据的有效手段，它弥补了数据仓库在直接支持多维数据视图方面的不足。同时，与侧重于业务处理的联机事务处理相比，它又有着自己独特的基本概念体系和分析方法。

（一）OLAP的概念和特征

1993年，"关系数据库之父"E. F. Codd首次提出了OLAP的概念，专门用于支持复杂的分析操作，侧重对决策人员和高层管理人员的决策支持。

OLAP是一类软件技术，它使分析人员、经理、管理人员通过对信息（多维数据）的多种可能的观察形式进行快速、稳定一致和交互式的存取，以便管理决策人员对数据进行深入观察。

OLAP的最显著特征是它能提供数据的多维概念视图。在OLAP数据模型中，多维信息被抽象为一个立方体（Cube），它包括维（Dimension）和度量值（Measure），维就是我们说的观察角度，而度量值则是我们关心的指标值。多维结构是OLAP的核心，OLAP展现在用户面前的就是一幅幅多维视图。这些多维视图能使最终用户从多角度、多侧面、多层次直观地考察数据仓库中的数据，从而深入地理解包含在数据中的信息及其内涵。以多维视图的形式把数据提供给用户，既迎合了人的思维模式又减少了概念上的混淆，同时降低了出现错误解释的可能性。

OLAP的第二个特性是它能快速响应用户的分析需求。一般认为OLAP系统应在几秒内对用户的分析请求做出响应。如果终端用户在30s内没有得到系统响应就会变得不耐烦，因而可能失去分析主线索，影响分析质量。对于大量的数据分析要达到这个速度并不容易，因此就更需要一些技术上的支持，如专门的数据存储格式、大量的事先运算、特别的硬件设计等。

OLAP的第三个特征是它的分析功能。这是指OLAP系统可以提供给用户强大的统计、分析及报表处理功能。此外，OLAP系统还具有回答“假如—分析”问题的功能及进行趋势预测分析的能力。

OLAP的第四个特征是共享性。这是指OLAP系统应具有很高的安全性。例如，当多个用户同时向OLAP服务器写数据时，系统能在适当的粒度级别上加更新锁。

OLAP的第五个特征是它的信息性。这是指不论数据量有多大，也不管数据存储在何处，OLAP系统应能及时获得信息及导出有用信息。

（二）OLAP的相关基本概念

OLAP的相关基本概念包括变量、维、维的层次等，OLAP的分析工作就是以这些概念为基础而展开的。

1. 变量

“变量”是对数据所描述具体对象的定义，它说明了数据在现实生活中的实际意义，为数据赋予具体含义。一般而言，变量是数值型度量指标，如“电价”“电量”等；也可以是其他类型的指标，如时间型（上报年月）、字符型（地区）等。

2. 维

“维”是人们观察某个数据集合的特定角度，如时间维、地理维等。通过OLAP能使用户从各个不同的维度观察某个或某些度量指标，为决策提供支持。

3. 维的层次

在同一个维度上，可以存在多个程度不同的细节，这些细节就是“维的层次”，是对“维”的进一步细化。例如，在时间维上可以分年、季度、月等不同层次；在地区维上可以分省、市、区县等不同层次。

4. 维成员

“维成员”是指某个维的某个具体取值。如果该维具有多个层次，则维成员也是由在该维各层次上的取值组合而成。如“2005年12月9日”就是时间维的一个维成员；“上海市南汇区”就是地区维上的一个维成员。

5. 多维数组

如果一个数据集合可以从多个角度进行观察，即具有多个维度，则根据这些维度将数据组织起来所构成的数组就是多维数组。多维数组是OLAP的核心，按其维度的数量也可以成为“数据立方体”或“数据超立方体”。多维数组可以用（维1，维2，维3，…，维n，变量）来表示。例如，在由“时间”“电压等级”“行业”组织起来的三维立方体中，加入“峰电量”作为变量，就构成了多维数组（时间、电压等级、行业、峰电量）。当维度的数量不超过3时，可以用图形的方式直观地表达出来，如图4-1所示。当维度超过3，即超立方体，图形方式就无能为力了，对于这种情况，可以采用表格组合的方法来表示。例如，上述例子增加“电价类别”维后，可以表示成如表4-1所示的形式。

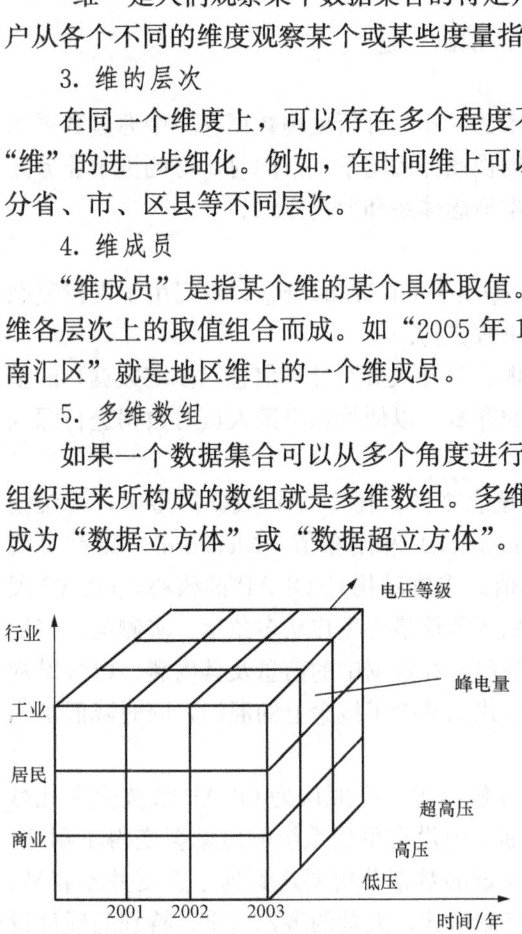

图4-1 三个维度数据的图形化表示

表 4-1 **超过三个维度数据的表格表示**

时 间	行 业	电压等级	电价类别	峰 电 量
2001	工 业	超高压	农业用电	123000
			城市用电	435600
			工业供电	231290
		高压	农业用电	320000
			城市用电	540000
			工业供电	320000
	居 民	超高压	农业用电	450087
			城市用电	567890
			工业供电	432300
		高压	农业用电	435600
			城市用电	321300
			工业供电	3421090
	商 业	超高压	农业用电	456400
			城市用电	650000
			工业供电	324500
		高压	农业用电	546600
			城市用电	546700
			工业供电	213400
2002	工 业	超高压	农业用电	340000

（三）OLAP 和 OLTP 的区别

OLTP 是传统的关系型数据库的主要应用，支持基本的、日常的事务处理，例如电费收取、用电量统计等。OLAP 是数据仓库系统的主要应用，支持复杂的分析操作，侧重决策支持，并且提供直观易懂的查询结果，如售电量分析、电价分析等。

我们可以从多个方面对 OLTP 与 OLAP 进行比较，如表 4-2 所示。

表 4-2 **OLAP 和 OLTP 的比较**

比 较 项 目	OLAP	OLTP
应用基础	数据仓库	DBMS
用户	决策者（高级管理人员）	一般操作员（管理人员）
目的	为决策和管理提供支持	为日常工作服务
数据特征	导出数据	原始数据
数据细节	综合性数据，细节程度低	细节程度高
时间特征	历史数据，跨越一个时段	当前数据
数据量需求	一次处理需大量数据	一次处理需少量数据

第二节　OLAP 基 本 操 作

OLAP 的基本操作是指通过对多维形式组织起来的数据进行钻探（Drill-up 和 Drill-down）、切片（Slice）、切块（Dice）以及旋转（Rotate）等分析动作，以求剖析数据使用户能够从多种维度、多个侧面、多种数据综合查看数据，从而深入了解包含在数据中的信息、内涵，最终为决策提供支持。OLAP 分析技术符合人的思维模式，便于用户理解和掌握。

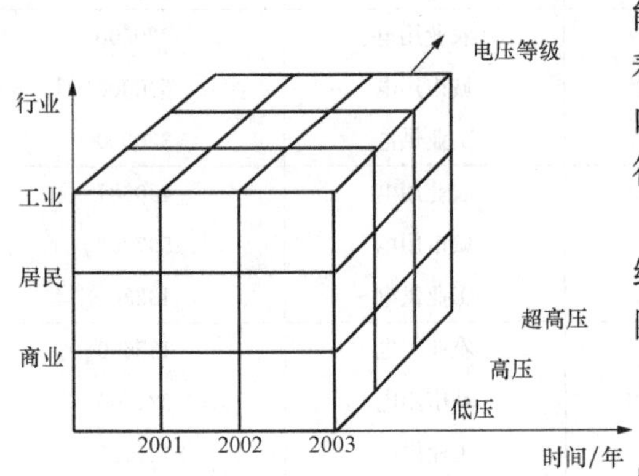

图 4-2　三个数组的示例

图 4-2 给出了以时间、电压等级、行业为维度组织的平电量数据多维数组，下面结合该图，我们逐一介绍 OLAP 基本操作的内容。

（一）*切片*（Slice）

对于三个维度的多维数组，切片操作就是取出有任意两个维度所构成的平面的过程。切片的结果是原三维数组的一个二维真子集。对于一般意义上的多维数组，“切片”的定义有两种。

定义 4.1　切片是指在多维数组的某一个维上选定一组成员的动作，即切片是在多维数组（维 1，维 2，…，维 n，变量）中，选定第 i 个维，并指定维成员（设为维成员维 i）后，所得到的多维数组的子集（维 1，维 2，…，维成员维 i，…，维 n，变量）。

根据定义 4.1，一次切片操作将使多维数组的维数减少 1，对于三维数组而言，这样的切片结果是二维的，即是“平面”的，但当数组的维数大于 3 时，切片结果的维数将大于 2，这就给对切片定义的理解带来了困难。因此，需要给出一个更加通俗易懂的切片定义。

定义 4.2　切片是在多维数组中，选定一个二维子集的动作，即切片是在多维数组（维 1，维 2，…，维 n，变量）中，选定两个维（维 i 和维 j），并在这两个维上取出某一区间或任意维成员，而将其他维都取定一个维成员后，所得到的原多维数组在维 i 和维 j 上的一个二维子集，表示为（维 i，维 j，变量），其含义是多维数组的维 i 和维 j 上的切片。

根据定义 4.2，切片的结果必然是一个具有两个维度的“平面”，而与多维数组原有的维数无关。因此，定义 4.2 也可理解为在某两个维上分别选取一定区间（或全部）的维成员，而在其他维上均选定一个维成员后得到的结果。

由于维数大于 3 的多维数组无法用图形直观地表示，因此在图 4-3 中，给出了在图 4-2 所示的三维数组上，按不同的维进行切片操作的实例。

从定义 4.2 可以得到两点。

（1）一个多维数组的切片最终是由该数组中除切片所在的平面的两个维之外的其他成员值确定。

（2）维是用户观察数据的角度，那么切片的作用和结果就是舍弃一些观察角度，使人们能在两个维上集中观察数据。因为人的空间想象能力毕竟有限，一般很难想象四维以上的空间结构，所以对于维数较多的多维数据空间，数据切片是很有意义的。

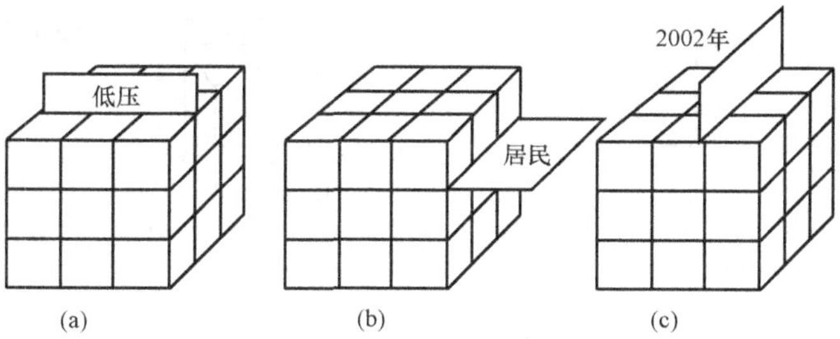

图 4 - 3 切片操作示例

(a)“电压等级”维度切片；(b)“行业”维度切片；(c)“时间”维度切片

（二）切块（Dice）

对于具有三个维度的多维数组，切块操作就是取出一个仍然包括三个维度的立方体的过程，切块的结果是原三维数组的一个三维真子集。和切片的定义相类似，对于一般意义上的多维数组，切块操作的定义有两个。

定义 4.3 切块是指在多维数组的某一维上，选取某一区间的维成员的操作。切块是对多维数组在某一维上取值区间的限制。

定义 4.4 切块是指在多维数组上选定一个三维子集的动作，即在多维数组（维 1，维 2，…，维 n，变量）中，选定三个维（维 i，维 j 和维 k），并在这三个维上取出某一区间或任意维成员，而将其他维都取定一个维成员，这样即可得到原多维数组在维 i，维 j 和维 k 上的一个三维子集，表示为（维 i，维 j，维 k，变量），其含义是多维数组在维 i，维 j 和维 k 上的切块，如图 4 - 4所示。

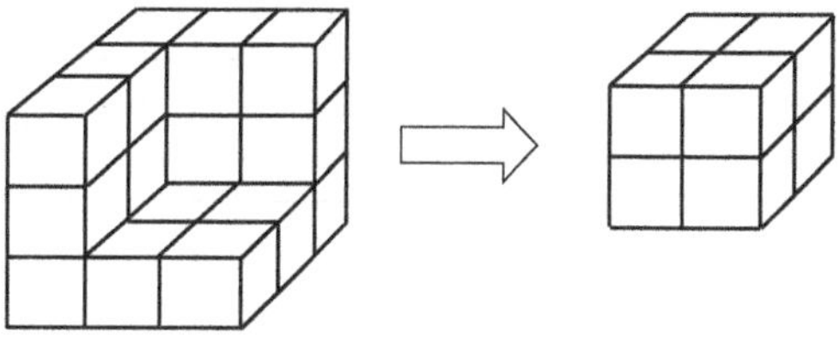

图 4 - 4 切块操作示例

切块操作的目的和切片相类似，在定义 4.3 中，如果将选定维成员的区间限制为只取一个维成员，那么所得到的结果就是一个切片；另一方面，切块又可以视为在指定维上的多个切片聚合在一起得到的结果。例如，在图 4 - 2 中，将时间维上的取值设定为一个区间（例如 2001 年至 2003 年），就得到一个切块，它可以看成是 2001 年、2002 年和 2003 年三个切片叠合而成。

（三）旋转（Rotate）

对于三维数组而言，旋转操作并不是将数据立方以某个维度为轴进行转动，而是指三个维度相互之间交换位置，使得数据立方的视图产生了转动，使用户以不同方式观察数据。旋转操作有如下定义。

定义 4.5 旋转是改变一个报告或页面显示的维方向的操作。

常见的旋转操作是交换行、列，或是把页面中的一个维和页面外的一个维进行交换。图 4 - 5 中给出了两个旋转的例子。

（四）钻探（Drill-up 和 Drill-down）

在三维数组中，钻探操作是指对变量数值在某个维度上进行细化或概化的过程。这与在一般意义的多维数组上进行钻探操作的含义是一致的。

定义 4.6 钻探处理是指在数据仓库的多层数据中，能够通过导航信息获得更多的细节性数据。

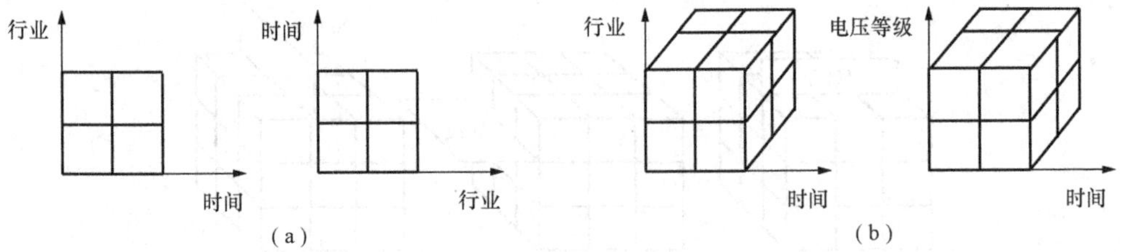

图 4-5 旋转操作示例

(a) 行列交换；(b) 改变页面显示

常见的钻探操作是向下钻探和向上钻探。前者可以理解为在某个维度上的细化（Refining），后者则相反，是在某个维度上的泛化，又称为“上卷”（Roll Up）操作。

在图 4-6 中，2001 年某电力公司下属几个供电局售电利润如表 1 所示，时间层次是“年”，如在时间维上进行向下钻探操作，可获得下层各季度的售电利润如表 2 所示，如果我们在季度层次上继续向下钻探，则可得到 2001 年各个季度中每月的售电利润等。相反，若进行向上钻探，则可从表 2 得到表 1 的结果。

表 1 （单位：万元）

供电局	售电利润
市南	80
市东	90
市区	100

按时间向下钻探 ↓　　　　按时间向上钻探 ↑

表 2 2001年 （单位：万元）

供电局	1 季度	2 季度	3 季度	4 季度
市南	20	25	15	20
市东	20	20	35	15
市区	25	23	27	25

图 4-6 钻探操作示例

需要指出的是，钻探的深度受到维所划分层次的限制。如果时间维度上只定义了“年”、“季度”，显然，通过向下钻探想得到“月”级别的细节数据是不可能的。

第三节 OLAP 体系结构和分类

在介绍完 OLAP 相关概念及基本操作的基础上，我们介绍一下 OLAP 的三层客户/服务器结构及其分类。

（一）OLAP 的三层客户/服务器结构

数据仓库与 OLAP 的关系是互补的，现代 OLAP 系统一般以数据仓库作为基础，即从数据仓库中抽取详细数据的一个子集并经过必要的聚集存储到 OLAP 存储器中供前端分析工具读取。典型的 OLAP 系统体系结构通常采用三层客户/服务器结构，如图 4-7 所示。第一层为数据仓库服务器，它实现与基层运营的数据库系统的连接，完成企业级数据一致和数据共享的工作；第二层为 OLAP 服务器，它根据最终用户的请求实现 OLAP 分析的各种分析操作；第三层是前端的展示工具，用于将 OLAP 服务器处理得到的结果用直观的方式展现给最终用户。

图 4-7　OLAP 的三层客户/服务器结构

（二）OLAP 的分类

OLAP 系统按照其存储器的数据存储格式可以分为关系 OLAP（Relational OLAP，ROLAP）、多维 OLAP（Multi-dimensional OLAP，MOLAP）和混合型 OLAP（Hybrid OLAP，HOLAP）三种类型。

1. ROLAP

ROLAP 将分析用的多维数据存储在关系数据库中并根据应用的需要有选择地定义一批实视图作为表也存储在关系数据库中。不必要将每一个 SQL 查询都作为实视图保存，只定义那些应用频率比较高、计算工作量比较大的查询作为实视图。对每个针对 OLAP 服务器的查询，优先利用已经计算好的实视图来生成查询结果以提高查询效率。同时用作 ROLAP 存储器的 RDBMS 也针对 OLAP 进行相应的优化，比如并行存储、并行查询、并行数据管理、基于成本的查询优化、位图索引、SQL 的 OLAP 扩展（Cube，Rollup）等。

2. MOLAP

MOLAP 将 OLAP 分析所用到的多维数据物理上存储为多维数组的形式，形成“立方体”的结构。维的属性值被映射成多维数组的下标值或下标的范围，而总结数据作为多维数组的值存储在数组的单元中。由于 MOLAP 采用了新的存储结构，从物理层实现起，因此又称为物理 OLAP（Physical OLAP）；而 ROLAP 主要通过一些软件工具或中间软件实现，物理层仍采用关系数据库的存储结构，因此称为虚拟 OLAP（Virtual OLAP）。

3. HOLAP

由于 MOLAP 和 ROLAP 有着各自的优点和不足，且它们的结构迥然不同，这给分析人员设计 OLAP 结构提出了难题。为此一个新的 OLAP 结构——混合型 OLAP（HOLAP）被提出，它能把 MOLAP 和 ROLAP 两种结构的优点结合起来。迄今为止，对 HOLAP 还没有一个正式的定义。但很明显，HOLAP 结构不应该是 MOLAP 与 ROLAP 结构的简单组合，而是这两种结构技术优点的有机结合，能满足用户各种复杂的分析请求。

第四节　基于多维数据库的 OLAP

基于多维数据库的 OLAP 即 MOLAP，是以多维数据库（Multi-dimensional DataBase，MDDB）为核心的 OLAP 技术。

（一）多维数据库

以二维的关系表作为数据组织方式的数据库称为 RDBMS，而以多维方式对数据进行组织、存储、管理的数据库则是 MDDB。前面我们介绍过关于"维"的概念，即人们观察事物的角度。在 MDDB 中，维并不是随意选取的，而是通过对问题的分析得到的。假如现在要分析某电力公司售电利润的情况，可以选取时间维、行业维，以售电利润作为度量指标，这样就形成了一个多维数据，如图 4-8（a）所示。我们可以看到通过"维"，多维数据库非常直观地表达了现实世界中"一对多""多对多"的关系。例如，对 2001 年该电力公司在各个行业的售电利润很直观地表现出来。

在关系数据库中，"多对多"的关系总要靠转化为若干个"一对多"的关系的方法来实现，如图 4-8（b）所示。很明显，这种转化有利于数据的一致性和规范化，符合事务处理的要求，但是不能直观地反映人们对事物的感知。

行业＼年份	2001	2002	2003
工业	60	70	90
农业	20	40	60
商业	30	40	50

（a）

行业	年份	售电利润	行业	年份	售电利润
工业	2001	60	农业	2003	60
工业	2002	70	商业	2001	30
工业	2003	90	商业	2002	40
农业	2001	20	商业	2003	50
农业	2002	40			

（b）

图 4-8 MDDB 和 RDBMS 数据组织结构

（a）MDDB 方式；（b）RDBMS 方式

除了直观上的差异，我们还可以看到，同样的信息，采用多维数据库进行存储要比关系数据库占用的空间小。对于要处理大量数据的 OLAP，采用多维数据库来存储数据对系统性能的提高是有利的。

在进行数据分析时，两者的差异更为突出。如果要获取某一个年份的售电利润的总和，在多维数据库中只要对符合条件的某一列进行求和即可，而在关系数据库中，必须扫描所有的记录，取出符合条件的数据，再进行求和，如果数据量很可观，这无疑是一项很繁琐的工作。

在实际的 OLAP 系统中，为了提高系统响应速度及统计工作的效率，往往采用"预综合"的方法，对系统的细节数据进行各个综合程度的预运算，并将结果保存在数据库中。用户访问这些数据时，将直接从数据库中读出。虽然这样会占用可观的存储空间，但节省了运算时间，提高了响应速度。这就是 OLAP 中著名的"空间换时间"的思想。

以图 4-8 为例，对数据进行预综合以后得到的结果如图 4-9 所示。可以看到，在关系数据库中，虽然预综合数据一定程度上可以提高统计效率，但数据库中的"总和"项破坏了列的统一定义。这时，查询时用户需要很清楚地了解这种"例外"。在 MDDB 中，为了便于区分，把维成员分为两类，其中原始数据部分称为输入数据，预综合数据部分称为输出数据。

（二）维的分类

多维数据库中有一个重要的概念，称为类。类是指按照一定的划分标准对维成员全集的一个划分，比如电压可以分成"超高压""高压""低压"等。这和前面提到的维的层次有所不同，维的层次主要是为了进行数据钻取分析（上探和下钻），让用户能够查看不同层次的数据。维的分类是对维取值的划分，其目的通常是为了在不同的类别间进行比较，比如，“超高压”“高压”“低压”用户各占总利润的比重。

年份/行业	2001	2002	2003	总和
工业	60	70	90	220
农业	20	40	60	120
商业	30	40	50	120
总和	110	150	200	460

(a)

行业	年份	售电利润	行业	年份	售电利润
工业	2001	60	农业	2003	60
工业	2002	70	农业	总和	120
工业	2003	90	商业	2001	30
工业	总和	220	商业	2002	40
农业	2001	20	商业	2003	50
农业	2002	40	商业	总和	120

(b)

图 4-9 MDDB 和 RDBMS 的预综合

(a) MDDB 方式；(b) RDBMS 方式

以电力企业数据仓库中行业的划分为例来进一步说明维的层次和类的区别，如图 4-10 所示。图中行业维分成两个层次，第一层的综合程度较第二层高，在数据分析时，从第一层向第二层进行分析就是“下钻”的过程，反过来则是“上探”的过程，这种层次之间的跨越可以帮助我们获得不同粒度的数据。类表达的是某一子集维成员的共同特征，父子节点之间不会存在类的关系，同一层次的维成员才可以划分为类，比如“重工业”“轻工业”都具有共同特征，属于“工业”类，还可以以同样的方式分“农业”类、“商业”类等，不同的类别之间进行比较可以获得它们之间的差异。

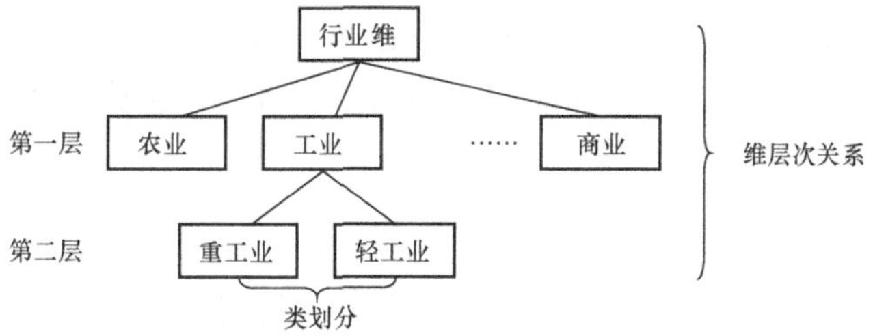

图 4-10 维的层次和类的区分

（三）多维数据库存储

在多维数据库（MDDB）中二维数据很容易理解，当维数扩展到三维甚至更多维时，多维数据库将形成类似于超立方体的结构。那么，这些超立方体的结构是如何存储的呢？

MDDB 由许多经压缩的、类似于数组的对象构成，这种对象通常带有高度压缩的索引及指针结构。每个对象由聚集成组的单元块组成，每个单元块都按类似于多维数组的结构存储，并通过计算偏移进行存取。在 MDDB 中，数据管理主要以维及维成员为主，大多数 MDDB 产品还提供了单元级控制，数据封锁可以达到单元块级。这些管理控制工作均由 MDDB 中数据管理层实现，一般不易绕过。

在 MDDB 中，并非维间的每种组合都会产生具体的值。实际上，许多组合没有具体值，是空的或者值为零。另外，许多值重复存储，如一年中的价格可能一直不变。因此，MDDB 必须具有高效的稀疏数据处理能力，能略过空值、缺省和重复数据。

另外，决策过程一般都会涉及某项事物发展趋势的分析，而事物的发展趋势又无疑和时间参数有着密切的联系，所以在 MDDB 或数据仓库中，时间是最普遍的一个维。由于时间同其他维不同，时间往往包含着特有的周期，不同周期之间存在着转化规则。因此，一种方便的方法是采用时间序列数据类型，在通常只能存储一个数据的单元里存储各时间序列的数据，如一个财政月的销售数据等。这样，就可以简化对时间的处理，给 MOLAP 产品的开发带来不少方便。

第五节 基于关系数据库的 OLAP

尽管 OLAP 技术主要是以 MDDB 为基础发展起来的，但 MDDB 毕竟是一项新技术，还不为多数用户熟悉，而关系数据库早已在不断发展中得到完善，并被广泛应用。那么能不能用关系数据库来表达多维概念呢？答案是肯定的。基于关系数据库的 OLAP，即 ROLAP，采用维表和事实表来模拟多维数据库，表达多维概念。

（一）维表和事实表

ROLAP 将多维数据库中的多维结构划分为两类表，即维表和事实表。前者记录多维数据的坐标轴，后者记录多维数据各维度的具体数值，二者之间通过关系表的外键联系，共同构成多维数据立方体。

1. 维表

维表是用于记录维度的关系表。多维数据立方体中的每个坐标轴上的值各记录在一张维表中。这样，一个 n 维的数据立方体就有 n 张维表。图 4 - 11 是维表抽取过程的一个示意。图中的数据立方体共有三个维度，分别是行业（Industry）维、电压等级（Voltage）维、时间（Time）维。各个维上分别有三个取值，度量是峰电量。该数据立方体抽取出三个维表，即行业维表、电压等级维表和时间维表。

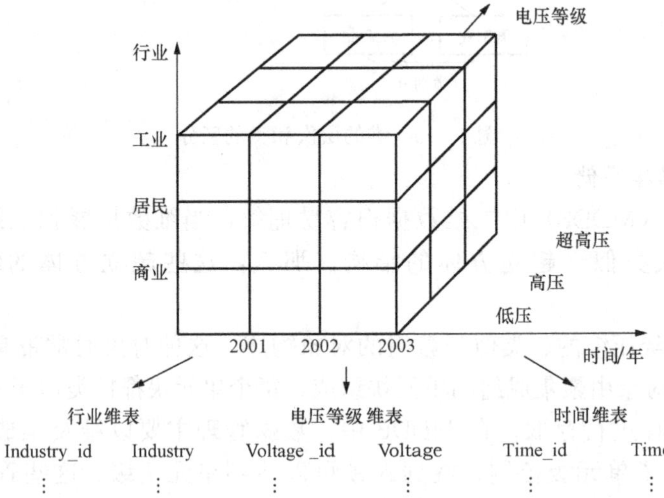

图 4 - 11 多维数组的维表抽取

对每一个维来说，至少需要一张表用来保存该维的元数据，即维的描述信息，包括维的层次及成员类别等。

2. 事实表

事实表是用于记录度量信息的关系表。多维数据立方体中的所有度量信息均可记录在同一张事实表中。由此可见，事实表的提交要比维表大得多。图 4-12 是针对图 4-11 给出的数据立方体，抽取事实表的示例。

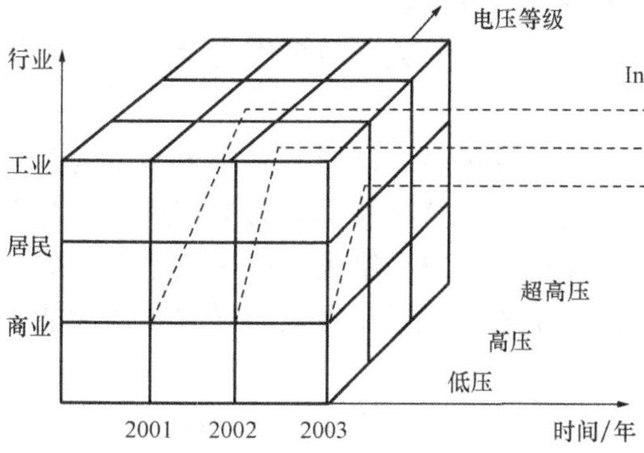

峰电量统计表（事实表）

Industry_id	Voltage_id	Time_id	Eletricity_ammount
1	1	1	34000
1	1	2	54000
1	1	3	76000
2	1	1	23400
2	1	2	54000
2	1	3	78000
3	1	1	54000
3	1	2	45600
3	1	3	21000
⋮	⋮	⋮	⋮

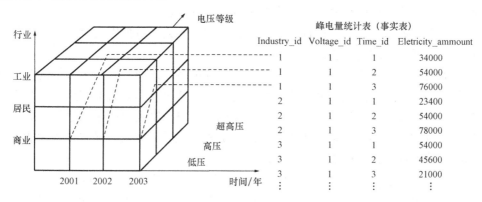

图 4-12 多维数组的事实表抽取

图中的事实表共有 4 个数据项，前面 3 个数据项与 3 个维表对应，其字段值就是所对应维表的主键，因此这些字段也就是此事实表的外键。第 4 个数据项“Eletricity _ ammount”记录的是多维模型中维度交叉点处的度量值。这样，事实表通过与维表的连接操作就可以模拟一个多维数据模型。

（二）星型模型和雪花模型

星型模型也称“星型结构”，即一个事实表和若干个维表之间通过外键进行连接所组成的结构。星型结构是一种最简单的结构，在以图形方式示意时，一般将事实表置于中间，而将维表置于事实表的周围。图 4-13 所示的就是一个在进行售电量分析时采用的一个星型结构。

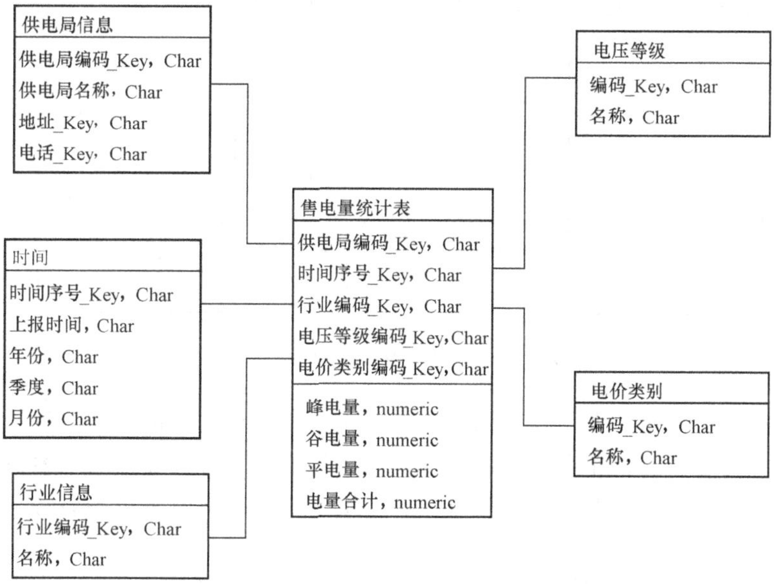

图 4-13 星型结构图示

图中，售电量统计表为事实表，并包含了5个维表：供电局信息维表、时间维表、行业信息维表、电压等级维表、电价类别维表。在售电量统计表中存储着5个维表的主键，分别是供电局编码、时间序号、行业编码、电价类别编码、电压等级编码。这样，通过这5个维表的主键，就将事实表和维表联系在一起，完全用二维关系表示了多维概念。通过事实表和维表之间的连接运算，可以方便地恢复出多维数据立方体。

总之，像多维数据库一样，这种基于维表和事实表的关系数据库完全支持用户从任何一个角度观察他们所关心的度量值。

有时，需要进行分析的问题会很复杂，分析角度很多。这样，采用星型结构时，事实表中的字段数量相当可观，由此会带来维表数量的增加。这时我们有时会利用增加维表字段数量来尽量避免事实表中字段数量的增加，但这样也会使得在维表中产生大量的数据冗余。不管采用哪一种方式，最终的结果会造成维表或事实表体积过于庞大、导致系统性能下降。解决以上问题，我们往往采用构造雪花模型的方法。

在电力行业，一般将电价分为12大类，每一大类又分很多小类，每一类电价又包括电度电价、代收费电价等。现在考虑分析的角度扩展到小类，以及电度电价、代收费电价等。如果在原来的基础上增加一个具有n行的维表，则事实表将在原来m行的基础上增加m×n行之多，事实表所占用的空间的增加可想而知。为此，我们可以建立一个雪花模型，如图4-14所示。

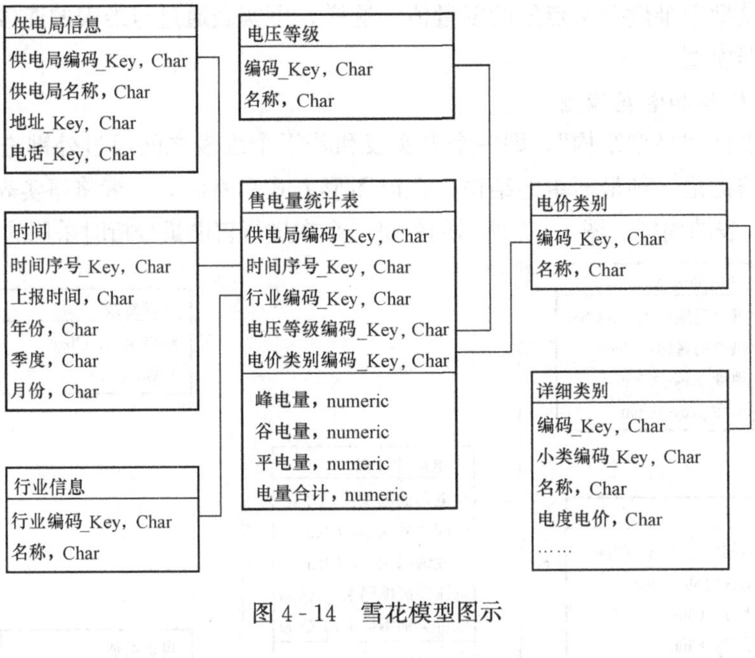

图4-14 雪花模型图示

图中，建立一个新的维表，即详细类别表，用来存放新的分析维度信息。详细类别表通过“电价类别”表与事实表建立连接。这样，由于与事实表直接连接的维表数量减少，可以明显降低事实表的体积。另外，由于没有在原有维表里增加字段，也不会带来原有维表的数据冗余。

需要指出的是，雪花模型虽然具有较小体积的事实表，但由于在进行查询时，需要作表间的二次连接运算，所花费的查询时间会比星型结构长。这进一步说明了数据仓库中，“时间”和“空间”是很难兼顾的，要么“空间换时间”，要么相反。

（三）星座模型和雪暴模型

在星型模型和雪花模型的介绍中，我们注意到，它们都有多个维表，但只能存在一个事实表。这是因为这两种结构对应一个问题的解决，即一个主题。在实际工作中，我们往往需要从多个不同或相同的角度去分析不同的主题，这就意味着多个事实表之间可以共享一部分或全部维表（即共享维度），这样就构成了“星座模型”。

我们还是以图 4-13 为例，假设在进行售电量分析的基础上要进行售电利润分析，分析的维度和售电量分析的维度相同。这样，在原来的基础上需要增加一张售电利润统计表，结果如图 4-15 所示。

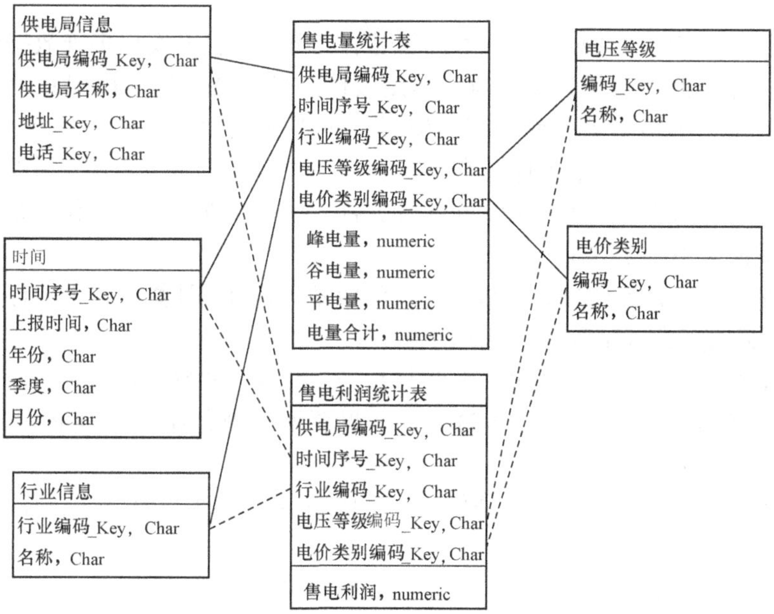

图 4-15 星座模型图示

在上述星座模型的基础上，构造维表的多层结构，即“星座模型”和“雪花模型”的结合，我们还可以得到“雪暴模型”。

综上所述，我们可以发现，“星型模型”是最基本的模型，一个星型模型由一张事实表和多个维表组成。为了避免数据的冗余，在“星型模型”的基础上，采用多层维表来存储维度信息，就形成了“雪花模型”。如果打破“星型模型”一个事实表的限制，就形成了“星座模型”，将“星座模型”和“雪花模型”进行结合可以构成最复杂的“雪暴模型”。

ROLAP 的处理过程首先是针对所分析的问题特点，设计出数据模型，如星型模型、雪花模型、星座模型等。随后以模型为依据，从数据仓库或业务数据库中抽取所需的数据，并将这些数据所构成的虚拟多维数据块存储到所依托的关系数据库中。

（四）MOLAP 和 ROLAP 的比较

MOLAP 和 ROLAP 是 OLAP 实现的两种主要方式，下面我们从使用技术、响应速度、存储空间等几个方面进行比较，如表 4-3 所示。

表 4-3 **ROLAP 和 MOLAP 的比较**

比较项目	ROLAP	MOLAP
使用技术	沿用现有的关系数据库的技术	专为 OLAP 设计
响应速度	响应速度比较慢	性能好、响应速度快
存储空间	借用 RDBMS 存储，基本没有大小限制	受操作系统平台中文件大小的限制
多维计算能力	无法完成部分运算	支持高性能的决策支持计算
维度动态变化	有较好的适应性	需要重建多维数据库
软硬件平台	适应性较好	适应性较差
培训和维护	容易	困难

ROLAP 沿用现有的关系数据库技术，利用维表和事实表来模拟多维数据模型，数据的查询涉及大量关系表间的连接运算，响应速度较慢。MOLAP 专为 OLAP 设计，并有良好的预运算能力，充分利用“空间换时间”的思想，响应速度较快。

ROLAP 使用的传统关系数据库的存储方法在存储容量上基本没有大小限制。MOLAP 将数据放在一个多维数据库（通常是一个平面文件）中，文件大小受操作系统限制一般难以达到 TB 级（只能为 10～20GB）。

MOLAP 能支持高性能的决策支持计算，包括复杂的跨维计算、行级的计算。而在 ROLAP 中，SQL 无法完成诸如多行和维之间的计算。

在 ROLAP 中，需要增加维度时，只需增加一张维表，并修改事实表，而无需修改其他维表。在 MOLAP 中，一旦建立了 MDDB，如果要增加新的维度，则必须重新建立这个 MDDB。

由于关系数据库已经在众多的软硬件平台上成功运行，ROLAP 对软硬件平台具有良好的适应性，而 MOLAP 相对较差。

ROLAP 建立在关系数据库基础上，所以使用者可以很快掌握 ROLAP。MOLAP 则是比较新的技术，客户培训和维护工作相对要困难得多。

（五）HOLAP

ROLAP 和 MOLAP 各有优缺点，HOLAP 是对它们的良好折中。在 HOLAP 中，对于常用的维度和维层次，使用多维数据表来记录，对于用户不常用的维度和数据，采用类似于 ROLAP 星型结构来存储。

HOLAP 在主要的性能上介于 MOLAP 和 ROLAP 之间，其技术复杂性高于 ROLAP 和 MOLAP。

第六节 OLAP 的评价标准

在了解了 OLAP 相关知识的基础上，下面介绍一下 OLAP 的评价标准。

（一）评价 OLAP 的十二条准则

在为 RDBMS 和分布式数据库分别提出了作为评价标准的“十二条准则”之后，E. F. Codd 又于 1993 年，在其 *Providing OLAP to User Analysis* 一书中，提出了其理论体系中的第三个“十二条准则”，作为 OLAP 的评价标准。由于这些准则主要以对客户的研究为基础，因此其正确性与权威性受到了一定程度的质疑，但其内容的主要部分仍然得到了业界的认可，并作为对 OLAP 进行评价的重要标准。

1. 准则 1：多维概念视图准则

OLAP 模型必须为用户提供多维概念视图，从而使用户能够从多个角度，较为自由地对系统（企业）的运行情况进行考察。由于企业的数据空间本身就是多维的，企业的决策分析往往具有多重目的，对企业数据的分析和衡量总是从不同的角度进行的，因此 OLAP 的模型也应该是多维的，应该具备多维概念视图。根据这些视图，用户可以很方便地对多维数据模型进行切块、切片、旋转、钻探等分析操作。

2. 准则 2：透明性准则

OLAP 分析工具所处的位置对于用户而言应该是透明的，这种透明性与 OLAP 是否是前端工具的组成部分无关。此外，如客户机/服务器结构中包含有 OLAP 产品，对于最终用户而言，它也同样是透明的。

具体而言，透明性准则包含两方面的含义：首先，OLAP 位置的透明性，即 OLAP 在体系结构中的位置对客户是透明的，它应当处于一个真正的开放系统中，可以嵌入在用户所需的任何位置，而不致对所嵌入的宿主系统的功能和效率产生任何不利影响；其次，OLAP 数据源的透明性，即 OLAP 的数据源对用户应是透明的，用户的任务只是通过系统工具进行查询操作，而不必关心 OLAP 所使用数据的实际存储位置，是来源于同质还是异质的数据源。

3. 准则 3：存取能力准则

除了提供开放性的数据存取功能之外，OLAP 还必须能够提供高效的存储策略，使得系统只需存取那些与实际分析工作有关的数据，而不必存取任何多余的数据。这样，OLAP 的用户不仅能在公共概念视图的基础上对 RDBMS 中的数据进行分析，同时还能在公共分析模型的基础上，对存储于 RDBMS、非 RDBMS 中的数据进行分析。要实现这一准则，OLAP 就必须具备以下能力。

首先，访问异种数据源的能力。不仅有能力访问各种流行的 RDBMS，还能访问非 RDBMS 数据源，如层次型数据库、网络数据源等；同时还应能够对数据进行转化操作，从而实现自身的概念视图到异种数据源之间的映射，保证用户所面向的数据视图的一致性。

其次，高效访问数据的能力，包括采用高效率的策略实现数据访问、数据转化、数据管理和多维查询等一系列功能。

4. 准则 4：报表稳定性准则

随着数据仓库中数据维度与维层次的增加，OLAP 所需要维护的数据量也会同步增加，但是，OLAP 的性能应当保持在一个相对稳定的水平上，不应随数据维度的增加而趋向劣化。也就是说，OLAP 提供给最终用户的报表能力和响应速度与数据模型的变化无关，不随数据维度复杂程度的提高而出现明显的降低。

5. 准则 5：动态稀疏矩阵处理准则

动态稀疏矩阵准则是指 OLAP 工具应将基本的物理数据单元配置给可能出现的维的子集。如果数据分析的要求是固定的，那么数据的物理模式也可以是静态的、固定的，但实际应用中的情况并不是这样。因此，OLE 工具必须使得数据模型的物理模式可以适应用户指定维数，尤其是特定模型的数据分布。准则 5 包含以下两层含义。

首先，对任意给定的稀疏矩阵而言，存在一个最优的物理视图，该视图可提供最大的存储效率和矩阵处理能力。稀疏度是数据分布的特征，如数据分布不能与数据集合相适应，就无法实现快速高效的操作。

其次，除了将OLAP工具的基本物理数据单元配置给维的子集之外，还要为其提供动态可变的存取方法和多种存取机制（如B-Tree索引、散列、直接地址计算等），并对这些技术的优点加以综合。这样，对数据的存取速度就不会受维的数量、数据集的大小等因素的影响。

6. 准则6：C/S（客户机/服务器）体系准则

C/S结构是OLAP的基础，它在体系的构造和功能的实现上具有相当大的灵活性。服务器端位于系统的“后台”，具有强大的处理能力，负责数据的存取与管理等各项功能的实现，响应前台的各种请求；客户端位于系统“前台”，直接面向用户，侧重于实现简单的应用逻辑和用户界面。服务器端与客户端协调工作，共同实现系统的功能，如图4-16（a）所示。

在客户端，为了与用户的需求相一致，应用逻辑的设计需经常变化，为了满足这种变化的需要，目前，在两层的C/S结构的基础上，开发出了客户端/中间件/服务器端的三层结构，其中中间件负责实现系统的应用逻辑，而客户端只负责实现用户界面的功能，如图4-16（b）所示。三层结构由于将应用逻辑单独分离出来，在各层次间接口保持稳定的前提下，当应用逻辑发生变化时，只需对中间件进行修改，从而大大增加了系统的灵活性。

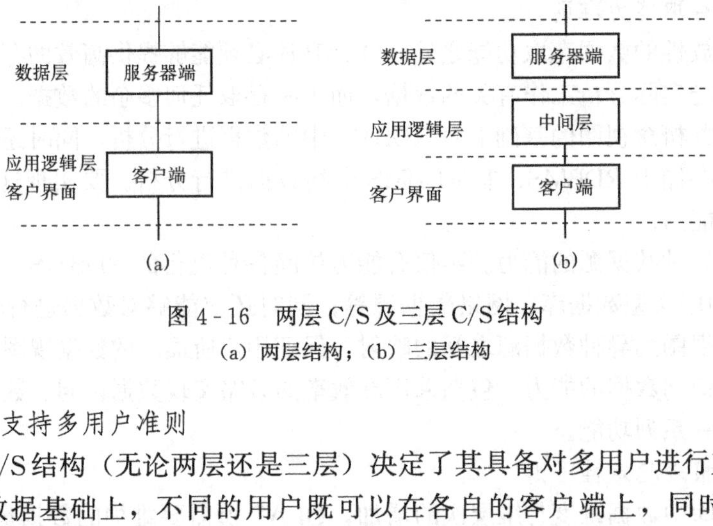

图4-16 两层C/S及三层C/S结构
(a) 两层结构；(b) 三层结构

7. 准则7：支持多用户准则

OLAP的C/S结构（无论两层还是三层）决定了其具备对多用户进行支持的能力。在同一个企业的数据基础上，不同的用户既可以在各自的客户端上，同时建立起不同的OLAP模型，也可以同时对同一个OLAP模型分别进行各自的操作。这就要求OLAP工具应当具备支持数据并发访问的功能，具有对数据的一致性、完整性和安全性进行保证的能力。

8. 准则8：维的等同性准则

该原则是对维的基本结构和维上操作的要求。维的等同性是指在OLAP中，每个数据维在其数据结构上是等价的，操作功能上是公共的，系统可以将附加的操作能力赋予所选定的维，但同时还应保证该操作能力可以赋予其他任意维。维的等同性原则是对准则1的一个重要补充。

9. 准则 9：非限定性跨维操作准则

对于多维数据而言，所有维的生成和处理都是平等的，无主从之分。如用户定义了维度的层次关系，则维间的相关计算是由 OLAP 工具自动实现处理的，不需要用户参与。在计算过程中，如需要用语言定义各种规则，则该语言应允许计算操作和数据访问跨越任意数量的维，而不应对数据单元间的关系以及每个单元中所包含的通用数据属性的数量进行限制。

10. 准则 10：维与聚集层次不受限准则

E. F. Codd 认为，OLAP 工具在一个通用的分析模型中，应能协调不少于 15 个维，用户可在此维度限制内，在任意给定的路径上建立任意数量的聚集层次。

11. 准则 11：数据处理的直观准则

数据的操作必须是直观的，用户应能通过直接操作分析模型的方法，方便地进行诸如重新定位综合路径、向上综合、向下挖掘等各种数据分析操作。

12. 准则 12：报表的灵活性准则

OLAP 所提供的报表必须能够从多个角度对从数据模型中综合出的结果进行表示，从而反映数据分析模型的多维特征。报表的格式可以按任意维度各种层次的组合来生成。该准则也是对准则 1 的补充。

（二）OLAP 的简洁准则

E. F. Codd 提出对 OLAP 进行评价的 12 条准则后，在业界引起了一定的争论，随着人们对 OLAP 技术研究的深入，不少学者和专业公司先后提出了比较简洁的 5 条准则，即所谓的“简洁准则”或“简化准则”。

(1) 快速性。系统应当使用各种技术，尽量提高对最终用户的响应速度。

(2) 可分析性。OLAP 系统必须能够对数据模型进行逻辑分析。

(3) 共享性。多个用户可以共享同一 OLAP 数据。

(4) 多维性。OLAP 最本质的特征，必须向用户呈现一致的多维视图。

(5) 信息性。在 OLAP 系统中给出的不再是 OLAP 系统中散乱的数据，而是具有指导意义的信息。

第七节 OLAP 的前端展现

OLAP 在系统结构上主要有两层 C/S 结构、三层 C/S 结构和 B/S 结构，各种查询分析的结果在系统的前端向客户显示。主要的前端展示手段是图形与报表。

（一）OLAP 系统的结构

OLAP 在最初多以两层 C/S 方式构成。随着研究不断深入，改进的 C/S 结构即三层结构开始出现。而伴随着 Web 技术的迅速发展，B/S 结构如今已经成为 OLAP 系统结构的主流，下面主要介绍基于 B/S 模式的 OLAP 的 Web 呈现方式。

B/S 结构是随着 Web 应用的发展而日益流行起来的一种前端展示方法，不仅 OLAP 系统越来越多地采用这种方法，事实上，现在的事务处理系统也流行采用这种方式。B/S 方式中，客户端没有专门的应用程序，只要有浏览器即可进行工作，使得这样的系统具有良好的跨平台性。由于在这样的结构中，系统的维护只在服务器端进行，大大提高了维护的效率。图 4-17 给出了 OLAP 系统 B/S 结构的示意。

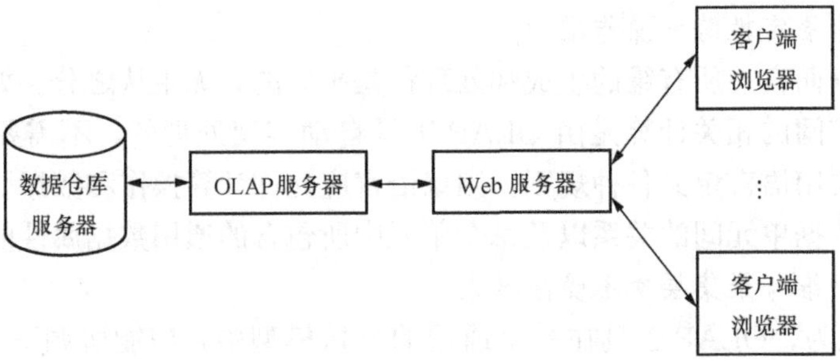

图 4 - 17　OLAP 系统的 B/S 结构

（二）OLAP 结果的展现方法

OLAP 对数据的展现方法很多，决策人员如果关心的是具体的、详细的数据，可以通过多维报表的方式展示，如图 4 - 18 所示。该图中所示表为 4 个维度的报表。

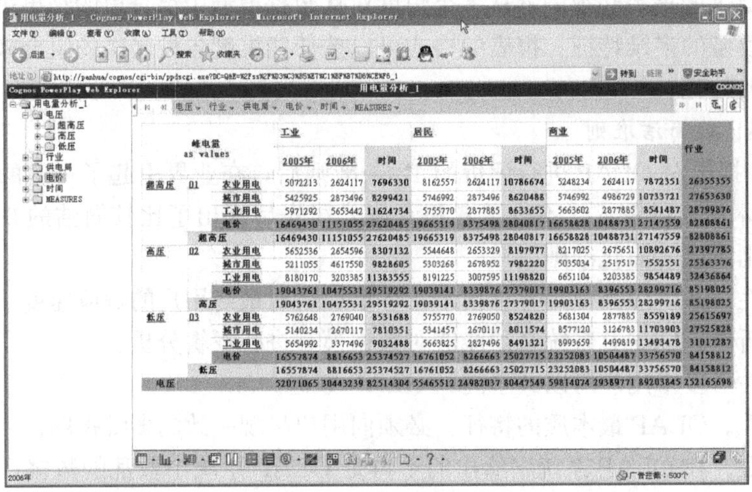

图 4 - 18　多维报表示例

在实际应用中，许多决策人员并不十分关心具体的数据，而是关心各种因素对问题的影响程度或者是某个问题的大致趋势，因此，需要用很直观的方式即图形展示方式为决策提供支持。

饼图和柱状图是显示二维数据很好的方式，可以直观地了解各种因素对问题的影响程度，如图 4 - 19 所示。

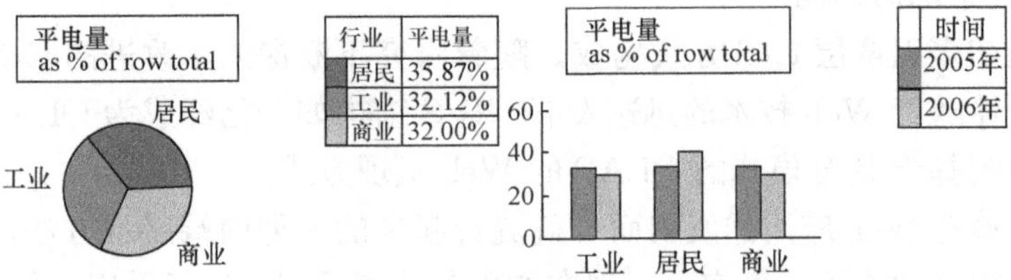

图 4 - 19　饼图和柱状图

对于三维数据的表示，利用立方体方式是最适合的，常见的方式有三维柱状图、等高线图、立体曲线图等，图 4 - 20 所示为一个三维柱状图。

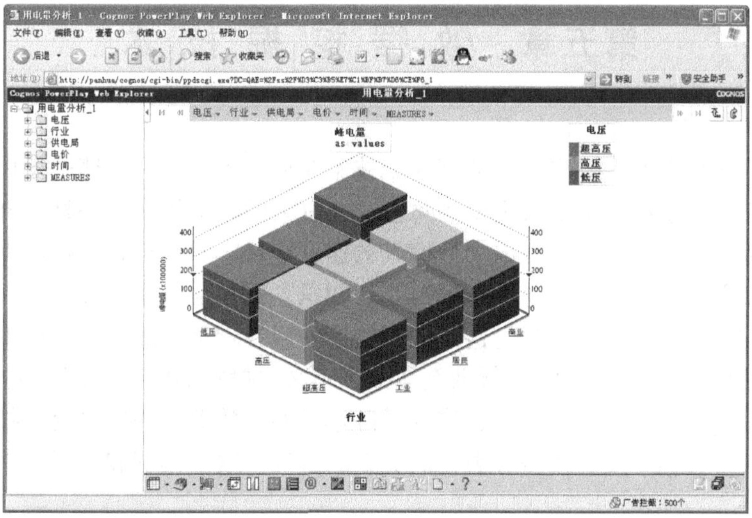

图 4 - 20　三维柱状图

四维以上的数据显示，可以通过数据切片、旋转等 OLAP 操作后以立方体图来表达。

第五章　数据挖掘技术

作为数据仓库技术的重要应用，数据挖掘技术在近十年来得到迅速的发展，在以数据分析为特征的决策支持系统中扮演着重要的角色。在过去的数十年中，各种各样的组织或企业积累了大量的数据，并且每年还在以十分惊人的速度增长，而在这些大量数据的背后隐藏了很多具有决策意义的信息，那么怎么得到这些"知识"呢？也就是怎样通过一棵棵的树木了解到整个森林的情况？计算机科学对这个问题给出的回答就是：数据挖掘技术，即在"数据矿山"中找到蕴藏的"知识金块"，帮助企业减少不必要投资的同时提高资金回报。

数据挖掘是一种综合了人工智能、统计学等学科的大数据量的信息处理技术，并利用各种分析工具在海量数据中发现模型和数据间关系的过程，这些模型和关系可以用来做出预测和分析。

数据挖掘给企业带来的潜在投资回报几乎是无止境的。世界范围内具有创新性的公司都开始采用数据挖掘技术来判断哪些是他们的最有价值客户、重新制定他们的产品推广策略（把产品推广给最需要他们的人），以用最小的花费得到最好的销售。在电力行业，随着电力体制市场化改革的不断深入，电力公司为了提高竞争力，数据挖掘技术被用到很多决策支持系统中，用来分析用电市场的内部和外部环境、电力市场需求变化的规律、进行市场细分、市场消费行为分析、市场潜力预测和营销策略制定等，最终为决策提供强有力的支持。

第一节　数据仓库与数据挖掘

从数据挖掘的角度看，数据挖掘对数据环境的要求是极高的。在数据挖掘的过程中，在明确预解决的问题之后，一个重要的工作是选择目标数据集，即对源数据进行清理，以获得用于挖掘的高质量的数据，建立一个良好的数据环境。这个工作是数据挖掘过程中极为艰巨和耗时的一步，也是确保数据挖掘有效和正确实施的基础和关键。数据仓库技术恰恰能够满足数据挖掘技术对数据环境的要求。因为数据仓库是一个用以更好地支持企业或组织的决策分析处理的、面向主题的、集成的、不可更新的、随时间不断变化的数据集合。数据仓库的数据清理和数据挖掘的数据清理差不多，如果数据在导入数据仓库时已经清理过，很可能在做数据挖掘时就没有必要再清理一次了或者只需要做少量的工作，而且所有的数据不一致的问题都已经被解决了。虽然，数据挖掘的对象不一定是数据仓库，即数据仓库并不是数据挖掘的必要条件，因为很多数据挖掘直接从数据源中挖掘信息。但是，显然数据仓库的这些特点使数据挖掘变得更有效率、更容易，数据仓库的发展无疑成为数据挖掘越来越热的原因之一。

从数据仓库的观点看，数据挖掘可以看作是联机分析处理的高级阶段，是联机分析处理的补充，因为数据挖掘会在 OLAP 的基础上提供更深入、详细、具有针对性的知识，从而为决策提供更有力的支持。数据挖掘经常被看成是数据仓库的后期市场产品，因为那些努力建立起来的数据仓库有最丰富的数据资源可供挖掘。

数据挖掘和数据仓库的协同工作如图 5-1 所示。首先，可以迎合和简化数据挖掘过程中的重要步骤，提高数据挖掘的效率和能力，确保数据挖掘中数据来源的广泛性和完整性；其次，数据挖掘技术已经成为数据仓库应用中极为重要和相对独立的方面和工具；最后，为最终用户提供包括 OLAP、知识发现等更为深入、有价值的决策支持。

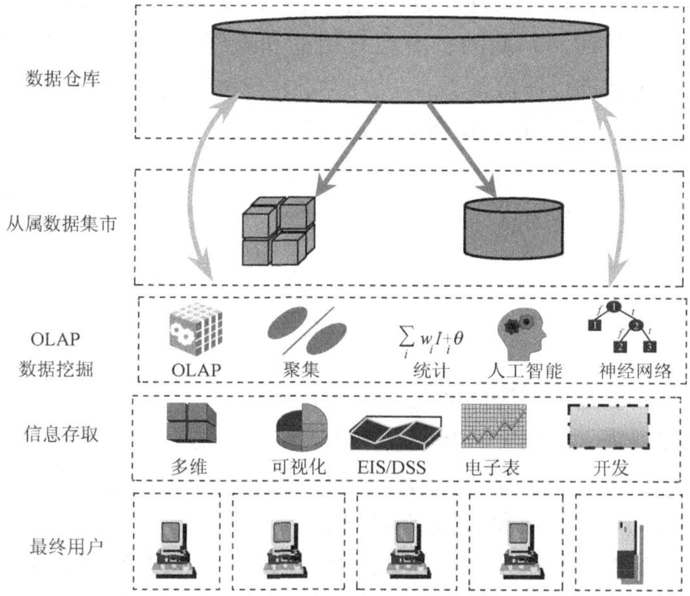

图 5-1 数据挖掘与数据仓库协同工作

第二节 数 据 挖 掘 概 述

一、数据挖掘概念

数据挖掘其实是一个逐渐演变的过程，电子数据处理的初期，人们就试图通过某些方法来实现自动决策支持，当时机器学习成为人们关心的焦点。机器学习的过程就是将一些已知的并已被成功解决的问题作为范例输入计算机，机器通过学习这些范例总结并生成相应的规则，这些规则具有通用性，使用它们可以解决某一类的问题。随后，随着神经网络技术的形成和发展，人们的注意力转向知识工程，知识工程不同于机器学习那样给计算机输入范例，让它生成规则，而是直接给计算机输入已被代码化的规则，而计算机是通过使用这些规则来解决某些问题。专家系统就是这种方法所得到的成果，但它有投资大、效果不甚理想等不足。20 世纪 80 年代人们又在新的神经网络理论的指导下，重新回到机器学习的方法上，并将其成果应用于处理大型商业数据库。1989 年 8 月，在美国底特律召开的第 11 届国际人工智能联合会议的专题讨论会上，提出了一个新的术语，它就是数据库中的知识发现，简称 KDD（Knowledge Discovery in Database），它泛指所有从源数据中挖掘模式或联系的方法。数据挖掘（Data Mining，DM）被认为是 KDD 过程中的一个步骤。因此，认识数据挖掘有必要从介绍 KDD 开始。

（一）知识发现与数据挖掘

知识发现是一个从数据集中识别出有效的、新颖的、潜在有用的和最终可理解的模式的复杂过程。

在知识发现的定义中，有以下几个术语。

(1) 数据集是一组事实的集合，它可以来自不同的数据源，可以是规则数据，也可以是非规则数据。

(2) 模式是关于数据子集的某种语言描述的表达式或某种可应用的模型，又称为知识。

(3) 模式必须是有效的、新颖的、潜在有用的和最终可理解的，分别用可信度、新颖度、可用度和简单度对其进行评价。

KDD 过程一共包括 6 个步骤，如图 5-2 所示。

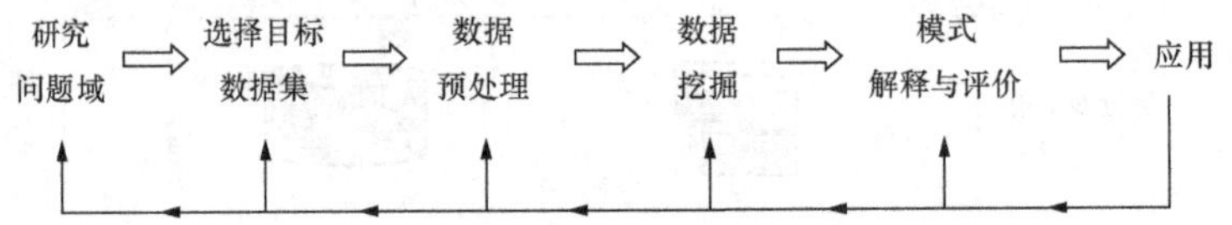

图 5-2 KDD 过程

(1) 研究问题域。确定预解决的问题，了解相关知识。

(2) 选择目标数据集。根据上一步骤的要求，选择要进行挖掘的数据。

(3) 数据预处理。将上一步骤选择的数据进行集成、清理、变换等工作，使数据变成可以直接应用数据挖掘工具进行处理的高质量数据。

(4) 数据挖掘。根据数据挖掘任务和数据性质选择合适的数据挖掘工具发现模式。

(5) 模式解释与评价。去除无用的或冗余的模式，将有趣的模式以用户能理解的方式表示，并存储或提交给用户。

(6) 应用。用上一步骤得到的模式支持决策。

KDD 过程是一个交互迭代的过程。在 KDD 过程中应该允许人工干预，但是应该使这种干预最小化，以提高自动化程度。并且在 KDD 过程中会不断地反复，例如，在进行模式评价时发现数据挖掘的结果并没有得到真正有用的模式，需要重新分析问题，或重新选择目标数据集及数据挖掘工具，可能需要几次甚至几十次类似这样的反复才能得到真正满意的结果。因此，KDD 过程就是不断产生假设，验证假设，再产生假设的迭代过程，直到取得满意的结果。

数据挖掘是 KDD 过程中对数据真正应用算法抽取知识的那一步，是 KDD 过程中的重要环节。数据挖掘质量的好坏有两个影响因素：一是所采用的数据挖掘技术的有效性；二是用于挖掘的数据质量和数量（数据量的大小）。如果选择了不恰当的数据挖掘技术或不合理的数据都会对挖掘的结果产生不利影响。需要指出的是，在实际应用中，人们往往不加区分地使用 KDD 和 DM，本书也不加以区分。

（二）数据挖掘的技术定义

数据挖掘（DM）就是从大量的、不完全的、有噪声的、模糊的、随机的实际应用数据中提取隐含在其中的、人们事先不知道的、但又是潜在有用的信息和知识的过程。

与数据挖掘相近的同义词有数据融合、数据分析和决策支持等。这个定义包括好几层含义：数据源必须是真实的、大量的、含噪声的；发现的是用户感兴趣的知识；发现的知识要可接受、可理解、可运用；并不要求发现放之四海皆准的知识，仅支持特定的发现问题。

（三）数据挖掘的商业定义

数据挖掘是一种新的商业信息处理技术，其主要特点是对商业数据库中的大量业务数据进行抽取、转换、分析和其他模型化处理，从中提取辅助商业决策的关键性数据。

简而言之，数据挖掘其实是一类深层次的数据分析方法。数据分析本身已经有很多年的历史，只是在过去数据收集和分析的用于科学研究，另外，由于当时计算能力的限制，对大数据量进行分析的复杂数据分析方法受到很大限制。现在，由于各行业业务自动化的实现，商业领域产生了大量的业务数据，这些数据不再是为了分析的目的而收集的，而是由于纯机会的商业运作而产生。分析这些数据也不再是单纯为了研究的需要，更主要是为商业决策提供真正有价值的信息，进而获得利润。但所有企业面临的一个共同问题是：企业数据量非常大，而其中真正有价值的信息却很少，因此从大量的数据中经过深层分析，获得有利于商业运作、提高竞争力的信息，就像从矿石中淘金一样，数据挖掘也因此而得名。

因此，数据挖掘可以描述为：按企业既定业务目标，对大量的企业数据进行探索和分析，揭示隐藏的、未知的或验证已知的规律性，并进一步将其模型化的先进有效的方法。

（四）数据挖掘与传统分析方法的区别

数据挖掘与传统的数据分析（如查询、报表、联机应用分析）的本质区别是数据挖掘是在没有明确假设的前提下去挖掘信息、发现知识。数据挖掘所得到的信息应具有先前未知、有效和可实用三个特征。

先前未知的信息是指该信息是预先未曾预料到的，即数据挖掘是要发现那些不能靠直觉发现的信息或知识，甚至是违背直觉的信息或知识，那么挖掘出来的信息越是出乎意料，就可能越有价值。在商业应用中最典型的例子就是一家连锁店通过数据挖掘，从记录着每天销售和顾客基本情况的数据库中发现，在下班后前来购买婴儿尿布的顾客多数是男性，他们往往也同时购买啤酒。于是这个连锁店的经理当机立断重新布置了货架，把啤酒类商品布置在婴儿尿布货架附近，并在两者之间放上土豆片之类的佐酒小食品，同时把男士们需要的日常生活用品也就近布置，这样一来上述几种商品的销售几乎马上成倍增长。在这个例子中，通过数据挖掘发现了小孩尿布和啤酒之间的惊人联系，充分显示了数据挖掘的魅力。

二、数据挖掘的对象

原则上讲，数据挖掘可以在任何类型的数据上进行，可以是商业数据，可以是社会科学、自然科学处理产生的数据或者卫星观测得到的数据。数据形式和结构也各不相同，可以是层次的、网状的、关系的数据库，可以是面向对象和对象—关系的高级数据库系统，可以是面向特殊应用的数据库，如空间数据库、时间序列数据库、文本数据库和多媒体数据库，还可以是 Web 信息。当然数据挖掘的难度和采用的技术也因数据存储系统而异。下面就电力行业应用较多的数据存储系统进行简要介绍。

（一）关系数据库

数据库系统由一组内部相关的数据（称作数据库）和一组管理和存取数据的软件程序（称作数据库管理系统）组成。人们常常将数据库系统简称为数据库。数据库因采取的数据模式不同，分为层次数据库、网状数据库和关系数据库。关系数据库目前应用最为普遍。电力行业应用的数据库绝大多数都是关系数据库。

关系数据库是表的集合，每个表都赋予一个唯一的名字。每个表包含一组属性（称为列或字段），并通常存放大量元组（称为行或记录）。每个元组代表一个对象，用唯一的关键字标识，并被一组属性值描述。

关系数据库是数据挖掘最重要、最流行、最丰富的数据源，因此是数据挖掘研究的主要数据形式。

（二）文本数据库

文本数据库属于高级数据库，它存储的数据主要是对对象的文字描述，而且这种文字描述不是简单的关键词，而是句子或短文。文本数据库可以是非结构化的，可以是半结构化的，如 HTML、E-Mail 等。Web 网页也是文本信息，把众多的 Web 网页组成数据库就是最大的文本数据库。如果文本数据具有良好的结构，可以使用关系数据库来实现。

（三）数据仓库

数据仓库是数据库技术发展的高级阶段，它是面向主题的、集成的、内容相对稳定的、随时间变化的数据集合。数据仓库技术出现以来，在电力行业的应用越来越普遍，特别是在电力营销、电力客户关系管理等方面的应用。

数据挖掘需要良好的数据组织和“纯净”的数据，数据的质量直接影响到数据挖掘的效果，而数据仓库的特点恰恰最符合数据挖掘的要求，它从各类数据源中取得数据，经过 ETL 清洗、集成、选择、转换等处理，为数据挖掘所需要的高质量数据提供了保证。可以说，数据挖掘为数据仓库提供了有效的分析处理手段，数据仓库为数据挖掘准备了良好的数据源。事实上，数据仓库的发展是促进数据挖掘技术发展的重要因素。

（四）多媒体数据库

多媒体数据库存放图像、音频和视频数据，因此必须支持大对象，需要特殊的存储和搜索技术。对于多媒体数据库的挖掘，需要将存储和搜索技术与标准的数据挖掘方法集成在一起，其中一个关键问题是图像和视频数据本身的表示问题。

三、数据挖掘过程

在实施数据挖掘之前，先制定采取什么样的步骤，每一步都做什么，达到什么样的目标是必要的，有了好的计划才能保证数据挖掘有条不紊地实施并取得成功。很多软件供应商和数据挖掘顾问公司都提供了一些数据挖掘过程模型，来指导他们的用户一步步地进行数据挖掘工作。比如 SPSS 的 5A——评估（Assess）、访问（Access）、分析（Analyze）、行动（Act）、自动化（Automate）；SAS 的 SEMMA——采样（Sample）、探索（Explore）、修正（Modify）、建模（Model）、评估（Assess）等。这些数据挖掘过程模型各有千秋，但都只与自己的产品相互关联，缺乏通用性。于是，一些区域组织和跨国集团/公司鉴于数据挖掘技术在商业上的应用前景，也积极支持和推进数据挖掘过程标准的研究，其中比较著名的是欧洲委员会和相关行业的四个大公司支持的数据挖掘特别兴趣小组提出了“数据挖掘交叉行业标准过程”（CRISP-DM），目的是建立跨行业数据挖掘过程标准。

CRISP-DM 过程模型主要从数据挖掘技术应用的角度划分数据挖掘任务，将数据挖掘技术和应用紧密结合，比较注重数据挖掘模型的质量和如何与业务问题相结合。如何运用挖掘出的模型是数据挖掘用户最关心的问题，因此 CRISP-DM 模型从商业的角度给出了对数据挖掘方法的理解。目前数据挖掘系统的研制和开发大多遵循 CRISP-DM 标准，将模型的挖掘和模型的部署紧密结合。因此，这里我们主要介绍 CRISP-DM 过程模型的相关内容。

CRISP-DM过程模型的基本步骤包括业务理解、数据理解、数据准备、建立模型、评价和实施，如图5-3所示。图中的箭头指示了最重要和经常发生的顺序，外层的圆圈表示数据挖掘项目的循环性。CRISP-DM过程模型中，步骤的顺序并不是刚性的，经常会出现在不同阶段之间反复重复的情况。一个数据挖掘项目并不随着挖掘结果的实施而结束，一次循环过程往往会引发新的、更加聚焦的商业问题，后续的挖掘过程会从前面的经验中得益。

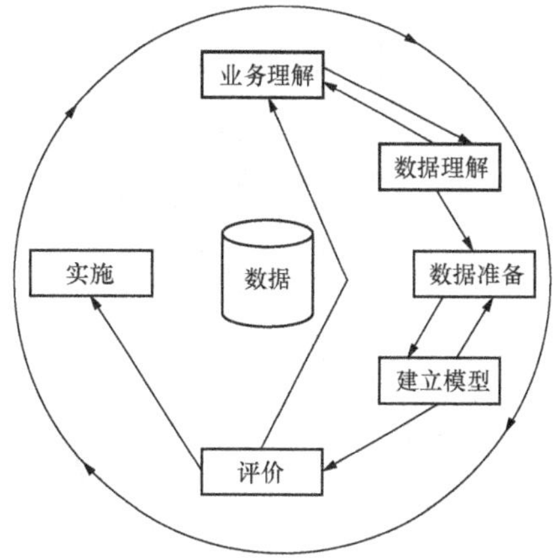

图5-3 CRISP-DM过程模型

下面分别对CRISP-DM过程模型各个阶段进行简要介绍。

（一）业务理解

开始阶段专注于从商业的角度理解项目目标和需求，然后将这种知识转换成一种数据挖掘的问题定义，并设计出达到目标的一个初步计划。

（二）数据理解

这一阶段对数据挖掘所需数据的全面调查，包括获取项目资源需求中所列出的数据；从总体上描述所获得的数据的属性，包括数据格式、数据量、一致性、数据出处、收集时间频度等多个方面，并检查数据是否能够满足相关的要求，探测数据和检验数据质量等。

（三）数据准备

数据准备阶段覆盖了从初步的数据构造到最终数据集合（将要输入建模工具的数据）的所有活动。数据预处理任务很可能要执行多次，并且没有任何规定的顺序。任务包括表、记录属性的选择以及为了适合建模工具的要求对数据进行的转换和净化。

（四）建立模型

建模阶段就是选择和应用多种不同的建模技术，调整他们的参数使其达到最优值。建模的过程包括选择建模技术、产生测试设计、建立模型和评估模型。

（五）评价

从数据分析的观点看，在开始进入这个阶段时已经建立了看上去是高质量的模型。但在最终扩展模型之前，更彻底地评价模型、再次考察所建模型执行的步骤，并确信其正确地达到了商业目标是很重要的。这里，一个关键的目的是确定是否有某些重要的商业问题还没有被充分地考虑。在这个阶段的结尾应该获得使用数据挖掘结果的判定。

（六）实施

创建完模型并不意味着项目结束。即使模型的目的是增加数据的知识，所获得的知识也要用用户可以使用的方式来组织和表示。根据要求，实施阶段可以简单到只生成一份报告，或复杂到实现一个可重复的数据挖掘过程。在许多情况下，这将由客户而不是分析员来实施。因为分析员来实施将达不到预期的扩展效果，因此在这之前，客户理解实际利用所建模型所要实施的动作很重要。

四、数据挖掘系统

我们称支持数据挖掘过程的软件、工具或系统为数据挖掘系统，研发这样的系统是为了开发数据挖掘系统。为了成功地应用数据挖掘技术，围绕数据挖掘过程需要涉及问题的理

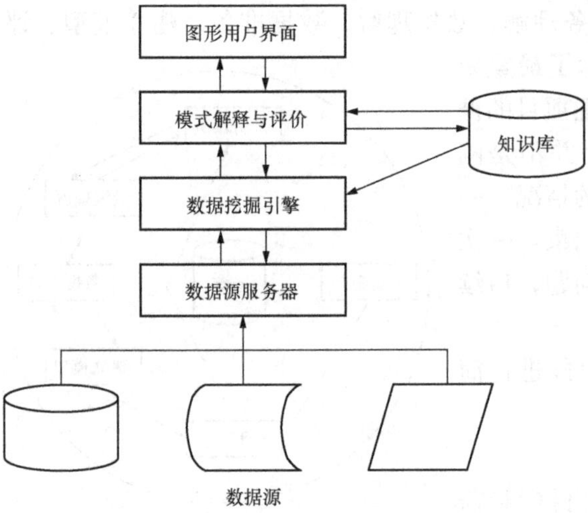

图 5 - 4 数据挖掘系统的典型结构

解、数据的理解、收集和准备、建立数据挖掘模型、评价所建的模型、应用所建的模型等一系列任务。数据挖掘系统应该提供支持所有这些任务的必要手段和功能，并最大限度地为用户使用这些功能提供方便的接口、选择和操作。一个典型的数据挖掘系统应该有如图 5 - 4 所示的结构。

（一）数据源

数据源提供数据挖掘所需的数据，包括数据库、数据仓库或其他类型的信息库。

（二）数据源服务器

根据数据挖掘的任务，提供数据挖掘所需的目标数据集。

（三）数据挖掘引擎

作为整个系统的核心部分，数据挖掘引擎提供数据挖掘模块，包括特征规则挖掘模块、比较规则挖掘模块、关联规则挖掘模块、聚类规则挖掘模块等。

（四）模式解释与评价

去除无用的或冗余的模式，得到有趣的模式。

（五）知识库

提供领域知识，指导数据挖掘过程及模式解释与评价。

（六）图形用户界面

将有趣的模式（或知识）以图、表等用户能理解的可视化方式递交给用户，并允许用户与数据挖掘系统进行交互，以便指定数据挖掘任务、模式度量参数等。

五、数据挖掘工具

数据挖掘作为一项从海量数据中提取知识的信息技术引起了国内外学术界和产业界的广泛关注，它在商业方面的成功应用使得软件开发商不断开发新的数据挖掘工具，改进现有的数据挖掘工具，一时之间数据挖掘工具可谓琳琅满目。下面简要介绍一下数据挖掘的一些常用工具，以及如何选择合适的数据挖掘工具。

（一）数据挖掘工具分类

一般来讲，数据挖掘工具根据其适用的范围可以分为两类：专用挖掘工具和通用挖掘工具。

专用数据挖掘工具是针对某个特定领域的问题提供解决方案，在涉及算法的时候充分考虑了数据、需求的特殊性，并进行了优化。对任何领域都可以开发特定的数据挖掘工具。例如，IBM 公司的 Advanced Scout 系统针对 NBA 的数据，帮助教练优化战术组合。特定领域的数据挖掘工具针对性比较强，只能用于一种应用。也正因为针对性强，往往采用特殊的算法，可以处理特殊的数据，实现特殊的目的，发现的知识可靠度也比较高。

通用数据挖掘工具不区分具体数据的含义，采用通用的挖掘算法，处理常见的数据类型。通用的数据挖掘工具不区分具体数据的含义，采用通用的挖掘算法，处理常见的数据类型。例如，IBM 公司 Almaden 研究中心开发的 QUEST 系统，SGI 公司开发的 MineSet 系统，加拿大 SimonFraser 大学开发的 DBMiner 系统。通用的数据挖掘工具可以做多种模式的挖掘，挖掘什么、用什么来挖掘都由用户根据自己的应用来选择。

（二）数据挖掘工具的选择

数据挖掘是一个过程，只有将数据挖掘工具提供的技术和实施经验与企业的业务逻辑和需求紧密结合，并在实施的过程中不断地磨合，才能取得成功，因此我们在选择数据挖掘工具的时候，要全面考虑多方面的因素，主要包括以下几点。

1. 数据挖掘的功能和方法

数据挖掘的功能和方法是指是否可以完成各种数据挖掘的任务，如关联分析、分类分析、序列分析、回归分析、聚类分析、自动预测等。我们知道数据挖掘的过程一般包括数据抽样、数据描述和预处理、数据变换、模型的建立、模型评估和发布等，因此一个好的数据挖掘工具应该能够为每个步骤提供相应的功能集。数据挖掘工具还应该能够方便地导出挖掘的模型，从而在以后的应用中使用该模型。

2. 数据挖掘工具的可伸缩性

数据挖掘工具的可伸缩性是指解决复杂问题的能力，一个好的数据挖掘工具应该可以处理尽可能大的数据量，可以处理尽可能多的数据类型，可以尽可能高地提高处理的效率，尽可能使处理的结果有效。如果在数据量和挖掘维数增加的情况下，挖掘的时间呈线性增长，那么可以认为该挖掘工具的伸缩性较好。

3. 操作的简易性

一个好的数据挖掘工具应该为用户提供友好的可视化操作界面和图形化报表工具，在进行数据挖掘的过程中应该尽可能提高自动化运行程度。总之是面向广大用户的而不是熟练的专业人员。

4. 数据挖掘工具的可视化

数据挖掘工具的可视化包括源数据的可视化、挖掘模型的可视化、挖掘过程的可视化、挖掘结果的可视化，可视化的程度、质量和交互的灵活性都将严重影响到数据挖掘系统的使用和解释能力。毕竟人们接受外界信息时 80%是通过视觉获得的，自然数据挖掘工具的可视化能力就相当重要。

5. 数据挖掘工具的开放性

数据挖掘工具的开放性是指数据挖掘工具与数据库的结合能力。好的数据挖掘工具应该可以连接尽可能多的数据库管理系统和其他数据资源，应尽可能地与其他工具进行集成；尽管数据挖掘并不要求一定要在数据库或数据仓库之上进行，但数据挖掘的数据采集、数据清洗、数据变换等将耗费巨大的时间和资源，因此数据挖掘工具必须与数据库紧密结合，减少数据转换的时间，充分利用整个数据和数据仓库的处理能力，在数据仓库内直接进行数据挖掘，而且开发模型、测试模型、部署模型都要充分利用数据仓库的处理能力，另外，多个数据挖掘项目可以同时进行。

当然，上述的只是一些通用的参考指标，具体选择挖掘工具时还需要从实际情况出发具体分析。

（三）数据挖掘工具介绍

比较著名的有 IBM Intelligent Miner、SAS Enterprise Miner、SPSS Clementine 等，它们都能够提供常规的挖掘过程和挖掘模式。

1. Intelligent Miner

由美国 IBM 公司开发的数据挖掘软件 Intelligent Miner 是一种分别面向数据库和文本信息进行数据挖掘的软件系列，包括 Intelligent Miner for Data 和 Intelligent Miner for Text。Intelligent Miner for Data 可以挖掘包含在数据库、数据仓库和数据中心中的隐含信息，帮助用户利用传统数据库或普通文件中的结构化数据进行数据挖掘。它已经成功应用于市场分析、诈骗行为监测及客户联系管理等；Intelligent Miner for Text 允许企业从文本信息进行数据挖掘，文本数据源可以是文本文件、Web 页面、电子邮件、Lotus Notes 数据库等。

2. SAS Enterprise Miner

这是一种在我国的企业中得到采用的数据挖掘工具，比较典型的包括上海宝钢配矿系统应用和铁路部门在春运客运研究中的应用。SAS Enterprise Miner 是一种通用的数据挖掘工具，按照“抽样—探索—转换—建模—评估”的方法进行数据挖掘。可以与 SAS 数据仓库和 OLAP 集成，实现从提出数据、抓住数据到得到解答的“端到端”知识发现。

3. SPSS Clementine

SPSS Clementine 是一个开放式数据挖掘工具，曾两次获得英国政府 SMART 创新奖，它不但支持整个数据挖掘流程，从数据获取、转化、建模、评估到最终部署的全部过程，还支持数据挖掘的行业标准 CRISP-DM。Clementine 的可视化数据挖掘使得“思路”分析成为可能，即将集中精力在要解决的问题本身，而不是局限于完成一些技术性工作（比如编写代码）。提供了多种图形化技术，有助理解数据间的关键性联系，指导用户以最便捷的途径找到问题的最终解决办法。

其他常用的数据挖掘工具还有 LEVEL5 Quest、MineSet（SGI）、Partek、SE-Learn、SPSS 的数据挖掘软件 Snob、Ashraf Azmy 的 SuperQuery 等。

第三节 数据挖掘的决策支持及其方法

一、数据挖掘的决策支持分类

数据挖掘通过预测未来趋势及行为，做出前摄的、基于知识的决策。数据挖掘的决策支持分类有以下几种。

（一）关联分析

若两个或多个变量的取值之间存在某种规律性，就称为关联。关联分析的目的是找出数据库中隐藏的关联网，并建立起关联规则知识，最终为决策服务。

例如，某电力公司高电压用户中有 80%采用了分时电价，这就是一条关联规则。如果该公司高电压客户用电量的比例较大的话，这条关联规则无疑将为该公司在进行分时电价政策调整、客户营销方面的决策提供帮助。

在大型数据库中，通常会存在大量的关联规则，但并不是所有的关联规则都是有用的，所以要进行筛选。我们用“支持度”和“可信度”两个阈值来淘汰那些无用的关联规则。

“支持度”表示该规则所代表的事例（元组）占全部事例（元组）的百分比。如高电压类别并采用分时电价的客户用电量占整个公司用电量的比例，如果“支持度”很小，可能意味着这个关联规则不重要，或者出现了错误的数据。

“可信度”表示该规则所代表事例占满足前提条件事例的百分比。如高电压用户中有80%采用了分时电价，可信度为80%。

（二）时序演变分析

数据的时序演变分析是针对事件或对象行为随时间变化的规律和趋势，并以此建立模型，为决策提供支持。它主要包括时间序列数据分析、序列或周期模式匹配和基于类似性的数据分析。例如，对电力营销数据进行时序演变分析时，如果得到这样的规则：电压等级大于10kV的某工业，当年缴纳的费用如果超过1200万元，第二年缴纳的费用下降20%的概率是80%。通过这样一条进行时序演变分析后得到的规则，电力公司可以制定相应的营销策略。

（三）聚类

聚类是将物理或抽象对象的集合分组成为由类似的对象组成的多个类的过程。聚类按照“物以类聚，人以群分”的原则，以相似性为基础，对未知类别的数据对象组成的集合进行分析，得到这些数据对象的分布情况以及每个类别的数据特征，目的是增强人们对客观现实的认识。这里需要指出的是，一般在聚类之前，我们并不明确具体要分成几类，怎样分。因此聚类也是一个不断反复的过程，通过不断地修改变量最终才能得到一个较满意的结果，使得分类的结果真正能符合业务的需要或具有实际意义。

例如，在电力行业，电价是一个关键因素。电价水平过高或过低都将影响国民经济的协调、快速发展。电价结构应能真实地反映实际电力成本、用户的用电特性，公平对待用户。为实现“同网同质同价”、电价的调控机制和调整程序应做到科学、及时、合理。为此，可以利用聚类分析对电价进行重新分类，形成一个更加合理的结构，最终实现使电价结构真正促进公平负担、减少交叉补贴、达到各方利益共赢的结果等目标。

（四）分类

分类是数据挖掘中应用的最多的决策支持技术。分类是找出一个类别的概念描述，它代表了这类数据的整体信息，即该类的内涵描述。一般用规则或决策树模式表示。该模式能把数据库中的元组映射到给定类别中的某一个。分类技术能鉴别和预测新事物的类别和种类。需要注意的是，分类和聚类不同，分类之前我们已经知道了要把事物分成几类，怎样分，而聚类则恰恰相反。

分类是利用训练样本集通过有关算法求出各类别的分类知识，这些分类知识可用来鉴别和预测新事物。

例如，在电力行业，可以通过历史电量销售记录训练决策树，然后在指定的市场范围内对用电水平进行分类预测，能找出在这一市场范围内的各种电量水平差异的因素排序，分类结果对制定针对该市场的营销策略无疑是很有意义的。

（五）偏差检测

数据库中的数据常有一些异常记录，从数据库中检测这些偏差很有意义。偏差包括很多潜在的知识，如分类中的反常实例、不满足规则的特例、观测结果与模型预测值的偏差、量值随时间的变化等。偏差检测的基本方法是，寻找观测结果与参照值之间有意义的差别，这里的参照是指给定模型的预测、外界提供的标准或另一个观察。

例如，对某电力公司营销数据进行偏差检测，发现某行业在某一地区的电费缴纳额度较历史电费有较大的下降。通过这样一个偏差检测的结果，可以帮助相关人员去分析出现这个现象的原因。

（六）预测

预测是利用历史数据找出变化规律，建立模型，并用此模型来预测未来数据的种类、特征等。这是一种很重要的决策支持手段。

典型的方法是回归分析，即利用大量的历史数据，以时间为变量建立线性或非线性回归方程。预测时，只要输入任意的时间值，通过回归方程就可求出该时间的状态。除此以外，还有最近发展起来的人工神经网络方法、灰色模型、趋势外推模型等。

在电力市场中，对用电需求量及其他用电指标的分析和预测是一项很重要的工作。对历史数据的分析可以直接或间接考察电力部门的管理经营情况；过去一段时间电价的合理性；该地区的电力消费结构。预测技术是电力市场中许多决策问题的前提和基础，它可以为投资规模、电力生产结构调整、电力销售结构调整以及电价制定等方面提供依据。

目前在电力行业，BP 神经网络和 RBF 神经网络在电力负荷预测中是较为成熟的两种模型。

二、数据挖掘方法

现在先进的数据挖掘工具都提供多种可供选择的数据挖掘算法，因为一种算法不可能完成所有的不同类型的数据挖掘任务，没有一种数据挖掘的方法可以应付所有的要求。对于某一特定的问题，数据本身的特点会影响工具的选择。目前最流行的几种数据挖掘方法有决策树、神经网络、遗传算法、概率论和数理统计以及关联规则等。

（一）决策树

决策树以树的形式表示，类似流程图。一般来讲，一个决策树由一个根节点、一组内部节点和一些叶节点组成，如图 5-5 所示。每个内部节点表示在某个属性上的测试，每个分支表示一个测试输出，每个叶节点表示一个类，有时不同的叶节点上可以表示相同的类。

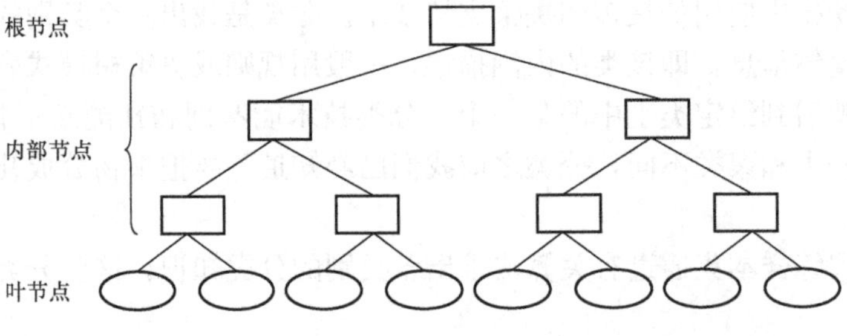

图 5-5 决策树示例

决策树方法是利用信息论中的信息增益寻找数据库中具有最大信息量的属性字段，建立决策树的一个节点，再根据该属性字段的不同取值建立树的分支，每个分支重复建立下层节点和分支，直至每个叶节点内的记录都属于同一类，直至形成一棵完整的树，其过程如图 5-6所示。

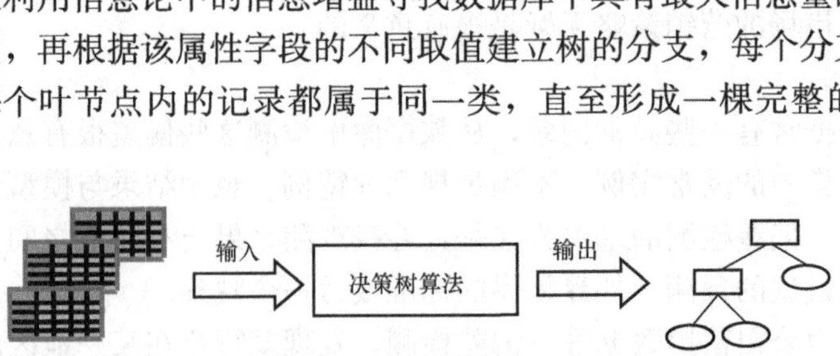

图 5-6 决策树挖掘过程

数据挖掘中的决策树是一种经常要用到的技术，可以用于分析数据，也可以用来作预测。通过训练集数据中自动地构造决策树，从而可以根据这个决策树对任意实例进行判定或预测。

下面是决策树在电力市场营销分析中应用的一个示例。该示例的目的是通过决策树方法对选定的市场内部进行细分，根据各种属性对电量水平的影响程度将市场划分成不同的类别。然后，当设定了市场属性，可以由先前的划分预测其中的售电量水平。

表 5-1 是一个从电力市场营销决策支持系统数据仓库中抽取的事务数据的一小部分，每一条记录代表一个事务，包含 5 个属性项：行业标识、月份标识（M*i*）、电价水平标识（P*i*）、降水量标识（R*i*）、电量水平标识（E*i*）。

表 5-1　　事务数据表

序号	行业标识	月份标识	电价水平标识	降水量标识	电量水平标识
1	Ⅱ	M1	P1	R0	E0
2	Ⅱ	M1	P2	R0	E0
3	Ⅱ	M1	P1	R0	E0
4	Ⅱ	M2	P0	R1	E0
5	Ⅱ	M2	P2	R1	E0
6	Ⅱ	M6	P0	R1	E4
7	Ⅱ	M6	P0	R3	E4
8	Ⅱ	M6	P3	R1	E3
9	Ⅱ	M6	P2	R4	E3
10	Ⅱ	M7	P4	R4	E3
11	Ⅱ	M7	P1	R2	E4
12	Ⅱ	M7	P4	R3	E2
13	Ⅱ	M7	P1	R1	E4
14	Ⅱ	M7	P1	R1	E4
15	Ⅱ	M9	P3	R1	E4
16	Ⅱ	M9	P1	R1	E4
17	Ⅱ	M9	P3	R1	E4
18	Ⅱ	M9	P1	R1	E4
19	Ⅱ	M9	P2	R2	E2
20	Ⅱ	M9	P2	R2	E2
21	Ⅱ	M9	P0	R2	E2
22	Ⅱ	M9	P2	R2	E2

通过决策树算法求出表 5-1 例子中Ⅱ行业售电市场的决策树，如图 5-7 所示。

图 5-7 所示的决策树对表 5-1 所示的事务数据库中所体现出来的分类规则，具体如下：

在所分析的行业的售电市场，造成这一市场售电水平差异的第一号因素是月份，根据月份可以将这一市场分成三类，即六月和七月份市场、一月份市场、九月份市场。

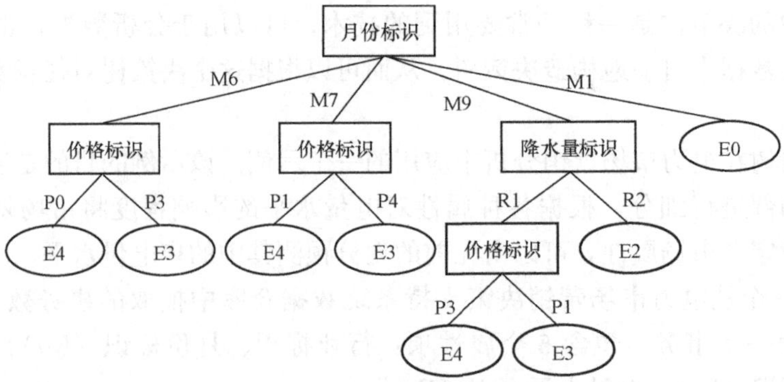

图 5-7 决策树计算结果

这一行业的六月份和七月份市场中电价是造成电量变化的重要因素。

这一行业的九月份市场中降水量是造成电价变化的最重要因素，根据降水量的不同，这一行业九月份市场又被划分为九月份降水量少的情况下的售电市场和九月份降水量正常的情况下的售电市场。

在九月份降水量少的情况下的售电市场，电价又成为了最重要因素，根据这一因素对这一市场进行进一步的划分。

如上所述，通过数据集训练得到的决策树，能够根据各个因素不同层次的市场中对电量影响的程度，对售电市场进行不断的细分。在决策树中，可以得到两方面的信息。一方面，从根节点到叶节点，各个属性的顺序是在相应的市场中影响电量变化程度由大到小的顺序；另一方面，决策树中的每一个通路对应一条 IF-THEN 规则，例如上述例子中的决策树可以得到以下规则。

IF 月份标识＝M6 AND 价格标识＝P0 THEN 电量水平＝E4

IF 月份标识＝M6 AND 价格标识＝P3 THEN 电量水平＝E3

……

通过训练得到的分类规则可以对新对象进行分类，达到预测的目的。以上述示例为例，假如下个月为九月份，预期的降水量很少，价格标识为 P3，问下个月的电量水平估计为多少？很显然，利用上面的规则，可以判定下个月的电量水平为 E4。

上面讨论的例子比较简单，树也容易理解。当然，实际中应用的决策树可能非常复杂。假定我们利用历史数据建立了一个包含几百个属性、输出的类有十几种的决策树，这样的一棵树对人来说可能太复杂了，但每一条从根节点到叶子节点的路径所描述的含义仍然是可以理解的。决策树的这种易理解性对数据挖掘的使用者来说是一个显著的优点。然而，采用决策树方法也有其缺点，例如很难基于多个变量组合发现规则、不同决策树分支之间的分裂不平滑等。

决策树很擅长处理非数值型数据，这与一些只能处理数值型数据的方法比起来，就免去了很多数据预处理工作。甚至有些决策树算法专为处理非数值型数据而设计，因此采用此种方法建立决策树同时又要处理数值型数据时，反而要进行将数值型数据映射到非数值型数据的预处理。

（二）神经网络

神经网络可以模拟人类的形象直觉思维，通过向一个训练集学习和应用所学知识来生成分类和预测的模式。神经网络具有自适应性、高度的非线性和并行处理的能力，特别适用于处理需要同时考虑许多因素和条件的、不精确和模糊的信息处理问题。

在结构上，可以把一个神经网络划分为输入层、输出层和隐含层，如图 5-8 所示。输入层的每个节点对应一个个的预测变量。输出层的节点对应目标变量，可以是一个或多个。在输入层和输出层之间是隐含层（对神经网络使用者来说不可见），隐含层的层数和每层节点的个数决定了神经网络的复杂度。

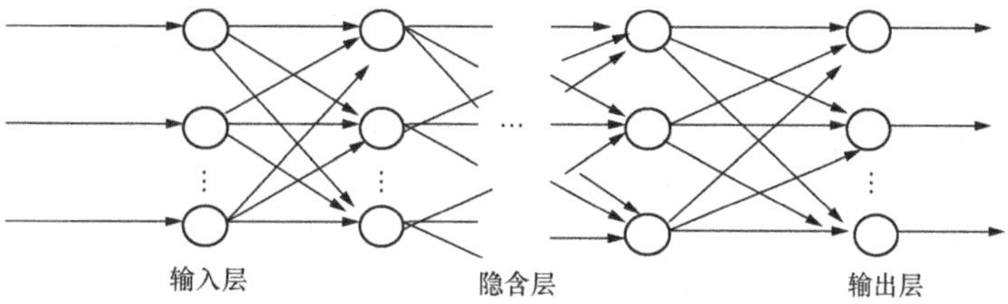

图 5-8　神经网络结构

利用神经网络解决问题时，首先会把经过处理的样本分成训练样本（训练集）和校验样本。通过训练集（已知或通过经验得到的一组组输入和对应的输出）对设计的网络进行训练，即神经网络学习。一般当把训练集中的每一条记录都运行过一遍之后，我们称完成一个训练周期。要完成神经网络的训练可能需要很多个训练周期，经常是几百个。训练完成之后得到的神经网络就是在通过训练集发现的模式，它描述了训练集中输入和输出的关联知识。事实上，这种关联知识通过网络中各节点的偏值及节点之间的连接权进行记录。网络学习的过程就是调整这两组值，使每个训练样本在输出层的节点上获得期望输出。学习的目的就是找出一组权值和偏值，这组权值和偏值能使所有的训练样本在相应输出节点上获得期望输出；其次通过预先选定的校验样本评价网络的正确性，如果校验样本的输入变量通过网络运算得到的输出和实际输出误差在允许范围以内，则说明网络正确，可以运用于实际；最后可以将训练得到的网络应用于实际，将一组变量作为输入，通过网络运算，所得到的输出即为期望的结果。

基于神经网络的数据挖掘的种类有很多，但最常用的有基于自组织神经网络的数据挖掘和基于模糊神经网络的数据挖掘两种。

（1）基于自组织神经网络的数据挖掘。自组织过程是一种无导师学习的过程。通过学习，可以提取一组数据中的重要特征或某种内在的知识，如数据分布的特征。

（2）基于模糊神经网络的数据挖掘。尽管神经网络具有较强的学习、分类、联想与记忆等功能，但是在将神经网络用于数据挖掘时最大的难度是无法对输出的结果给出直观的说明。将模糊处理功能引进神经网络之后，不仅可以增加神经网络的输出表达能力，而且使系统变得更加稳定。经常用于数据挖掘的模糊神经网络有模糊感知器模型、模糊 BP 网络、模糊推理网络等。

下面简单介绍一个基于自组织神经网络的数据挖掘在电力行业应用的一个示例。

电力工程建设的安全事故控制工作是安全管理的一项重要工作，在以往的工作中积累了很多这方面的经验。那么，能否通过设计一个神经网络对以往的经验进行学习，用学习到的知识对新的电力工程建设安全事故控制效果进行评价呢？答案是肯定的。

为解决问题，我们首先设计一个合理的神经网络，如图 5-9 所示。设有 7 个影响安全的重要因素：t_1 为公司管理机构对施工安全的重视；t_2 为安全计划；t_3 为安全检查，包括检查的次数和质量；t_4 为安全预算；t_5 为施工管理人员的经验；t_6 为安全教育；t_7 为机械设备的状态与检查维修计划。t_1、t_2、t_3、t_4、t_5、t_6、t_7 作为输入因素，以其 8 个典型工程（实际会达上千甚至上万个）的观测值作为 8 个样本，相应的每个样本的输入值为

$$T_1=[0.95\quad 0.88\quad 1.00\quad 0.85\quad 0.98\quad 0.99\quad 0.89]$$
$$T_2=[0.96\quad 0.85\quad 0.96\quad 0.85\quad 0.87\quad 0.65\quad 0.72]$$
$$T_3=[0.71\quad 0.86\quad 0.94\quad 0.92\quad 0.94\quad 0.96\quad 0.85]$$
$$T_4=[0.88\quad 0.80\quad 0.63\quad 0.77\quad 0.79\quad 0.55\quad 0.70]$$
$$T_5=[0.84\quad 0.96\quad 0.95\quad 0.84\quad 0.83\quad 0.91\quad 0.95]$$
$$T_6=[0.85\quad 0.93\quad 0.46\quad 0.35\quad 0.85\quad 0.70\quad 0.74]$$
$$T_7=[0.77\quad 0.78\quad 0.81\quad 0.80\quad 0.84\quad 0.86\quad 0.95]$$
$$T_8=[0.81\quad 0.77\quad 0.98\quad 0.87\quad 0.84\quad 0.96\quad 0.86]$$

式中，T_j 为第 j 个工程的样本输入值（这些数据已经经过初始化处理，$j=1$，2，…，8）。

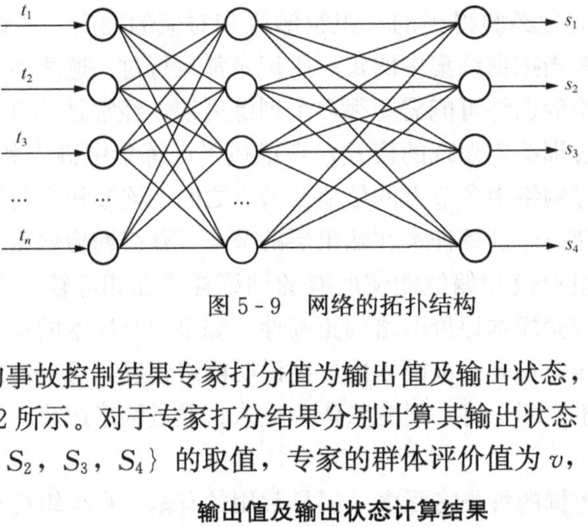

图 5-9　网络的拓扑结构

以 8 个工程的事故控制结果专家打分值为输出值及输出状态，专家初始打分值经过计算处理结果如表 5-2 所示。对于专家打分结果分别计算其输出状态 $\{\mu_{s_1}, \mu_{s_2}, \mu_{s_3}, \mu_{s_4}\}$，以此作为输出 $\{S_1, S_2, S_3, S_4\}$ 的取值，专家的群体评价值为 v，具体结果如表 5-2 所示。

表 5-2　　输出值及输出状态计算结果

-	F_1	F_2	F_3	F_4	F_5	F_6	F_7	F_8
v	0.95	0.89	0.83	0.77	0.86	0.68	0.80	0.85
μ_{s_1}	0	0	0	0	0	0	0	0
μ_{s_2}	0	0	0	0.15	0	0.60	0	0
μ_{s_3}	0	0.10	0.70	0.85	0.40	0.40	1	0.50
μ_{s_4}	1	0.90	0.30	0	0.60	0	0	0.50
评价结果	很好	好	好	中	好	中	好	好

对于 8 个典型工程，得到 8 个样本，8 组输入值和输出值。对网络进行训练，训练过程如下：

(1) 取 T_1、T_2、T_3、T_4、T_5、T_6 六组数值作为样本输入，$F_1 \sim F_6$ 作为相应的输出值，对网络进行训练。T_7、T_8 两个样本作为校验样本，在人工神经网络达到稳定时用 T_7、

T_8 检验网络评价结果。

(2) 网络初始化。这里选用具有 7 个输入节点，5 个中间节点和 4 个输出节点的三层 BP 神经网络。取 $\alpha=0.5$，$\phi=0.01$，$\beta=0.02$。对网络进行训练，网络稳定后作为知识库，如图 5-10 所示。由图 5-10 可知，网络收敛速度较快，说明样本质量较好。

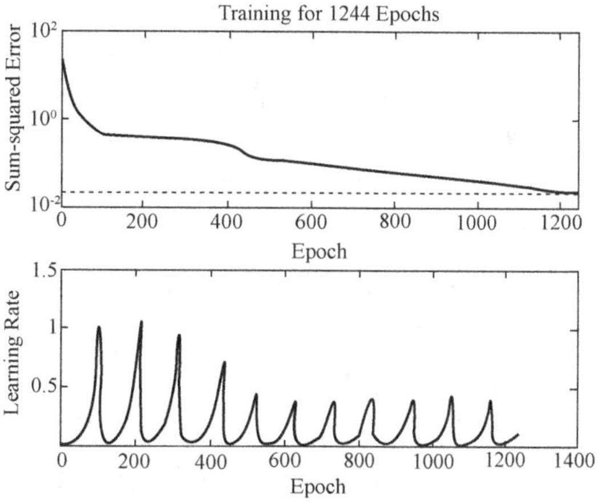

图 5-10　BP 网络训练结果

(3) 将 $T_7=[0.77\ \ 0.78\ \ 0.81\ \ 0.80\ \ 0.84\ \ 0.86\ \ 0.95]$、$T_8=[0.81\ \ 0.77\ \ 0.98\ \ 0.87\ \ 0.84\ \ 0.96\ \ 0.86]$ 作为待识别的工程状态数值作为输入进行检验，得到输出分别为（0，0.0037，0.9925，0.0.0038）、（0，0.0002，0.5001，0.4997）。将输出结果与相应的由专家打分结果得到的输出状态 $[\mu_{s_1}, \mu_{s_2}, \mu_{s_3}, \mu_{s_4}]$ 进行对比可知，所输出的数值误差满足精度要求且能够正确反映工程的实际状态。

(4) 取 T_3、T_4、T_5、T_6、T_7、T_8 六组数值作为样本输入，$F_3 \sim F_8$ 作为相应的输出值，对网络重新进行训练。从训练结果可以看出，在神经网络达到稳定时用 T_1、T_2 两个样本作为校验样本检验网络评价结果，得到输出分别为（0，0，0，1）和（0，0，0.0985，0.9015）。把输出结果和 T_1、T_2 两个样本的原来专家评价结果对比可知，误差满足精度要求且能够正确反映工程的实际状态。

利用训练得到的网络可以方便地评价一个新的工程的安全事故控制效果。安全控制效果反映出此工程的安全管理水平，这为后期确定是否需要加强事故控制工作和加强的幅度提供很好的基础，达到数据挖掘的最终目的。

（三）关联分析

关联分析可以分为两种，关联规则和时序分析。关联规则即在当前记录的各个特征间寻找内在的联系。时序分析即在历史数据中寻找具有时间上相关的记录间的规律性。

实现关联分析的技术主要是统计学中的置信度和支持度分析。支持度和置信度是描述连接分析的两个重要概念。前者用于衡量连接分析在整个数据集中的统计重要性，后者用于衡量连接分析的可信程度。一般来说，只有置信度和支持度均较高的关联规则才可能是用户感兴趣的、有用的连接规则。

我们这里介绍一个基于关联规则的数据挖掘在电力行业中应用的一个实例。

对电力公司来说，在售电量分析中，分析典型客户所属行业、所购电的电价类别、其受电电压等级和所缴纳电费数额之间的关联关系，是尤为重要的课题，同时也是技术难点，采用数据挖掘中的关联规则方法可以很好地解决该问题。

下面以某省电力公司为例进行介绍。该省行业有 46 种细分，如农业、林业、煤矿采选业、纺织业等；电价类别分为 8 大类，居民照明、非居民照明、商业用电、非工业动力、普通工业用电、大工业、农村用电和夏售；受电电压等级 6 类，220/380V、10、35、66、110kV 和 220kV。电费按用户和实际的需求分成 6 等，由于分析的是超大型客户的购买行为，最低费用定为 5 万元，依次为 5 万～10 万、10 万～15 万、15 万～25 万、25 万～35

万、35万～80万和80万以上。超大型客户数虽然只占电力公司的1.02%，但是其每月缴纳的电费占月销售费用总额的76.42%，因此只针对典型客户进行分析是有实际意义的。

通过关联规则对该省2001年1月302797条记录作为试验数据进行分析，设置的最小置信度为80%，最小支持度为20%，最终得到8条规则。如电压等级为10kV的石油工业，它每月缴纳的费用可在35万～80万元之间，因此我们可以对这样的行业实行优惠。

不难发现，关联分析通过数据分析的方式，以定量的方法描述事物间的联系程度，并以此为决策提供支持。

（四）遗传算法

遗传算法（Genetic Algorithm，GA）是由美国Michigan大学的Holland教授创建的。它是模拟达尔文的遗传选择和自然淘汰的生物进化过程的计算模型，是具有“生存＋检测”的迭代过程的搜索算法。遗传算法以一种群体中的所有个体为对象，并利用随机化技术指导对一个被编码的参数空间进行高效搜索。其中，选择、交叉和变异构成了遗传算法的遗传操作；参数编码、初始群体的设定、适应度函数的设计、遗传操作设计、控制参数设定5个要素组成了遗传算法的核心内容。作为一种新的全局优化搜索算法，遗传算法以其简单通用、鲁棒性强、适于并行处理以及高效、实用等显著特点，在各个领域得到了广泛应用，取得了良好效果，是重要的数据挖掘方法之一。

数据挖掘可以从大型数据库或数据仓库提取人们感兴趣的知识，这些知识是未知的、事先隐含的，很多的数据挖掘问题可以看成是搜索问题，数据库或数据仓库即为搜索空间。例如，可以对随机产生的一组规则应用遗传算法进行搜索，最终找到最佳的模式。另外，通过和人工神经网络结合（遗传神经网络）进行数据挖掘，可以很好地解决神经网络局部极小值、收敛速度缓慢等问题。

应用遗传算法进行数据挖掘，首先要对实际问题进行编码，编码方法可以是二进制，也可以是十进制。然后，定义遗传算法的适应度函数，由于算法用于规则归纳，因此适应度函数由规则覆盖的正例和反例来定义。随机产生一组规则，对每个规则应用数据库中给定的个体例子进行判断，根据适应度函数计算适应度。应用选择、交叉、变异运算对该规则进行进化，再利用选择运算产生下一代规则，这样通过若干次迭代后，遗传算法满足终止条件，从而得到一组规则。接下来，利用这些规则对数据库中的数据进行加工，删除规则覆盖的例子，对剩余的数据继续采用以上遗传算法，去挖掘第二组规则。重复以上步骤，直至数据库中的所有例子都被覆盖或者满足事先约定的终止条件。最后应用规则优化算法对所得规则进行优化，使之得到最简规则。

（五）概率论与数理统计

概率论和数理统计是应用数学中最重要、最活跃的学科之一，侧重于应用研究随机现象本身的规律性来考虑资料的收集、整理、分析，从而找出相应随机变量的分布律或数字特征，尽可能做出较合理精确的推断。由此可以发现，数据挖掘和概率论与数理统计有相似的目标，即发现数据的内部规律。事实上，数据挖掘的对象内部反映的很多现象都是随机的，例如，一年中某一行业的售电量情况、电力公司的售电利润等，通过概率与数理统计方法可以很好地分析其内在规律。

以下是几种常用的统计分析方法。

1. 常用统计

在大量数据中求最大最小值、总和、平均值等。

2. 相关分析

通过求变量间的相关系数来确定变量间的相关程度。

3. 回归分析

首先建立回归方程（线性或非线性），以表示变量间的数量关系，再利用回归方程进行预测。

4. 假设检验

在总体存在某些不确定情况时，为了推断总体的某些性质，提出关于总体的某些假设，对此假设利用置信区间来检验，即将任何落在置信区间之外的假设判断为“拒绝”，将任何落在置信区间之内的假设判断为“接受”。

5. 聚类分析

聚类分析是将样品或变量进行聚类的方法。相关概念在前面已经介绍过了。

6. 判别分析

建立一个或多个判别函数，并确定一个判别标准。对未知对象利用判别函数将其划归某一个类别。

（六）粗糙集和模糊集

粗糙集是一种处理含糊性和不确定性的数学工具，它把那些无法确认的个体都归属于边界线区域，而这种边界线区域被定义为上近似集和下近似集之差集。由于它有确定的数学公式描述，所以含糊数据元素个数是可以计算的。该理论的主要特点是它可以以不完全信息或知识去处理一些不分明的现象。

粗糙集和数据挖掘关系密切，它为数据挖掘提供了一种新的方法和工具。例如，通过粗糙集方法得到的知识发现算法有利于并行执行，提高知识发现效率。粗糙集方法可以用于排除知识发现过程中的噪声干扰、利用粗糙集方法进行预处理，去掉多余属性，可提高知识发现效率等。

模糊集是基于模糊数学的一种处理方法，利用模糊集进行数据挖掘有如下方法：模糊模式识别、模糊聚类、模糊分类等。

模糊集和粗糙集并非是对立的理论，两者既互相区别又互相补充。从根本上讲，粗糙集体现了集合中对象间的不可区分性，即由于知识的粒度而导致的粗糙性；而模糊集则对集合中子类的边界的不清楚定义进行模型化，体现的是隶属边界的模糊性。它们处理的是不同类型的模糊和不确定性，两者的有机结合能更好地处理不完全知识。

第二篇　数据仓库与数据挖掘工具篇

随着数据仓库和数据挖掘在行业中应用的不断深入，数据仓库领域中涌现出了一大批专业公司，为数据仓库的构建提供专业、便捷的解决方案。数据仓库领域使用的主要工具包括以下几种。

（1）数据仓库引擎工具。数据仓库引擎工具都是由数据库厂商提供的数据库管理系统，比较常见的如甲骨文公司的 Oracle，IBM 公司的 DB2，都集成了面向数据仓库的处理功能。当然也有专业的数据仓库引擎，比较常用的是 NCR 公司的 Teradata，它是面向数据仓库数据处理特点的海量并行数据库管理系统。

（2）ETL 工具。ETL 过程的实现主要包括两种方式。一种方式是通过编写 SQL，利用数据库本身的编程工具，实现数据的抽取、转换和加载。这种方式转换比较灵活，能实现复杂的处理逻辑，但大多都缺乏相应的作业调度工作，所以需要另外开发相关工具，保证 ETL 作业流程的顺利进行。另一方式是通过 ETL 工具提供的集成的数据抽取、转换以及加载模块实现 ETL 过程。ETL 工具不仅提供形象直观的作业开发界面，提高开发效率，还继承了作业的调度和管理，以及版本控制和迁移等一系列功能，可以提高 ETL 工作的效率和标准化。常用的 ETL 工具包括 Informatica 公司的 Informatica 和 IBM Websphere 的 Datastage。此外现在很多 BI 公司也集成了 ETL 工具，如著名的 Cognos 公司也有自己的 ETL 工具——Datastream。

（3）前端应用工具。前端应用工具按照功能可以分成两类，一类是 OLAP 工具；另一类是报表工具。有些工具既有 OLAP 组件也有报表组件，有些工具仅有 OLAP 组件或报表组件。主流的 OLAP 工具包括 Microsoft 公司的 Analysis Services，Cognos PowerPlay，Hyperion Essbase OLAP Server，SAS OLAP Server，IBM DB2 OLAP Server 等，主流的报表工具包括 Business Objects（BO）、Brio、Cognos 的 Repornet、MicroStrategy 等。

（4）数据挖掘工具。目前许多数据挖掘工具都集成了各种典型的数据挖掘算法，可是让使用者方便地通过数据挖掘工具实现复杂的挖掘过程。主流的数据挖掘工具包括 SAS 公司的 Enterprise Miner 和 SPSS 公司的 Clementine 等。

（5）其他工具。由于数据仓库项目需要多方面的集成和管理，因此除了上述工具之外，还有很多辅助性的工具和框架来完成数据仓库的运营和维护工作。比较常用的工具包括门户开发与管理工具，如 BEA Weblogic、Websphere 等；元数据管理工具，如 NCR Meta Data Service；数据仓库系统监控工具，如 HP OpenView；备份工具，如 NetVault 等。

本篇将选取数据仓库项目中使用的典型工具，介绍这些工具的使用过程。

第六章　ETL 工具——Data Stage

第一节　Data Stage　概　述

Data Stage 是业界广泛使用的 ETL 工具之一，也是最具代表性的 ETL 工具，本章将详细介绍 Data Stage 软件的使用。

Data Stage 是 IBM Websphere 核心的数据集成套件之一，帮助企业创建和管理可缩放的、混合的数据集成基础设施，从而能够为企业决策提供有效支持。针对各类企业的数据基础设施和管理要求的不同，Data Stage 产品具有多个产品线，配置不同的功能实现企业多样化、个性化的需求，这些产品线包括以下几种。

（1）Data Stage XE——包含数据质量、数据管理和数据集成的核心产品包。

（2）Data Stage XE/390——面向主机系统的数据集成工具包。

（3）Data Stage Portal 版——支持整个企业范围内信息的调查和评估。

（4）Data Stage 企业应用版——支持与特定的企业系统进行集成，如 SAS、PeopleSoft、Siebel 等。

其中，Data Stage XE 是 Data Stage 产品的基础，包括以下 3 个主要的组件。

数据质量保证组件：有效保证数据的完整性，使用户能够在数据生命周期的关键点上对数据质量进行核查和监控，识别出数据质量问题和违反特定规则的情况，从而最大限度地保证数据质量。

元数据管理组件：基于 Data Stage 自身的 MetaBrokers 组件，Data Stage 实现了从企业复杂数据环境中提取元数据，实现元数据的共享和集成。

数据集成组件：Data Stage 最常用也是最核心的部分，是一套集成的图形用户界面，是使用 Data Stage 开发 ETL 过程的开发环境。数据集成组件基于 C/S 架构，通过 Data Stage Client 连接到 Data Stage Server 上进行开发。Data Stage Client 仅运行于 Windows 平台上，而 Data Stage Server 则支持多种平台，比如 Windows、Solaris、Redhat Linux、AIX、HP－UNIX。Data Stage 支持团队式开发，优化数据抽取、转换和加载的每个过程，能够有效管理开发版本和版本的迁移。数据集成组件的整体架构如图 6－1 所示。

客户端工具包括以下 4 种。

1. Designer

Designer 是 Data Stage "拖拽式"的界面设计平台，实现数据集成作业的设计和开发，同时对数据流和转换过程提供一个可视化的演示界面。Deisnger 的界面如图 6－2 所示。

Designer 的主要功能如下：

（1）ETL Job 的开发：Data Stage Designer 里面包含了 Data Stage 为 ETL 开发已经构建好的组件，主要分为两种，一种是用来连接数据源的组件，另一种是用来做数据转换的组件。此外，Data Stage 还提供自定义函数（Basic），利用这些组件，开发人员可以通过图形化的方式进行 ETL Job 的开发，此外 ETL Job 支持参数的传递。

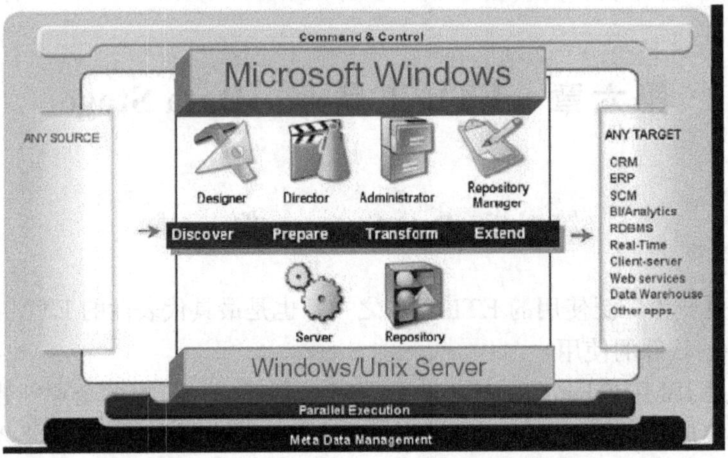

图 6-1 Data Stage 数据集成组建

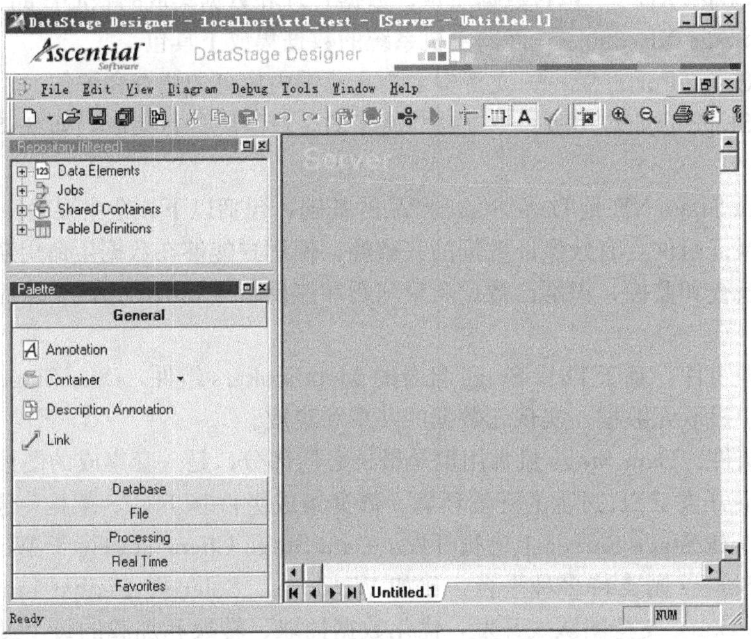

图 6-2 Deisnger 主界面

(2) ETL Job 的编译：开发好 ETL Job 后，可以直接在 Data Stage Designer 里面进行编译。如果编译不通过，编译器会帮助开发人员定位到出错的地方。

(3) ETL Job 的 DEBUG：ETL Job 可以在 Designer 中设置断点，跟踪监视 Job 执行时的中间变量。

2. Manager

Manager 主要用来管理项目资源，如 ETL Job、表定义以及各种内置的元素，同时也可以使用 Manager 将这些项目资源进行导入、导出，实现工程的备份、迁移等基本功能。界面如图 6-3 所示。

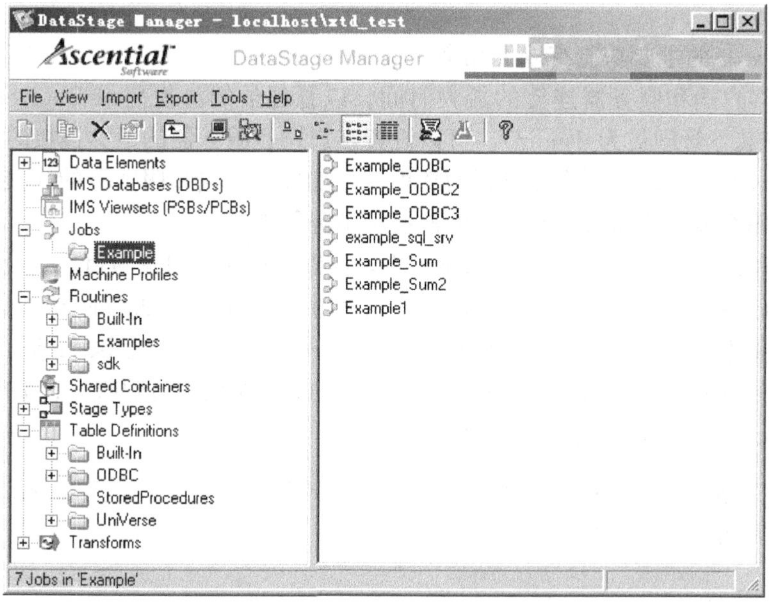

图 6-3 Manager 主界面

3. Director

Director 主要有以下两个功能。

(1) 设置 ETL Job 的运行方式，运行 ETL Job：ETL Job 在 Data Stage Designer 中编译好之后，可以通过 Data Stage Director 来运行。

(2) 监测 ETL Job 的运行状态：可以看到 ETL Job 运行的详细日志文件，还可以查看一些统计数据，比如 ETL Job 每秒所处理的数据量。

Director 的界面如图 6-4 所示。

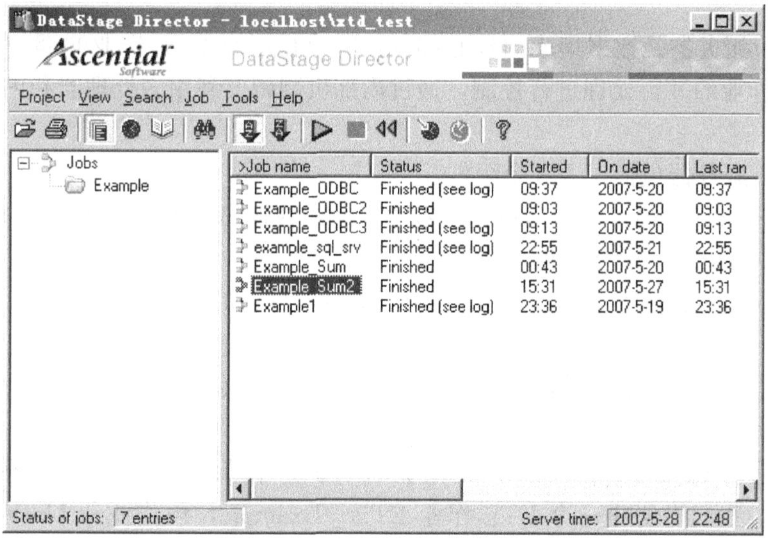

图 6-4 Director 主界面

4. Administrator

Administrator 的主要功能有以下几个。

(1) 设置客户端和服务器连接的最大时间。以管理员的身份登录 Data Stage Administrator（默认安装下管理员为 dsadm）。可以设置客户端和服务器的最大连接时间，默认的最大连接时间是永不过期。最大连接时间的意思就是如果客户端和服务器的连接时间超过了最大连接时间，那么客户端和服务器之间的连接将被强行断开。

(2) 添加和删除项目。在 Projects 选项卡中，可以新建或者删除项目，以及设置已有项目的属性。要用 Data Stage 进行 ETL 的开发，首先要用 Data Stage Administrator 新建一个项目，然后在这个项目里面进行 ETL Job 的开发。在 Property 里，能够设置该 Project 全局设置、用户权限以及 License 的管理，从而实现从企业多样化的数据结构中有效收集、集成数据。

Administrator 的界面如图 6 - 5 所示。

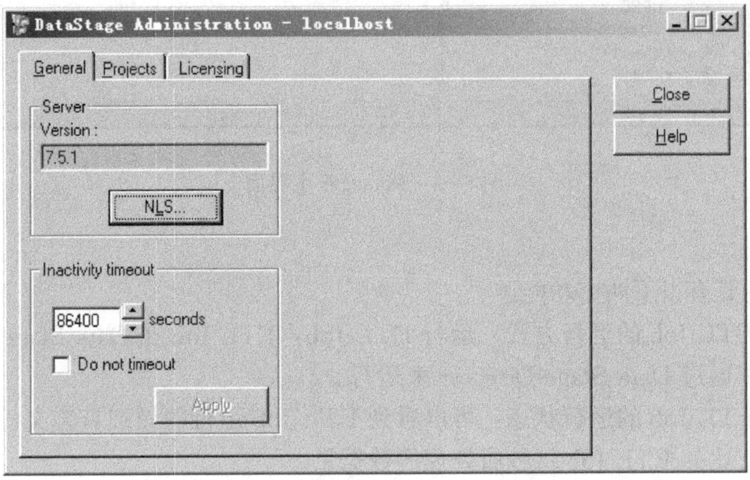

图 6 - 5　Administrator 主界面

Data Stage 服务器是数据集成的核心部件，它执行所有 ETL 作业的部件，并且可以在运行期间内对作业的并行处理进行控制，通过内部机制调节利用多处理器和内存性能，发挥服务器的优势。

Data Stage 服务器包括以下 3 个组件。

资料库（Repository）：存储所有创建数据仓库或数据集市所需信息的中央存储库。

Data Stage Server：运行 ETL 作业。

Data Stage Package Installer：安装 Data Stage 组件包的用户接口。

第二节　创建一个 Data Stage 工程

为了让读者对 Data Stage 的使用有一个总体认识，本节通过一个简单的例子来讲述。在这个例子当中，我们将创建一个 ETL 作业 ETL _ Example，该作业从 UniVerse 表 Example1 中抽取数据，并将转换后的数据以文本文件输出。Example1 表是 Data Stage 内置的示例表，记录了每个产品每天的销售数量，表结构如表 6 - 1 所示。

表 6-1　　示例表结构

字段名	数据类型	描　述	字段名	数据类型	描　述
CODE	Char	产品代码	DATE	Date	销售日期
PRODUCT	Char	产品描述	QTY	Integar	销售数量

本例中 ETL 作业将日期格式（YYYY-MM-DD）的 DATE 字段转换成字符串格式的月份数据（YYYY-MM），然后按照产品、月份汇总销售数量。整个过程包括以下步骤。

一、创建工程

Data Stage 通过工程管理各类项目资源，如创建的 Job、Data Stage 的内置元素、数据库元数据等。工程是自包含的，同一时间可以打开多个工程，并且工程之间可以导入或导出项目。多个用户可以同时使用一个工程，但是禁止在同一时间内由多个用户访问同一个作业。因此在开始工作之前必须创建一个工程，Data Stage 通过 Administrator 创建工程，并且可以查看和设置工程相关的属性。

（1）在 Data Stage 安装完毕之后，从“开始”→“程序”菜单中，选择“Ascential Data Stage”→“Data Stage Administrator”选项，出现“Attach to Data Stage”对话框（图 6-6）。

（2）在“Host system”文本框中输入安装了 Data Stage Server 的主机名，在“User name”和“Password”文本框中输入访问登录服务器的用户名和密码后，便可以进入 Data Stage Administration 界面（图 6-5）。

（3）在图 6-5 所示界面中选择“Projects”标签页，单击“Add”按钮，出现增加工程的对话框，在“Name”文本框中填写我们将要创建的工程的名字“FirstProject”，在“Location on localhost”文本框中指定工程文件存放的位置，如图 6-7 所示。

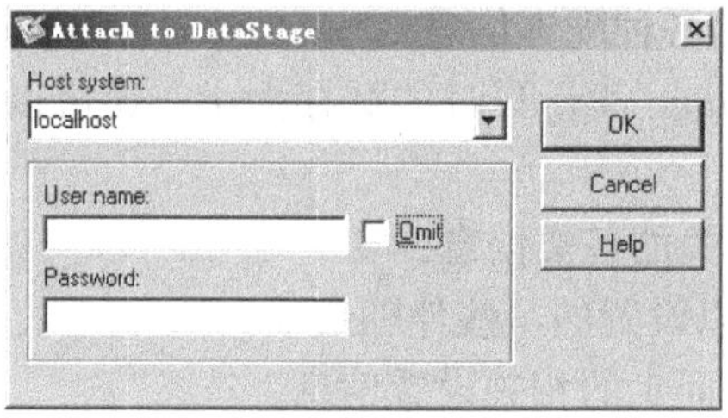

图 6-6　“Attach to Data Stage”对话框

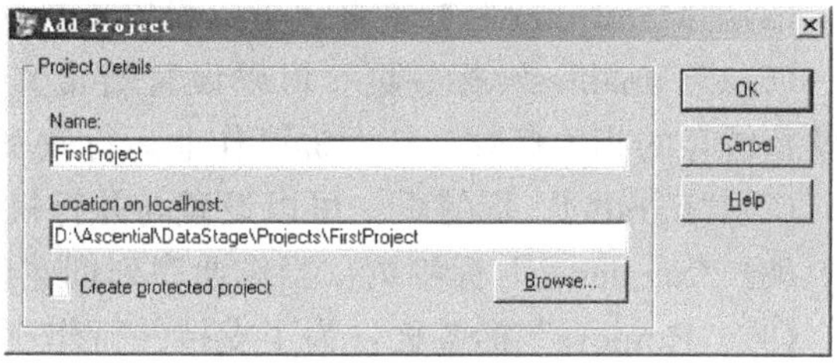

图 6-7　创建新工程

（4）单击“OK”按钮，完成工程的创建，在“Project”标签页的列表中可以看到刚刚创建的工程——FirstProject。选中“FirstProject”，单击“Properties”按钮，系统弹出“Project Properties”对话框，显示当前项目各项属性设置，如图 6-8 所示。

该页面包含以下标签页。

（1）“General”标签页：可以设置作业监控的各类限制信息和 Direcotor 管理信息，单击“Environment”按钮可以查看和设置工程级的环境变量以及变量的默认值。

（2）“Permissions”标签页：可以设置并分配开发人员组的权限。窗口列表中的第一列显示了服务器上操作系统定义的所有用户组。在“User Role”下拉列表中可供分配的四类 Data Stage 用户如下：

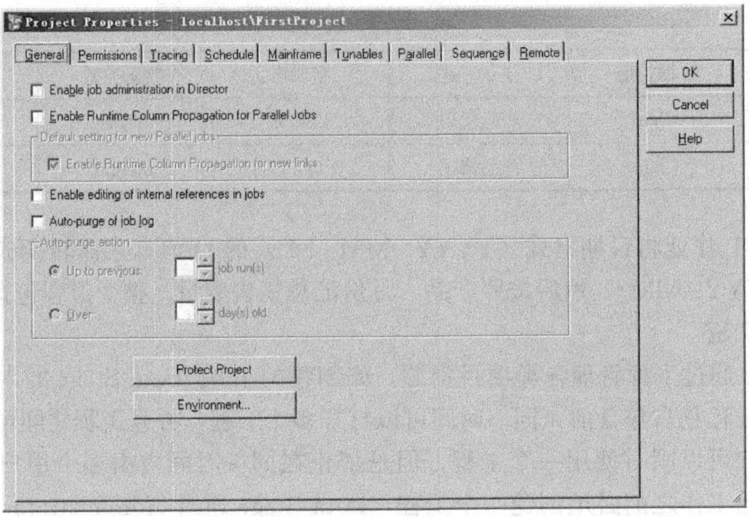

图 6-8 工程属性设置页面

1）Data Stage Developer：可以访问 Data Stage 工程所有区域的用户。

2）Data Stage Production Manager：可以访问 Data Stage 工程所有区域的用户，并且可以创建和操作受保护的工程。

3）Data Stage Operator：具有运行和管理 Data Stage 作业的权限。

4）<None>：用户组内的用户没有权限登录 Data Stage。

(3)“Tracing”标签页：可以设置跟踪服务器端活动，来帮助分析和诊断工程存在的问题，窗口列表中是生成的跟踪文件。

(4)“Schedule”标签页：可以设置运行 Job 调度时用到的用户名和口令。

(5)“Mainframe”标签页：可以设置主机系统的各种配置信息。

(6)“Tunables”标签页：可以设置哈希文件 Stage 读、写时的缓存大小，还可以设置调整行缓存的相关参数，从而提高作业运行效率。

(7)“Parallel”标签页：可以设置与并行机制相关的各类信息。

(8)“Sequence”标签页：当作业序列创建后可以设置的一些伴随选项。

(9)“Romote”标签页：为了支持并行作业部署而走的相关设置信息。

二、创建 ETL 作业

在创建工程之后，可以通过 Data Stage Designer 创建 ETL 作业。

(1) 从“开始”→“程序”菜单中，选择“Ascential Data Stage”→“Data Stage Designer”选项，出现“Attach to Project”对话框，在对话框的“Project”下拉列表中可以看到刚刚创建的工程，选中该工程，输入用户名、口令后，单击“OK”按钮就可以进入 Desinger，如图 6-9 所示。

页面左侧分上下两个区域。

1）资料库（Repository）：当前工程中资料库的主要内容，如包含已创建作业信息、导入的数据库元数据信息

2）工作面板（Palette）：包含在设计 ETL 作业时可用的各种插件，如数据库插件、文件插件、数据处理插件等，它们是设计作业的基本单元，在 Data Stage 中称为 Stage。

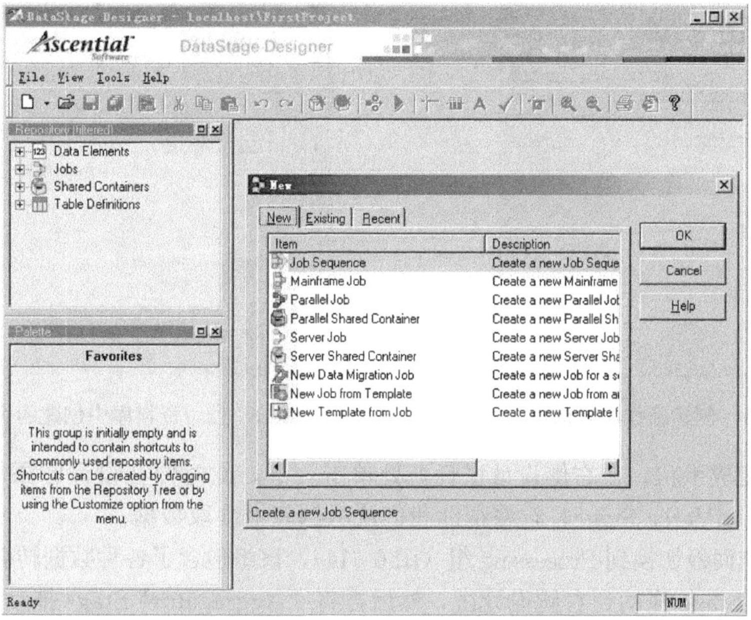

图6-9 启动Desinger

默认状态下，系统会弹出“New”对话框，可以新建的作业类型如下所示。

1）Job Sequence：Job工作序列。

2）Mainframe Job：主机应用作业。

3）Parallel Job：并行执行作业。

4）Parallel Shared Container：并行共享容器。

5）Server Job：标准服务作业。

6）Server Shared Container：服务共享容器。

使用Server Job来创建我们的ETL作业。

（2）在“New”对话框中选择“Server Job”，单击“OK”按钮，创建一个标准服务作业。左下角的工作面板列出了各种当前可用的Stage，如图6-10所示。

（3）单击工具栏上的保存按钮，或按Ctrl+S键，系统弹出“Create new job”对话框，在“Job name”文本框中填写新创建的Job的名字——FirstJob，在“Category”文本框中填写新建作业所属的类别——Example，如图6-11所示。

（4）单击“OK”按钮，完成作业的创建和保存。在左侧的资料库中可以看到保存的作业，如图6-12所示。

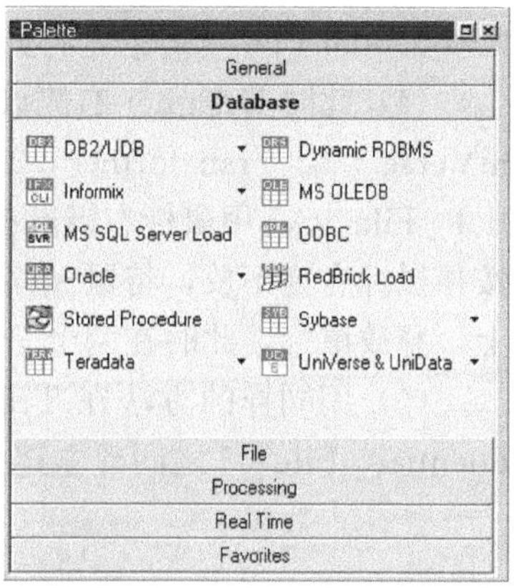

图6-10 Designer工作面板

三、设计ETL作业

现在向ETL作业中加入Stage。

（1）在Designer中，将工作面板切换到Database组，工作面板中显示了各种与数据抽取和加载的插件，这些插件帮助我们连接到数据库，并且将我们需要的数据从数据库中读取出来。从中单击“UniVerse”插件下拉列表按钮，选择“UniVerse”，如图6-13所示。

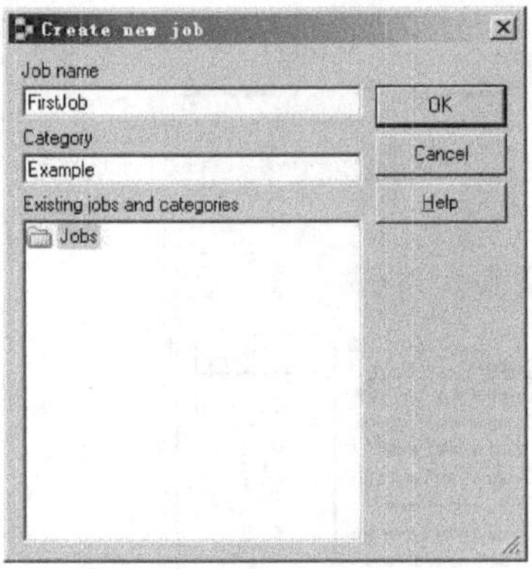

图 6 - 11　创建新作业对话框

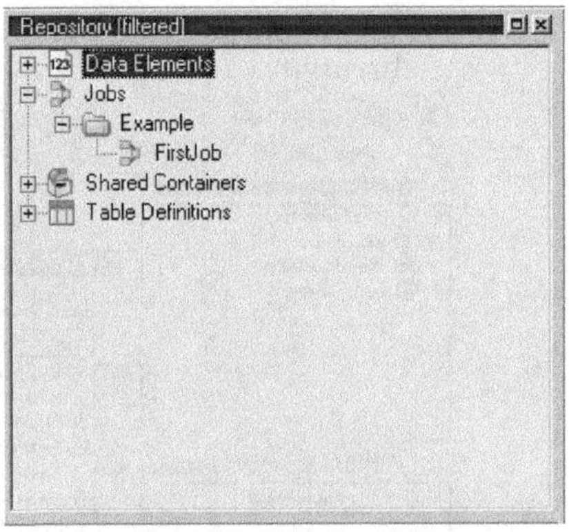

图 6 - 12　资料库中创建的作业

此时鼠标变成手状，在右侧设计区任意处单击一下，此时便在设计区添加了一个 Database 插件——UniVerse Stage，它将帮助我们从示例表中读取数据。

（2）将工作面板切换到 Processing 组（图 6 - 14），该组包含了各种数据转插件，用鼠标将 “Transformer” Stage 拖动到右侧设计区，然后再将 “Aggregator” Stage 拖动到右侧设计区。

图 6 - 13　选取 UniVerse 数据库

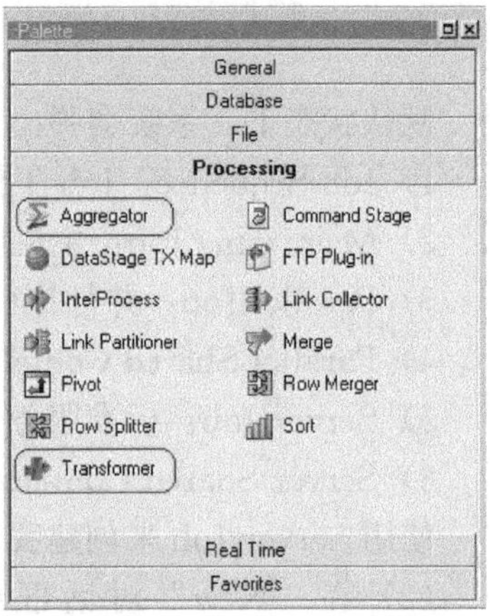

图 6 - 14　Processing 组中的插件

（3）用同样的方式，在工作面板的 File 组中，找到 “Sequential File” Stage，将其拖动到右侧设计区。

（4）此时 Designer 右侧设计区包含了 4 个 Stage：UniVerse _ 0，Transformer _ 1，Aggregator _ 2，Sequential _ File _ 3。用鼠标右键选择 UniVerse _ 0 Stage，并且按住鼠标右键不放，将鼠标移动到 Transformer _ 1 Stage 上，释放鼠标，此时在两个 Stage 之间建立了一个连接 DSLink4。

（5）用同样的方法在 Transformer _ 1 与 Aggregator _ 2 之间和 Aggregator _ 2 与 Sequential _ File _ 3 之间建立连接，设计的最终结果如图 6 - 15 所示。

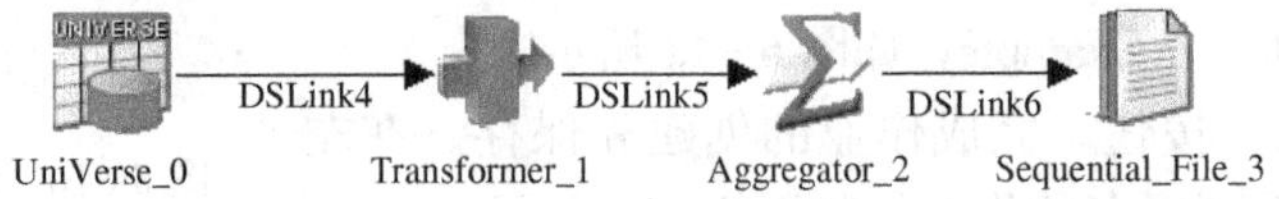

图 6 - 15　ETL 作业的最终结果

（6）按 Ctrl+S 键，保存当前的结果。

四、编辑作业的每一个 Stage

前面将 ETL 作业总的框架搭建起来了，接下来的工作是编辑每一个 Stage，确定每个 Stage 的细节内容。

1. 确定数据源

在确定数据源之前，我们需要先导入数据表的元数据。元数据的导入有两种方式：一种是从 Designer 中导入，另一种是从 Manager 中导入。我们使用后一种方式。在“Desinger”菜单中，选择“Tools”→“Run Manager”选项，Manager 启动完毕后，可以看到 Manager 的主界面。主界面左侧树结构显示了当前工程包含的各种项目元素分类，单击其中的分类，在左侧列表中显示每个类别下包含的具体元素。

（1）从“Manager”菜单中，选择“Import”→“Table Definitions”→“UniVer Table Definitions”选项，系统弹出“Import Meta Data”对话框。单击“DSN”下拉列表，选择“localuv”数据源，如图 6-16 所示。

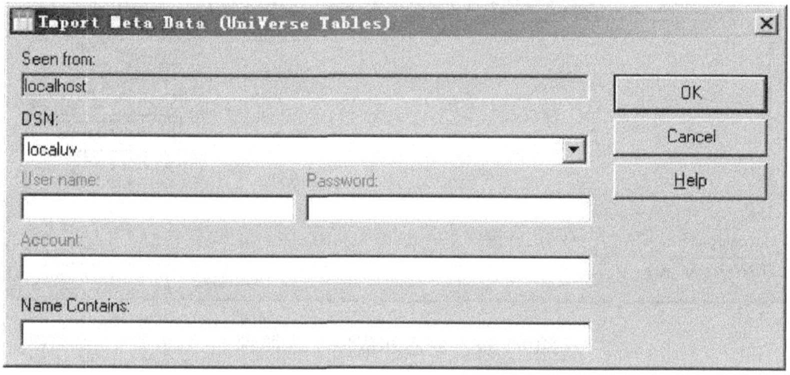

图 6-16 导入元数据—选择 DSN

（2）单击“OK”按钮，“Import Meta Data”对话框列出了数据源包含的数据表，在列表中选择“FirstProject. EXAMPLE1”选项，如图 6-17 所示。

单击“View Data”按钮可以查看数据表中的示例数据。单击“Import”按钮，系统将表结构信息读取进来。在 Manager 主界面左项目元素树中，选择“Table Definitions”→“UniVerse”→“localuv”选项，在右侧列表中可以看到前面导入的数据表，如图 6-18 所示。

同时在 Designer 主界面的“资料库”列表（图 6-19）中也可以看到导入的数据表。

2. 编辑 UniVerse _ 0 插件

在 Designer 中，双击“UniVerse _ 0”插件，系统弹出 UniVerse Stage 属性窗口。该窗口包含两个标签页。

（1）“Stage”标签页：在该页面中可以修改当前 UniVerse Stage 的名称，指定 Stage 使用的数据源。在“Data source name”列表框中选择“localuv”选项，如图 6-20 所示。

（2）“Outputs”标签页：在该页面中指定 UniVerse Stage 输出对应的连接，并且包含了一系列的子标签页。

1）选择“General”子标签页：在该标签页中指定数据表。在“Available tables”下拉列表中选择“FirstProject. EXAMPLE1”，单击“Add”按钮，表名自动填入到“Table names”文本框中。

2）选择“Columns”子标签页：在该标签页中确定导入的表字段。单击“Load”列表，弹出“Table Definitions”对话框，如图6-21所示。

在树结构中选择“UniVerse”→“localuv”→“FirstProject. EXAMPLE1”选项，单击“OK”按钮，出现“Selected columns”选项组（图6-22）。

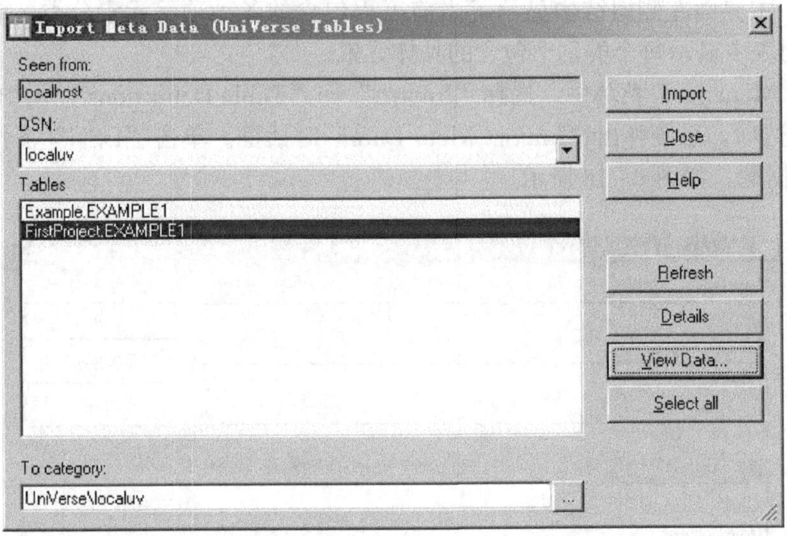

图6-17 导入元数据—选择表

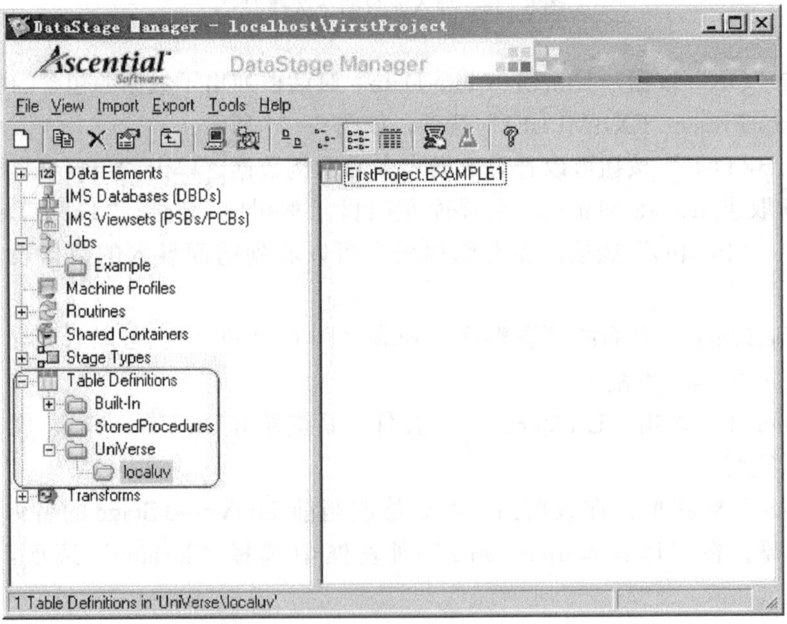

图6-18 查看导入的元数据

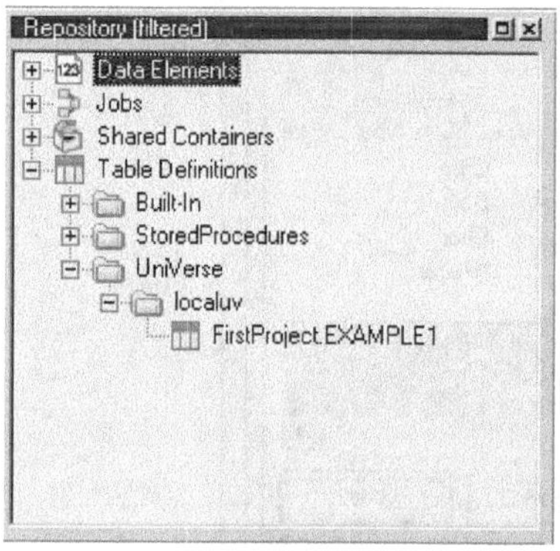

图 6-19 资料库中的元数据

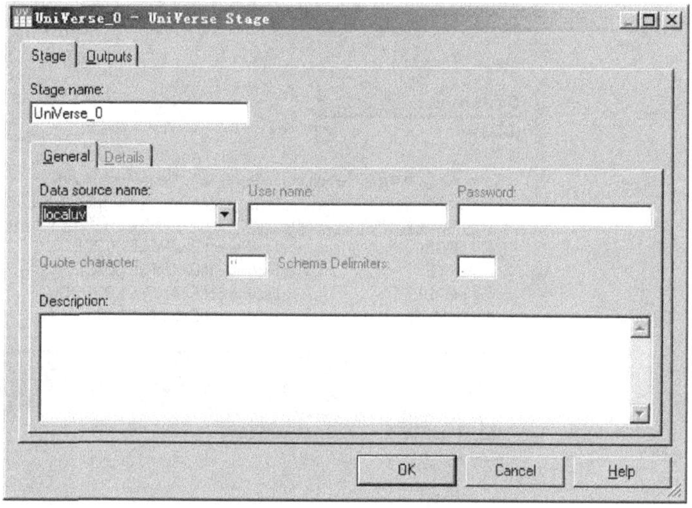

图 6-20 指定数据源

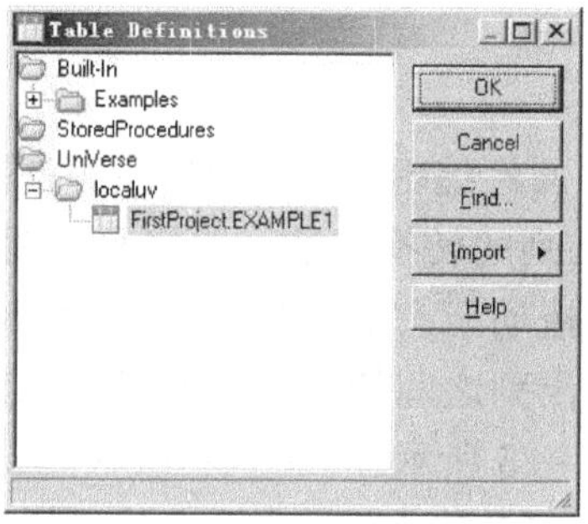

图 6-21 数据表定义对话框

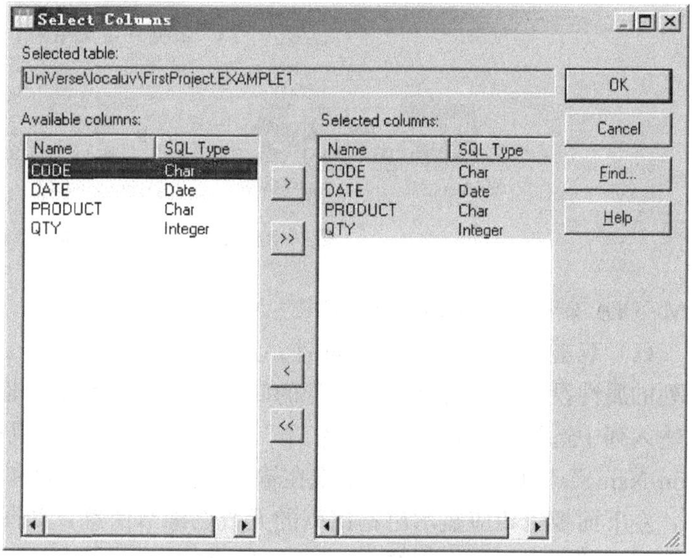

图 6-22 选择导入的数据列

窗口左侧列表列出了数据表所有的列名，右侧是选择导入的数据列，我们需要将所有的列导入进来，所以保持默认方式，直接单击“OK”按钮，完成数据表的导入，最终结果如图 6-23 所示。

3）选择“Selection”子标签页：可以定义 SQL 条件语句和其他语句。

4）选择“View SQL”子标签页：可以看到系统自动生成的 SQL 语句。

5）选择“Transaction Handling”子标签页：可以指定 SQL 的事务处理方式。

(3) 这样我们就完成了 UniVerse Stage 的属性设置，单击“OK”按钮，确认各项设置。可以看到在 DSLink4 连接上出现了一个列表标记（图 6-24）。

3. 编辑 Transformer_1 插件

在该步骤中，选择数据列中的特定列作为输出，同时将其中的日期字段的格式（YYYY-

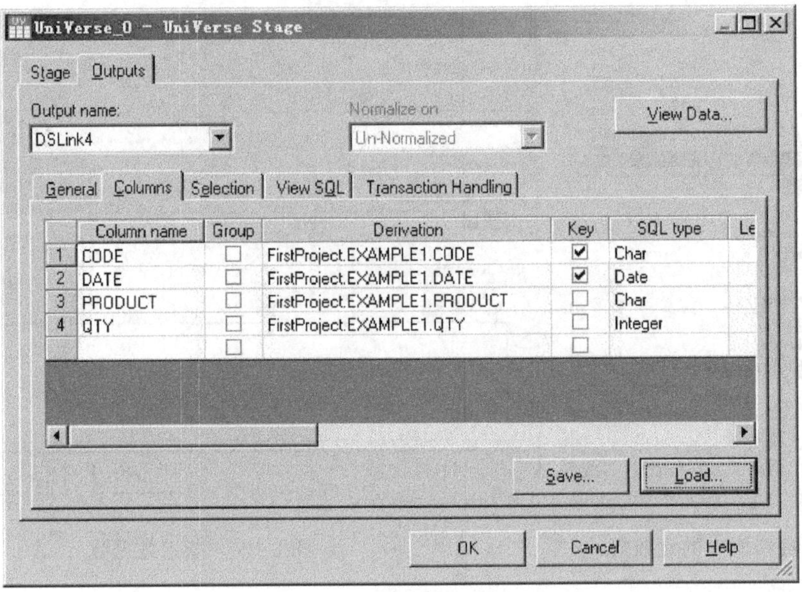

图 6-23　数据列定义结果

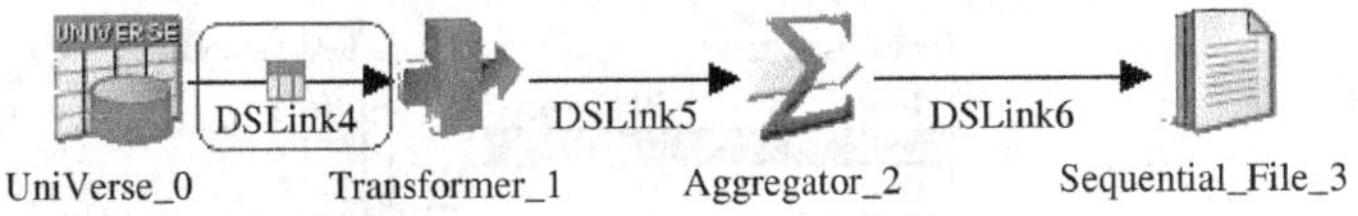

图 6-24　ETL 作业中的列表标记

MM-DD）转换成月份格式（YYYY-MM）。

（1）双击 Transformer_1 插件，进入 Transformer Stage 属性编辑窗口。窗口左侧是输入列的属性设置区，右侧是输出列的属性设置区以及每个输出列的转换细节。按住 Ctrl 键，在输入列中选择“CODE”、“DATE”、“QTY”三列，鼠标拖动至右侧输出面板的“Column Name”区域，选择的列出现在输出面板中，输入列和输出列之间的关系用连线表示出来，左下面板也相应显示出输出列的元数据细节信息，如图 6-25 所示。

（2）接下来将输出列的 DATE 字段有日期格式（YYYY-MM-DD）转换成月份格式（YYYY-MM）。在左侧输入列元数据信息列表中，单击 DATE 行的“Data element”列，在出现的列表框中，选择“Date”类型。在右侧输出列元数据信息列表中，将 DATE 行的“SQL type”属性值设置为“Char”，将“Length”的属性值设置为 7，将“Data element”属性值设置为“MONTH. TAG”，结果如图 6-26 所示。

（3）定义日期字段的转换关系。双击“DSLink5”DATE 列的“Derivation”区域，此时该列变成了表达式编辑框，默认情况下，表达式编辑框的内容是“DSLink4. DATE”，表明输出字段 DSLink5. DATE 直接来源于 DSLink4. DATE 字段（图 6-27）。

（4）在上述表达式编辑框中，选中框中内容，用 Delete 键删除其中默认的内容。然后在表达式编辑框中右击，会出现“Suggest Operand”菜单，如图 6-28 所示。

（5）在弹出菜单中选择“DS Transform”选项，表达式编辑框区域出现可应用于 MONTH. TAG 数据元素的各种转换函数，如图 6-29 所示。

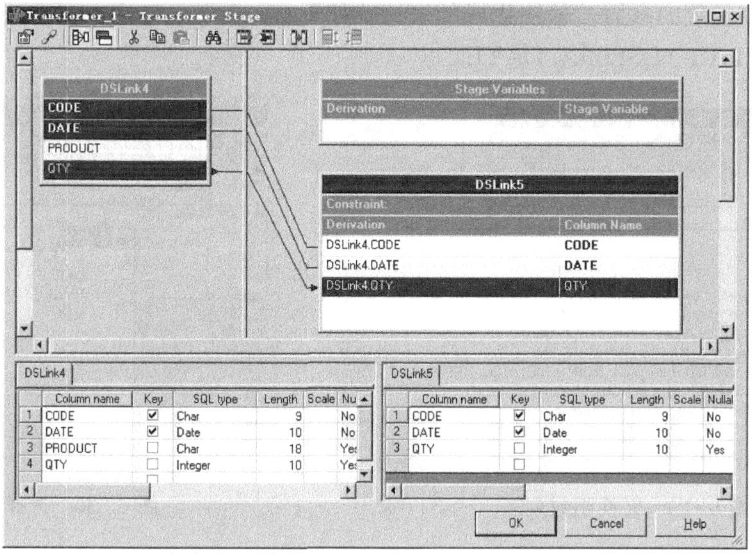

图 6 - 25　Transformer Stage 定义界面

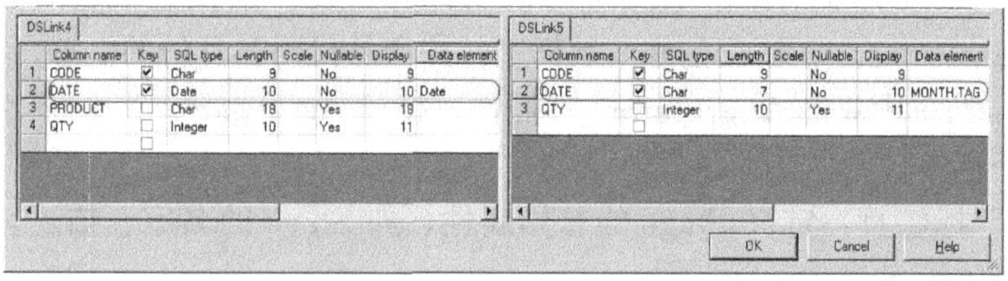

图 6 - 26　定义转换属性

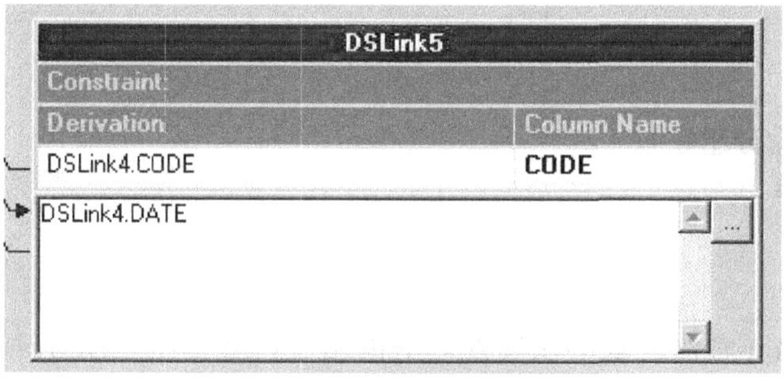

图 6 - 27　定义日期转换方式

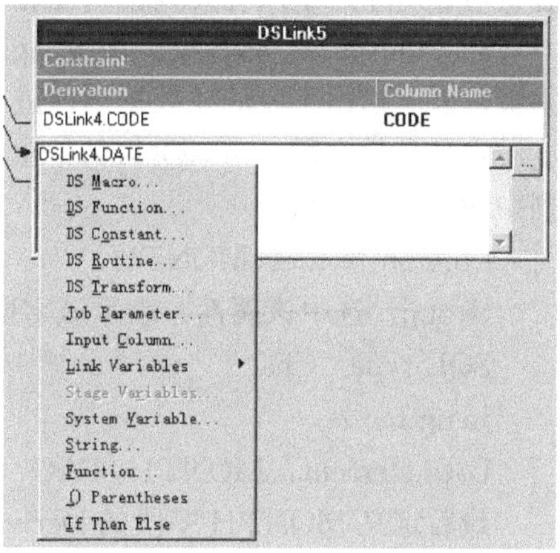

图 6 - 28　“Suggest Operand”菜单

（6）选择“MONTH. TAG”转换函数，表达式编辑框出现了选择的函数的表达式 MONTH. TAG（%Arg1%），其中“%Arg1%”是我们需要指定的输入参数。将光标移动到“%Arg1%”，右击“%Arg1%”部分被高亮显示，同时出现“Suggest Operand”菜单，此时菜单中列出了所有的输入字段名（图 6 - 30）。选择 DSLink4. DATE 列作为

MONTH. TAG 函数的参数，最终生成的表达式如下：

MONTH. TAG (DSLink4. DATE)

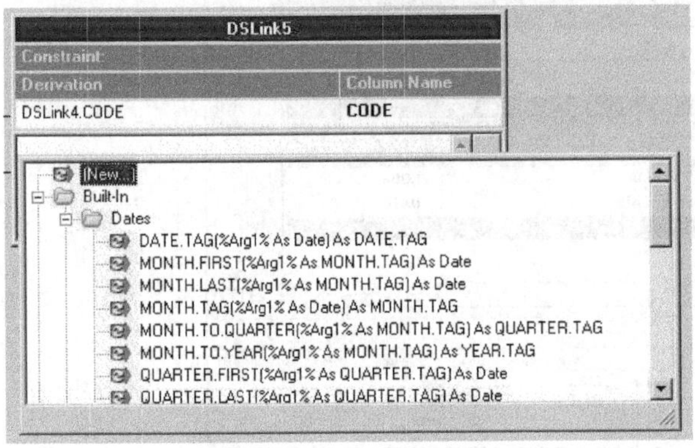

图 6-29　转换函数列表

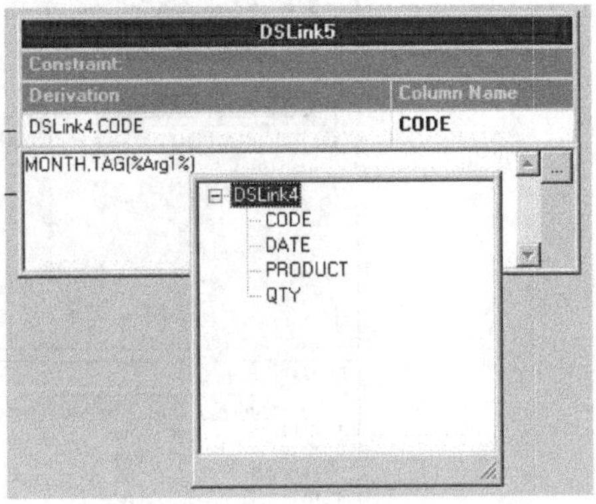

图 6-30　选择参数

(7) 单击“OK”按钮，完成 Transformer Stage 的属性设置。

4. 编辑 Aggregator _ 2 插件

Aggregator Stage 用于对细节数据进行汇总计算。接下来设置 Aggregator _ 2 相关属性，实现对 Transformer _ 1 输出的细节数据进行按产品代码和月份的汇总。

(1) 在 Designer 中双击 Aggregator _ 2 插件，打开 Aggregator Stage 属性设置界面，该界面有以下三个标签页。

1) “Stage” 标签页：定义 Stage 的总体属性，如 Stage 的名字、描述、Before - Stage Subroutine 和 After - Stage Subroutine。

2) “Inputs” 标签页：指定 Aggregator Stage 输入的 Link Stage，在 “Columns” 子标签页可以对输入字段的元数据属性进行设置。

3) “Outputs” 标签页：指定 Aggregator Stage 输出的 Link Stage，在 “Columns” 子标签页可以对输出字段的元数据属性进行设置，在此我们做如下定义：

定义月份字段——MONTH，在 “Outputs” 的 “Columns” 子标签页的表格相应属性列中输入如下信息。

Column Name：MONTH

Group：选中该属性，表示该字段为分组字段

SQL type：Char

Length：7

Data element：MONTH. TAG

最后定义 MONTH 字段的 Derivation 属性，双击该属性对应的格子，会弹出 “Derivation” 对话框，在 “Source column” 下拉列表选择 “DSLink5. DATE” 字段，如图 6 - 31 所示。

单击“OK”按钮，完成 MONTH 输出字段的属性设置。

定义产品代码字段——CODE，与上面的方法类似。在 “Outputs” 的 “Columns” 子标签页的表格相应属性列中输入如下信息。

Column Name：CODE

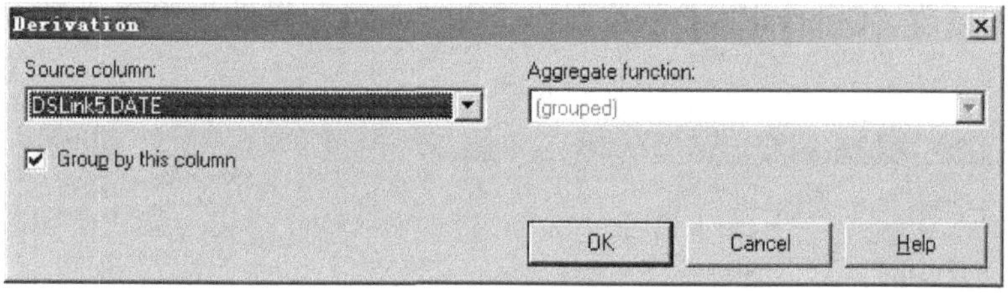

图 6-31 定义“Derivation”对话框一设置 MONTH 字段

Group：选中该属性，表示该字段为分组字段

SQL type：Char

Length：9

Derivation：DSLink5. CODE

定义销售收入汇总字段——QTY _ SUM，与上面的方法类似。在“Outputs”的“Columns”子标签页的表格相应属性列中输入如下信息。

Column Name：QTY _ SUM

Group：不选中该属性，因为该字段为汇总字段

SQL type：Integer

Length：10

最后定义 QTY _ SUM 字段的 Derivation 属性，双击该属性对应的格子，在弹出的“Derivation”对话框选择“Source column”下拉列表中的“DSLink5. QTY”选项，指定“Aggregate function”为“Sum”，表示汇总 DSLink5. QTY 数据，如图 6-32 所示。

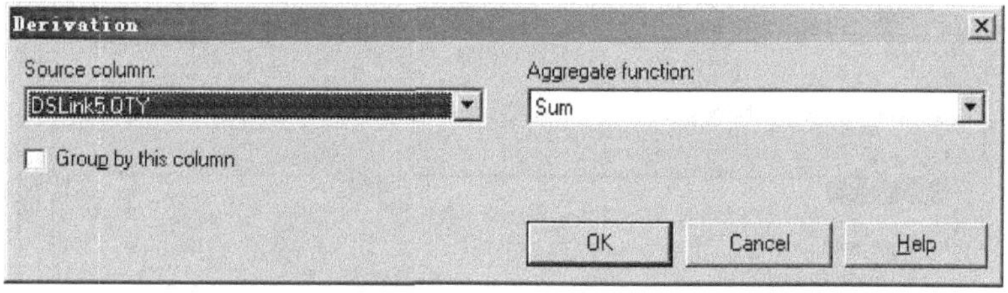

图 6-32 定义 Derivation 对话框一设置 QTY 字段

单击“Derivation”对话框中的“OK”按钮完成 QTY _ SUM 字段的设置，最终结果如图 6-33 所示。

(2) 单击“OK”按钮，完成 Aggregator Stage 的属性设置。

5. 编辑 Sequential _ File _ 3 插件

Sequential File Stage 用于将 Aggregator _ 2 插件输出的数据导出到文本文件中，对该插件做如下设置。

(1) 在 Designer 中双击 Sequential _ File _ 3 插件，打开 Sequential File Stage 属性设置界面，该界面包含两个标签页。

1) “Stage”标签页：定义 Stage 名称、描述、输出行的终结符类型等，在此保持默认属性。

2) “Inputs”标签页：定义输出相关的各类属性。例如，输出文件名、输出格式、输出

列等。在此我们修改“General”子标签页的“File name”属性为“D:\FirstJob.txt”，如图 6-34 所示。

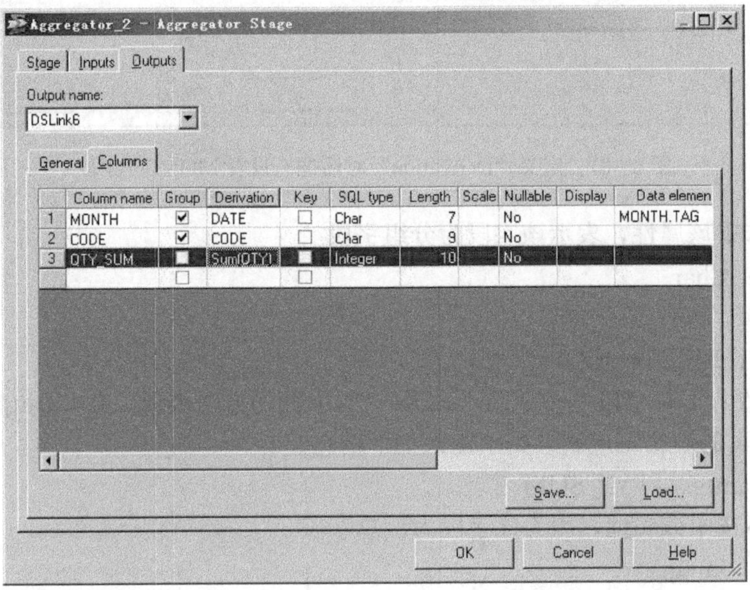

图 6-33 Aggregator Stage 设置结果

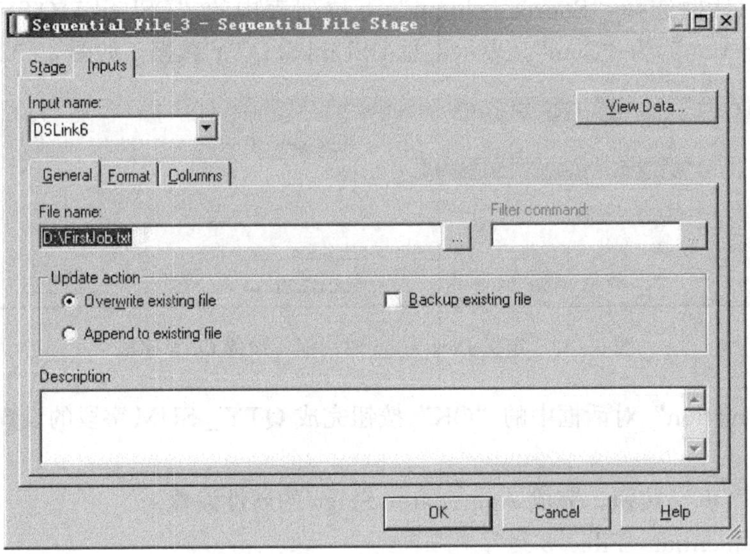

图 6-34 “General”标签页

(2) 单击“OK”按钮，完成 Sequential File Stage 的属性设置。

这样便完成了 ETL 作业每一个 Stage 属性的设置。单击工具栏的“Save”按钮，保存所作的操作。

五、编译和运行 ETL 作业

ETL 作业是一个可运行的程序，在运行之前必须完成编译工作。可以通过 Designer 的编译工具编辑 ETL 作业。

(1) 在系统主菜单中，选择“File”→“Compile”选项，或在工具栏中单击“编译”图标，系统弹出编译结果，如图 6-35 所示。

单击“Close”按钮完成编译。接下来使用 Data Stage Director 工具运行作业。

(2) 在 Designer 系统主菜单中，选择“File”→“Run Director”选项，打开 Director 工具。在 Director 右侧列表中可以看到前面开发的 ETL 作业，并且显示作业是已编译状态“Compiled”。从 Director 主菜单中选择“Job”→“Run Now”，在弹出的作业运行选项对话框中，单击“Run”按钮，即开始运行 ETL 作业。

(3) 运行结束后，可以看到 Director 右侧列表中显示作业的状态是“Finished”，如图 6-36 所示。

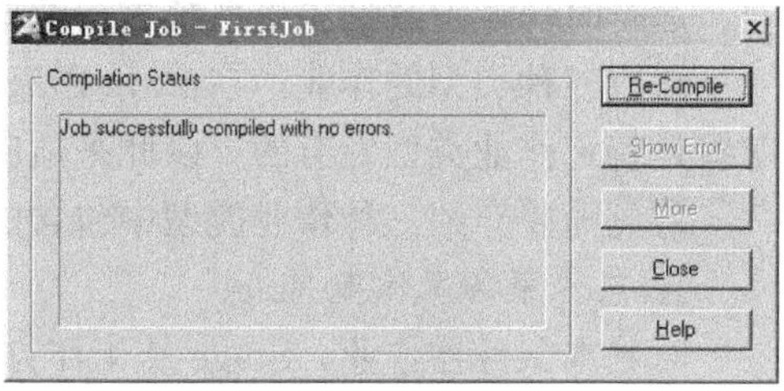

图 6-35 编译结果

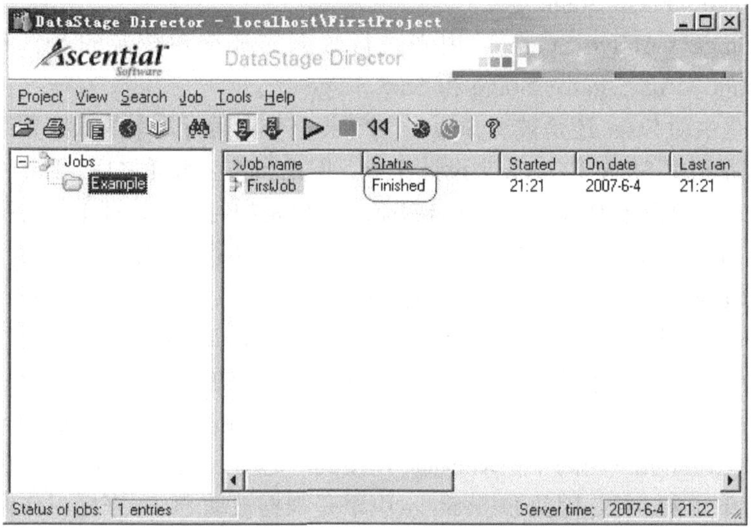

图 6-36 Director 中查看作业运行状态

(4) 这样便完成了 ETL 作业的运行，在本机的 D 盘根目录下，可以看到作业运行的结果文件“FirstJob. txt”，文件中的内容即是导出的数据。

第三节 Data Stage 作业的开发

从前面的例子可以看出，Stage 是构成 Data Stage 作业的基本单元，是开发 ETL 作业的基础。Stage 之间通过“Link”连接起来，清晰地描述出数据流从数据源到目标数据的每个转换步骤。本节介绍一下 Data Stage 作业的基本元素——Stage 和 Link，以及设定作业运行顺序的作业序列。

一、Stage 概述

Data Stage 中的 Stage 代表作业需要处理的基本步骤，Link 代表数据流，将 Stage 按照顺序连接起来。

Data Stage 中有如下三种不同类型的作业。

（1）基本服务器作业（Sever Job）：在安装了 Data Stage 服务器之后便可以运行这种作业了。

（2）并行作业（Parallel Job）：在 SMP、MPP 系统安装了 Data Stage 企业版后可以运行这种作业。

（3）大型机作业（Mainframe Job）：在安装了 Data Stage MVS 版本后可以运行这种作业，运行时作业上载到主机系统进行编译和运行。

对应三种类型的作业，在 Date Stage 的所有 Stage 中，有些是三种作业类型都适用的，有些是特定作业类型专有的，以此来适应各自系统环境的特点。

首先简要介绍三种作业类型中包含的典型 Stage。

1. 基本服务器作业 Stage

对基本服务器作业，Stage 从工作方式上又可以划分成两种类型。

（1）被动 Stage（Passive Stage）：用来读取数据源数据的 Stage，典型的包括 Sequential Stage、Odbc Stage、Hash Stage 等。

（2）主动 Stage（Active Stage）：用来进行数据的筛选和转换的 Stage，典型的包括 Transformer Stage、Aggregator Stage 和 Sort Stage 等。

分辨 Stage 是主动 Stage 还是被动 Stage，对于提高作业运行效率是很有帮助的。因为在设计作业时，我们是根据 Stage 和 Link 来设计作业，但是当作业编译之后，Date Stage 引擎根据处理单元（Process）来运行作业。那么 Date Stage 引擎是如何定义处理单元的呢？此时区分主动 Stage 和被动 Stage 就显得十分重要了。因为主动 Stage 执行处理任务，而被动 Stage 从数据源读写数据，为主动 Stage 提供服务。在最简单的情况下（仅有一个主动 Stage 的情况），主动 Stage 就变成了一个处理单元。但是当我们将多个主动 Stage 或多个被动 Stage 连接到一起时，情况就变得复杂起来。对于将两个被动 Stage 连接到一起的情况，Date Stage 会在两个被动 Stage 之间插入一个隐藏的 Transformer，将数据从一个 Stage 直接传送到另一个 Stage，此时作业便形成了一个处理单元。当两个主动 Stage 连接到一起时，这些主动 Stage 在默认情况下将被看作一个处理单元来运行。因此 Date Stage 引擎是根据被动 Stage 来标识作业处理单元边界的，而被动 Stage 之间所有相邻的主动 Stage 都将作为一个处理单元来运行。

对于一个单处理器系统，Date Stage 将相邻主动 Stage 作为处理单元进行运行的方式是很好的。但是对于多处理器系统，最好的做法是将每个主动 Stage 都作为一个处理单元，由多个处理器并行执行 ETL 作业的处理单元，这样可以更好地发挥多处理器系统的优势，提高作业运行效率。Data Stage 提供了一个叫做 Inter-Process Stage 的插件，使设计人员能够显式地划分作业处理单元。

在 Designer 开发界面的工作面板中，将 Server Stage 按照功能做了如下分组。

1）Database。

2）File。

3）Processing。

4）Real Time。

5）Plugin。

此外，多个 Stage 和 Link 可以组成一个独立的单元，这些单元可以在一个作业或多个作业中重复使用。这些单元可以做成一个共享容器（Shared Container）。共享容器可以在不同的服务器作业中被重复使用。也可以做成一个本地容器（Local Container），这些容器只能在定义该容器的作业内重复使用。

每个 Stage 类型都包含有一系列预定义的且可编辑的属性，这些属性通过 Stage 编辑器进行查看或编辑。在开发 ETL 作业时，需要确定我们应该使用哪种 Stage，表 6 - 2 是对服务器作业包含的主要 Stage 的介绍。

表 6 - 2　　服务器作业主要 Stage 的功能介绍

Stage 类型		Stage 名称	功　能　描　述
Database		ODBC	通过 ODBC 连接数据库
		Oracle	Oracle 数据库访问，完成的功能如下： （1）从 Oracle 数据库读取数据或将数据写入 Oracle 数据库。 （2）顺序执行或并行执行。 （3）支持 Load 和 Upsert 写方法。 （4）支持 Table 和 Query 读方法
		DB2/UDB	IBM DB2 UDB 访问，完成的功能如下： （1）从 DB2 数据库读取数据或将数据写入 DB2 数据库。 （2）顺序执行或并行执行。 （3）支持 DB2 的 Hash 分区。 （4）支持 Write、Upsert 和 Load 的写方法。 （5）支持表、自动产生 SQL 和用户定义 SQL 读方法
		Teradata	Teradata 数据库访问，完成的功能如下： （1）支持从 Teradata 数据库读取数据和将数据写入 Teradata 数据库。 （2）支持 FastExport、FastLoad。 （3）顺序执行和并行执行。 （4）支持 TUF6.1、TTU7.0
		Sybase	Sybase 数据库连接及访问
		SQL Server Load	访问 SQL Server 数据库，实现 SQL Server 数据库大批量数据的装载
		Store Procedure	通过运行数据库存储过程，实现数据的读写和转换： （1）作为数据源插件，返回一个结果集。 （2）作为目标插件，将数据传给存储过程，写入数据库。 （3）作为转换插件，在数据库中调用处理逻辑，实现数据转换。 （4）支持 Oracle、DB2、Sybase 等主流数据库的存储过程
		Universe	从 Universe 数据库读写数据

续表

Stage 类型		Stage 名称	功 能 描 述
File		Sequential File	从文本文件读取数据，或者将数据输出到文本文件中
		Hashed File	代表一个 Hash 文件，该文件基于一个键值、使用 Hash 算法将数据分组，主要用来参照表，提高运行效率
		Complex Flat File	完成特殊格式文本文件的导入，如二进制文件，或包含特殊控制符的文件
Processing		Transformer	对任何需要转换的输入数据集合进行转换，并将数据传输到其他活动的 Stage 中或一个将数据写入数据库或文件的 Stage
		Aggregator	对于单一的输入数据记录进行分组并且计算每一组的合计和总计
		Inter Process	显式地划分一个作业的多个处理单元，更好地发挥多处理器系统的性能优势
		Link Partitioner	使用特定的分区算法，将一个输入 Link 的数据分割成若干个分区（最多可达 64 个），提高并行执行效率
		Link Collector	与 Link Partitioner 对应，将并行处理输出后的 Link 聚集，汇成一个统一的输出
		Sort	实现对输入数据的排序
		Merge	读取两个排序的文本文件数据集，并按照键值将两个文件的数据连接起来，形成一个排序的主数据集合
		Row Merger	从数据源每读取一行数据之后，便将每个字段的数据按照特定格式合并成一个字符串
		Row Splitter	从数据源每读取一行数据之后，便将某个字段包含的字符串分割成若干列
		Pivot	通过将数据源读取包含多列的数据，将每一行数据（水平数据）转换成一列数据（垂直数据），即旋转数据
Real Time		RTI Input	作业集成作为 RTI 服务时的入口点，输出连接的表定义反映了 RTI 服务的输入参数

续表

Stage 类型		Stage 名称	功 能 描 述
Real Time		RTI Output	作业集成作为 RTI 服务的出口点，输入连接的表定义反映了 RTI 服务的输出参数
		XML Input	从 XML 文件读取数据，并将其转换成关系型表结构
		XML Output	将表格数据如关系型数据表或顺序文件转换成 XML 形式的层次结构
		XML Transformer	将 XML 源文件按照样式表的定义转换成其他 XML 层次结构
Container		Local Container	将一个作业中的一组 Stage 和 Link 合并成一个本地容器，以便在整个作业内被重用
		Share Container	将一个作业中的一组 Stage 和 Link 合并成一个共享容器，以便在整个工程内被重用

2. 并行作业 Stage

并行作业是 Data Stage 企业版的核心，可以充分发挥 SMP 和 MPP 系统优势，提高运行效率。

并行作业有两种基本的并行处理方式：管道和分区。下面以一个典型的例子来理解这两种技术，如图 6 - 37 所示。该作业从数据源读取数据，经过各种处理转换，最终将处理结果输出到目标数据库。

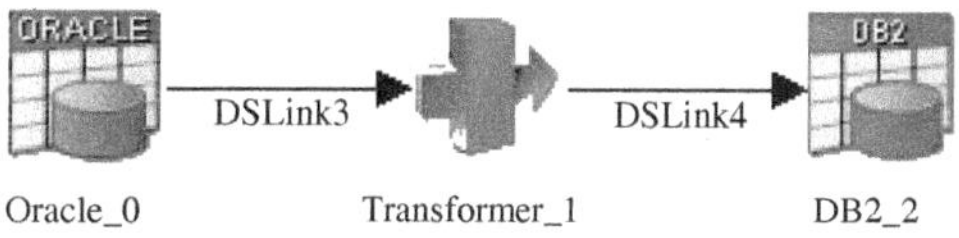

图 6 - 37 并行示例作业

应用管道技术运行该作业，并且假设服务器存在三个以上的处理器，那么在作业运行时，读取数据的 Stage 会在一个处理器上运行，并将读取的数据放入管道中，同时 Transformer Stage 在接收到管道中的数据后便在第二个处理器上运行转换操作，并将处理后的数据放入到管道中，供下游的 Stage 使用。下游的 Stage 在接收到管道中的数据后，同样会在第三个处理器上接收数据，并将接收到的数据加载到目标数据库。这样三个 Stage 就可以同时进行自己的操作。这样就可以大大地提高运行效率。

如果这个作业处理的是一个海量数据，就可以使用并行作业的分区技术，将这个数据集合划分成多个独立的集合，每个数据子集都可以通过作业的一个实例运行，多个实例可以同时运行在不同的处理器上，各自处理一个数据子集。这样数据的处理效率就会大大提高。数据处理结束时，作业通过搜集处理，将数据分区的数据重新合并，写入目标数据库。

在并行作业运行时，通常两种并行处理方式会同时使用，图 6 - 38 描述了并行作业运行时的情形。

需要指出的是管道技术和分区技术是在并行作业运行时自动处理的，其中涉及各种算法，运行开发人员可以不必关注处理的细节，需要确认的工作包括每个 Stage 是顺序执行还是并行执行、数据分区的方法、配置文件信息等。

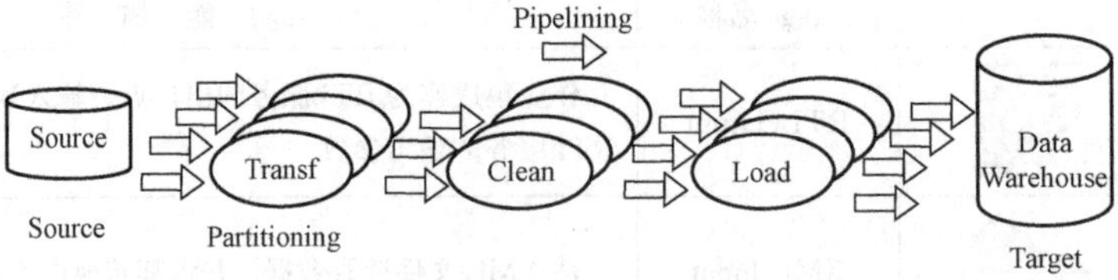

图 6-38 并行处理机制

在 Designer 开发界面的工作面板中，将并行作业 Stage 按照功能进行分组：Database，Development/Debug，File，Processing，Real Time，Restructure。

典型的 Stage 功能如表 6-3 所示。

表 6-3 并行作业主要 Stage 的功能介绍

Stage 类型		Stage 名称	功能描述
Database		ODBC Enterprise	通过 ODBC 连接数据库，完成数据的读写和更新操作
		Oracle Enterprise	连接 Oracle 数据库，完成数据的读写和更新操作
		DB2/UDB Enterprise	连接 DB2 数据库，完成数据的读写和更新操作
		Teradata Enterprise	连接 Teradata 数据库，完成数据的读写和更新操作
		Sybase Enterprise	连接 Sybase 数据库，完成数据的读写和更新操作
		Store Procedure	通过运行存储过程，实现数据的读写操作
Development/Debug		Column Generator	向输入数据增加一列，对每一行处理过的数据产生一个模拟数据
		Row Generator	依据定义的元数据信息，产生一个模拟数据集，对于不使用真实可用数据对作业进行测试非常有用
		Sample	从输入数据中依据特定模式抽取样本数据
		Peek	将数据输出到作业的日志或单独的输出 Link 中，便于监视、诊断应用的进程

续表

Stage 类型		Stage 名称	功 能 描 述
Development/Debug		Head	从输入数据集合分区中选取前 N 条记录，将其输出
		Tail	从输入数据集合分区中选取后 N 条记录，将其输出
File		Sequential File	从文本文件读取数据，或者将数据输出到文本文件中
		Hashed File	代表一个 Hash 文件，该文件基于一个键值、使用 Hash 算法将数据分组，主要用来参照表，提高运行效率
		Data Set	以持久性格式从一个数据集读取数据或将数据写入一个数据集
		File Set	从文件集合中读写数据。Data Stage 可以输出数据，产生一系列的导出文件和一个包含文件列表信息的信息文件。一些操作系统限定文件不能超 2GB，此时使用 File Set Stage 可以有效避免操作系统的限制
		External Source	从一个或多个源程序的输出数据中读取数据
		External Target	将数据写入一个或多个目标程序
		SAS Parallel Data Set	从 SAS 数据集中读取数据，或将数据写入 SAS 数据集
		Lookup File Set	允许建立一个查找文件集或查找参考
Processing		Join	在一个或多个输入数据集合上执行连接操作并输出一个结果数据集，连接操作支持 Inner、Left Outer、Right Outer 和 Full Outer
		Aggregator	对于单一的输入数据记录进行分组并且计算每一组的合计和总计
		Compare	对两个排过序的输入数据集合中的记录进行逐个字段的比较
		Compress	使用 UNIX Compress 或 GZip 工具进行数据集的压缩，可以将数据集的记录转换成二进制数据

续表

Stage 类型		Stage 名称	功 能 描 述
Processing	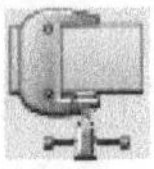	Expand	使用 UNIX Uncompress 或 GZip 工具将压缩过的数据集解压缩成原始数据集格式
		Copy	将一个单一的输入数据集复制成多个输出数据集
		Encode	使用 UNIX 译码工具（如 GZIP 等）将数据集数据转换成二进制数据流
		Decode	使用 UNIX 解码工具（如 GZIP 等）将二进制数据流转换成数据集数据
		Difference	对两个输入的数据集合进行逐条比对，这两个数据集通常是一个数据集合的前后两个版本
		Filter	基于用户指定的约束（“Where 子句”）将输入数据集转换到不同的输出数据集（Link）
		Funnel	复制多个输入数据集到一个输出数据集；可以将多个分离的数据集合并成一个大的数据集
		Lookup	对包含在 Lookup File Set Stage 中的查找表进行查找操作
		Merge	基于主键列的值实现表与表之间的连接
		Modify	改变输入字段定义到输出数据集（如类型转换或 null 处理/转换等），通常用于字段重命名和类型转化
		Remove Duplicates	以一个已经排序的数据集为输入数据集，删除其中的重复数据输出
		SAS	并行执行 SAS 应用，可以减少或消除 SAS 在并行处理机中的性能瓶颈
		Sort	实现对输入数据的排序
		Surrogate Key	对一个已存在的数据集添加一列作为数据集的主键（代理键），允许用户定义键值序列的产生规则
		Switch	根据选定字段的值，将输入数据集的记录分配到多个输出 Link，支持 128 个 Output Link 和 1 个 Reject Link
		Transformer	对任何需要转换的输入的数据集合进行转换，并将数据传输到其他活动的 Stage 中或一个将数据写入数据库或文件的 Stage

续表

Stage 类型		Stage 名称	功 能 描 述
Real Time		RTI Input	作业集成作为 RTI 服务时的入口点，输出连接的表定义反映了 RTI 服务的输入参数
		RTI Output	作业集成作为 RTI 服务的出口点，输入连接的表定义反映了 RTI 服务的输出参数
		XML Input	从 XML 文件读取数据，并将其转换成关系型表结构
		XML Output	将表格数据如关系型数据表或顺序文件转换成 XML 形式的层次结构
		XML Transformer	将 XML 源文件按照样式表的定义转换成其他 XML 层次结构

3. 大型机作业 Stage

在 Designer 开发界面的工作面板中，将并行作业 Stage 按照功能进行分组：Database，File，Processing。

典型的大型机 Stage 功能见表 6-4。

表 6-4　　大型机作业主要 Stage 的功能介绍

Stage 类型		Stage 名称	功 能 描 述
Database		Relational stage	访问 MVS/DB2 数据库
		Teradata relational	访问 OS/390 平台上的 Teradata 数据库
		Teradata Export	使用 Teradata FastExport 工具从 OS/390 平台上的 Teradata 数据库读取数据
		Teradata Load	按照特定的格式使用 Teradata Load 工具将数据写入到序列文件中
		IMS	从 IMS 数据库中读取数据
Processing		Business Rule	使用 SQL 业务规则逻辑来执行大型机作业中复杂的数据转换
		FTP	根据 FTP 相关的信息生成 JCL，用来向 FTP 机器传输文件
		External Routine	通过调用外部 COBOL subroutine，输出生成的数据

二、Link 概述

Link 在 ETL 作业中将各种类型的 Stage 连接到一起，在作业运行时定义数据的流向。根据作业类型的不同，Link 的具体内容也有所不同。这里主要介绍基本服务器作业 Link 和并行作业 Link。

1. 基本服务器作业 Link

如前所述，服务器作业中的被动 Stage 用于从数据源读取数据，与数据源的读写连接体现在 Stage 中，在 Stage 的“General”标签页定义连接的细节信息。

与 Stage 相连的输入 Link 通常向目标 Stage 传送数据，而输出 Link 则从数据源读取数据。输入 Link 的字段定义中定义了向目标数据传送的数据格式，输出 Link 的字段定义中定义了从数据源读取数据的格式。需要注意的是，字段虽然在 Stage 中定义，而实际上是在定义 Link 的属性。对服务器作业元数据始终从属于一个 Link，而非 Stage。在默认设置下，定义了 Link 的元数据属性时，在 Link 的图示中将会出现小的图标。当在 Stage 中定义输出 Link 的字段属性时，在另一端 Stage 中的输入 Link 会出现同样的定义，而且 Link 两端的字段定义会始终保持一致。

Link 的使用与 Link 的类型（输入 Link 或输出 Link）以及所连接 Stage 的类型相关。

Data Stage 服务器作业支持以下两种类型的输入 Link。

(1) 数据流型（Stream）：一种代表数据流向的 Link，是主要的 Link 类型，主动 Stage 和被动 Stage 都可以使用。

(2) 参照型（Reference）：一种代表参照表（Lookup Table）的 Link，仅用于主动 Stage，提供可能影响数据改变方式的信息。

这两种 Link 在 Designer 中使用两种不同的方式表示：数据流 Link 用实线表示，而参照型 Link 用虚线表示。

Datastage 只有一种类型的输出 Link，即数据流 Link。

2. 并行作业 Link

在并行作业中，文件和数据库 Stage 用于从数据源读取或者写入数据。与数据源的读写连接体现在 Stage 中，在 Stage 的“General”标签页定义连接的细节信息。

与 Stage 相连的输入 Link 通常向目标 Stage 传送数据，而输出 Link 则从数据源读取数据。输入 Link 的字段定义中定义了向目标数据传送的数据格式，输出 Link 的字段定义中定义了从数据源读取数据的格式。与服务器作业类似，虽然在 Stage 中定义，实际上是在定义 Link 的属性。

Data Stage 并行作业支持以下三种类型的 Link。

(1) 数据流型（Stream）：一种代表数据流向的 Link，是主要的 Link 类型，可用于所有 Stage 类型，在 Designer 中使用实线表示。

(2) 参照型（Reference）：一种代表参照表（Lookup Table）的 Link，参照型 Link 仅能作为 Lookup Stage 的输入 Link 和一些特定类型 Stage 的输出，在 Designer 中使用点划线表示。

(3) 遗弃型（Reject）：将由于各种原因过滤掉的数据记录输出，输出的数据格式来源于输出 Link，并且不可再编辑，在 Designer 中使用虚线表示。

并行作业 Link 针对不同的分区处理方式，使用不同的方式来标识 Link。在 Desinger 设计并行作业时，通常能够看到如表 6-5 所示的几种 Link 标识。

表 6-5 Link 的 标 识 类 型

Link 标识	含 义	Link 标识	含 义
	Partition		Same Partition
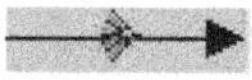	Collection		Specific Partition
	Auto Partition		

三、作业序列（Job Sequence）的使用

Job Sequence 是一种特殊的作业类型，但也是必不可少的作业。在 ETL 过程中，基本作业完成了特定的逻辑功能，然而多个 ETL 作业之间的运行顺序往往是相互联系的，此时就需要使用 Job Sequence 来处理 ETL 作业之间的依赖关系。

1. Job Sequence 示例

首先通过一个例子来说明 Job Sequence 的使用。在本例中假设工程中存在三个 Server 作业：Job1、Job2、Job3（Job1、Job2、Job3 的具体内容在此省略，可以设想其包含任意有效的作业处理逻辑）。三个作业存在如下依赖关系：在 Job1 运行成功的情况下，开始运行 Job2，Job1 一旦运行失败，则运行 Job3。下面是开发过程。

（1）启动 Desinger，单击工具栏中的“新建”按钮，选择“Job Sequence”选项，新建一个 Job Sequence（图 6-39）。

（2）Designer 的设计区显示为设计“Sequence”作业的空白区域。在工作面板中可以看到 Sequence Job 包含的 Stage。随后会简要介绍主要 Stage 的功能。

（3）从工作面板中选择“Job Activity” Stage，向设计区添加三个该作业（Job _ Activity _ 0、Job _ Activity _ 1、Job _ Activity _ 2），并将 Job _ Activity _ 0 分别与 Job _ Activity _ 1、Job _ Activity _ 2 连接起来，如图 6-40 所示。

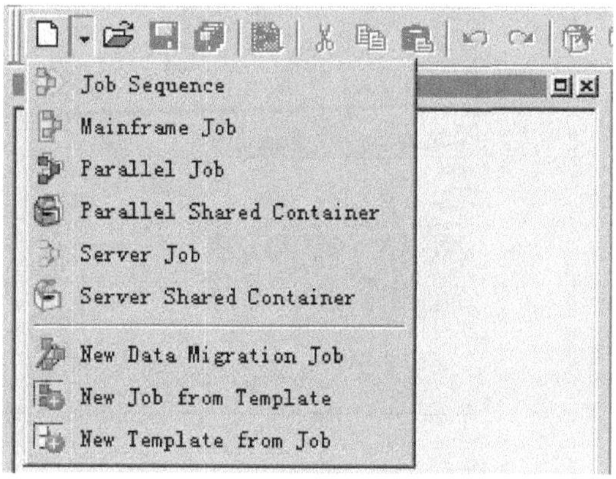

图 6-39 新建 Job Sequence

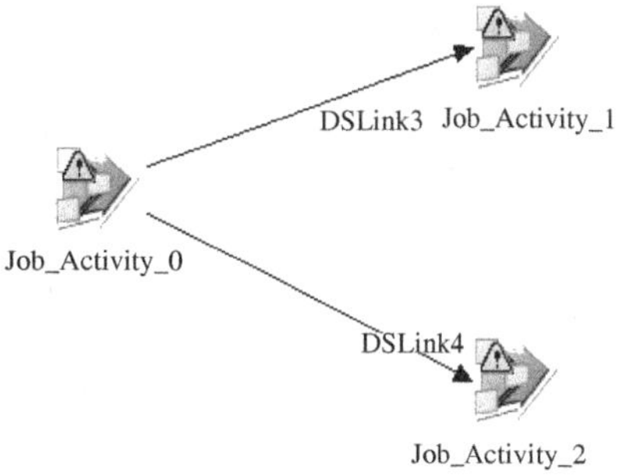

图 6-40 设计 Job Sequence

（4）双击 Job _ Activity _ 0，弹出 Job Activity 属性窗口，如图 6-41 所示。

（5）在“Job”标签页中，单击“Job name”右侧的按钮，在弹出的“Select a Job”对话框中，选择这个Stage要连接到哪个Job，在此选择“Job1”，如图6-42所示。

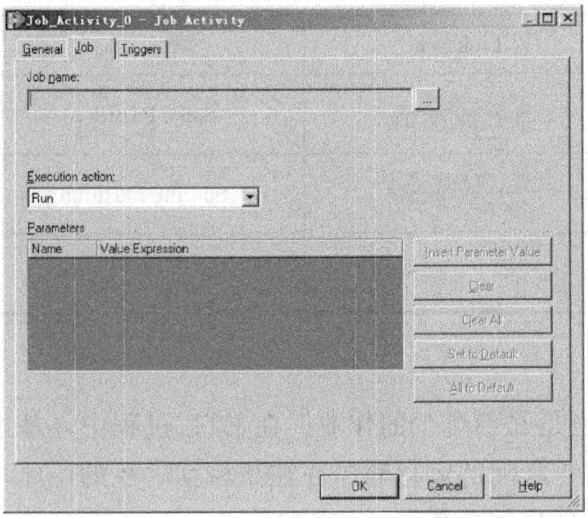

图6-41 Job Activity属性窗口

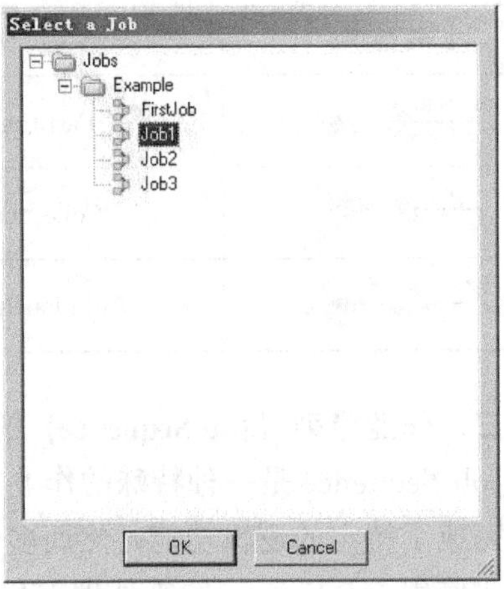

图6-42 选择Job Activity对应的Job

（6）单击“OK”按钮，完成Job的指定。然后在属性窗口中选择“Triggers”标签页，在“DSLink3”行的“Expression Type”下拉列表中选择“OK-[Conditional]”选项，这个选项的意思是在这个“Job _ Activity _ 0”Stage连接的作业（Job1）成功执行后执行“DSLink4”连接的作业，在“DSLink4”行的“Expression Type”下拉列表中选择“Failed-[Conditional]”选项，表示当Job1运行失败时，执行“DSLink4”连接的作业，如图6-43所示。

（7）单击“OK”按钮完成，完成“Job _ Activity _ 0”的属性设置。然后双击“Job _ Activity _ 1”，弹出“Job Activity”的属性设置界面，选择“Job”标签页，单击“Job name”右侧的按钮，在弹出的“Select a Job”对话框中，选择“Job2”，完成“Job _ Activity _ 1”的设置，如图6-44所示。

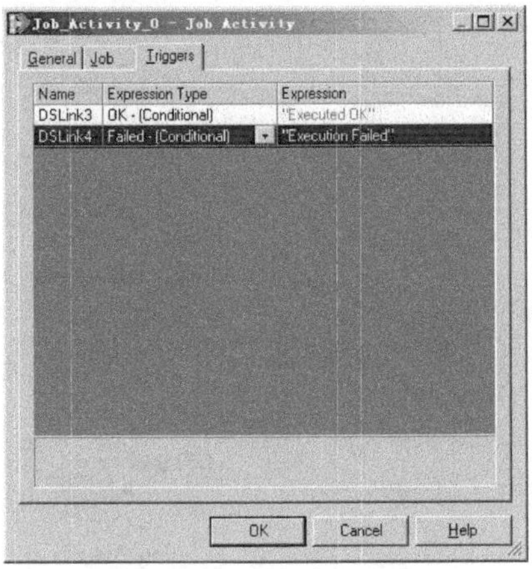

图6-43 设置触发类型

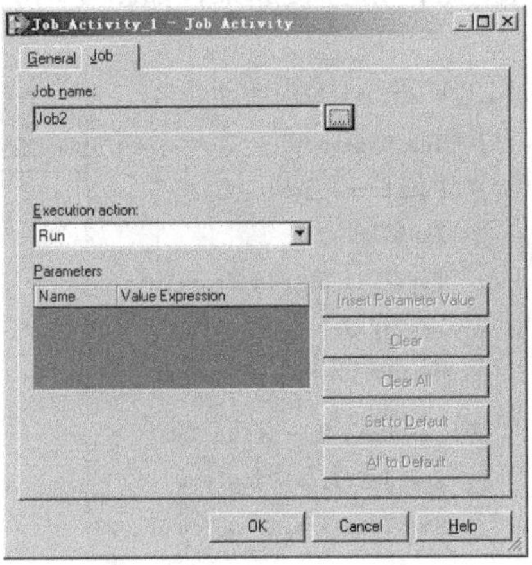

图6-44 设置Job结果

（8）用同样的方法，设置“Job _ Activity _ 2”，指定对应的作业为Job3。

（9）保存作业，指定作业名“SeqJobExample”，完成 Job 的设计。编译后便可以使用该作业实现作业的顺序执行了。

2. Sequence Job 的基本内容

前面在工作面板中看到了 Sequence Job 包含的 Stage，在 Sequence Job 中也称作活动（Activity），Sequence Job 支持的活动类型见表 6-6。

表 6-6　Sequence Job 支持的活动类型

活动类型		活动名称	功能描述
Sequence		Job Activity	代表一个 Data Stage 基本作业
		Stage Loop Activity	开始循环，与“End Loop Activity” Stage 一起实现作业的循环执行
		End Loop Activity	结束循环，与“Start Loop Activity” Stage 一起实现作业的循环执行
		Execute Command	执行一个操作系统的命令
		Notification Activity	在作业执行到一定阶段时，发送邮件通知
		Termination Activity	当作业运行出现某种状况时，终止当前的运行
		Wait For File Activity	等待特定的文件出现或消失

3. 触发器（Trigger）

作业序列中的控制流程是通过与活动节点相关的触发器实现的。一个活动节点仅能有一个输入触发器，但可以包含多个输出触发器。Designer 包含三种基本的触发器类型。

（1）Conditional（条件式触发器）：条件式触发器在源活动节点满足预定的条件时触发目标活动节点，这些条件通常与源活动节点的运行状态相关。条件式触发器包含如下基本类型。

OK：活动节点运行成功。

Failed：活动节点运行失败。

Warning：活动节点运行时产生警报。

Custom：定义一个订制的表达式。

User status：定义一个订制的状态信息，并可将该信息写入日志。

（2）Unconditional（无条件触发器）：无条件触发器在源活动节点运行完毕后即触发目标活动节点，而不管源活动节点的运行状态。

（3）Otherwise：Otherwise 触发器针对包含一个源活动节点和多个目标活动节点的作业序列，在没有一个触发器被触发时，Otherwise 触发器作为默认触发器被触发。

第四节 创建 BASIC 表达式

Date Stage 提供了许多灵活方法，方便开发人员在服务器端直接运行服务器作业和并行作业。这些方法包括 C/C++API（Date Stage 开发工具集）、Date Stage BASIC 调用、命令行接口命令（CLI）和 Date Stage 宏（Macro）。

这些方法可以适用于如下不同情况。

1）API：通过 API，开发人员可以开发出独立的程序，可以通过网络连接到 Data Stage 服务器的系统环境中运行。

2）BASIC：通过 BASIC 接口创建的程序可以运行于 Data Stage 服务器上。通过该接口，开发人员可以定义运行的作业或控制其他作业。

3）CLI：CLI 通过命令行在 Data Stage 服务器上运行作业。

4）Macro：用于作业设计或 BASIC 程序中，通常用于获取其他作业的信息。

本节主要介绍常用的 BASIC 接口的基本内容，学会使用 BASIC 构造复杂的约束条件和数据来源。Data Stage BASIC 是 Data Stage 内置的编程语言，前面内容中涉及约束条件定义、数据转换等，都是基于 Data Stage BASIC 编写的。

一、概述

Data Stage BASIC 程序是一组语句的集合，这些语句向计算机发出指令，按照预定的顺序执行一系列的任务。Data Stage BASIC 程序的语句由关键字和变量组成。

关键字是程序语句中具有特殊含义的词语，是程序中的保留字，如 IF、ELSE、LOOP、PRINT 等。

变量是象征性的名字，代表着内存中存储的一个或一组数据，称为变量的值。这些值可以是数值、字符串或者有一个空值。在程序中可以访问到变量值或者给变量赋值、改变变量的值。变量的命名包括如下规则：①长度不超过 64 个字符；②以字母开头；③可以包含数字字符和特殊字符，如“.”“$”“%”和“”；④大小写敏感。

Data Stage BASIC 还包含一种特殊的系统变量，这类变量存储了系统相关的各类信息，系统变量以@开头，例如：

（1）@Date，@Time 返回作业运行的日期和时间信息。

（2）@InRowNum，@OutRowNum 返回导入和导出的记录数据量。

（3）@LogName 返回登录的用户名。

（4）@Null 返回空值。

（5）@True；@False 返回布尔值。

（6）@Who 返回当前工程的名字。

语句包括如下四种类型。

（1）输入输出控制：输入语句从外部设备（如键盘、文件）接收数据，输出语句将数据输出或显示在输出设备上。

（2）控制语句：默认情况下，BASIC 程序按照顺序执行包含的每一条语句，当需要改变程序执行的顺序时，可以通过控制语句实现，通常包括条件、循环执行等。

（3）赋值语句：给变量赋值。

（4）注释语句。

Data Stage BASIC 中还包含了自身固有的各种函数来执行数字和字符运算，分别称为数值型函数（如 SIN、COS 等）和字符串函数（TRIM 等）。也可以在派生的函数中插入这些函数，或者获取作业和工程的基本信息。Data Stage 中的函数也常被称作宏指令（Macro）。

在 Data Stage Manager 中可以定义一种叫做 Routines 的对象，它是一种转换函数，包含一个预定的使用 BASIC 声明的块，一个或者多个参数和一个返回值。用户可以在 Data Stage Manager 中应用已有的 Routines 来自定义 Routines，完成自身要求的转换逻辑。

二、数据类型

Data Stage BASIC 包含如下三种主要的数据类型。

1. 字符型数据

字符型数据是由 ASCII 码字符组成的序列。字符串的长度仅受限于内存的容量。在 BASIC 代码中，字符串常量由单引号（'）、双引号（"）或反斜杠（\）标识出来。例如，下面所列均是合法的字符串常量。

" Emily Daniels"

'$42，368.99'

'Number of Employees'

\" Fred's Place" isn't open\

字符串的起始和结束标识符必须互相匹配，即如果字符串常量以单引号开头，那么也必须以单引号结束。如果字符串中包含单引号或双引号，必须使用不同的标识来标识字符串常量，例如：

" It's a lovely day. "

字符串常量可以是长度为零的空字符串，可以用如下方式表示空字符串：

' ' 或" " 或\\

2. 数值型数据

数值型数据在内部可以是整数或浮点型数据。数值的长度与系统支持的浮点长度相关，多数系统可以达到 10^{-307}～10^{+307} 的范围。数据型常量可以分成固定浮点型和浮动浮点型两种。固定浮点型包含一个数值型序列，中间可以带有小数点，前面可以带有正负号。浮动浮点型与科学记数法相似，例如：－7.3E42，字母 E 后面的数字表示 10 的 42 次方。

3. 未知类型数据

未知类型数据即空值，是运行时的一种特殊数据类型，表示数据的值暂时还无法确定。

三、Data Stage BASIC 操作符

操作符执行数值的数学运算、字符运算和逻辑运算。BASIC 操作符分成以下几类。

1. 数学操作符

Data Stage BASIC 中包括的数学操作符如表 6-7 所示。

表 6-7　　数学操作符

操作符	说明	示例	操作符	说明	示例
－	负号	－X	/	除	X/Y
^	幂	X^Y	＋	加	X＋Y
**	幂	X**Y	－	减	X－Y
*	乘	X*Y			

2. 字符串操作符

(1) 连接操作符：连接操作符实现操作符的连接操作，用冒号表示，或者用“CAT”表示。例如：

'HELLO. 'CAT'MY NAME IS' CAT X CAT" . "WHAT'S YOURS?"

如果X当前的值是“JANE”，则上面的字符串表达式的结果如下：

" HELLO. MY NAME IS JANE. WHAT'S YOURS?"

(2) 截取字符串：String操作符有这样一个属性，直接在字符串后面加 []，表明起始，即可截取字符串，语法如下：

expression [[start,] length]

例如：

“APPL3245” [1，4] 表示“APPL”

“APPL3245” [5，2] 表示“32”

“APPL3245” [5] 表示“3245”

3. 关系操作符

Data Stage BASIC 中包括的关系操作符如表 6-8 所示。

表 6-8　关 系 操 作 符

操作符	说 明	示 例	操作符	说 明	示 例
EQ或=	等于	X=Y	GT或>	大于	X>Y
NE或#	不等于	X#Y	LE或<=或=<或#>	小于或等于	X<=Y
><或<>	不等于	X<>Y	GE或>=或=>或#<	大于或等于	X>=Y
LT或<	小于	X<Y			

4. 逻辑操作符

Data Stage BASIC 中包括的逻辑操作符如表 6-9 所示。

表 6-9　逻 辑 操 作 符

操作符	说 明	示 例	操作符	说 明	示 例
AND或&	与		NOT	非	
OR或!	或				

5. 赋值操作符

赋值操作符用于赋值语句，给变量赋值，内容如表 6-10 所示。

表 6-10　赋 值 操 作 符

操作符	语 法	说 明
=	variable=expression	将表达式的值直接赋给变量
+=	variable+=expression	将变量原值加上表达式的值后赋给变量
-=	variable-=expression	将变量原值减去表达式的值后赋给变量
：=	variable：=expression	将变量原值与表达式的值连接后赋给变量

6. IF 操作符

依据条件表达式的逻辑值，给变量赋值，语法如下：

variable＝IF expression THEN expression1 ELSE expression2

如果 expression 值为 True，则变量取 expression1，否则取 expression2。

四、常用的内置函数

Data Stage BASIC 包含的常用函数包括如下几种。

（1）TRIM 函数。语法如下：

TRIM（expression [，character [，option]]）

删除表达式中指定的字符，当后面两个参数不定义的时候，TRIM 删除表达式首尾的空格或 Tab 符。当删除的不是空格或 Tab 符时，在第二个参数中定义。第三个参数定义了删除操作的类型，包括如下选项。

1）A：删除表达式中所有出现的指定字符。

2）B：删除表达式中首尾出现的指定字符。

3）D：删除表达式中首尾以及多余的空格字符。

4）E：删除表达式中尾部的空格字符。

5）F：删除表达式中前面的空格字符。

6）L：删除表达式中前面的指定字符。

7）R：删除表达式中首尾以及多余的指定字符。

8）T：删除表达式中尾部的指定字符。

（2）TRIMB（String）函数：删除字符串尾部所有的空格和 Tab 符。

（3）TRIMF（String）函数：删除字符串首部所有的空格和 Tab 符。

（4）LEN（String）函数：计算字符串的长度。

（5）PRINT 函数：将数据在显示器上输出。

（6）ICONV 函数：将一个字符串转换成一个预定义的内部存储格式。语法如下：

ICONV（string，conversion）

其中，string 可以按照 conversion 定义的格式转化成内部存储格式，这些转化包括日期格式、时间格式的转化，十六进制、八进制和二进制的转化等，如下所示。

日期格式转化的例子如表 6-11 所示。

表 6-11 日期转化示例

源代码	转化结果	源代码	转化结果
DATE＝ICONV("02-23-85","D")	6264	DATE＝ICONV("19850625","D")	6386
DATE＝ICONV("30/9/67","DE")	－92	DATE＝ICONV("85161","D")	6371
DATE＝ICONV("6-10-85","D")	6371		

时间格式转化的例子如表 6-12 所示。

表 6-12 时间转化示例

源代码	转化结果
TIME＝ICONV("9AM","MT")	32400

十六进制、八进制和二进制转化的例子如表 6-13 所示。

表 6-13 十六进制、八进制、二进制转化示例

源 代 码	转化结果	源 代 码	转化结果
HEX=ICONV("566D61726B","MX0C")	Vmark	BIN=ICONV(1111,"MB")	15
OCT=ICONV("3001","MO")	1537		

如果 ICONV 函数运行失败，整个程序将终止，并返回一个运行时错误信息，可以使用 Status 函数捕获 ICONV 函数的运行状况，包含如下结果。

"0" ——格式转化成功。

"1" ——string 参数不合法，函数返回空字符串，如果 string 为 null，则返回 null。

"2" ——conversion 参数不合法。

"3" ——格式转化成功，但返回的数据可能不正确。

(7) OCONV 函数：将一个字符串转换成一个预定义的外部输出格式，输出的结果是一个字符串。语法如下：

OCONV (string，conversion)

其中 string 可以按照 conversion 定义的格式转化成外部输出格式，这个函数的功能非常强大，多用于日期和时间的转化和操作。这些转化包括日期格式、时间格式的转化，十六进制、八进制和二进制的转化等。

日期格式转化的例子如表 6-14 所示。

表 6-14 日期格式转化示例

源 代 码	转化结果	源 代 码	转化结果
DATE=OCONV('9166',"D2")	3 Feb 93	DATE=OCONV('9166',"D2-")	2-3-93
DATE=OCONV(9166,'D/E')	3/2/1993	DATE=OCONV(0,'D')	31 Dec 1967
DATE=OCONV(9166,'DI')	3/2/1993		

时间格式转化的例子如表 6-15 所示。

十六进制、八进制和二进制转化的例子如表 6-16 所示。

如果 OCONV 函数运行失败，整个程序将终止，并返回一个运行时错误信息，可以使用 Status 函数捕获 OCONV 函数的运行状况，包含如下结果。

表 6-15 时间格式转化示例

源 代 码	转化结果	源 代 码	转化结果
TIME=OCONV(10000,"MT")	02：46	TIME=OCONV(10000,"MT")	02：46
TIME=OCONV("10000","MTHS")	02：46：40am	TIME=OCONV(10000,"MTS")	02：46：40
TIME=OCONV(10000,"MTH")	02：46am		

表 6-16 十六进制、八进制、二进制格式转化示例

源 代 码	转化结果	源 代 码	转化结果
HEX=OCONV(1024,"MX")	400	BIN=OCONV(1024,"MB")	10000000000
OCT=OCONV(1024,"MO")	2000		

"0"——格式转化成功。

"1"——string 参数不合法，函数返回的值仍是 string（不做任何转化），如果 string 为 null，则返回 null。

"2"——conversion 参数不合法。

"3"——格式转化成功，但返回的数据可能不正确。

（8）RIGHT 函数。语法如下：

RIGHT（String，n）

该函数的功能是截取字符串参数 String 右侧 n 个字符，例如：

```
PRINT RIGHT("ABCDEFGH",3)
```

运行结果是"FGH"。

（9）LEFT 函数。语法如下：

LEFT（String，n）

该函数的功能是截取字符串参数 string 左侧 n 个字符，例如：

```
PRINT LEFT("ABCDEFGH",3)
```

运行结果是"ABC"。

（10）各种类型的数学函数，如表 6-17 所示。

表 6-17　Data Stage BASIC 常用数学函数

函数名	功　能	函数名	功　能
ABS（X）	取绝对值	INT（X）	对数值 X 取整
RND（A）	产生一个介于 0 和参数 A 之间的随机数	SQRT（X）	开方
MOD（X，Y）	取模运算	REAL（X）	将整型数值 X 在不失精确度的情况下转化成浮点型数据

五、日期操作

国际日期格式是以 1967 年 12 月 31 日作为基础日期，该天计为"0"，后面的日期按照距离基础日期的天数来计数。对于日期格式的转化一般是用 ICONV 将日期转换成标准天数，而后将标准天数用 OCONV 函数加日期格式，转化成对应格式的日期。

ICONV 函数通过 D（date）代码定义的格式将日期字符串参数转化成对应的内部格式，例如对于"1997 年 2 月 23 日"，如果定义的格式为"D4-MDY [2，2，4]"，则对应的日期格式为"02-23-1997"。"D4-MDY [2，2，4]"的含义如下：

（1）D 表示日期转化代码。

（2）4 表示年份使用 4 位表示。

（3）- 表示采用"-"分隔符分隔年月日。

（4）MDY 代表年月日的顺序为"月-日-年"。

（5）[2，2，4] 根据 MDY 定义的顺序，定义年月日各自的长度。

同理，OCONV 将内部格式按照 D 代码定义的格式转化成对应格式日期字符串，典型的示例如表 6-18 所示。

表 6-18 OCONV 函数的 D 代码格式转化

源代码	输出结果
ICONV("12-31-67","D2-MDY[2,2,2]")	0
ICONV("12311967","D4 MDY[2,2,4]")	0
ICONV("12-31-1967","D4-MDY[2,2,4]")	0
OCONV(0,"D2-MDY[2,2,4]")	"12-31-1967"
OCONV(0,"D2/DMY[2,2,2]")	"31/12/67"
OCONV(10,"D/YDM[4,2,A10]")	"1968/10/January"
OCONV(ICONV("12-31-67","D2-MDY[2,2,2]"),"D/YDM[4,2,A10]")	"1968/10/January"

日期转换按照功能可以分成以下三种类型。

1. 将国际标准的日期天数转换成标准日期格式

Data Stage 还内置了一些 Transforms 的数据元素，可以使用这些 Transform 数据元素在数据抽取时进行日期转换的操作，通常被称作“标记”，包括的内容如表 6-19 所示。

表 6-19 内置的日期转换标记

数据元素	参数类型	输出格式	说明
Date. tag	国际日期天数	YYYY-MM-DD	1999-09-14
Week. tag	国际日期天数	YYYYWnn	1999W14
Month. tag	国际日期天数	YYYY-MM	1999-09
Quarter. tag	国际日期天数	YYYYQn	1999Q3
Year. tag	国际日期天数	YYYY	1999

例如，Date. tag（9177）转换之后的结果为“1993-02-14”，而 Month. tag（9177）转换之后的结果为“1993-02”。

2. 将日期字符串转换成国际标准的日期天数

表 6-20 中的函数使字符串转换成制定的格式，用国际标准的日期天数描述一个时间点的前和后。

表 6-20 将日期字符串转换成国际标准的日期天数

函数	使用的标记	说明
Month. first Month. last	Month. tag	返回相应的国际标准的日期天数，分别表示月份的第一天和最后一天
Quarter. first Quarter. last	Quarter. tag	返回相应的国际标准的日期天数，分别表示季度的第一天和最后一天
Week. first Week. last	Week. tag	返回相应的国际标准的日期天数，分别表示周的第一天和最后一天，第一天为周一，最后一天为周日
Year. first Year. last	Year. tag	返回相应的国际标准的日期天数，分别表示年的第一天和最后一天

例如，Month. first（“1993 - 02”），得到 1993 年 2 月份第一天的数值为 9164，同样使用 Month. last（“1993 - 02”），得到 1993 年 2 月份最后一天的数值为 9191。

3. 将日期字符串从一种格式转换成其他格式

使用 Date. Tag 标记可以将字符串转换为不同格式的字符串，包括的函数如表 6 - 21 所示。

表 6 - 21 将日期字符串从一种格式转换成其他格式

函 数	使用的标记	说 明
Tag. To. Month	Date. Tag	转换日期格式为月格式
Tag. To. Quarter	Date. Tag	转换日期格式为季度格式
Tag. To. Week	Date. Tag	转换日期格式为周格式
Tag. To. Day	Date. Tag	转换日期格式为天格式

例如：

Tag. To. Month（“1993 - 02 - 14”），输出结果为“1993 - 02”。

Tag. To. Quarter（“1993 - 02 - 14”），输出结果为“1993Q1”。

第七章　商务智能工具——Cognos

第一节　Cognos　概　述

Cognos 是业界领先的 BI 解决方案提供商，随着商务智能的快速发展，其提供的 BI 产品系列被业界广泛应用。本章以 Cognos BI 产品为主要内容，介绍 Cognos BI 产品架构和使用过程，主要内容包括 Cognos BI 产品架构介绍、Framework Manger 建模过程、使用 ReportNet 开发固定式报表以及使用 Powerplay 开发 OLAP 报表。

Cognos BI 产品包括两大类工具：固定式报表开发工具和 OLAP 开发工具。在 Cognos 7. x 版本的产品中，这两类产品还是相对独立的两个产品系列。因此下面分别讲述这两类产品。

一、固定式报表开发工具——ReportNet

ReportNet 是 Cognos 新一代的基于 Web 的固定式报表开发工具，是一个集中的企业报表平台。ReportNet 产品系列包含两个部分：ReportNet 和 Framework Manger，分别作为 Cognos 的报表开发工具和元数据建模工具。

ReportNet 使用统一的基于 Web 的用户接口进行报表的浏览、创建和管理，支持主流的关系型数据库，支持动态负载均衡。ReportNet 使用了许多业界成熟的技术，包括 XML、SOAP、WSDL 等，使它能够支持多个平台并且实现与企业现有平台的集成。

Framework Manager 是 Cognos 元数据建模工具，用于创建与业务相关联的模型。模型是一个或多个数据源元数据信息的业务展现，是沟通数据库元数据信息和业务对应关系的桥梁。

ReportNet 由多层架构组成，如图 7-1 所示。

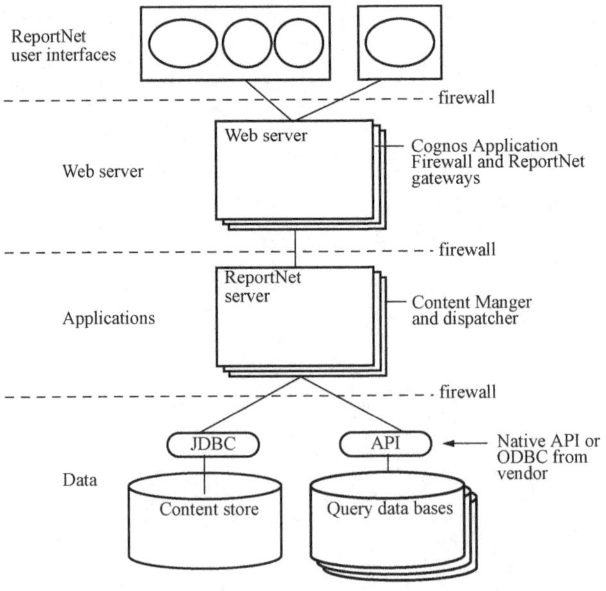

图 7-1　ReportNet 架构

总体上说 ReportNet 可以分为以下 4 个层次。

(1) 用户接口层。用户接口层是 ReportNet 的最上层（图 7-2），也是建模和报表开发人员直接接触的一个层次，用户接口层包含了 4 个部分：Cognos Connection、Cognos Report Studio（RS）、Cognos Query Studio（QS）和 Framework Manager（FM）。

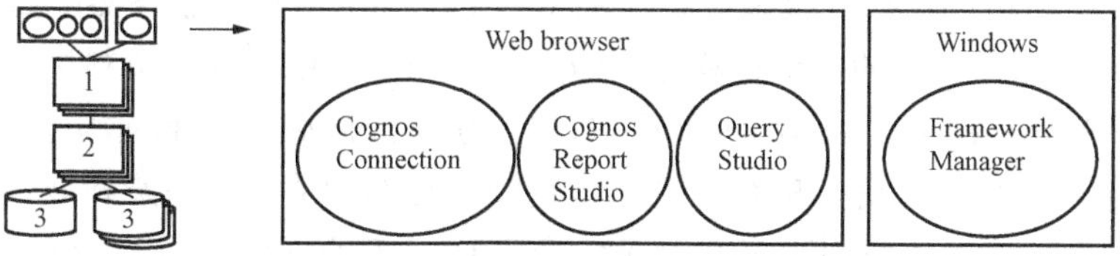

图 7-2　ReportNet 用户接口层

其中，Connection、RS、QS 是基于 Web 的工具，FM 是基于 Windows 的工具。

Cognos Connection 是 ReportNet 的 Portal，提供了 ReportNet 创建、运行、浏览、组织、管理和部署报表的统一入口，也是 RS、QS 的入口。Connection 初始页面如图 7-3 所示。

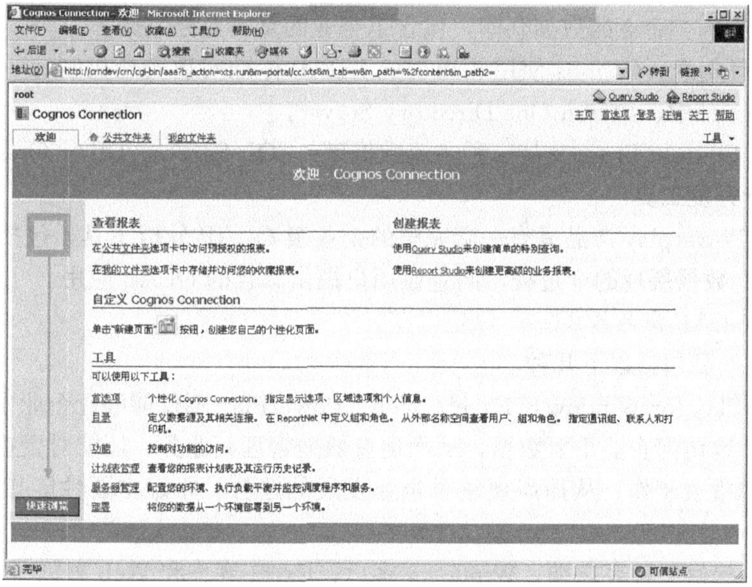

图 7-3　Connection 初始页面

Report Studio 和 Query Studio 是 ReportNet 报表开发工具。RS 是专业开发人员开发固定式报表的工具，提供了丰富的数据查询、数据格式展现和界面开发控件，从而开发出适合用户要求的多样化的报表。Report Studio 的使用是我们在下文要着重介绍的内容。Query Studio 主要是面向 Ad hoc 查询的，主要面向非专业开发人员的查询工具。

Framework Manager 是基于 Windows 的元数据建模工具，用于创建与业务相关联的业务模型，将不同种类的数据源集成起来形成一个单一的业务视图。

(2) Web 层。Web 层包含了一个或多个 Gateway 和为 Gateway 提供安全保证的防火墙。ReportNet 所有的 Web 通信都是通过驻留在 Web Server 上的 Gateway 实现的。ReportNet 支持多种类型的 Gateway，用于接收来自客户端的请求，例如 CGI、ISAPI、Apache _

mod 和 Serverlet。

(3) 应用层。应用层包含了一个或者多个 ReportNet Server。ReportNet Server 运行报表和查询，并将运行结果通过 Gateway 返回到客户端。每个 ReportNet Server 均由两个部分组成：Content Manager 和 Dispatcher。

ReportNet 将所有的信息（报表信息、发布的 Package 信息、服务器配置信息及创建的其他实体信息）存储在自身的一个资料库（Content Store）中，这个资料库是一个关系型数据库，Content Manager 负责将用户开发和设定的信息存储到资料库中。此外，Content Manager 还将执行添加、查询、更新、删除、复制信息的功能以及将资料库信息导入、导出等功能。此外，ReportNet 使用第三方授权认证工具，如 Sun One 等，Content Manager 还负责与这些工具通信，实现安全性方面的要求。

Dispatcher 负责启动所有 ReportNet 服务，将用户请求分发到适当的计算机上运行请求。Dispatcher 还包含报表展现服务、报表运行服务、作业进度控制服务和日志服务。

(4) 数据层。数据层包含以下三个部分。

1) ReportNet 自身创建和设定的元数据信息的存储：Content Store。

2) 查询数据库：企业的数据仓库，包含了企业的真实业务数据。

3) 权限认证信息：Cognos 使用了通用的 LDAP 标准实现安全机制，一般存储在第三方 Directory Server 中，如 Sun One Directory Server。

ReportNet Content Store 支持三种主流数据库：SQL Server、DB2、Oracle。

二、OLAP 开发工具

Cognos 的 Powerplay 产品具有一套完整的企业级 OLAP 分析工具，包括从数据立方体的创建到 OLAP 数据展现的全过程，向企业用户提供综合的 OLAP 应用。

1. Cognos OLAP 产品构成

Powerplay 产品包括以下几种。

(1) PowerPlay for Windows/ Excel/ Web。PowerPlay 不仅能够让企业中的每一位员工都能够轻松自如地访问企业重要数据，从而更有效地管理其业务；还能对企业数据进行多维分析和统计汇总报表制作，从而展现整个企业发展的趋势、跟踪主要性能指标（KPI）、控制业务运作。

PowerPlay 提供三种客户端：Windows 客户、Excel 客户和 Web 浏览器客户。

(2) Cognos PowerPlay Transformation Server (PPTS)。PowerPlay Transformation Server 是企业级 OLAP 服务器，它将从各类数据源（数据库、数据仓库、平面文件）中筛选出来的数据创建成为 PowerCubes 的多维数据立方体。立方体是按探察业务的 OLAP 多维因素分析模型的设计创建，通过对多维数据立方体的 OLAP 分析，用户可以辨明趋势、跟踪业务运作、创建高效的统计汇总报表。

(3) PowerPlay Enterpriser Server (PPES)。PowerPlay Enterpriser Server 是一个能够向 Web、Windows、Excel 和企业用户提供综合的 OLAP 的 BI 应用服务器，它允许 IT 在 Internet 、Intranet 和 Extranet 环境中向企业中的每一个用户迅速而经济有效地部署 PowerPlay 强有力的报表和分析功能。PowerPlay 多层次的基于服务器的体系结构在简化管理的同时能够轻松地扩展到上千个用户。最后，PowerPlay 提供的功能能够满足企业中每类 OLAP 用户的具体需要。

2. Cognos OLAP 产品架构

Cognos OLAP 产品架构如图 7-4 所示。

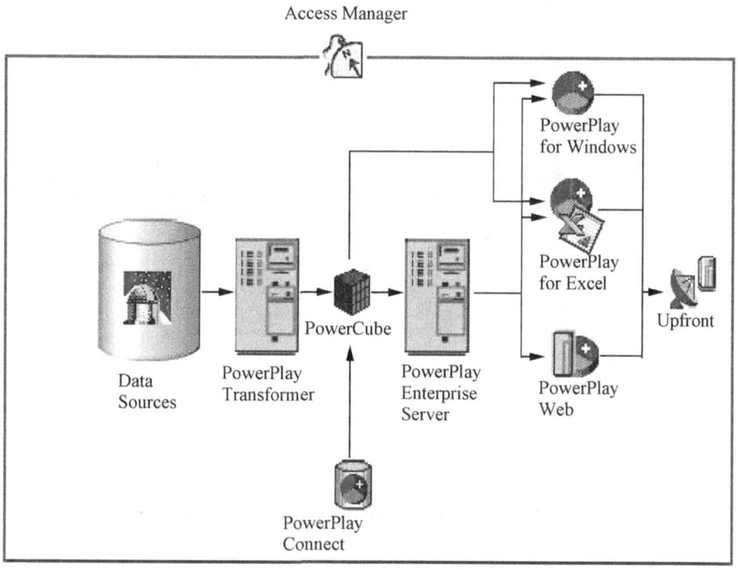

图 7-4　Cognos OLAP 产品架构

Powerplay 支持多种类型的数据源，如 Excel、FlatFile、IQD 等。其中 IQD（Impromptu Query Definition）是最常用的一种数据源。它是由 Framework Manager 导出的查询主题的一种形式，包含了一条 SQL 语句，从数据仓库中查询出需要的数据。

根据数据源使用 Transformer 创建多维模型，并创建数据立方体，产生 PowerCube。产生的 Powercube 部署到 PPES 上，可以通过 Windows、Excel、Web 方式查询数据。Upfront 是 PPES 的 Portal，Powerplay Connect 可以连接到第三方 OLAP Server，读取第三方 OLAP Server 中的 Cube 数据。

整个 Powerplay 产品通过 LDAP 标准实现安全机制，而 Access Manager 则是 Cognos 访问 Directory Server 数据的客户端。

第二节　Framework Manager 建模过程

如上所述，Framework Manager 是 Cognos 基于 Windows 的元数据建模工具。开发人员通过 Framework Manager 导入数据库的元数据信息，设计出满足业务需要的业务模型，然后将创建的模型以 Package 的形式发布到 ReportNet Server 上，供 Report Studio 开发报表。

一、Framework Manager 开发环境

Framework Manager 的模型开发界面如图 7-5 所示。

整个界面包括以下部分。

（1）菜单条和工具栏：包含了 Framework Manager 的所有功能和常用功能，如图 7-6 所示。

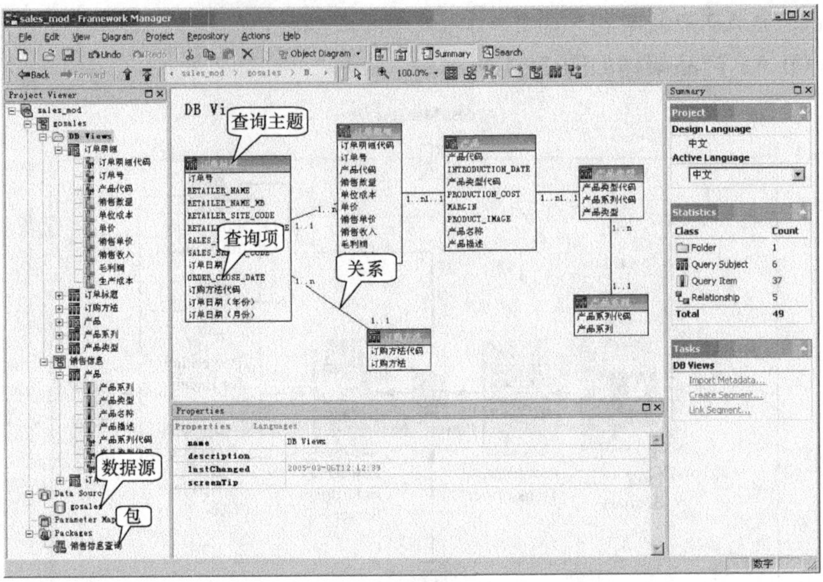

图 7-5 Framework Manager 的模型开发界面

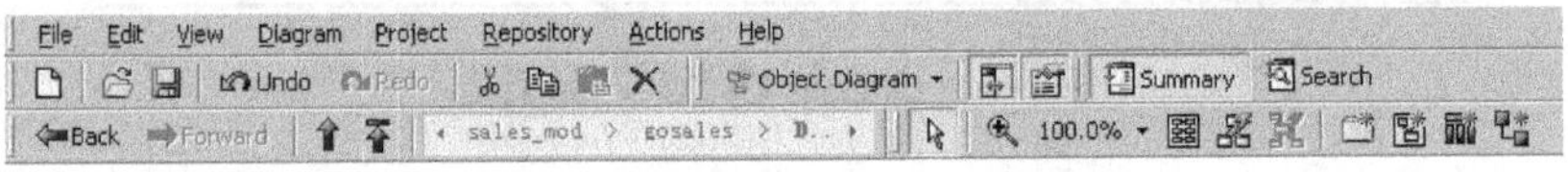

图 7-6 Framework Manager 菜单条和工具栏

(2) Project Viewer：包含了 Framework Manager 工程导入和创建的所有对象，如图 7-7所示。

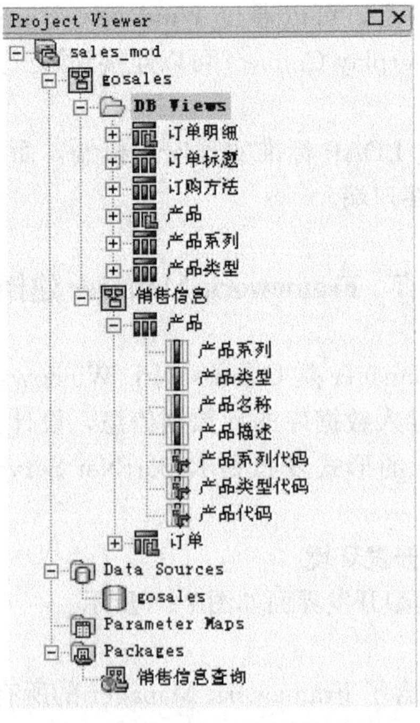

图 7-7 查看工程所有的对象

（3）Diagram Viewer：显示 Project View 中对象的关系图等信息，为建模人员提供图形化建模界面，如图 7-8 所示。

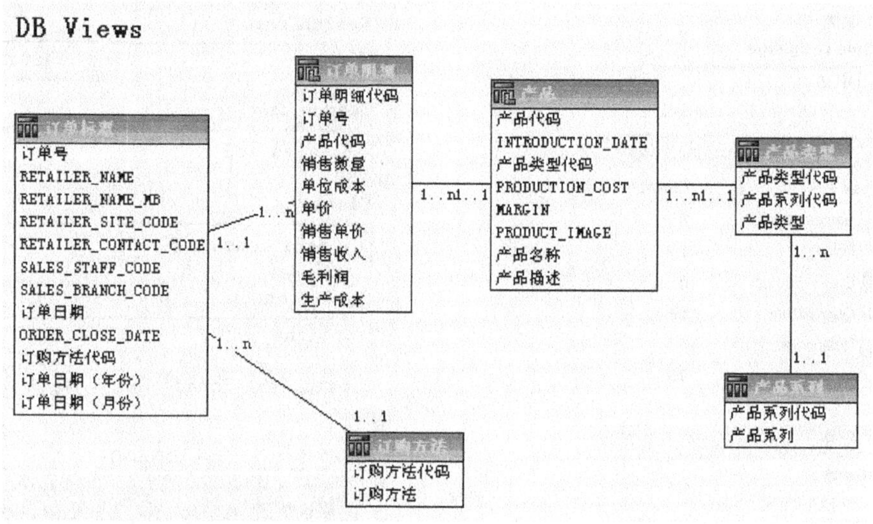

图 7-8　工程对象关系图

（4）Properties Viewer：用于显示选中对象的详细属性信息，如图 7-9 所示。

图 7-9　对象属性信息

（5）Summary Viewer：单击工具栏“Summary”按钮时，Framework Manager 右侧显示工程的统计信息，如图 7-10 所示。

（6）Search Viewer：单击工具栏“Search”按钮时，Framework Manager 右侧显示在工程中搜索对象，如图 7-11 所示。

二、Framework Manager 主要对象介绍

Framework Manager 使用“工程”（Project）组织导入和创建的各种对象，一个工程主要包括的对象如下：

（1）名空间（Namespace）：用于唯一确定查询主题、查询项（Query Item），避免重名的查询主题之间的冲突。

Framework Manager 使用三个层次来唯一确定一个查询项：

[namespace].[Query subject].[Query item]

在名空间之下，可以创建其他对象，包括子名空间、查询主题、文件夹（Folders）、过滤器（Filters）和计算项（Calculation）。

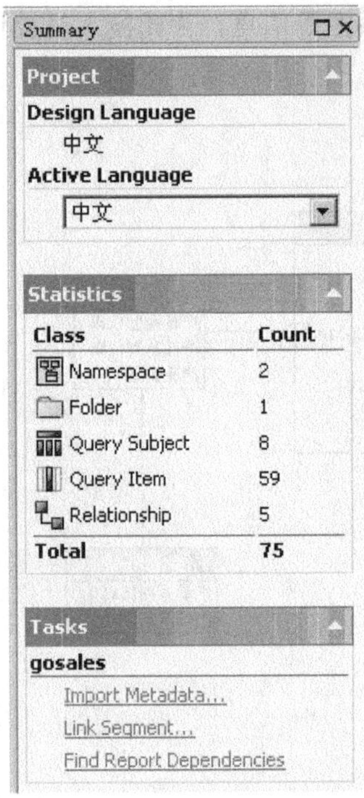

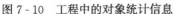

图 7-10 工程中的对象统计信息

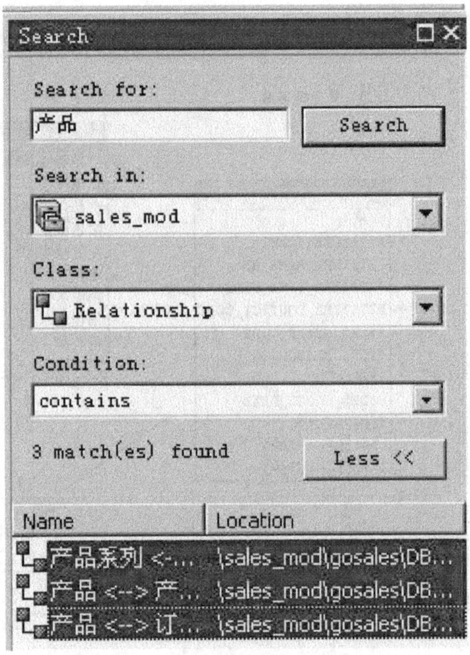

图 7-11 在工程中搜索对象

（2）查询主题（Query Subjects）：查询主题是 Framework Manager Model 的基本元素。每个查询主题由多个“查询项”（Query Items）构成。查询主题实际可以看成是通过 SQL 查询的返回结果来定义的一个视图，这个 SQL 可以是一个基于数据库表和视图的查询，也可以是对数据库存储过程的调用，SQL 返回的每一列称作查询主题的“查询项”。

查询主题可以分成以下三种类型。

1）数据源查询主题：Cognos 将每一个从数据源读取过来的元数据信息自动转化成一个查询主题。该查询主题和查询主题包含的查询项分别对应了数据库表名和表的字段名。

2）存储过程查询主题：这种查询主题建立在数据库存储过程运行结果之上，运行结果返回的一行对应了查询主题的一个查询项，因此 Cognos 要求调用的存储过程返回的结构是确定的，不能因参数的改变返回不同的结构，否则将会报错。

3）模型的查询主题：这种查询主题的查询项来自于上面两种查询主题的查询项，是直接面向最终用户的业务视图。模型的查询主题还可以包含自己的“计算项”（Calculations）、“过滤器”（Filters），从而使查询主题返回的结果更加符合最终用户的要求。

（3）查询项（Query Items）：查询项是构成查询主题的基本元素。查询项可以与数据库字段直接对应，也可以是多个数据库字段组合，例如可以将“销售数量”和“销售价格”两个字段做乘法，得到“销售收入”这样一个查询项。

通常将查询项分成以下三种类型。

1）Identifier：该类查询项是查询主题中记录的标识列，相当于数据库表中主键。

2）Attribute：对查询主题某个方面属性的描述，通常是非数值型的属性。如“产品”中的“产品名称”、“产品引入日期”等属性。

3）Fact：对查询主题某种性能指标方面的描述，是数值型的属性。例如，“订单”查询主题中的“销售数量”“单价”等。Fact 类型的查询项具有特定的汇总方式，比如“销售数量”可以进行“Sum”，还可以取平均值（Average）。

（4）关系（Relationships）：关系定义了查询主题（主要是数据源查询主题）之间的连接关系：1 对 1、1 对多等。这些信息通过定义关系两端的元组数目（Cardinality）完成，如图 7 - 12 所示。

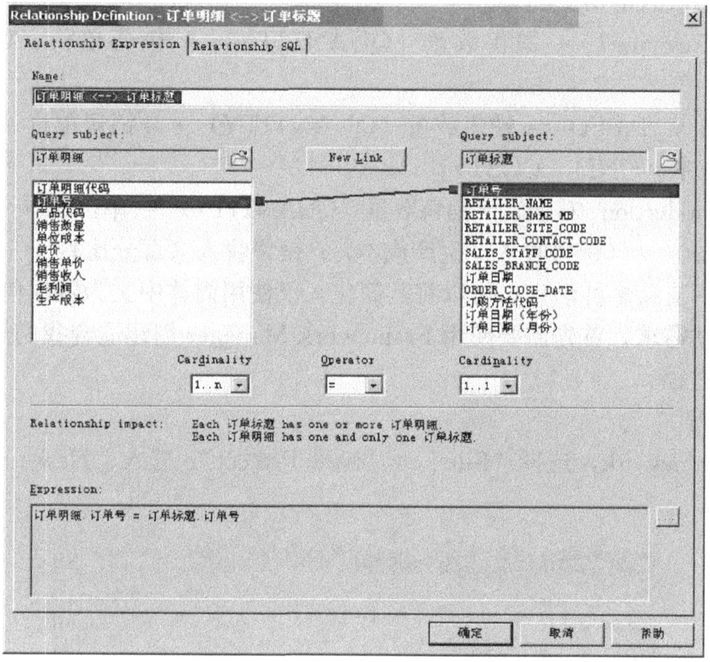

图 7 - 12　定义关系两端元组数目

Cognos 将关系信息直接转化成复杂查询时表与表之间的连接（Join）关系。

（5）数据源（Data Sources）：Framework Manager 导入元数据信息的来源。数据库是 Framework Manager 主要的数据源，此外 Cognos 还支持从第三方元数据工具中读取信息，例如从 ERwin、CWM 等模型中读取元数据信息。

（6）包（Packages）：包含了模型中导入和创建的查询项和查询主题的信息，建模人员通过将查询主题和查询项打包，根据需要可以把模型信息发布到 ReportNet Server（Content Store）中，供报表开发使用；也可以导出 IQD 格式文件，作为 Transformer 创建 Power Cube 的数据源，如图 7 - 13 所示。

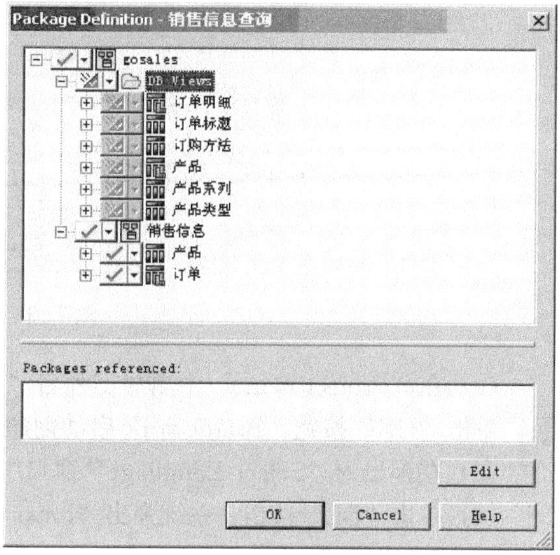

图 7 - 13　模型包定义窗口

Framework Manager Project 以 XML 格式存储自身所有信息，同时可以基于版本控制工具（如 VSS）实现模型的团队开发模式。

三、Framework Manager 建模案例

本节使用 Cognos 自带的 Sample Database——GOSL 作为建模的基础数据库。该数据库存储了 Great Outdoor 公司的销售信息，我们使用其中的部分数据完成如下需求。

按照产品系列、产品类型和产品名称、订购方法，分年/月，计算下列指标，使用固定式报表呈现出销售收入的历史趋势。

销售收入（Revenue）= 销售数量（QUANTITY）* 销售单价（UNIT _ SALE _ PRICE）

毛利润（Gross _ Profit）= 销售数量（QUANTITY）* [销售单价（UNIT _ SALE _ PRICE）－单位成本（UNIT _ COST）]

生产成本（Production _ Cost）=销售数量（QUANTITY）* 单位成本（UNIT _ COST）

利润（Margin）=（销售收入－生产成本）/ 销售收入（百分比）

由于该数据库支持多种语言，可以将其简化，仅使用简体中文为数据信息。

为了实现上述需求，首先需要使用 Framework Manager 创建适合我们需要的业务模型，以下讲述该建模过程。

1. 创建新工程

（1）启动 Framework，选择“File”→“New Project”，进入“New project”界面（如图 7 - 14 所示）。

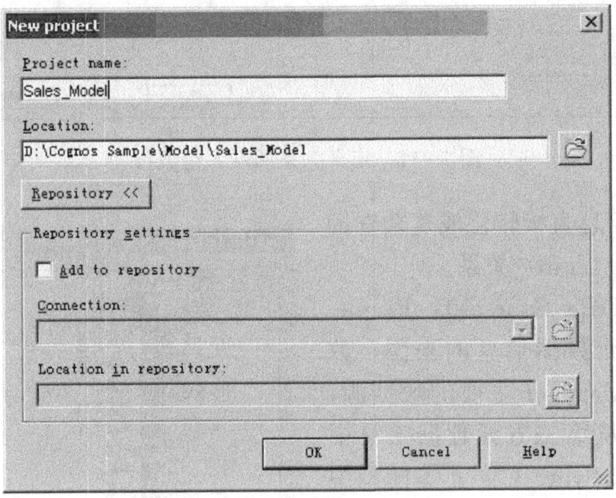

图 7 - 14 新建工程

（2）在“Project name”中填写工程名“Sales _ Model”，在“Location”中指定工程目录，单击“OK”按钮，Framework 启动创建工程向导，完成新工程的创建。

（3）在弹出的“Select Language”窗口中，选择 Project 的设计语言：中文。

（4）单击“OK”按钮，系统弹出“Import Wizard”对话框，导入创建模型需要的元数据。

1）在弹出的“Select Import Source”对话框中列出了 Framework 选择的数据源类型（图 7 - 15）。选择导入数据源的类型“Database”，单击“Next”按钮。

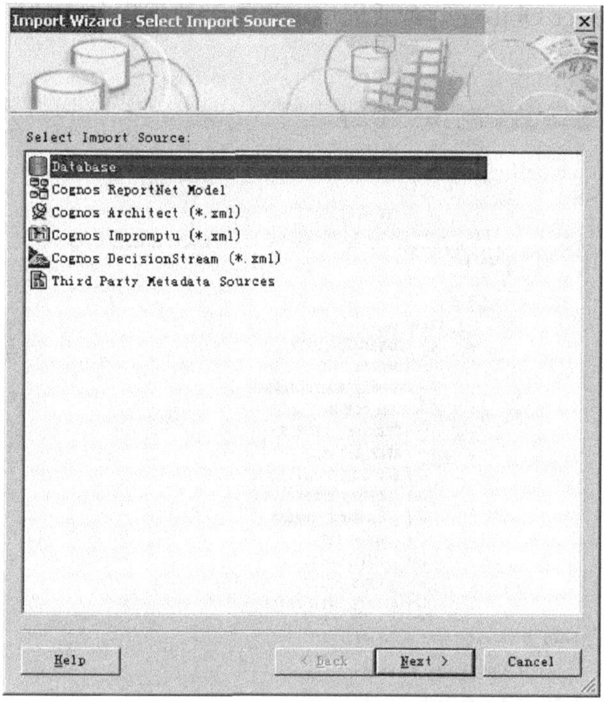

图 7-15　选择数据源类型

2）在弹出的"Select Data Source"对话框中将连接目标数据库的数据源"gosales"（连接 GOSL 数据库）列表，如图 7-16 所示，单击"Next"按钮。如果数据源不存在，单击"New"按钮创建新的连接。

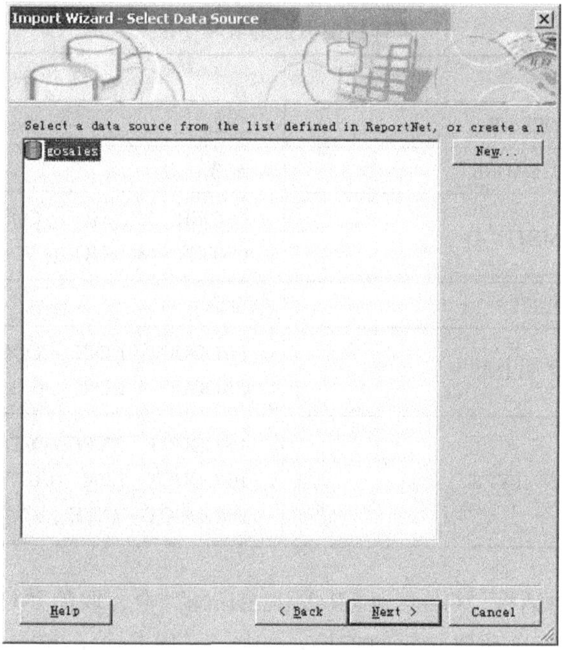

图 7-16　数据源列表

3）在弹出的“Select Objects”对话框中，将查询数据库包含的所有数据库对象列表，如图 7-17 所示。

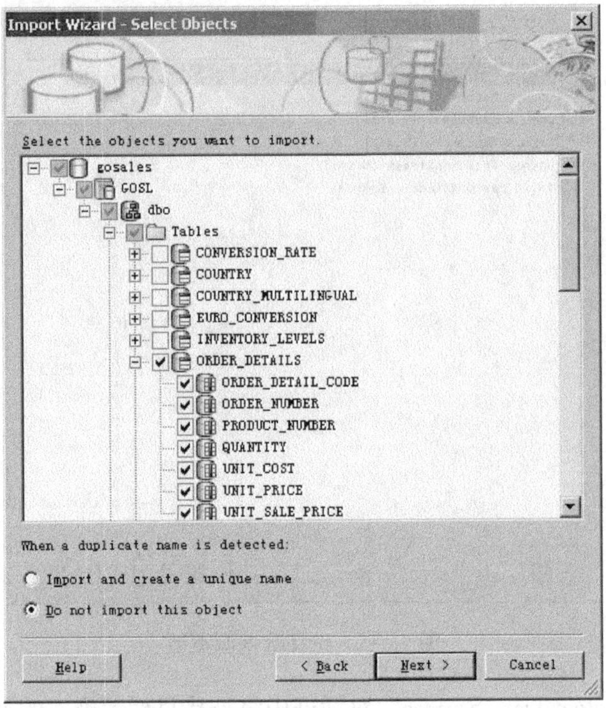

图 7-17　数据库对象列表

选择模型需要用到的表和字段，如表 7-1 所示，单击“Next”按钮。

表 7-1　　　　　　　　　选择模型需要的表和字段

选择的表名	选择的字段名
ORDER_DETAILS	全选
ORDER_HEADER	全选
ORDER_METHOD	ORDER_METHOD_CODE ORDER_METHOD_SC
PRODUCT	全选
PRODUCT_LINE	PRODUCT_LINE_CODE PRODUCT_LINE_SC
PRODUCT_TYPE	PRODUCT_TYPE_CODE PRODUCT_LINE_CODE PRODUCT_TYPE_SC

4）在创建关系的对话框“Generate Relationships”中，取消“Use primary and foreign keys”复选框，不让系统自动建立任何连接，如图 7-18 所示，单击“Import”按钮，进入 Finish 界面，单击“Finish”按钮，完成元数据的导入。

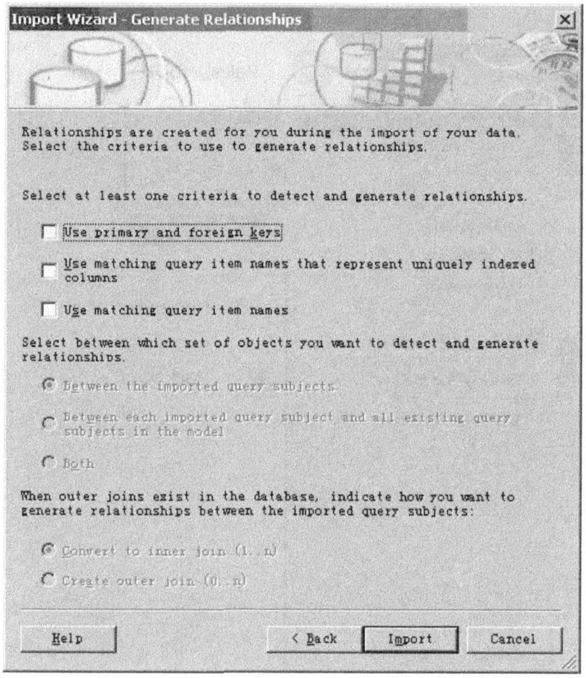

图 7-18 关系创建定义页面

5）单击 Framework 工具栏中的“Save”按钮，保存整个过程。至此初步完成了新工程的创建。

2. 重新组织导入的元数据

导入元数据之后，可以在 Framework Manager 的 Project Viewer 中看到系统为选定的每一张表自动创建了一个 Query Subject（即数据源查询主题），Query Subject 与数据库表名一致，Query Subject 包含的 Query Item 对应导入数据库对象时选定的字段，Query Item 的名字和字段名一致。系统还自动创建了一个 Namespace——gosales，该 Namespace 的名称与数据源的名称一致，所有的 Query Subject 均属于该 Namespace。在“Data Sources”节点下，还可以看到导入元数据使用的数据源，如图 7-19 所示。

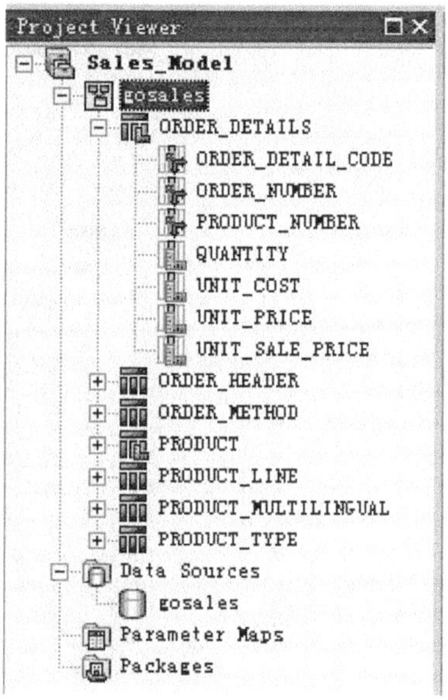

图 7-19 查看导入的表结构

系统自动创建的 Query Subject 来源于数据库的物理视图，是物理数据库的直接反映，不能直接被业务人员所理解。因此我们需要修改 Query Subject 的有关属性，以便使模型能够更好地为业务人员所理解。

（1）由于数据源查询主题直接来源于数据库元数据，为了区别建模人员创建的查询主题我们创建一个 Folder“DB Views”，将导入的元数据拖入该 Foder 中，方法如下：

1）选中 gosales 名空间，右击，在弹出菜单中选择“Create”→“Folder”选项，如图

7-20 所示。

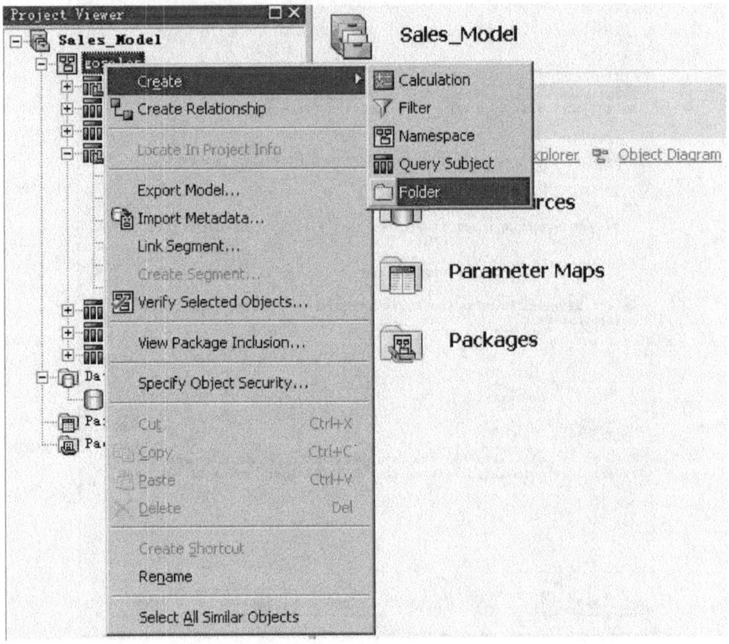

图 7-20 创建文件夹

2）在弹出对话框中，填写创建的 Folder 的名字“DB Views”，单击“next”按钮，然后选择想要放入该文件夹的所有对象，选择 ORDER _ DETAILS，ORDER _ HEADER，ORDER _ METHOD，PRODUCT，PRODUCT _ LINE，PRODUCT _ TYPE 对象，单击“Finish”按钮，将所有元数据放入“DB Views”文件夹中，如图 7-21 所示。

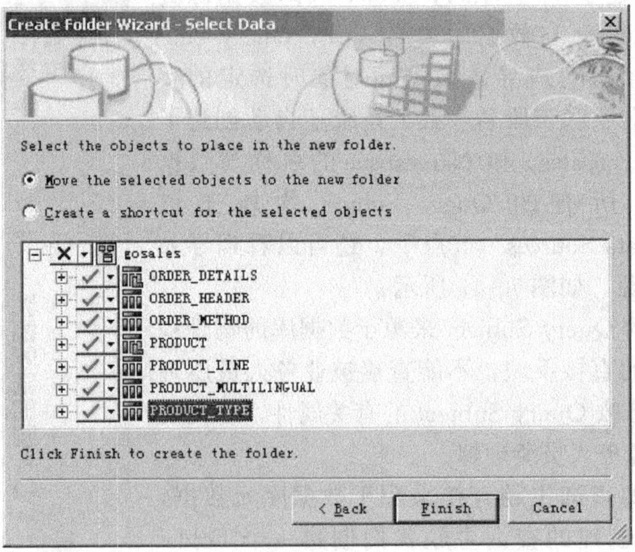

图 7-21 定义文件夹包含的对象

3）在 Project Viewer 中可以看到所有 Query Subject 都移动到了“DB Views” Folder 下，如图 7-22 所示。

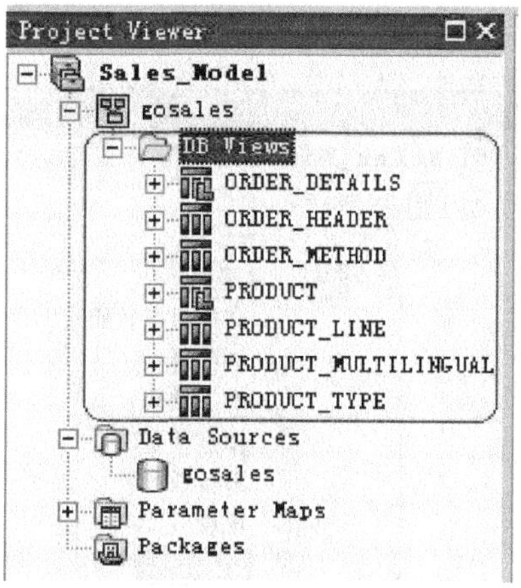

图 7-22 查看文件夹中的对象

(2) 修改数据源 Query Subjects 的属性，描述 Query Items 的业务含义。

1) 修改 ORDER_DETAILS 的定义。

①选中 ORDER_DETAILS 查询主题，在 Properties Viewer 中将 name 属性修改为“订单明细”，如图 7-23 所示。

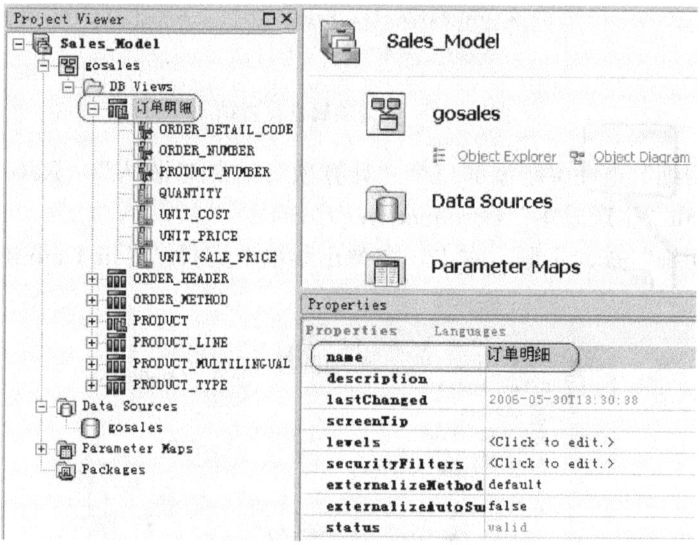

图 7-23 设置查询主题属性

②选中“订单明细”下的 Qurey Item，依次将 Qurey Item 的 name 属性分别改为如表 7-2所示的名称。

表 7-2　　“订单明细”下查询项属性设置

Query Item name（列名）	修改 name 属性的值	Query Item name（列名）	修改 name 属性的值
ORDDER_DETAIL_CODE	订单明细代码	UNIT_COST	单位成本
ORDER_NUMBER	订单号	UNIT_PRICE	单价
PRODUCT_NUMBER	产品代码	UNIT_SALE_PRICE	销售单价
QUANTITY	销售数量		

结果如图 7 - 24 所示。

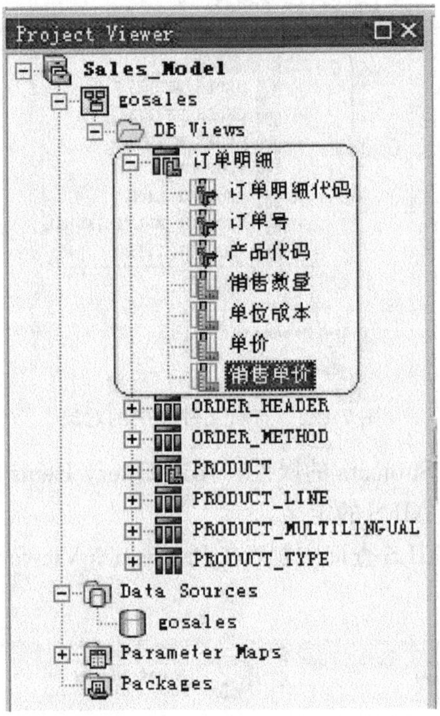

图 7 - 24 查询项属性设置结果

③向“订单明细”查询主题添加三个“计算项”：“销售收入”（Revenue)、“毛利润”(Gross _ Profit）和“生产成本”（Production _ Cost）。

选中“订单明细”查询主题，右击，在弹出菜单中选择“Edit Definition”选项，如图 7 -25 所示。

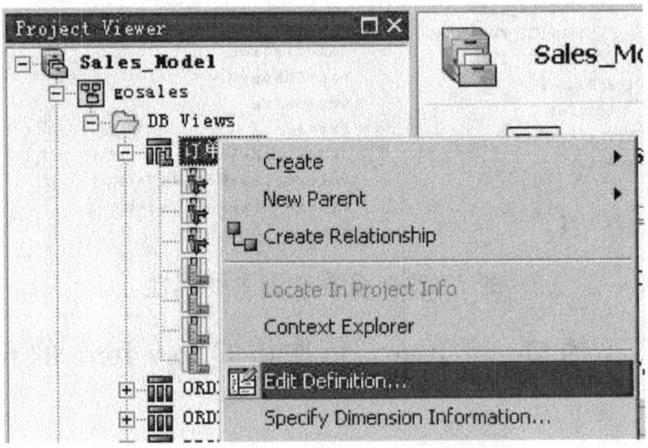

图 7 - 25 定义计算项菜单

在“Query Subject Definition”窗口中，单击“Model Objects”标签页，单击“Insert New Calculation”按钮，增加一个新的 Calculation。

定义 Calculation 的 Name 为“Revenue”。定义 Calculation 的 Expression，方法为：将光标移动到 Expression 的编辑区域，在“Model”标签页中双击“订单明细”下的“销售数

量”，在“Functions Tab”标签页中双击“Operation”文件夹下的“*”，然后再在“Model”页中双击“订单明细”下的“销售单价”，从而定义销售收入（Revenue）的表达式：

[gosales]．[订单明细]．[销售数量] * [gosales]．[订单明细]．[销售单价]

单击“OK”按钮，完成 Calculation 的定义，如图 7-26 所示。

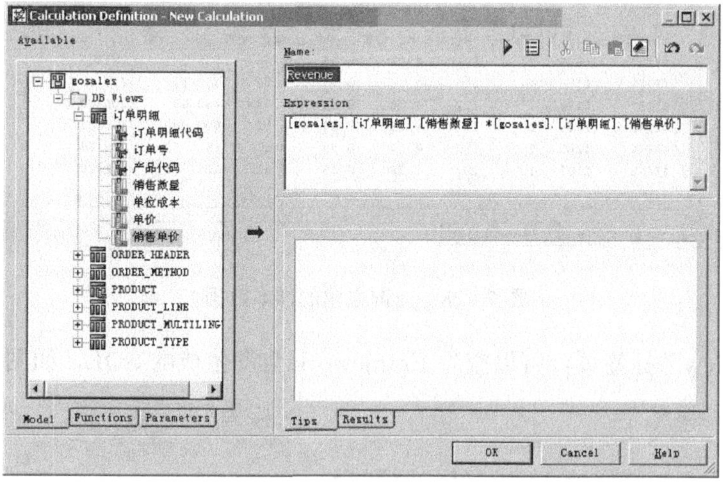

图 7-26　定义计算项

④使用同样的方法添加“Gross_Profit”和“Production_Cost”两个计算项。

Gross_Profit 的定义表达式如下：

[gosales]．[订单明细]．[销售数量] * （[gosales]．[订单明细]．[销售单价] －[gosales]．[订单明细]．[单位成本]）

Production_Cost 的定义表达式如下：

[gosales]．[订单明细]．[销售数量] * [gosales]．[订单明细]．[单位成本]

计算项定义结果如图 7-27 所示。

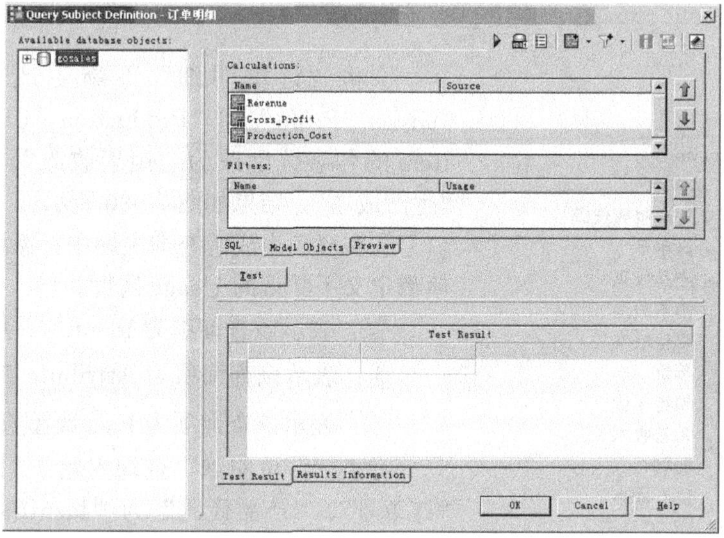

图 7-27　计算项定义结果

⑤在“Query Subject Definition”窗口单击“Test”按钮，可以查看数据样本，如图 7-28 所示。

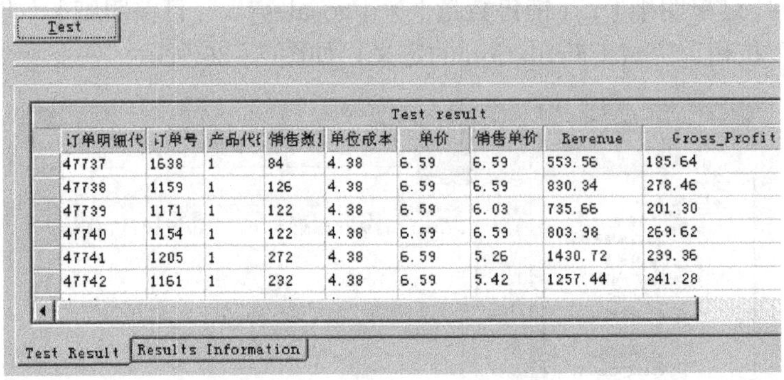

图 7-28 查询主题的样本数据

选择“Preview”标签页，可以查看 Framework 自动生成的 SQL，如图 7-29 所示。

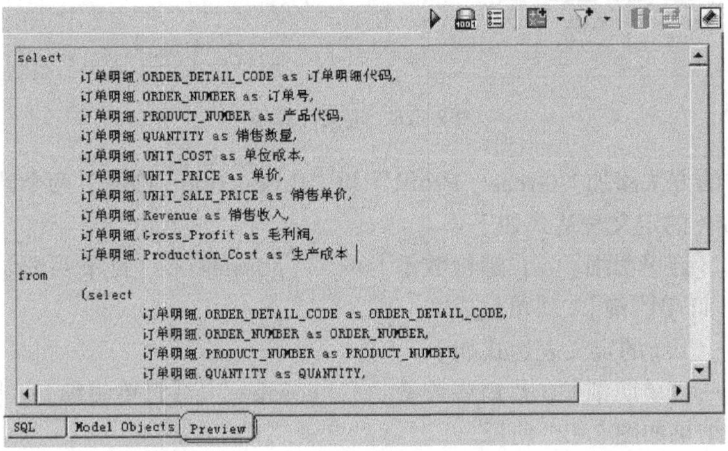

图 7-29 查询主题对应的 SQL

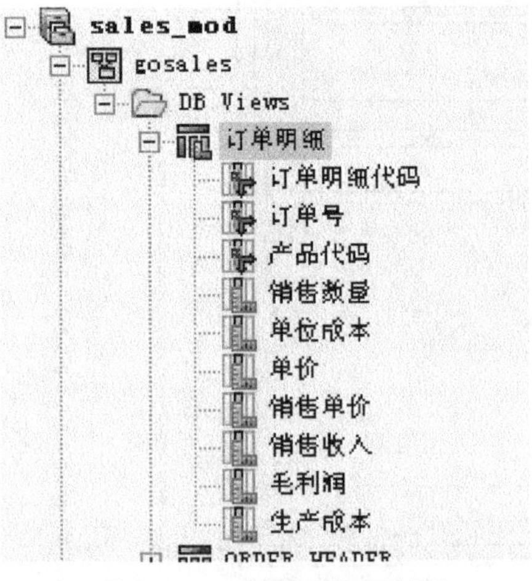

图 7-30 计算项设置结果

⑥将“订单明细”下新生成的“Revenue”、“Gross _ Profit”和“Production _ Cost”三个 Query Item 的名字分别改为“销售收入”、“毛利润”和“生产成本”，结果如图 7-30 所示。

⑦在自动生成的查询主题中，系统为每一个查询项都定义了默认的 Usage 属性。

：表示该查询项为 Identifier 类型查询项。

：表示该查询项为 Attribute 类型查询项。

：表示该查询项为 Fact 类型查询项。

对于“订单明细”查询主题，“订单明细代码”、“订单号”、“产品代码”为“Identifier”类型，其他均为“Fact”类型。如前所述，Fact 类型是一个数值

型指标，通常包含了特定的汇总方式，Framework 默认的汇总方式是“Sum”，对于某些指标，如“价格”类的指标，这种方式就不合适了。因此，需要修改默认的汇总方式。

选中“订单明细”查询主题“Fact”类型的查询项——单位成本，在 Properties Viewer 中将“regularAggregate”属性修改为“average”，如图 7-31 所示。

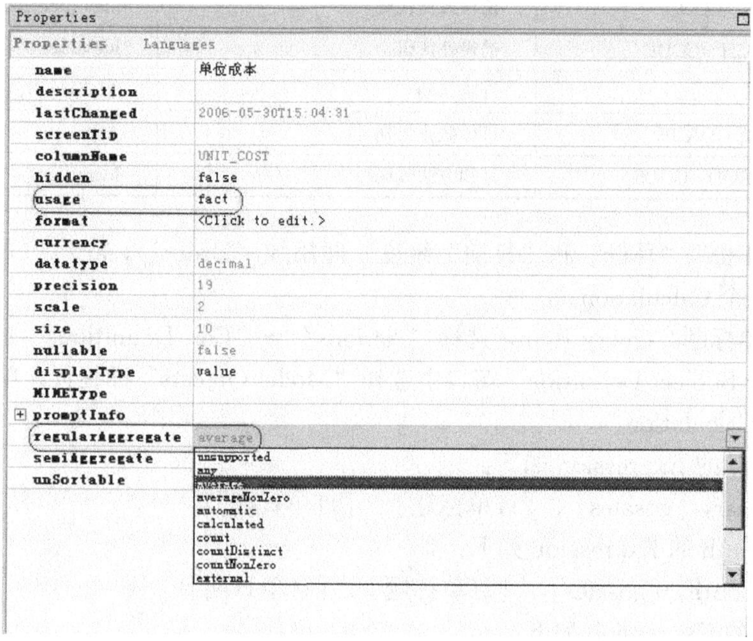

图 7-31 修改查询项 regularAggregate 属性

使用同样的操作，修改其他 Fact 类型查询项的“regularAggregate”属性，如表 7-3 所示。

表 7-3 regularAggregate 属性修改列表

Query Item name（列名）	修改 regularAggregate 属性的值	Query Item name（列名）	修改 regularAggregate 属性的值
销售数量	sum	销售收入	sum
单价	average	毛利润	sum
销售单价	average	生产成本	sum

⑧选择“File”→“Save”选项，保存上述操作。

2）按照上述方法，修改 ORDER _ HEADER 的定义。

①将 ORDER _ HEADER 的名字改为“订单标题”。

②修改 ORDER _ HEADER 下的 QUERY _ ITEM 的属性值，如表 7-4 所示。

表 7-4 ORDER _ HEADER 中查询项属性修改列表

Query Item name（列名）	修改 name 属性值	修改 usage 属性值
ORDER _ NUMBER	订单号	Identifier
RETAILER _ NAME	零售商名称	Attribute
RETAILER _ NAME _ MB	零售商名称（多脚本语言）	Attribute

续表

Query Item name（列名）	修改 name 属性值	修改 usage 属性值
RETAILER_SITE_CODE	零售商场地代码	Identifier
RETAILER_CONTACT_CODE	零售商联系人代码	Identifier
SALES_STAFF_CODE	销售人员代码	Identifier
SALES_BRANCH_CODE	销售处代码	Identifier
ORDER_DATE	订单日期	Attribute
ORDER_CLOSE_DATE	订单截止日期	Attribute
ORDER_METHOD_CODE	订购方法代码	Identifier

③增加“年份”“月份”和“日期”维度，即添加“Order_year”“Order_month”、“ord_date”三个 Calculation。

选中“订单标题”Query Item，选择“Actions”→“Edit Definitions”选项。

在“Query Subject Definition”窗口中选择“Model Objects”标签页，单击“计算”按钮，添加新的 Calculation。

Order_year 的 Expression 如下：

extract（year，[gosales].[订单标题].[订单日期]）

Order_month 的 Expression 如下：

extract（month，[gosales].[订单标题].[订单日期]）

ord_date 的 Expression 如下：

cast（[gosales].[订单标题].[订单日期]，date）

结果如图 7-32 所示。

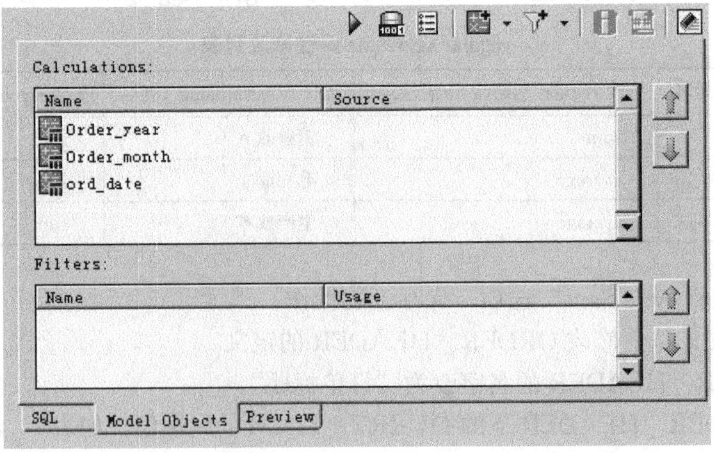

图 7-32 维度定义结果

④单击“OK”按钮，创建“Order_year”“Order_month”和“ord_date”Query Item。

⑤修改“Order_year”“Order_month”和“ord_date”Query Item 属性，如表 7-5 所示。

表 7-5 ORDER _ HEADER 中维度属性修改列表

Query Item name（列名）	修改 name 属性值	修改 usage 属性值
Order _ year	订单日期（年份）	Attribute
Order _ month	订单日期（月份）	Attribute
ord _ date	订单日期（日期）	Attribute

⑥选择“File”→“Save”选项，保存上述操作。

3）修改 ORDER _ METHOD 的定义。

①将 ORDER _ METHOD 的名字改为“订购方法”。

②修改“Order _ year”“Order _ month” Query Item 属性，如表 7-6 所示。

表 7-6 ORDER _ METHOD 属性修改列表

Query Item name（列名）	修改 name 属性值	修改 usage 属性值
ORDER _ METHOD _ CODE	订购方法代码	Identifier
ORDER _ METHOD _ SC	订购方法	Attribute

③保存操作。

4）修改 PRODUCT 的定义。

①将 PRODUCT 的名字改为“产品”。

②修改 PRODUCT 中包含的每个 Query Item 的属性，如表 7-7 所示。

表 7-7 PRODUCT 属性修改列表

Query Item name	修改 Name 属性值	修改 usage 属性值	修改 regularAggregate 属性值
PRODUCT _ NUMBER	产品代码	Identifier	Count
INTRODUCTION _ DATE	引入日期	Attribute	UnSupported
PRODUCT _ TYPE _ CODE	产品类型代码	Identifier	Count
PRODUCTION _ COST	生产成本	Fact	Average
MARGIN	利润	Fact	Average
PRODUCT _ IMAGE	产品图片	Attribute	UnSupported

③ 保存操作。

5）修改 PRODUCT _ LINE 的定义。

①将 PRODUCT _ LINE 的名字改为“产品系列”。

②修改 PRODUCT _ LINE 下的属性值，如表 7-8 所示。

表 7-8 PRODUCT _ LINE 属性修改列表

Query Item name（列名）	修改 name 属性值	修改 usage 属性值
PRODUCT _ LINE _ CODE	产品系列代码	Identifier
PRODUCT _ LINE _ SC	产品系列	Attribute

③保存操作。

6）修改 PRODUCT _ TYPE 的定义。

①将 PRODUCT _ TYPE 的名字改为“产品类型”。

②修改 PRODUCT _ TYPE 下的属性值，如表 7 - 9 所示。

表 7 - 9 PRODUCT _ TYPE 属性修改列表

Query Item name（列名）	修改 name 属性值	修改 usage 属性值
PRODUCT _ TYPE _ CODE	产品类型代码	Identifier
PRODUCT _ LINE _ CODE	产品系列代码	Identifier
PRODUCT _ TYPE _ SC	产品类型	Attribute

③保存操作。

7）修改 PRODUCT _ MULTILINGUAL 的定义。

①将 PRODUCT _ MULTILINGUAL 的名字改为“产品描述”。

②修改 PRODUCT _ MULTILINGUAL 下的属性值，如表 7 - 10 所示。

表 7 - 10 PRODUCT _ MULTILINGUAL 属性修改列表

Query Item name（列名）	修改 name 属性值	修改 usage 属性值
PRODUCT _ Number	产品编号	Identifier
LANGUAG7E	语言种类	Identifier
PRODUCT _ NAME	产品名称	Attribute
DESCRIPTION	产品描述	Attribute

③由于“产品描述”查询主题数据包含了多种语言的产品名称和产品描述信息，因此需要通过修改“产品描述”的 SQL 定义，将产品编号对应的中文名称和中文描述信息查询出来，方法如下：

a. 选中“产品描述”Query Subject，右击，选择“Edit Definition”选项。

b. 在“SQL”标签页中修改“产品描述”的 SQL 定义：

```
Select *
from [gosales] . PRODUCT _ MULTILINGUAL
where PRODUCT _ MULTILINGUAL. " LANGUAGE" ='SC'
```

④单击“Test”按钮，测试 SQL 语句是否正确运行，在“Test Result”标签页中显示 SQL 运行结果，如图 7 - 33 所示。

⑤单击“OK”按钮完成 SQL 的修改。

⑥保存操作。

3. 创建查询主题之间的关系

关系用于解释两个查询主题之间数据的相互联系。在将数据源查询主题基本属性定义结束之后，就应当将查询主题之间的关系标识出来。创建的关系最终将转化成查询时使用的连接关系。下面基于前面的例子，继续描述关系的创建过程。

（1）在 Diagram View 区域中单击“Object Diagram”链接，如图 7 - 34 所示。

显示“DB Views”文件夹对象，然后双击“DB Views”文件夹，进入对象图编辑区，显示出“DB Views”的每个孤立查询主题，如图 7 - 35 所示。

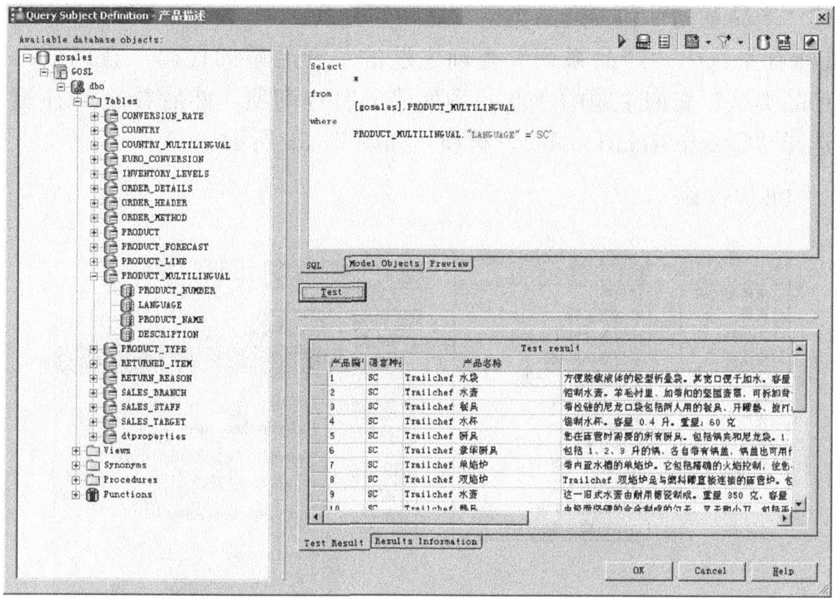

图 7-33　自定义 SQL 测试

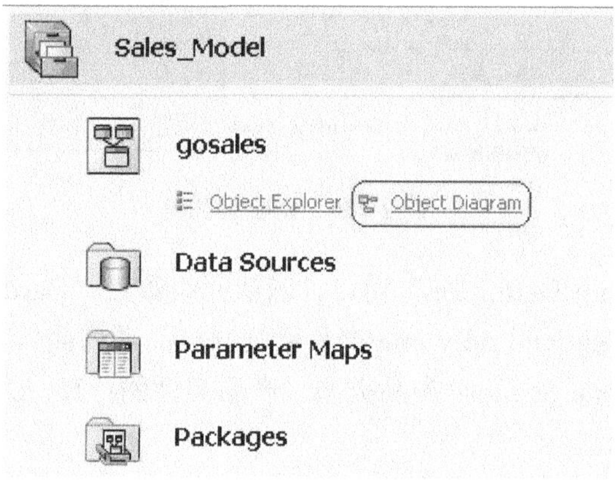

图 7-34　Object Diagram

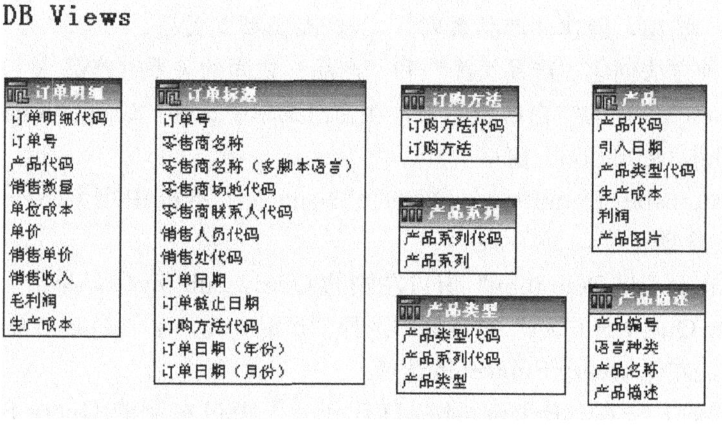

图 7-35　工程对象编辑区

(2) 创建“产品系列”和“产品类型”之间的关系。

1) 用鼠标首先选中“产品系列”查询主题的“产品系列代码”查询项，再按住 Ctrl 键，单击“产品类型”查询主题的“产品系列代码”查询项，然后释放 Ctrl 键，右击，在弹出菜单中选择“Create Relationship”选项，如图 7-36 所示。

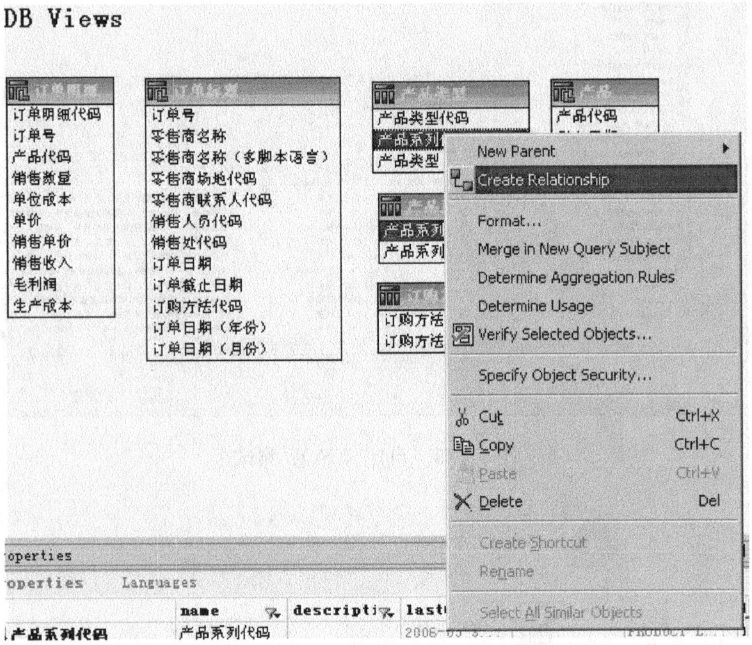

图 7-36 创建关系

2) 弹出“Relationship Definition”窗口，确认元组数目（Cardinality）定义符合实际。

Each 产品类型 has one and only one 产品系列（产品系列侧：1..1）。

Each 产品系列 has one or more 产品类型（产品类型侧：1..n）。

结果如图 7-37 所示。

3) 选择“Relationship SQL”标签页查看生成的 SQL，单击“Test”按钮测试运行结果，如图 7-38 所示。

单击“确定”按钮，创建“产品系列〈--〉产品类型”关系。

(3) 用另一种方法创建“产品类型”和“产品”之间的关系（产品〈--〉产品类型）。

1) 在 Diagram View 的空白区域右击，在弹出菜单中选择“Create Relationship”选项，弹出“Relationship Definition”窗口。

2) 在“Relationship Definition”窗口的“Name”文本框中定义 Relationship 的名字“产品〈--〉产品类型”。

3) 在“Relationship Definition”窗口左侧的 Query Subject 中，单击“文件夹”按钮，在弹出的“Select Query Subject”对话框中选择“产品”Query Subject（见图 7-39），单击“OK”按钮，完成左侧 Query Subject 的选择。

4) 使用同样的方法在“Relationship Definition”窗口右侧的 Query Subject 中，单击“文件夹”按钮，在弹出的“Select Query Subject”窗口中选择“产品类型”Query Subject，

单击“OK”按钮，完成右侧 Query Subject 的选择。

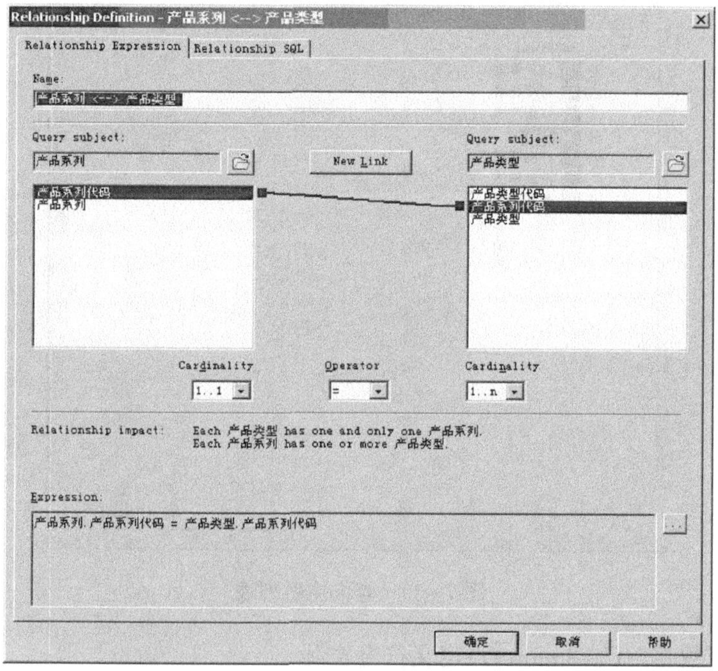

图 7-37 定义元组数目

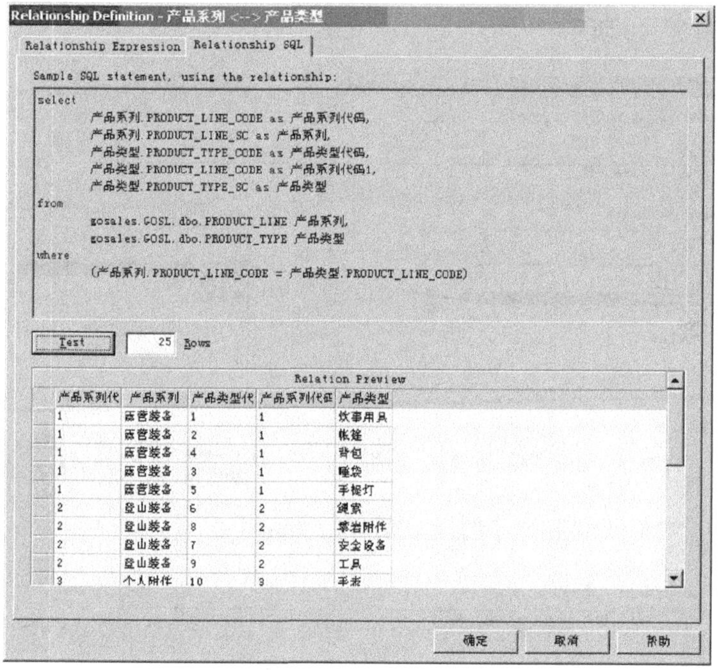

图 7-38 关系 SQL 测试

5）在“Relationship Definition”窗口左侧的“产品”Query Subject 中选择“产品类型代码”查询项，在右侧的“产品类型”Query Subject 中选择“产品类型代码”查询项。

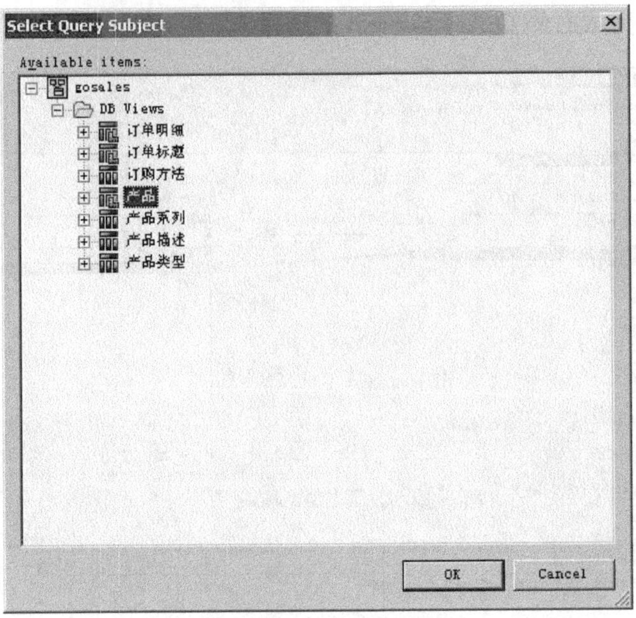

图 7-39 查询主题列表

6）确认元组数目（Cardinality）定义符合实际。

Each 产品 has one and only one 产品类型（产品类型侧：1..1）。

Each 产品类型 has one or more 产品（产品侧：1..n）。

最终效果如图 7-40 所示。

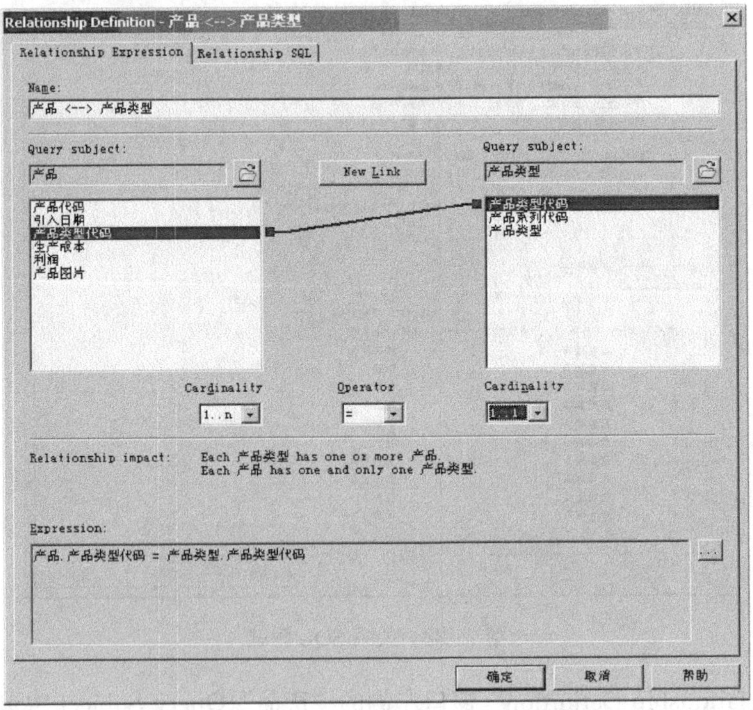

图 7-40 产品与产品类型关系创建结果

单击“确定”按钮，完成关系的创建。

(4) 创建“产品”和“订单明细”之间的关系（“产品 〈-->〉 订单明细”），方法同 (2) 或 (3) 步骤。

1) 关联的 Query Item：“产品”的“产品代码”和“订单明细”的“产品代码”。

2) 确认元组数目 (Cardinality) 定义符合实际。

Each 订单明细 has one and only one 产品（产品侧：1..1）。

Each 产品 has one or more 订单明细（订单明细侧：1..n）。

(5) 创建“订单明细”和“订单标题”之间的关系（“订单明细 〈-->〉 订单标题”），方法同 (2) 或 (3) 步骤。

1) 关联的 Query Item：“订单标题”的“订单号”和“订单明细”的“订单号”。

2) 确认元组数目 (Cardinality) 定义符合实际。

Each 订单标题 has one and only one 订单明细（订单标题侧：1..1）。

Each 订单明细 has one or more 订单标题（订单明细侧：1..n）。

(6) 创建“订单标题”和“订购方法”之间的关系（“订单标题 〈-->〉 订购方法”），方法同 (2) 或 (3) 步骤。

1) 关联的 Query Item：“订单标题”的“订购方法代码”和“订购方法”的“订购方法代码”。

2) 确认元组数目 (Cardinality) 定义符合实际。

Each 订单标题 has one and only one 订购方法（订购方法侧：1..1）。

Each 订购方法 has one or more 订单标题（订单标题侧：1..n）。

(7) 创建“产品”和“产品描述”之间的关系（“产品 〈-->〉 产品描述”），方法同 (2) 或 (3) 步骤。

1) 关联的 Query Item：“产品”的“产品代码”和“产品描述”的“产品编号”。

2) 确认元组数目 (Cardinality) 定义符合实际。

Each 产品 has one and only one 产品描述（产品：1..1）。

Each 产品描述 has one and only one 产品（产品描述：1..1）。

(8) 单击工具栏中的“自动排列”按钮，自动排列生成的关系图如图 7-41 所示。

4. 创建模型的查询主题

模型的查询主题是客户需求的直接反映，满足客户查询的需要。创建过程如下：

(1) 在“gosales”名空间下创建一个新的子名空间“销售信息”。

1) 在 Project Viewer 中选中“gosales”，选择“Actions”→“Create”→“Namespace”选项。

2) 将创建的名空间对象的 name 属性改为“销售信息”。

(2) 创建“产品”Query Subject。

1) 在 Project Viewer 中选中“销售信息”，选择“Actions”→“Create”→“Subject Query”选项，如图 7-42 所示。

2) 在“New Query Subject-Name and Type”对话框中，填写 Name“产品”，选择 Type“Model”，单击“OK”按钮，如图 7-43 所示。

3) 选中模型中“产品系列”查询主题的“产品系列”查询项，将该 Query Item 拖入到右侧“Query Item and Calculations”区域。

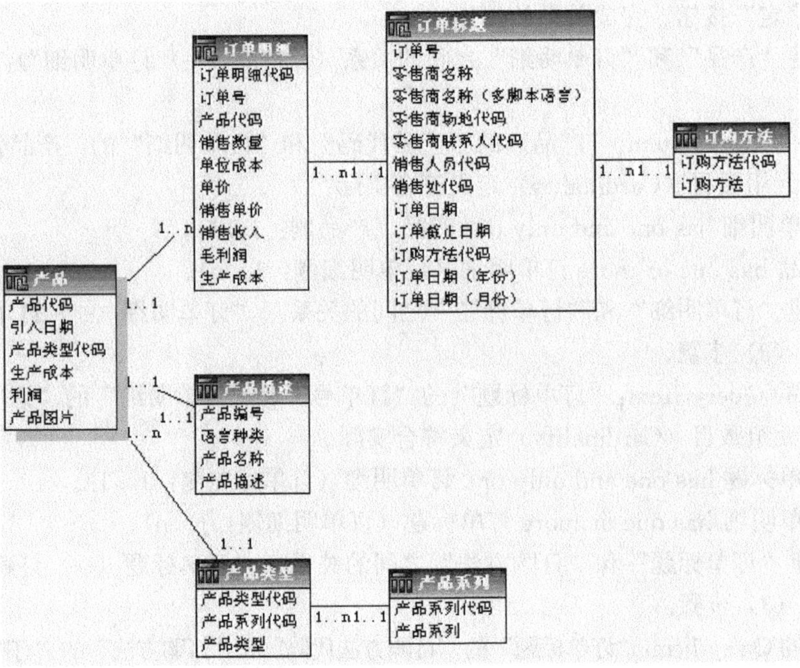

图 7-41 自动排列生成的关系图

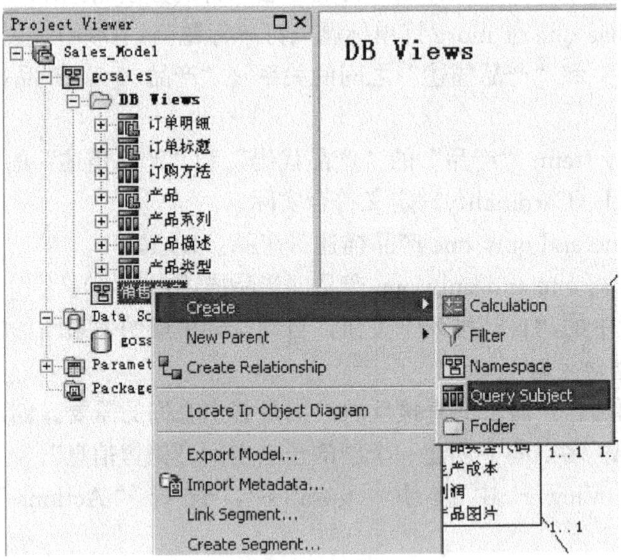

图 7-42 创建查询主题菜单

按照同样的方法依次拖入表 7-11 所示查询项。

表 7-11　　　　拖 入 查 询 项 列 表

Query Subject	Query Item	Query Subject	Query Item
产品类型	产品类型	产品系列	产品系列代码
产品描述	产品名称	产品类型	产品类型代码
产品描述	产品描述	产品	产品代码

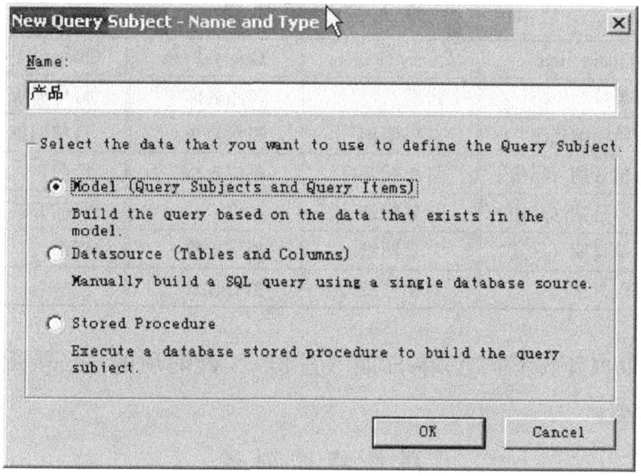

图 7 - 43　定义查询主题名称及类型

4）单击“Test”按钮检查创建的 Query Subject 是否有错误，单击“OK”按钮，创建“产品”查询主题定义结果，如图 7 - 44 所示。

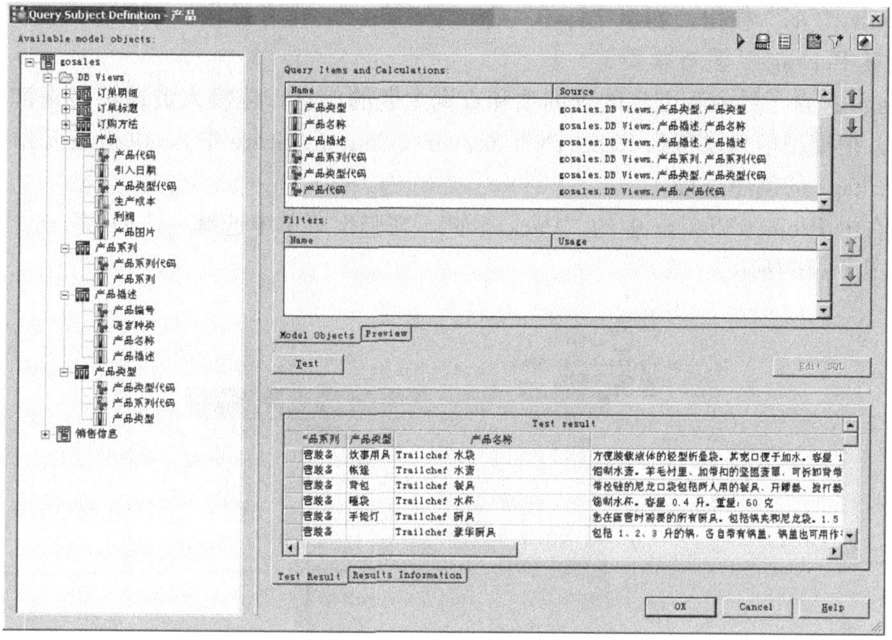

图 7 - 44　查询主题定义结果

（3）创建“订单”Query Subject。

1）在 Project Viewer 中选中“销售信息”名空间，选择“Actions”→“Create”→“Subject Query”选项。

2）在“New Query Subject”对话框中，填写 Name“订单”，选择 Type“Model”，单击“OK”按钮。

3）选取模型中表 7 - 12 所列的 Query Item，将其拖入查询项“Query Item and Calculations”区域。

表 7-12 拖入查询项列表

Query Subject	Query Item	Query Subject	Query Item	Query Subject	Query Item
订单标题	订单号	产品	产品名称	订单明细	毛利润
订单明细	订单明细代码	订单明细	销售数量	订单明细	生产成本
订单标题	订单日期（年份）	订单明细	单位成本	产品	产品代码
订单标题	订单日期（月份）	订单明细	单价	订购方式	订购方式代码
订单标题	订单日期（日期）	订单明细	销售单价	产品	产品类型代码
订购方法	订购方法	订单明细	销售收入		

4）将“订单日期（年份）”“订单日期（月份）”查询项的 usage 属性修改成“Attribute”，如表 7-13 所示。

表 7-13 属性修改列表

Query Item name（列名）	修改 usage 属性值	Query Item name（列名）	修改 usage 属性值
订单日期（年份）	Attribute	订单日期（月份）	Attribute

5）单击“Test”按钮检查创建的 Query Subject 是否正确。

6）单击“OK”按钮，创建“订单”Query Subject，保存操作。

5. 创建 Package，发布模型

Package 包含了导入和创建的查询项和查询主题的信息，建模人员通过将查询主题和查询项打包，把模型信息发布到 ReportNet Server（Content Store 中），供报表开发使用。下面讲述 Package 的创建过程。

（1）右击 Project Viewer 中的“Packages”，在弹出菜单中选择“Create”→“Package”选项，如图 7-45 所示。

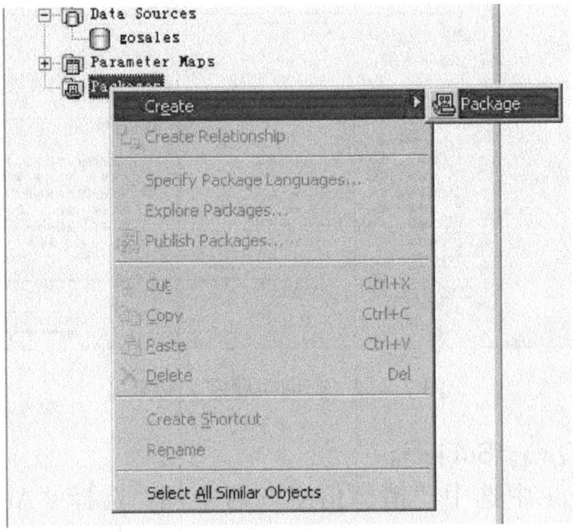

图 7-45 创建 Package 菜单

（2）在弹出的“Create Package”对话框中定义 Package 的名称“销售信息查询”，单击“Next”按钮，如图 7-46 所示。

（3）选择发布的对象：销售信息名空间下的所有内容，DB Views 下的内容隐藏，单击

“Next”按钮，如图 7-47 所示。

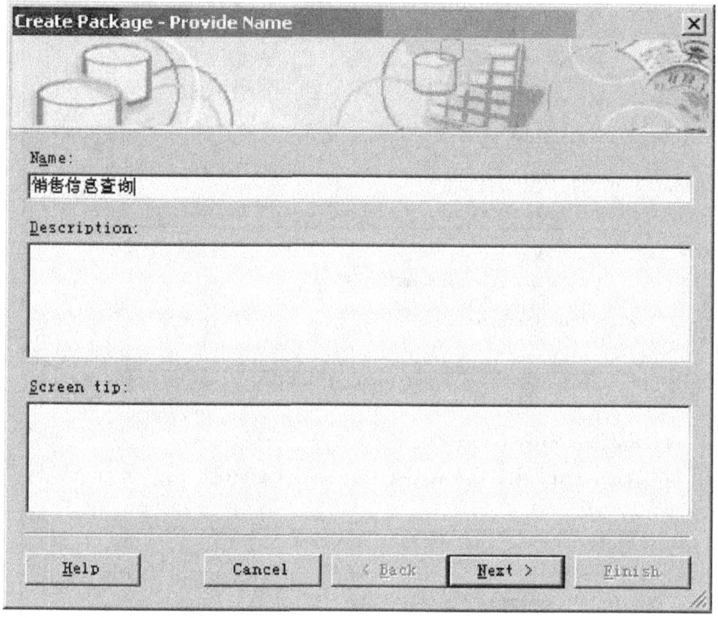

图 7-46 定义 Package 名称

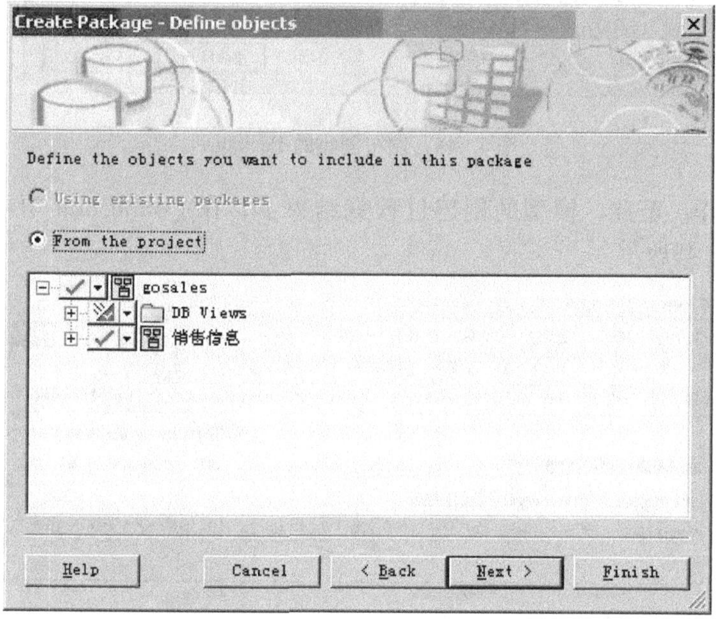

图 7-47 定义 Package 包含的内容

（4）在接下来的窗口中直接单击“Next”按钮，“Finish”按钮，系统提示 Package 创建成功。

（5）单击“Yes”按钮，进入“Publish Wizard”界面，单击“Publish”按钮，向 ReportNet Server 发布创建的 Package，如图 7-48 所示。

（6）接下来窗口中显示发布的信息，单击“Finish”按钮，完成 Package 的发布。

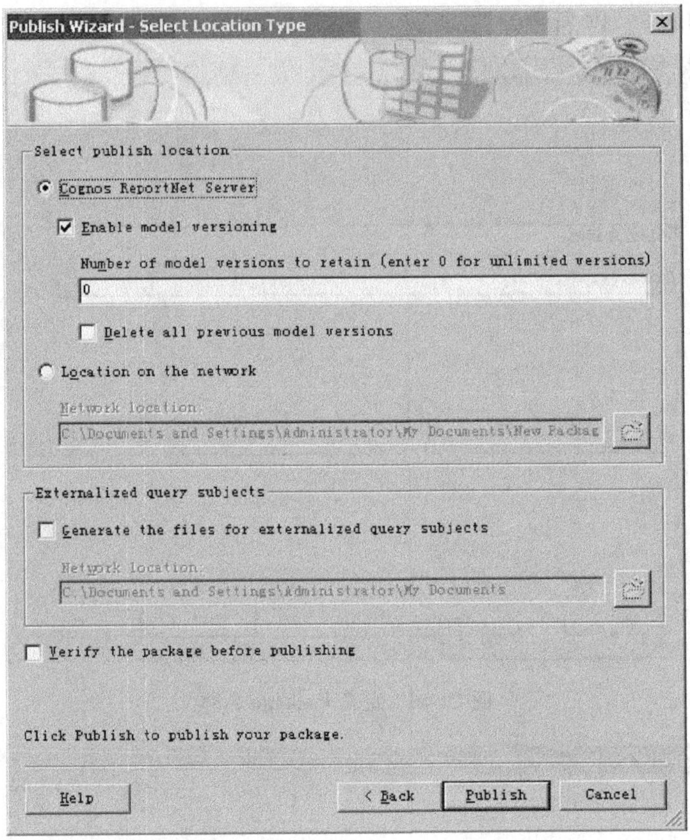

图 7-48 发布创建的 Package

(7) 保存操作。至此，模型的创建过程就结束了。在 Connection 中可以查看发布的 Package，如图7-49所示。

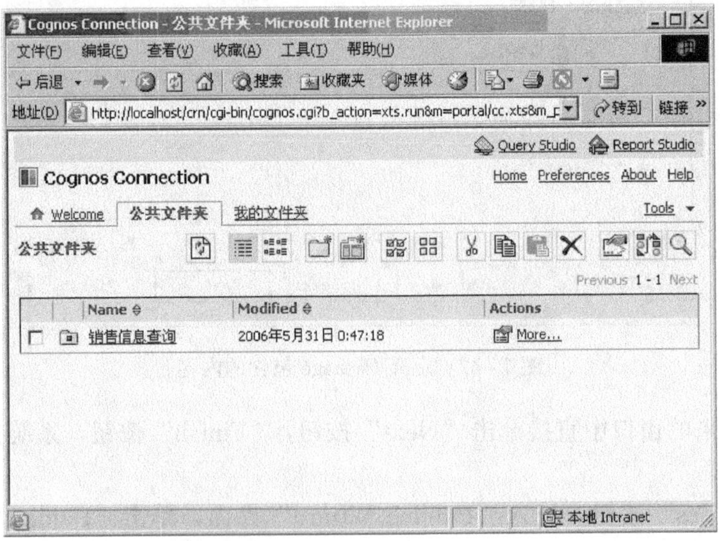

图 7-49 查看发布的 Package

接下来就可以根据发布的 Model 创建报表了。

第三节 使用 Report Studio 开发固定式报表

Report Studio 是 ReportNet 开发专业化报表的工具，使用 Reprot Studio 可以定义符合用户要求的查询，开发出复杂布局、表现多样的报表页面。

一、启动 Report Studio

(1) 在 Cognos Connection 页面中，单击右上角“Report Studio”图标，如图 7 - 50 所示。

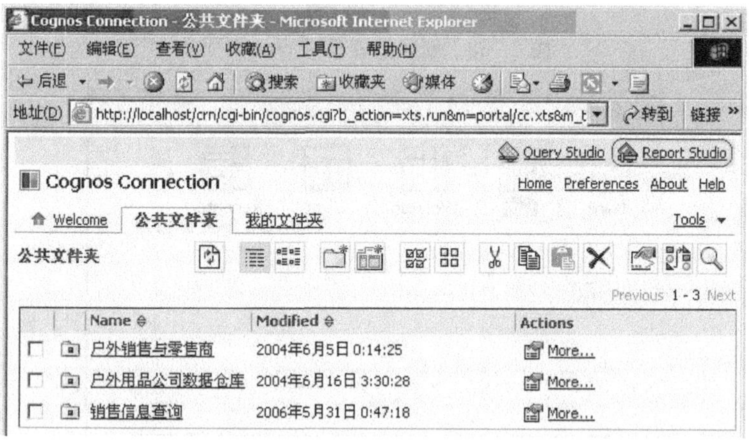

图 7 - 50 启动 Report Studio

(2) 系统提示选择开发报表需要使用的 Package，如图 7 - 51 所示。

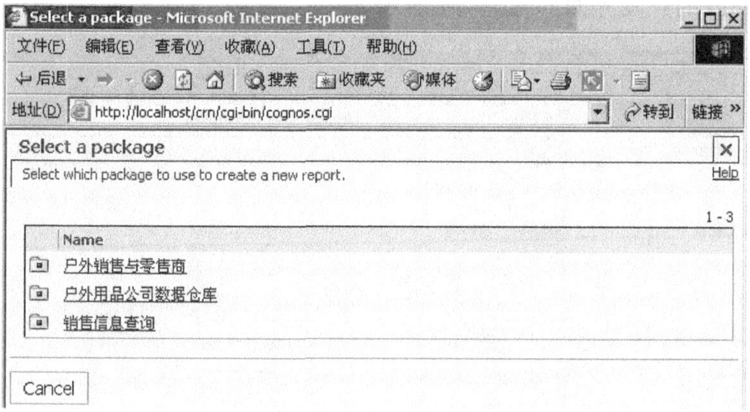

图 7 - 51 Package 列表

(3) 单击“销售信息查询”Package，进入 Report Studio 启动界面。

(4) 启动后系统弹出“Welcome”页面，选择“Create a new report”选项，如图 7 - 52 所示。

(5) 在弹出的“New”对话框中选择所要创建报表的类型“List”，单击“OK”按钮，进入 Report Studio 开发界面，如图 7-53 所示。

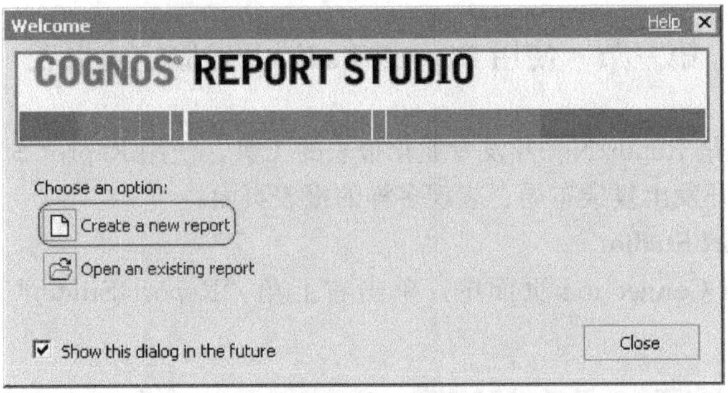

图 7-52 创建报表 Welcome 页面

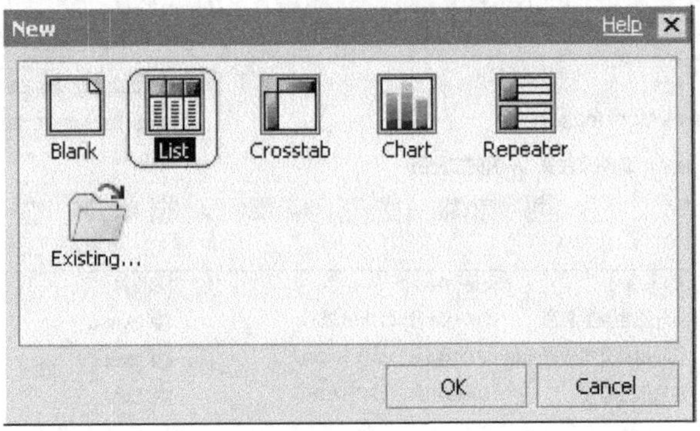

图 7-53 创建报表的类型选择页面

二、Report Studio 开发环境

Report Studio 的开发界面如图 7-54 所示。

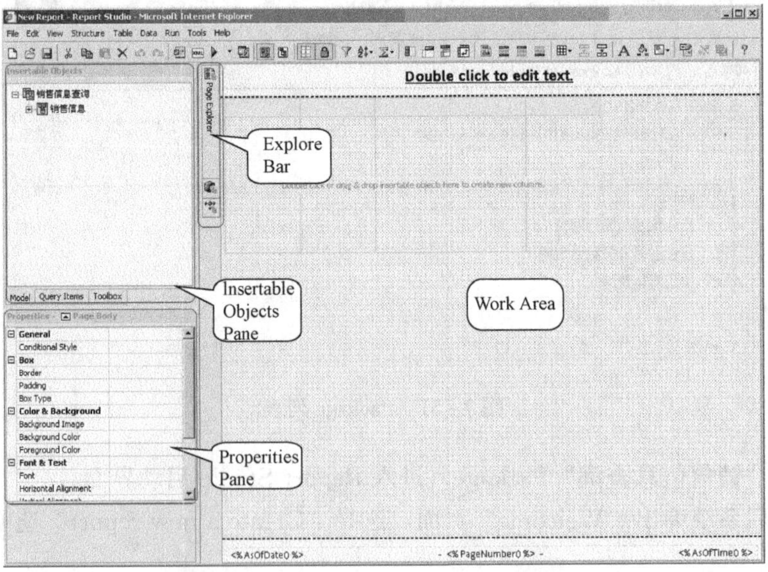

图 7-54 Report Studio 开发界面

Report Studio 界面主要分成以下部分。

(1) Insertable Object Pane：包含了创建报表时可以使用的各种对象，这些对象可以分成以下三种类型。

1) Model 对象：在 Insertable Object Pane 的"Model"标签页中，包含了使用 Framework Manager 发布的 Package 中包含的各种对象：查询主题和查询项等，如图 7-55 所示。

2) Query Items 对象：在 Insertable Object Pane 的"Query Items"标签页中，包含了创建报表时创建的查询以及查询的结构，如图 7-56 所示。

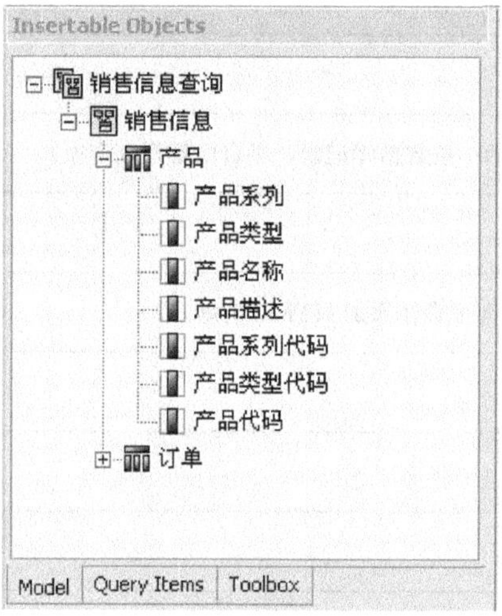

图 7-55　模型中的对象

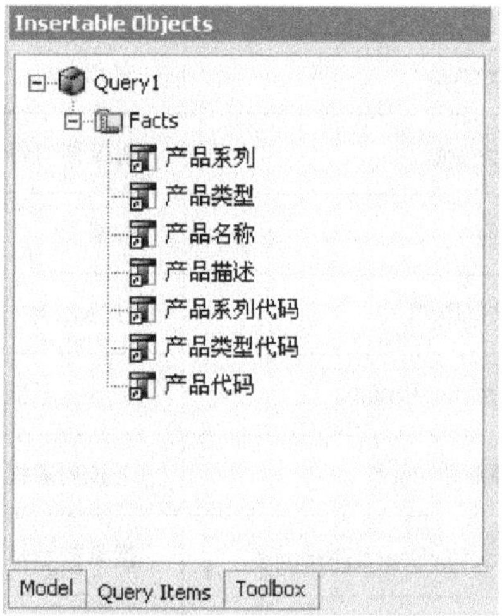

图 7-56　查询对象的内容

3) Toolbox 对象：在 Insertable Object Pane 的"Toolbox"标签页中，包含了报表页面中可插入的各类控件对象，如图 7-57 所示。

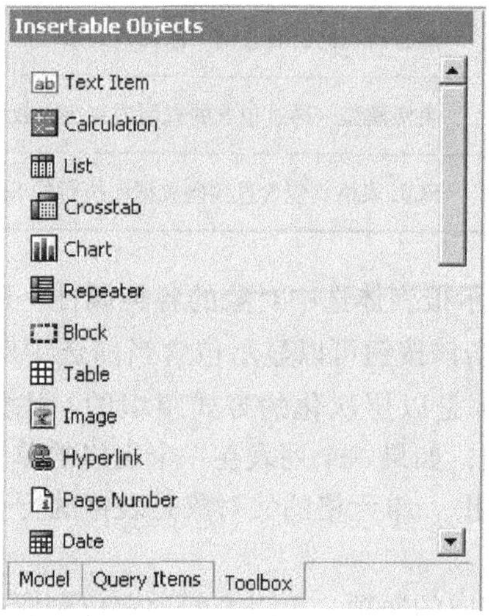

图 7-57　可插入的各类控制对象

Report Studio 常用控件功能说明如表 7-14 所示。

表 7-14　　Report Studio 常用控件功能说明

图　标	控　件　说　明
Text Item	文本项（向报表体添加文本信息）
Calculation	计算项
List	列表
Chart	图表
Crosstab	交叉表
Repeater	重复器（每个重复器显示一条数据库记录，可自由排列查询项）
Table	表格
HTML Item	HTML 项（使用该控件向报表体添加 HTML 信息）
Text Box Prompt	文本提示框
Value Prompt	下拉列表提示框
Select & Search Prompt	搜索提示框
Date Prompt	日期提示框
Time Prompt	时间提示框
Data Item	数据项（向已有查询中添加自定义项）
Filter	过滤器（向已有查询中添加查询条件）
Tabular Model	表格模型（通过包含的查询项直接向数据库执行数据查询）
Tabular SQL	SQL 表格（包含直接向数据库执行的 SQL）

（2）Properties Pane：显示报表体选中对象的各类属性。Properties Pane 标题栏包含了一个对象导航按钮：。单击该按钮可以显示包含当前选中对象的各类父对象。这是因为 Report Studio 报表中的对象都是以层次化的方式组织的，比如一个列表包含多个列表列，每个列表列又包含多个文本项；如果一个列表在一个表格的单元格内，那么该列表的父对象就是表格的单元格（Table Cell），单元格的父对象是表格的行（Table Row）等，如图 7-58 所示。

通过对象导航按钮选中相应的选项，可以方便地定位到所选对象对应的父对象。

（3）Explorer Bar：通过将鼠标放在该浏览栏的不同部分，可以定位到报表的不同部分。

1）将鼠标放在 Explorer Bar 的“Page Explorer”按钮（）处，在其右侧出现“Page Explore”页面，如图 7-59 所示。

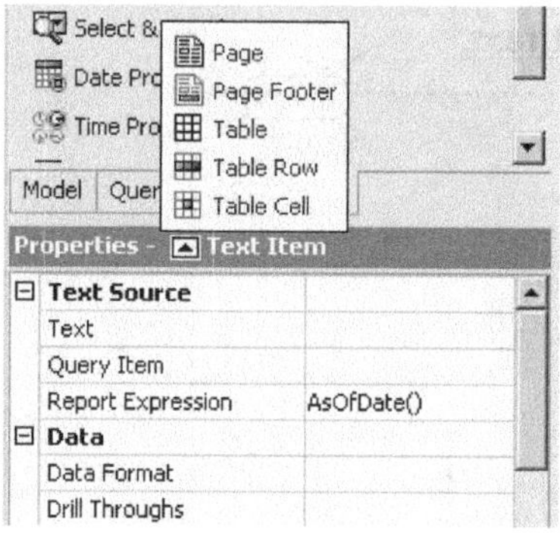

图 7 - 58　查看报表各类对象的属性

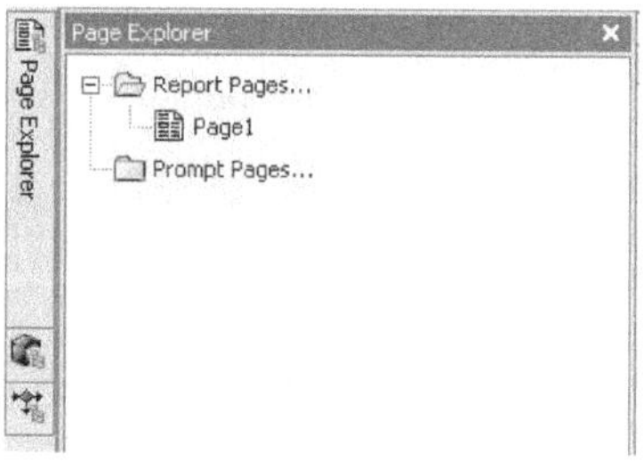

图 7 - 59　"Page Explorer" 页面

在窗口中显示了整个报表包含的页面，包括报表页面和提示页面。单击顶层节点 "Report Pages" 和 "Prompt Pages" 可以分别创建新的报表页面和提示页面。

2）将鼠标放在 Explorer Bar 的 "Query Explorer" 按钮处，在其右侧出现 "Query Explorer" 页面，如图 7 - 60 所示。

在该页面中显示了报表中包含的所有查询和每个查询包含的表格模型。单击页面中的对象节点可以进入查询和表格模型的编辑页面。

3）将鼠标放在 Explorer Bar 的 "Condition Explorer" 按钮处，在其右侧出现 "Condition Explore" 页面，如图 7 - 61 所示。

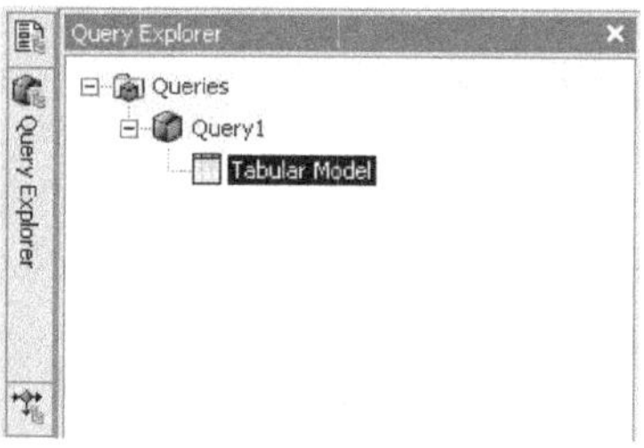

图 7 - 60　"Query Explorer" 页面

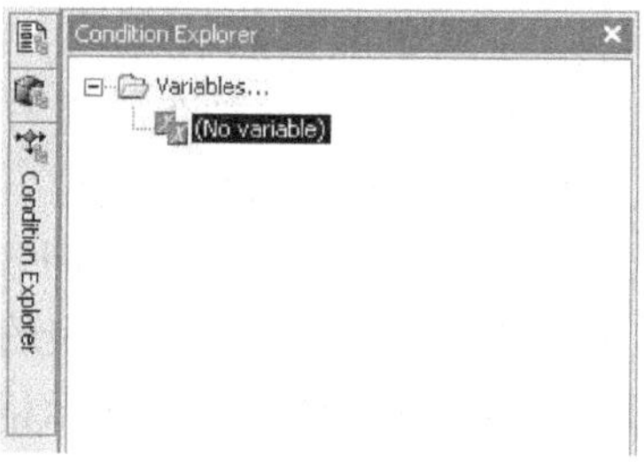

图 7 - 61　"Condition Explorer" 页面

在该页面显示所有定义的条件变量。单击 "Variables" 节点可以新增条件变量，用于页面特定格式的显示。

（4）Work Area：设计报表的工作区。

三、报表的基本结构

每个报表都由以下两个基本部分组成。

（1）报表布局：定义报表的显示样式。

（2）查询组件：定义报表的数据。

1. 报表的布局

报表最基本的布局是页面。页面分为以下两种类型。

（1）报表页面（Report Pages）：显示报表查询数据的页面，如图 7 - 62 所示。报表的每个页面只能显示固定行数的记录，当数据量超出一页的显示量时，报表将分页显示余下的数据，直到查询者停止查询。

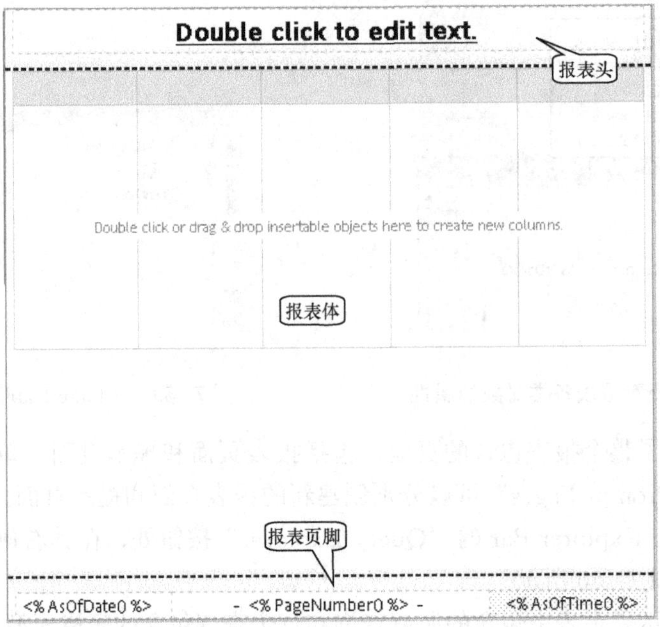

图 7-62 报表页面

报表页面一般可以分成以下三个部分。

1）报表头：通常在此定义报表的标题。

2）报表体：主要的数据显示区。

在这个区域内可以插入各种布局相关的对象，设计页面的布局。

a. 插入表格，用于报表对象的定位。

b. 插入列表、交叉表、重复器、图表等，用于显示查询的数据。

c. 插入文本项、计算项等添加报表的有关文本信息，如表头信息。

d. 设置报表显示的字体、数值显示格式。

e. 设置排序方式。

f. 设置分组方式。

g. 设置条件格式，对特殊信息进行突出显示。

在开发实例中将具体结合例子讲述。

3）报表页脚：显示运行日期、时间和页数等信息。

(2) 提示页面（Prompt Pages)：让用户在运行报表之前输入查询条件的页面。Report Studio 提供了丰富的提示控件，方便设计人员设计查询条件的输入。

2. 报表的查询组件

报表的查询组件用于与查询数据库交互，获取查询数据。将鼠标放在 Explorer Bar 的"Query Explorer"按钮处，在其右侧出现的"Query Explore"页面中可以看到报表已经创建的查询对象的结构。

查询对象包含以下两个层次。

(1) 表格模型层：该层直接向数据库提交查询请求，运行对应的 SQL 语句，数据库将查询结果返回。

在该层可以将 Framework 模型的查询项拖入到表格模型的“Data Item”位置，作为表格模型的数据项，也可以基于已有的数据项生成新的数据项。此外，还可以向表格模型中加入过滤器以提高查询效率。在该层可以查看表格模型向数据库提交的 SQL 语句，定义是否对查询数据进行自动分组。表格模型允许用户根据自己的需要对已生成的 SQL 进行编辑，如图 7 - 63 所示。

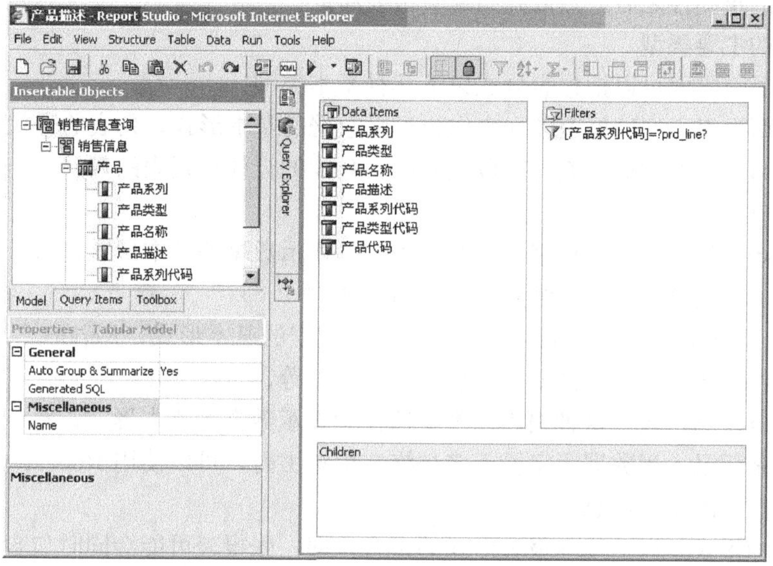

图 7 - 63　表格模型层定义界面

（2）查询层：对表格模型层返回的数据进行再次处理，设定查询优化参数；设置过滤器，过滤掉从表格模型层返回的多余数据；设置数据的维度和层次。查询层的“Dimensions”和“Facts”对象均来自表格模型层定义的数据项，如图 7 - 64 所示。

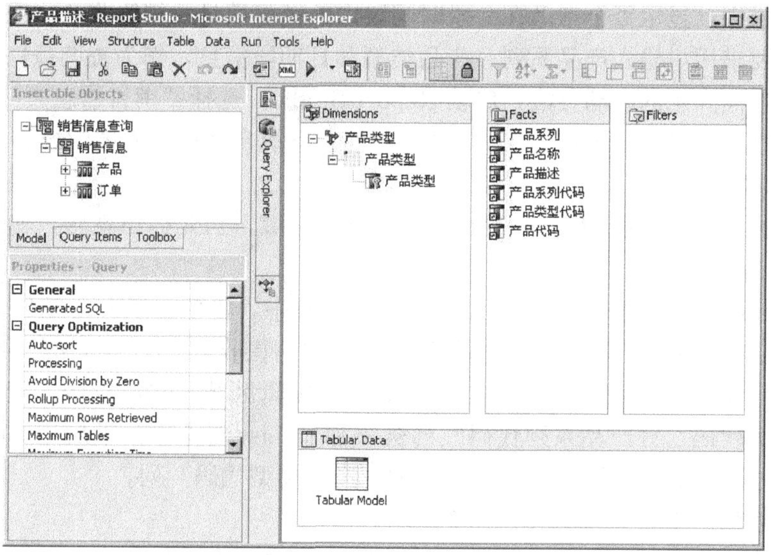

图 7 - 64　查询层定义界面

需要指出的是，报表的布局和报表的查询是紧密联系的两个部分。报表布局中的数据显示对象（如列表、交叉表、图表、重复器）均有对应的查询存在，因此当报表开发人员在编辑报表布局时，查询层的查询也会自动做出相应的调整，比如用户将 Framework 模型的查询项拖入到报表体的列表，作为列表的一个列表项时，对应的查询和表格模型均会自动产生对应的数据项。不过对于稍微复杂的报表，开发人员通常会先将报表查询对象初步定义好，确保显示数据的正确性之后，然后开始编辑报表布局。

四、报表的主要类型

从报表的显示方面可以把报表分成以下几种基本类型。

（1）List 型报表：这种报表以列表作为显示数据的基本形式，列表的列代表查询主题的一个查询项，与关系型数据库表的字段相对应，列表的行代表列表的数据，与关系型数据库表的数据相对应。

（2）Crosstab 型报表：这种报表以交叉表作为显示数据的基本形式，行、列为数据的两个维度，交叉的单元格显示两个维度对应的指标值。

（3）Chart 型报表：这种报表以图表作为显示数据的基本形式，Report Studio 支持多种图形显示格式：线图、主图、饼图、散点图、雷达图等。

（4）Repeater 型报表：这种报表以重复器作为显示数据的基本形式，每个重复器只显示数据库中的一条记录，当数据库字段很多且格式很自由时，可以使用 Repeater。比如显示各种机构（如券商）的基本信息。

实际开发的报表是以上基本报表形式的组合，即一张报表可能会同时包含一个或多个列表、图表等，主要依据业务需求来确定。

五、报表开发案例

下面将结合具体的报表开发实例讲述使用 Report Studio 报表的开发过程和一些基本问题。

1. 设计一份具有详细信息的报表

设计一份报表，显示每个产品在一段时间段内的销售数量、销售收入、毛利润、生产成本、利润率，要求用户输入产品系列、产品类型和日期段信息，作为查询条件。

（1）按照前面介绍的启动方法，启动 Report Studio，选择“销售信息查询”Package 和“List”报表类型，进入 Report Studio 的开发界面，系统自动在报表体内添加了一个 List 对象，如图 7-65 所示。

（2）双击报表头的“Double click to edit text”区域，当光标出现时，输入报表的名称“产品销售收入统计报表”。

（3）在“Insertable Objects”的“Model”标签页中，将模型展开，按住 Ctrl 键，选择“订单”查询主题下的“产品名称”、“销售数量”、“销售收入”、“毛利润”、“生产成本”、“产品代码”6 个查询项，将其拖到右侧 List 对象的编辑区域；然后双击“产品”查询主题下的“产品系列代码”，“产品系列代码”列被添加到 List 对象中；最后用同样的方法双击“产品”查询主题下的“产品类型代码”，添加“产品类型代码”列。

添加查询项后的 List 对象如图 7-66 所示。

（4）向查询组件中添加过滤器，本步骤将向表格模型中添加三个过滤器，作为查询条件，方法如下：

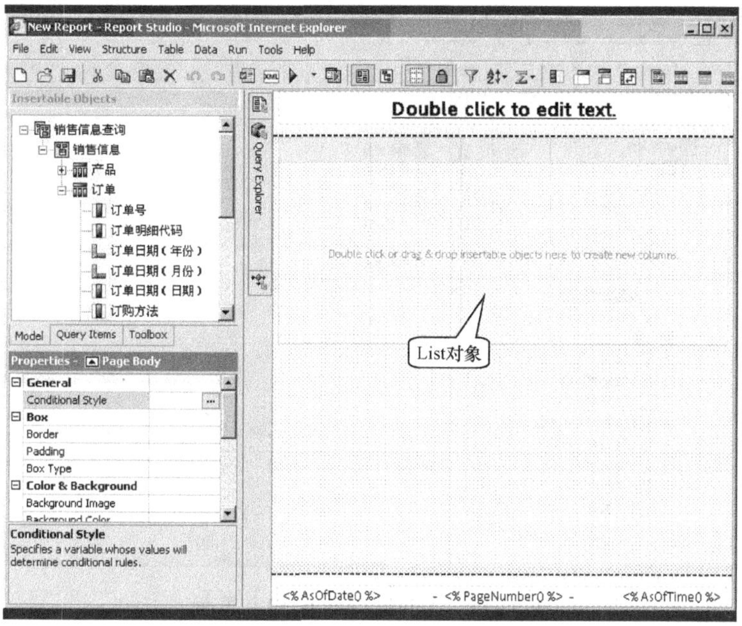

图 7-65　向表体添加 List 对象

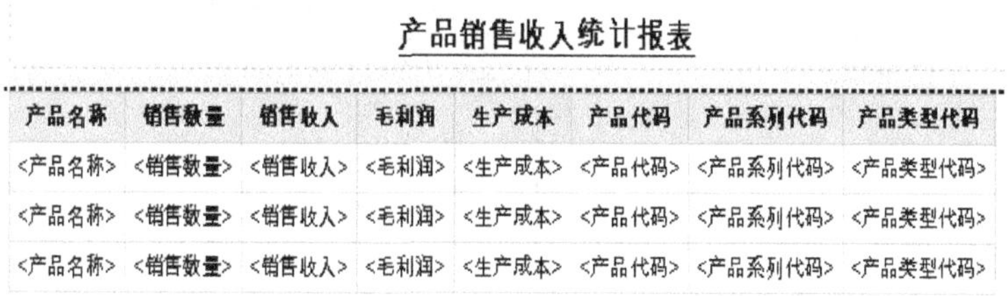

产品销售收入统计报表

产品名称	销售数量	销售收入	毛利润	生产成本	产品代码	产品系列代码	产品类型代码
<产品名称>	<销售数量>	<销售收入>	<毛利润>	<生产成本>	<产品代码>	<产品系列代码>	<产品类型代码>
<产品名称>	<销售数量>	<销售收入>	<毛利润>	<生产成本>	<产品代码>	<产品系列代码>	<产品类型代码>
<产品名称>	<销售数量>	<销售收入>	<毛利润>	<生产成本>	<产品代码>	<产品系列代码>	<产品类型代码>

图 7-66　添加查询项后的 List 对象

1）将鼠标放在“Explorer Bar”的“Query Explorer”图标处，在出现的“Query Explorer”窗口中，单击查询树结构中的“Tabular Model”节点，如图 7-67 所示。

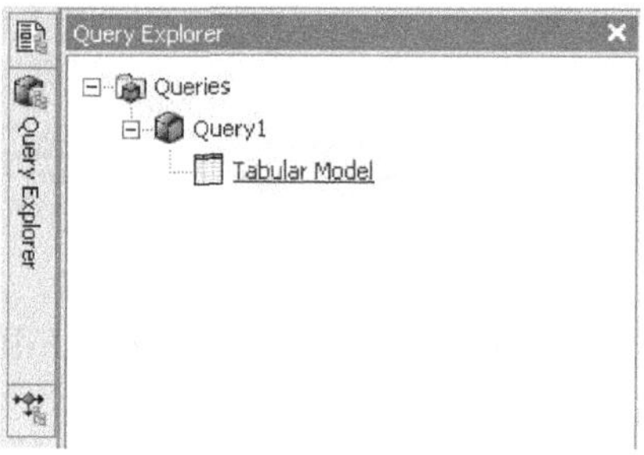

图 7-67　定位 Tabular Model

2）报表的工作区显示出“Tabular Model”的定义，可以看到表格模型中自动添加了数据项，这是在第 3）步骤向报表拖入查询项时系统自动完成的，如图 7-68 所示。

3）选中 Tabular 报表参数，该参数在运行报表时，由用户通过提示页面输入，如图 7-69所示。

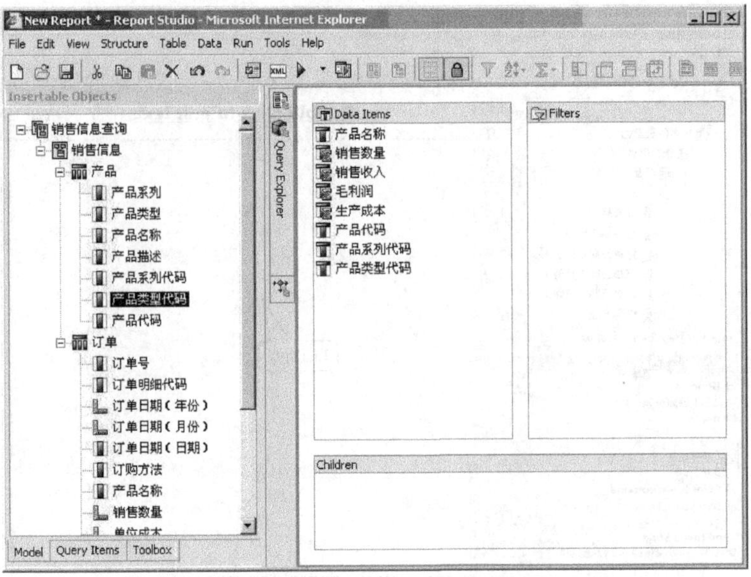

图 7-68 Tabular Model 定义界面

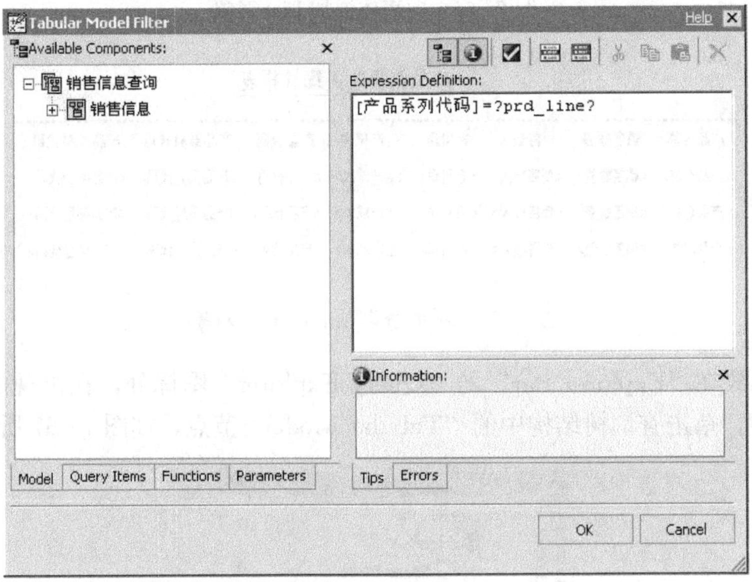

图 7-69 定义参数

4）用同样的方法，将“产品类型代码”数据项拖入“Filters”列表框中，定义过滤器的表达式：

[产品类型代码] =? prd _ type?

5）选择“Insertable Objects”窗口的“Toolbox”标签页，在显示的控件中用鼠标按住“过滤器”对象，将其拖入右侧“Table Model”工作区的“Filters”列表框中。

6）在弹出的“Tabular Model Filter”窗口的“Expression Definition”中定义过滤器的表达式：从右侧“Available Components”的“Model”标签页中选择“销售信息查询”→“销售信息”→“订单”→“订单日期（日期）”节点，将该节点拖入右侧“Expression Definition”框中，接着填写条件信息，最终表达式如下：

[销售信息].[订单].[订单日期（日期)] between ? start _ date? and ? end _ date?

7）单击“OK”按钮，完成过滤器的定义。

（5）单击“Save”按钮，在弹出的“Save AS”窗口中输入报表的名字“产品销售收入统计报表”，单击“Save”按钮，完成报表的保存。

（6）创建、编辑提示页面。

1）将鼠标放在“Explorer Bar”的“Page Explorer”图标处，在出现的“Page Explorer”页面中，单击查询树结构中的“Prompt Pages”节点，如图 7 - 70 所示。

在弹出的“Pages”对话框中单击“Add”按钮，添加一个提示页面，在“Add”对话框中取默认的名字，单击“OK”按钮，创建提示页面“Prompt Page1”，再单击“Pages”对话框的“OK”按钮，完成提示页面创建。此时报表工作区自动转到提示页面，从而进行对提示页的编辑，如图 7 - 71 所示。

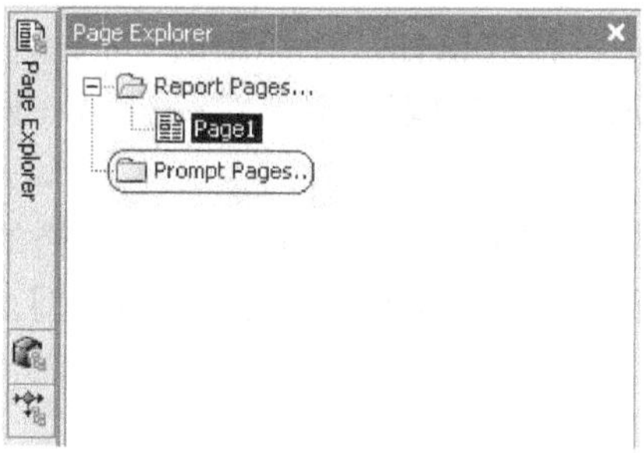

图 7 - 70　启动添加提示页面

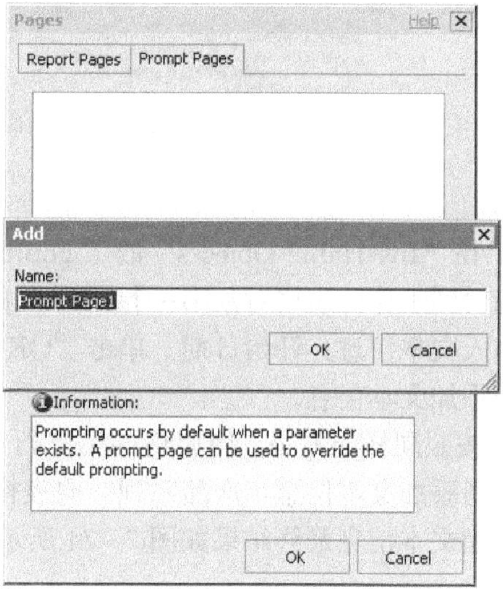

图 7 - 71　添加提示页面

2）双击报表头的“Double click to edit text”区域，当光标出现时，输入页面的名称“参数输入—产品销售收入统计报表”。

3）向提示页面添加提示控件，作为参数输入的接口。

①单击提示页面报表体的任意部位，选中报表体，此时报表体变成灰色。

②单击工具栏中的“Insert Table”按钮，向报表体添加一个 4×2 的表格，如图 7 - 72 所示。

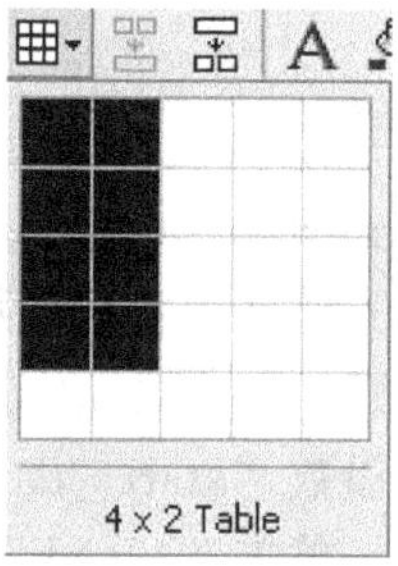

图 7 - 72　添加表格

此表格用来定位将要加入的各类控件。

a. 选中添加的表格对象第一行第一列的单元格，按住 Ctrl 键，同时选中第一列以下的三个单元格，释放 Ctrl 键后选中“Properties”中的“Positioning”→“Size & Overflow”，单击输入框后的“…”按钮，弹出定义单元格高度和宽度的“Size & Overflow”对话框，在该对话框的“Width”框中定义单元格的宽度：80px。单击“OK”按钮，完成单元格宽度属性设置，如图 7-73 所示。

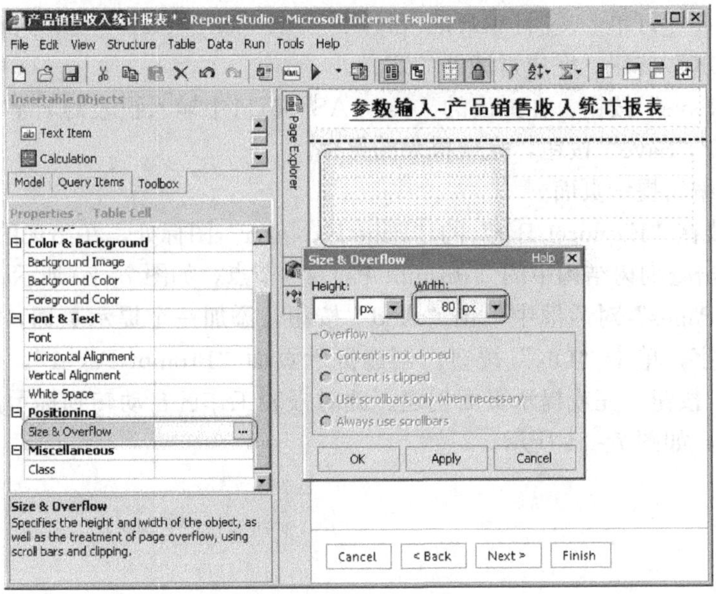

图 7-73 单元格宽度属性设置

b. 在“Insertable Objects”的“Toolbox”标签页中，用鼠标按住“Text Item”控件，然后拖动到工作区表格对象第一行第一列的单元格中，释放鼠标，在弹出的“Text”对话框中输入文本信息：开始日期。单击“OK”按钮，从而完成向表格对象第一行第一列的单元格中添加文本信息。

c. 按照同样的方法，向表格的第二行第一列添加文本信息：结束日期。向表格的第三行第一列添加文本信息：产品系列。向表格的第四行第一列添加文本信息：产品类型。向表格中添加文本信息最终结果如图 7-74 所示。

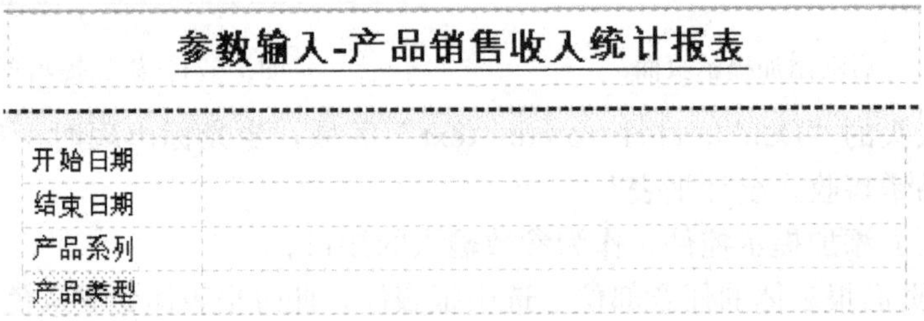

图 7-74 向表格中添加文本

d. 向工作区表格对象第一行第二列的单元格添加日期提示对象（开始日期提示）。在“Insertable Objects”的“Toolbox”标签页，用鼠标按住“Date Prompt”控件，然后拖动到工作区表格对象第一行第二列的单元格中，释放鼠标，弹出提示向导页面“Prompt Wizard”，在该页面中选中“Use existing parameter”单选按钮，然后在下拉列表中选择已定义的参数“start_date”，如图 7-75 所示。

单击“Finish”按钮，在工作区可以看到新创建的日期提示对象。选中该对象，在“Properties”中，修改该对象“Select UI”属性为“Edit Box”，以编辑框的形式显示编辑日期提示控件属性，如图 7-76 所示。

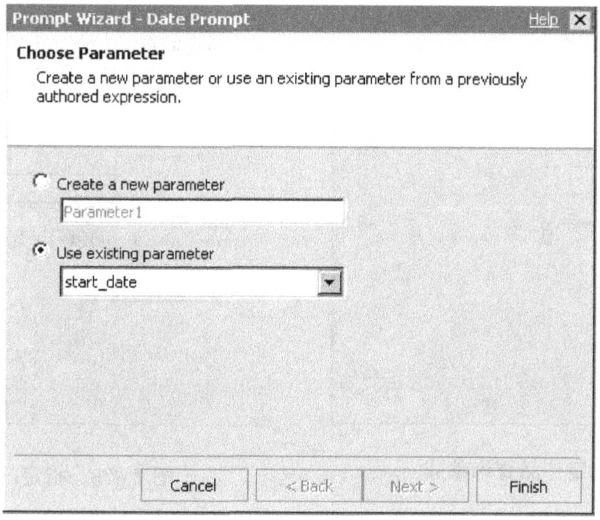

图 7-75　选择开始日期查询参数

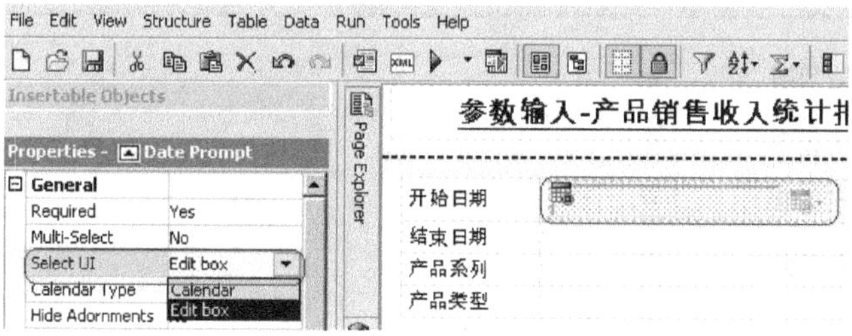

图 7-76　编辑日期控件属性

e. 按照同样的方法，向工作区表格对象第二行第二列单元格添加日期提示对象（结束日期提示），选择已有参数“end _ date”，修改“Select UI”属性为“Edit Box”。

f. 向工作区表格对象第三行第二列的单元格添加下拉列表提示对象（产品系列提示）。在“Insertable Objects”的“Toolbox”标签页中，用鼠标按住“Value Prompt”控件，然后拖动到工作区表格对象第三行第二列的单元格中，释放鼠标，弹出提示向导页面“Prompt Wizard”，在该页面中选中“Use existing parameter”单选按钮，然后在下拉列表中选择已定义的参数“prd _ line”，如图 7-77 所示。

单击“Next”按钮，向导提示创建新查询对象“Query2”，以便向下拉列表提供数据。单击“Values to display”文本框后的“…”按钮，在弹出的“Choose Model Item”窗口中选择模型的查询项：“销售信息查询”→“销售信息”→“产品”→“产品系列”，单击“OK”按钮，完成新查询的定义，如图 7-78 所示。

单击“Finish”按钮，完成下拉列表提示对象（产品系列提示）的添加。

g. 按照同样的方法，向工作区表格对象第四行第二列的单元格添加下拉列表提示对象（产品类型提示），选择已有参数“prd _ type”，创建新查询对象“Query3”，在“Values to display”中选择模型查询项：“销售信息查询”→“销售信息”→“产品”→“产品类型”，单击“Finish”按钮，完成下拉列表提示对象（产品类型提示）的添加。最终指示页面如图

7-79所示。

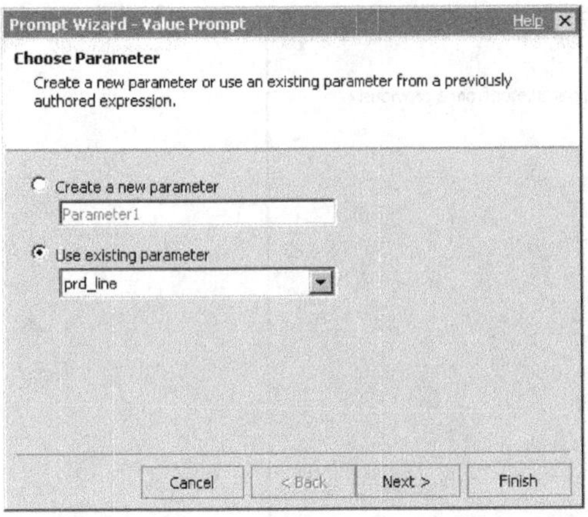

图 7-77 指定产品查询参数

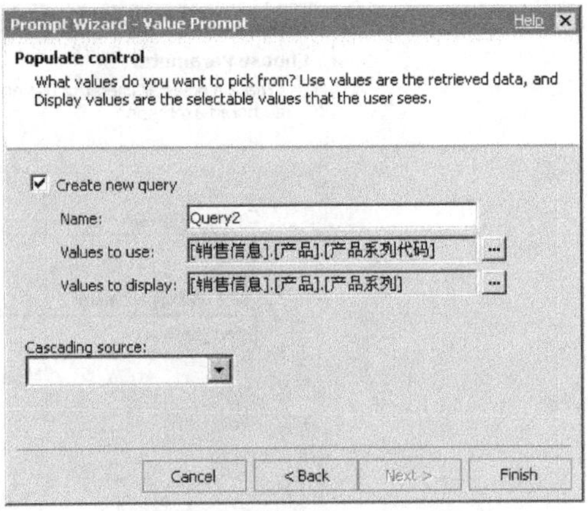

图 7-78 指定产品查询参数

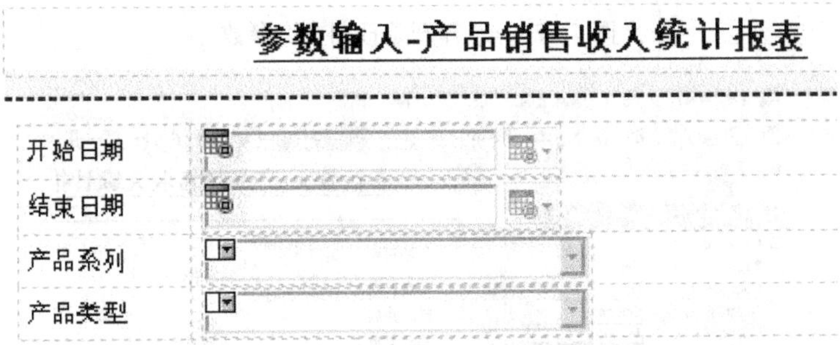

图 7-79 最终提示页面

h. 由业务分析可以知道，“产品系列”和“产品类型”直接包含着从属关系。当用户查询时，在选择完“产品系列”后，“产品类型”列表框应当显示选定的“产品系列”所属的“产品类型”，这种关系在 Report Studio 中叫做参数之间的“级连关系”，因此应当在“产品系列”和“产品类型”之间建立级连关系。方法如下：

在参数页面中选中“产品系列”对应的下拉列表提示框，在“Properties”中修改该对象的 Auto-Submit 属性为“Yes”。

在参数页面中选中“产品类型”对应的下拉列表提示框，在“Properties”中修改该对象的 Cascade Source 属性为“prd_line”。

最终建立级连关系如图 7-80 所示。

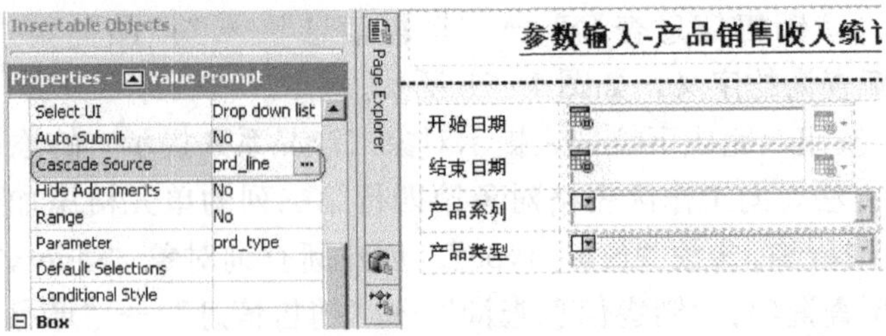

图 7-80 建立级连关系

4）向提示页面加入校验代码。

在参数输入的过程中，还有一个基本的逻辑需要限制，即开始日期应当小于或等于结束日期。在用户提交报表之前，若存在开始日期大于结束日期，需要提示用户输入正确的日期段，即对输入的日期段进行校验。通过重写“Finish”按钮的提交函数完成校验。

①将提示页面页脚的“Back”和“Next”按钮删除：选中“Back”按钮，单击工具栏中的“删除”按钮，选中“Next”按钮，单击工具栏中的“删除”按钮。

②选中开始日期对应的日期提示对象，在“Properties”内将ID属性设置为“start_date”，如图7-81所示。

③同样选中结束日期对应的日期提示对象，在“Properties”内将ID属性设置为“end_date”。

④单击“Finish”按钮，将“Finish”按钮的Class属性改为“buttonHidden”，将“Finish”按钮隐藏。

注：buttonHidden为自定义类别，可以通过修改在ReportNet安装目录的CSS文件添加该类别。首先打开Cogno安装目录，如C：\ Program Files \ cognos \ crn \ webcontent \ crl \ default_layout. css文件，在此文件中添加如下代码：

```
. buttonHidden {
visibility：hidden;}
```

重启Report Studio之后便可在Class属性中看到buttonHidden类别了。

①在“Insertable Objects”的“Toolbox”标签页中选取“HTML Item”控件，将其拖放到原“Finish”按钮所在的位置，如图7-82所示。

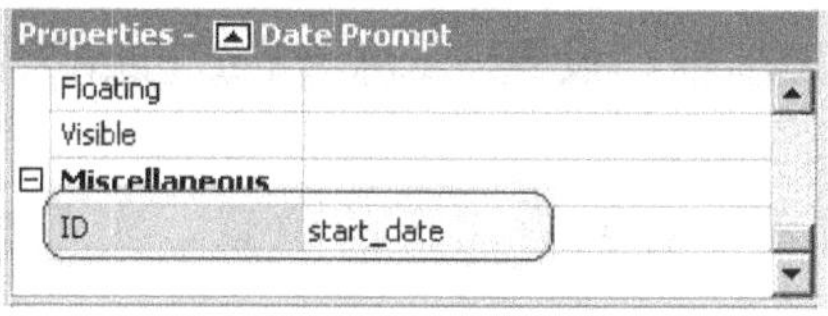

图7-81　设置控件的ID

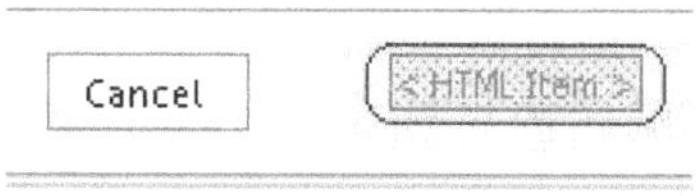

图7-82　添加的HTML Item对象

②双击创建的HTML Item，在弹出的“HTML”对话框中，填写相应的日期校验代码。

至此完成了提示页面的创建和编辑。

（7）编辑报表主页面的格式。

1）用表格定位页面布局，加入报表的表头信息。

①将鼠标放在“Explorer Bar”的“Page Explorer”图标处，在出现的“Page Explorer”窗口中，单击查询树结构中的“Page1”节点，工作区转换到报表的主页面。

②单击主页面报表体的任意部位，选中报表体，此时报表体变成灰色，然后单击工具栏“Insert Table”按钮，向报表体添加一个4×2的表格，位于List对象的下方。

③按住Ctrl键，同时选中表格第四行两个单元格，单击工具栏中的“合并单元格”按钮，表格的第四行两个单元格合并为一个整体单元格，如图7-83所示。

④单击List对象的任意部位，然后单击“Properties”中的导航按钮，然后选择弹出窗口中的“List”选项，选择整个List对象，如图7-84所示。

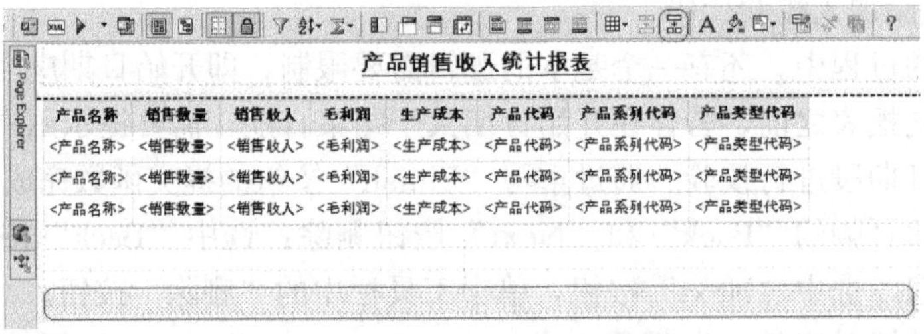

图 7-83　添加的定位表格

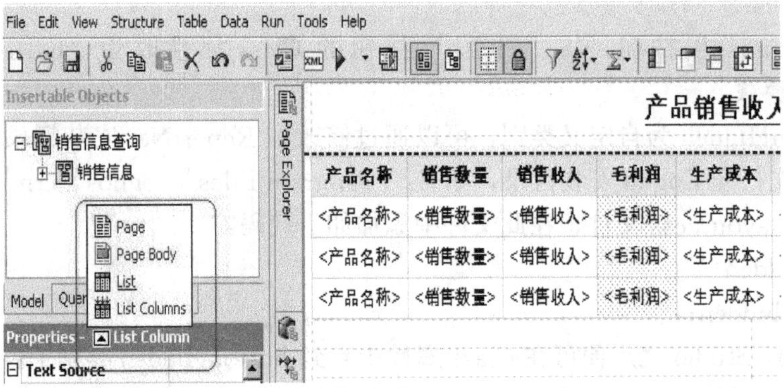

图 7-84　选择 List 对象

⑤此时，“Properties”中显示了 List 对象的相关属性，设置“Rows Per Page”属性值“2000”，即指定每个页面显示 2000 条记录。

⑥用鼠标按住选中的 List 对象，将鼠标拖到表格对象第四行的位置，实现对象的移动。

⑦向表格前三行的单元格内分别添加文本信息，添加方法同（6）步骤第 3）小步。在“Insertable Objects”中的“Toolbox”标签页中，用鼠标按住“Text Item”控件，拖动到工作区表格对象相应单元格中，释放鼠标，在弹出的“Text”对话框中输入文本信息。各个单元格输入的信息如下：

第一行第一列：“开始日期:”。

第一行第二列：“结束日期:”。

第二行第一列：“产品系列:”。

第二行第二列：“产品类型:”。

第三行第一列：“单位：元”。

⑧文本信息添加完毕之后，按 Ctrl 键，同时选中添加的 5 个“Text Item”对象，单击工具栏中的“Font”按钮，在“Font”对话框中，选中“Weight”列表的“Bold”项，单击“OK”按钮，将字体以粗体显示，如图 7-85 所示。

⑨“开始日期”“结束日期”“产品系列”“产品类型”对应的值是从提示页面通过参数传递获取的，设置的方法如下：

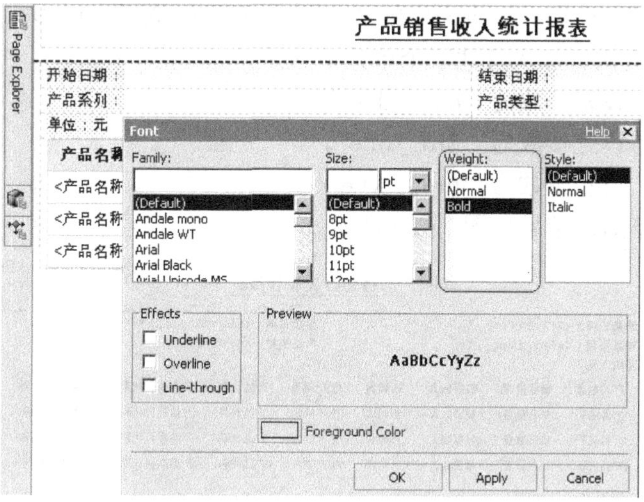

图 7 - 85　定义文本的字体

a. 表格第一行第一列单元格“开始日期”数据的设置。在“Insertable Objects”中的“Toolbox”标签页，用鼠标按住“Calculation”控件，拖动到工作区表格对象第一行第一列单元格“开始日期”文本项之后的位置，弹出“Create Calculation”对话框，如图 7 - 86 所示。

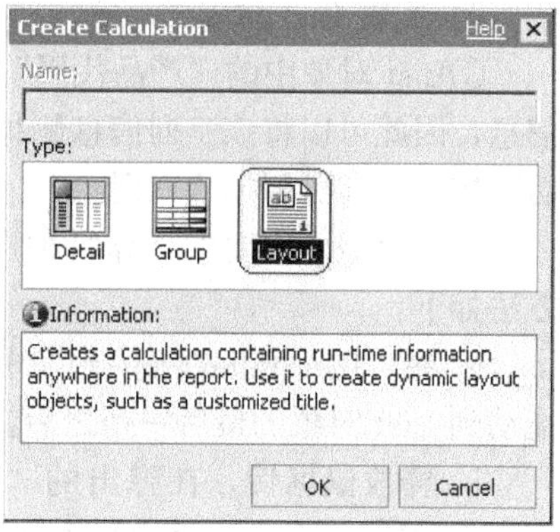

图 7 - 86　创建计算项

在该对话框中选择“Layout”类型，单击“OK”按钮，弹出“Layout Expression”页面，在该页面左侧选择“Parameters”标签页，该页中显示出所有已定义的参数，选择“start_date”参数，拖到右侧“Expression Definition”编辑框中，如图 7 - 87 所示。

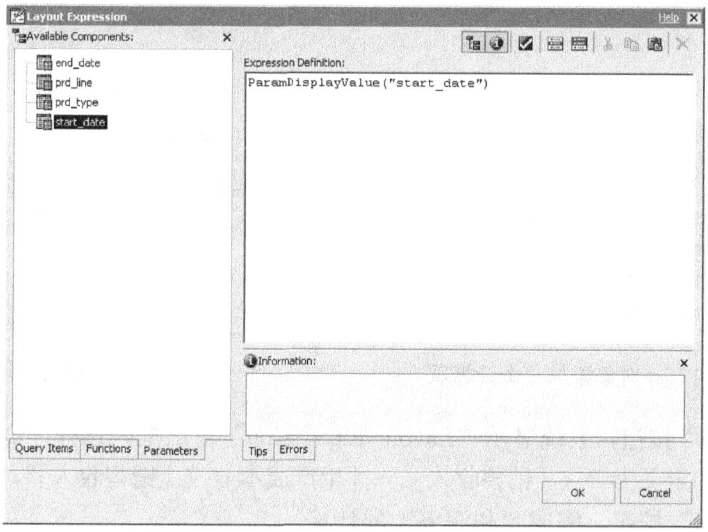

图 7 - 87　定义计算项对应的表达式

单击“Layout Expression”页面中的“OK”按钮，完成 Calculation 对象的创建。

b. 按照同样的方法，加入其他三个单元格的值。

第一行第二列：设置参数为“end _ date”。

第二行第一列：设置参数为“prd _ line”。

第二行第二列：设置参数为“prd _ type”。

创建计算项完毕后的结果如图 7 - 88 所示。

产品销售收入统计报表
开始日期：<% ParamDisplay... %>
结束日期：<% ParamDisplay... %>
产品系列：<% ParamDisplay... %>
产品类型：<% ParamDisplay... %>
单位：元
产品名称　销售数量　销售收入　毛利润　生产成本　产品代码　产品系列代码　产品类型代码
<产品名称>　<销售数量>　<销售收入>　<毛利润>　<生产成本>　<产品代码>　<产品系列代码>　<产品类型代码>
<产品名称>　<销售数量>　<销售收入>　<毛利润>　<生产成本>　<产品代码>　<产品系列代码>　<产品类型代码>
<产品名称>　<销售数量>　<销售收入>　<毛利润>　<生产成本>　<产品代码>　<产品系列代码>　<产品类型代码>

图 7 - 88　创建计算项完毕后的结果

2）编辑 List 对象。

①List 对象中的“产品代码”“产品系列代码”“产品类型代码”并不是业务人员需要的信息，因此可以将该三列信息删掉。按 Ctrl 键同时选中该三列，然后单击工具栏中的“剪切”按钮，即可删掉这三列。

②报表需求中要求计算每种产品的“利润率”，因此需要加入这样一个指标值计算项，方法如下：

a. 在“Insertable Objects”中的“Toolbox”标签页，用鼠标按住“Calculation”控件，拖动到 List 对象的最后一列之后，如图 7 - 89 所示。

b. 释放鼠标后，在弹出的“Create Calculation”对话框中，选择默认的“Detail”类型，在“Name”文本框中添入计算项的名称“利润率”，如图 7 - 90 所示。

开始日期：<% ParamDisplay... %>
产品系列：<% ParamDisplay... %>
单位：元
产品名称　销售数量　销售收入　毛利润　生产成本
<产品名称>　<销售数量>　<销售收入>　<毛利润>　<生产成本>
<产品名称>　<销售数量>　<销售收入>　<毛利润>　<生产成本>
<产品名称>　<销售数量>　<销售收入>　<毛利润>　<生产成本>

图 7 - 89　向 List 对象添加一个计算项

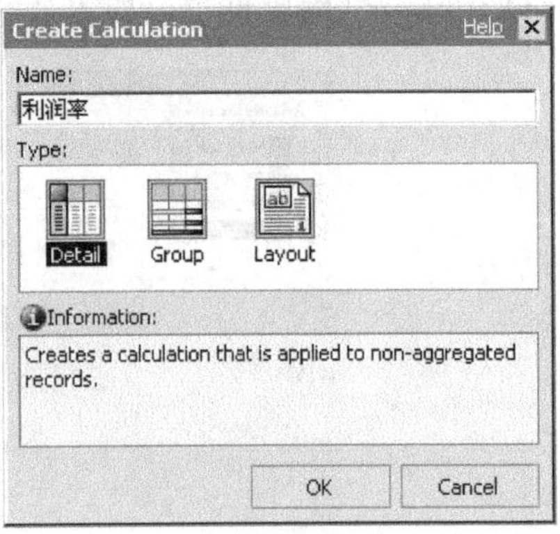

图 7 - 90　定义计算项的名称及类型

c. 单击“OK”按钮，系统显示“Layout Expression”对话框，选择“Query Items”标签页，编辑表达式的定义为“（[销售收入] − [生产成本]）/ [销售收入]”，如图 7 - 91 所示。

d. 单击“OK”按钮，完成“利润率”的计算。

• 设置“利润率”的数据显示格式——百分比格式。

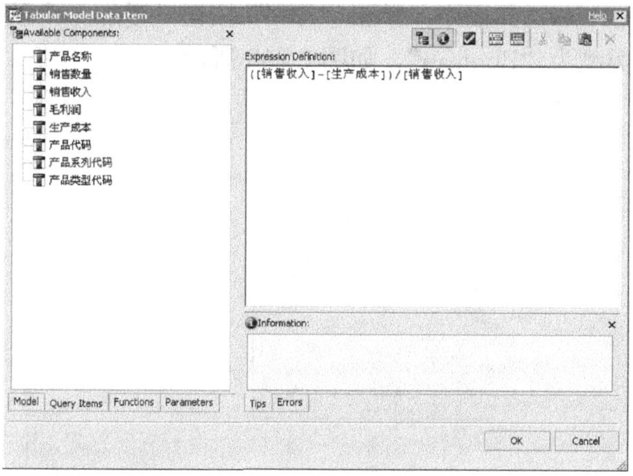

图 7-91　定义计算项表达式

单击 List 对象的“利润率”列，右击，在弹出菜单中选择“Data Format”选项，弹出“Data Format”对话框，如图 7-92 所示。在此定义该列的数据格式：选择“Format Type”为“Percent”，在“Properties”列表中定义以下属性。

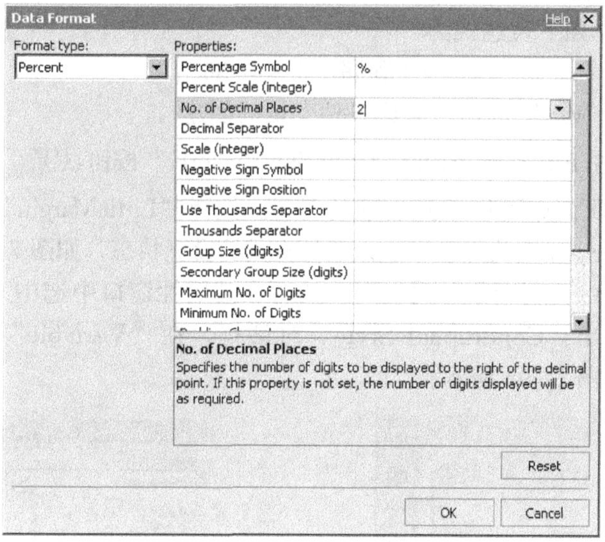

图 7-92　定义计算项的格式

Percentage Symbol：　%

No. of Decimal Places：2

单击“OK”按钮，完成对“利润率”数据格式的定义。

③设置数据显示按“利润率”排序：在 List 对象中，选中“利润率”列，然后单击工具栏中的“排序”按钮，选择降序排列。

3）为了方便用户查看产品的利润率，将“利润率”小于 35%的数值以红色突出显示，在 Report Studio 中，可以通过设置条件格式的方法实现。

①将鼠标放在 Explorer Bar 的“Condition Explorer”按钮处，在其右侧出现的“Condition Explorer”页面中单击“Variables”节点。

②在弹出的“Variables”界面中，单击“Add”按钮，增加一个新变量，命名变量名为“littleMargin”，变量类型为“Boolean”，如图7-93所示。

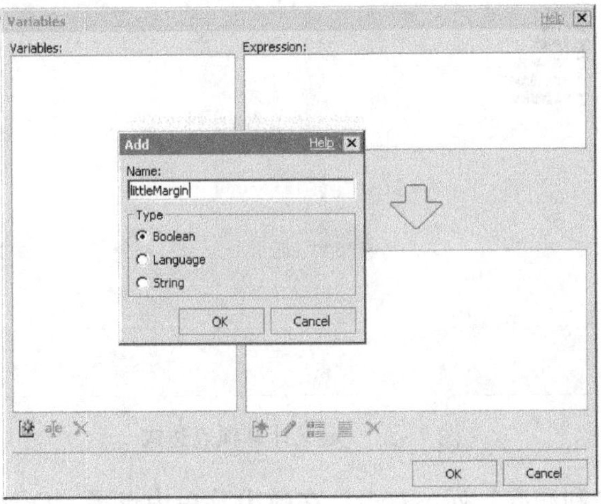

图7-93 新增一个布尔变量

③单击“OK”按钮，在弹出的“Layout Expression”对话框中的“Expression Definition”编辑框中，编辑如下表达式为

［利润率］＜0.35

④连续单击两次“OK”按钮，完成条件变量的创建。

⑤将鼠标再次放在Explorer Bar的“Condition Explorer”按钮（）处，在其右侧出现的“Condition Explorer”页面中可以看到创建的变量，选择“LittleMargin”节点下的“Yes”节点，可以看到Explorer Bar变为绿色，进入条件格式的设置状态，如图7-94所示。

⑥选中List对象中“利润率”列表列，然后在其属性窗口中选中“Conditional Style”，单击“…”按钮，弹出“Conditional Style”对话框，在“Variable”列表框中选择“littleMargin”变量，如图7-95所示。

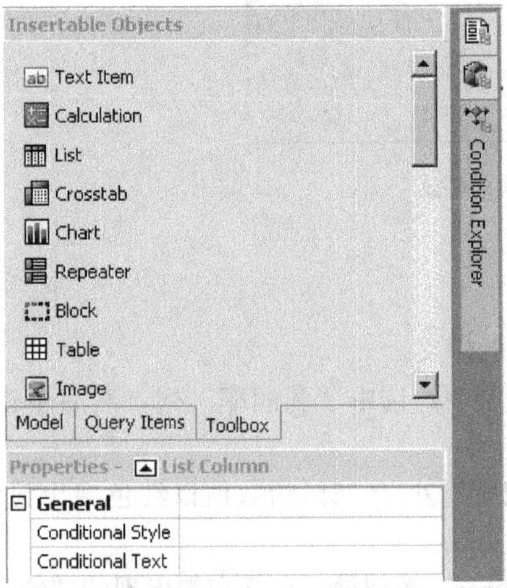

图7-94 条件格式定义

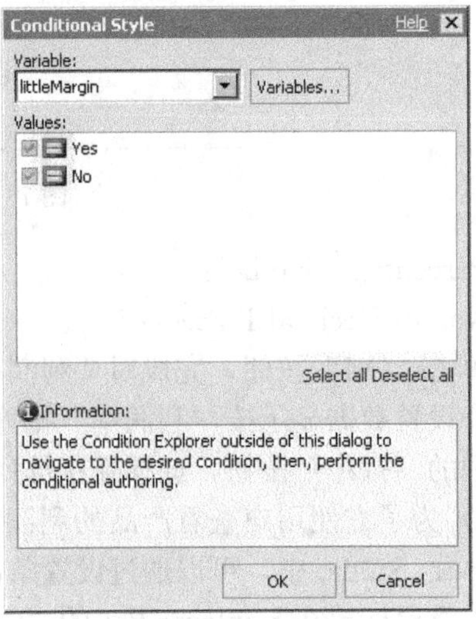

图7-95 指定条件格式依赖的变量

⑦单击“OK”按钮，在“Properties”中，设置 Foreground Color 属性值为“Red”，如图 7-96 所示。

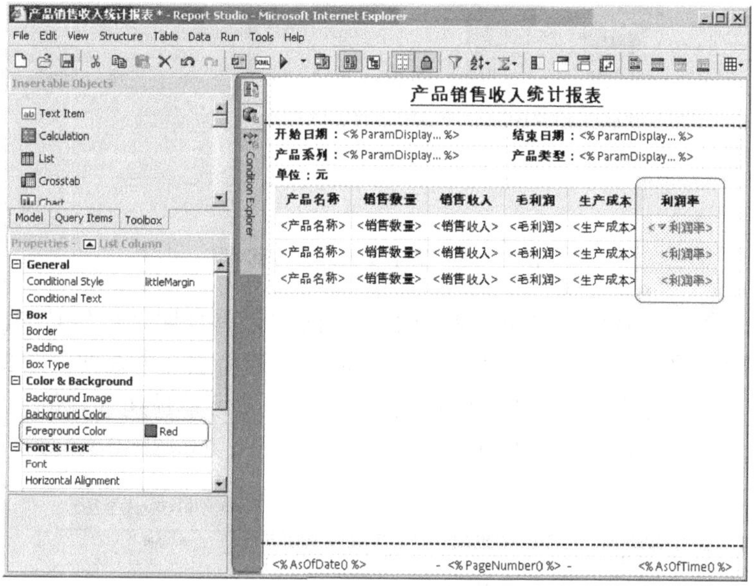

图 7-96　设置满足变量值时的字体颜色

⑧最后将鼠标放在 Explorer Bar 的“Condition Explorer”按钮（）处，在其右侧出现的“Condition Explorer”页面中选择“（No Variable)”节点，退出条件格式编辑状态。

4）保存操作，完成报表的设计。

（8）运行报表，查看结果。单击工具栏中的“运行”按钮（），运行设计的报表，在提示页面中输入正确的日期段、产品系列、产品类型，单击“完成”按钮，提交报表，显示报表结果页面，如图 7-97 所示。

产品销售收入统计报表

开始日期：2005-6-3　　结束日期：2006-6-3
产品系列：个人附件　　产品类型：眼镜
单位：元

产品名称	销售数量	销售收入	毛利润	生产成本	利润率
太阳镜极品	3,088	427,914.74	201,736.04	226,178.7	47.14%
冲浪太阳镜	3,112	274,673.92	87,049.92	187,624	31.69%
雪地太阳镜	1,656	171,459.38	54,101.7	117,357.68	31.55%
运动太阳镜	3,806	448,760.84	141,198.34	307,562.5	31.46%
防晒太阳镜	8,678	508,854.7	108,122	400,732.7	21.25%

图 7-97　报表运行结果

2. 设计一份显示销售收入的报表

设计一份报表，显示各个“产品系列”每年月的销售收入，并用图形的方式展示销售收入各年月的趋势。

（1）启动 Report Studio，选择“销售信息查询”Package 和“Crosstab”报表类型，进入 Report Studio 的开发界面，系统自动在报表体内添加了一个 Crosstab 对象。

（2）双击报表头的“Double click to edit text”区域，当光标出现时，输入报表的名称“产品系列销售收入趋势分析”。

（3）向 Crosstab 对象中添加信息。

1）在“Insertable Objects”的“Model”标签页中，将模型中“产品”查询主题下的“产品系列”查询项拖入到 Crosstab 对象“Columns”区域，将“产品系列”作为交叉表横向维度，如图 7-98 所示。

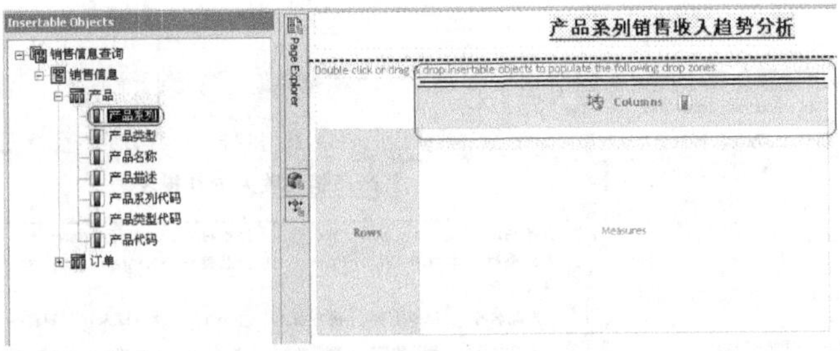

图 7-98 指定交叉表横向维度

2）按住 Ctrl 键，先选中“订单”查询主题下的“订单日期（年份）”查询项，再选中“订单”查询主题下的“订单日期（月份）”查询项，然后将这两个查询项同时拖入 Crosstab 对象“Rows”区域，这样可以将“订单日期（年份）”、“订单日期（月份）”作为交叉表的纵向维度的两个层次，如图 7-99 所示。

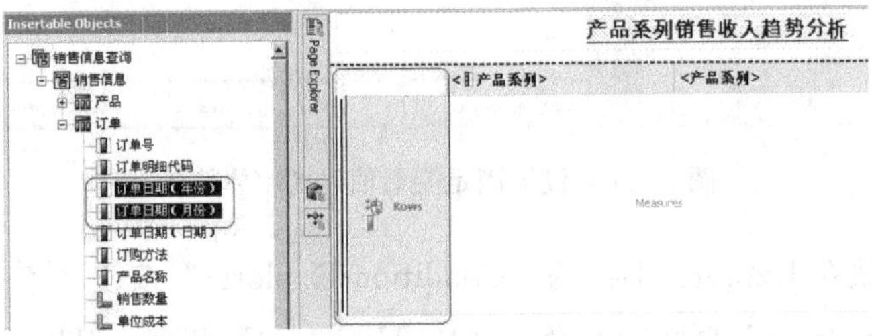

图 7-99 指定交叉表纵向维度

3）选中“订单”查询主题下的“销售收入”查询项，用鼠标拖到 Crosstab 对象的“Measures”区域，将“销售收入”作为交叉表显示的度量。

(4) 按住 Ctrl 键，先选中“Crosstab”对象的“订单日期（年份）”列，再选中“订单日期（月份）”列，然后单击工具栏中的“排序”按钮，选择“升序排列”，升序排列“订单日期（年份）”“订单日期（月份）”列。

(5) 插入定位表格，将 Crosstab 对象拖到表格的第二行单元格中。

1）单击提示页面报表体的任意部位，选中报表体，此时报表体变成灰色。

2）单击工具栏中的“Insert Table”按钮，向报表体添加一个 2×1 的表格。

3）单击 Crosstab 对象的任意部位，单击“Properties”中的导航按钮，然后选择弹出窗口中的“Crosstab”，选中整个 Crosstab 对象。

4）此时，“Properties”中显示了 Crosstab 对象的相关属性，设置“Rows Per Page”属性值“1000”，即指定每个页面显示 2000 条记录。

5）用鼠标按住选中的 Crosstab 对象，将鼠标拖到表格对象第二行的位置，实现 Crosstab 对象的移动。

(6) 向报表中添加显示销售收入趋势的“图表”。

1）在“Insertable Objects”的“Toolbox”Tab 页中，选择“Chart”对象，拖入到表格对象的第一行单元格中，弹出“Create-Chart”对话框，提示图表数据基于已有查询还是新建查询，选中默认的“New query”单选按钮，创建新的查询对象“Query2”，如图7-100所示。

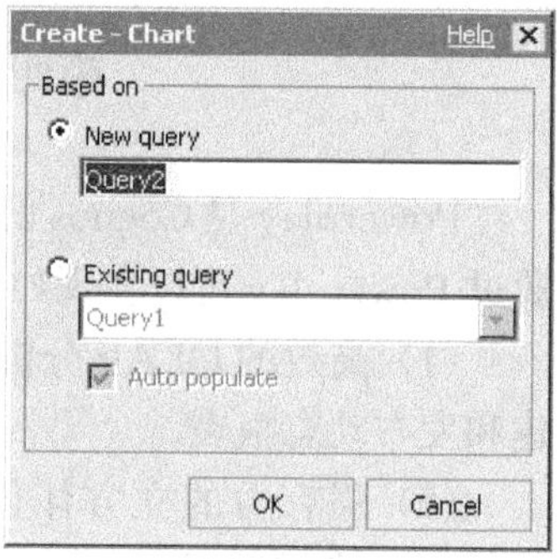

图 7-100　创建查询对象

2）单击“OK”按钮，显示“Insert Chart”对话框，在“Chart Grouping”列表中选择“Line”类型，“Chart Type”选择“Line with Markers”类型，单击“OK”按钮，创建了一个“Chart”对象，返回编辑界面。

3）将“销售收入”查询项拖入到“Chart”对象的“Measures”框中，将“订单”查询主题的“订单日期（年份）”“订单日期（月份）”查询项依次拖入到“Chart”对象的“Categories”框中（注意要先拖入“年份”，再拖入“月份”），将“产品”查询主题的“产品系列”查询项拖入到“Series”框中。

4）按Ctrl键，依次选中“Chart”对象的“订单日期（年份）”“订单日期（月份）”两列，单击工具栏中的“排序”按钮，选择“升序排列”，升序排列“订单日期（年份）”“订单日期（月份）”列。

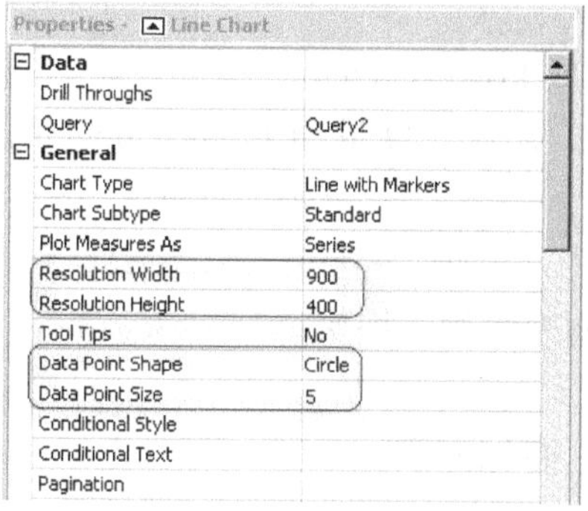

图 7-101　设置图表对象的属性

5）单击“Chart”对象的空白区域，确认“Properties”中的标题显示“Properties-Line Chart”，即选中了整个图表对象，在“Properties”中设置如下属性值。

Resolution Width：900（此属性设定图表显示的宽度）

Resolution Hight：400（此属性设定图表显示的高度）

Data Point Shape：Circle（此属性设定图表线中的点为圆点）

Data Point Size：5（此属性设定图表线中的点的大小）

结果如图 7-101 所示。

（7）保存报表，名称为“产品系列销售收入趋势分析”。

（8）运行报表，结果如图 7-102 所示。

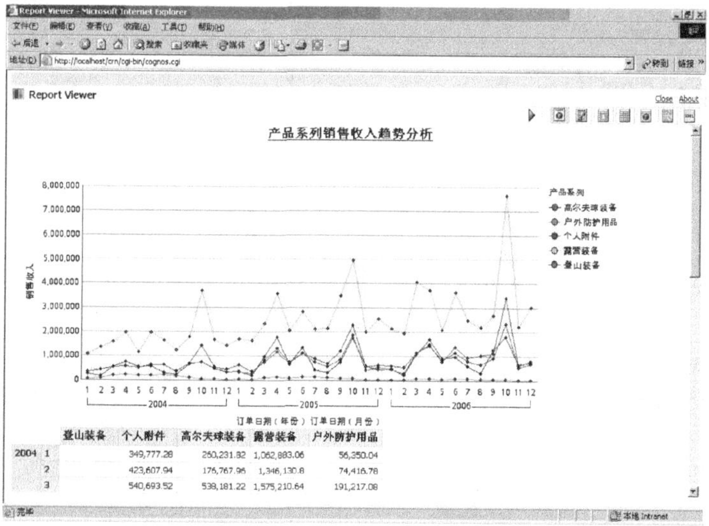

图 7-102　报表运行结果

第四节 使用 Powerplay 开发 OLAP 报表

Powerplay 是 Cognos 的 OLAP 解决方案，以用户理解业务的方式表达和展现企业数据。通过 Powerplay 可以实现如下功能。

（1）高效的 OLAP 分析与报表：利用 Powerplay，可以从任意角度迅速探查数据，并创建和发布动态报表。

（2）强有力的立方体创建：Powerplay 支持从多种数据源读取数据，创建“PowerCube”的多维数据立方体。

（3）灵活的部署能力：Powerplay Enterprise Server 是面向 Web、Windows 和 Excel 用户、可扩展的 OLAP Server，方便数据立方体、多维报表的部署和访问。

一、PowerPlay 概述

从开发的角度讲，Powerplay 主要使用两个工具，完成从设计 OLAP 模型到 Cube 数据的加载，乃至报表的生成和部署。

1. Transformer 工具

Transformer 工具用于建立 OLAP 模型，加载数据，生成 PowerCube。

OLAP 模型是对 PowerCube 结构框架的设计，是维度、层次、度量和 PowerCubes 的集合，至少包括以下 4 个方面的内容。

（1）确定 PowerCube 的数据源。

（2）PowerCube 维度设计，确定 PowerCube 的维度和每个维度的层次。

（3）PowerCube 度量设计，详细描述每个维度的定义。

（4）PowerCube 存储设计，详细描述 PowerCube 加载、存储方式。

从 Windows“开始”菜单中，选择“程序”→“Cognos Series 7 version 3”→“Tools”→“Transformer”选项，可以启动 Transformer，典型的 Transformer 的开发界面如图 7-103 所示。

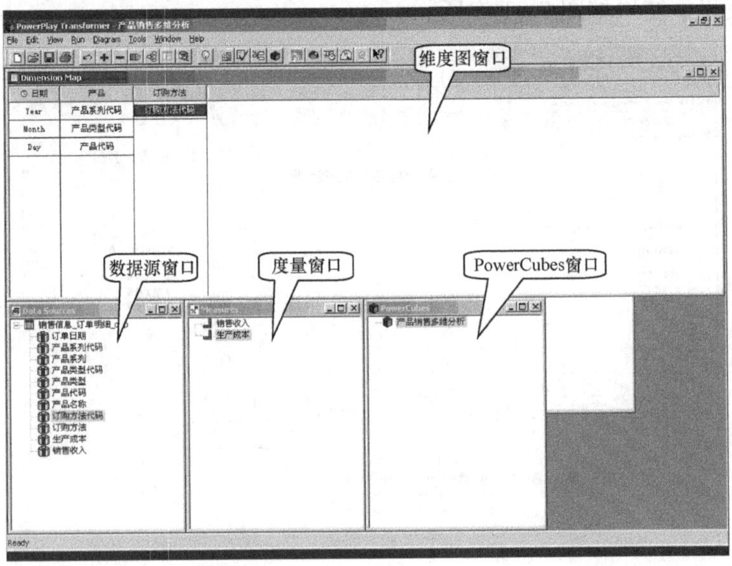

图 7-103 Transformer 开发界面

Transformer 的开发界面主要包括以下 4 个基本部分。

(1) 数据源窗口：将数据集成到模型中。根据模型设计文档，从能够支持应用的数据仓库及数据库中确定要查询哪些数据，并将其加载进数据源窗口。然后将数据源窗口的数据用于建立维度图，并创建 PowerCube。

每个数据源窗口中可以有一个或多个数据源，每个数据源来自于一个数据源文件（如 iqd、excel、csv 等），每个数据源都有自己的数据源名。每个数据源由构成它的若干列（Columns）组成。这是做模型的原始基本素材。

(2) 维度图窗口：一个用于建立多维立方体结构的工作区。根据数据源中的文本数据，各个维度以及每个维度的层次在此组织。最底层要对应数据源窗口中的一个列。维度图决定了数据在 Powerplay 维度栏中出现的顺序。

(3) 度量窗口：用于建立和显示模型所需的度量。度量值是在 PowerPlay 报表单元中的数据。根据模型设计文档，定义应用中需要的度量。度量在度量窗口中的顺序决定了它们在 PowerPlay 维度栏文件中度量的顺序。模型中至少要有一个度量，每个标准度量要在数据源中对应有一个列（计算度量除外）。

(4) PowerCubes 窗口：显示模型创建的 PowerCube。

此外 Transformer 还有一些常用的窗口：

(1) 单击工具栏中“Show Diagram”按钮，会弹出“Categories”窗口，显示维度每个层次类别及其层次关系。当需要重新加载 Cube 数据，清空 Categories 时，也需要打开此窗口，将已生成的 Categories 删除，如图 7-104 所示。

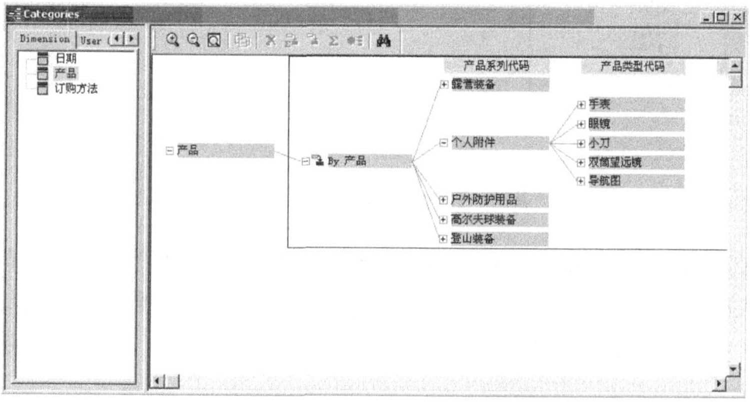

图 7-104　“Categories”窗口

(2) 单击工具栏中“Data Source Viewer”按钮，可以看到数据源窗口右侧出现两个标签页面。

1)“SQL”标签页面：显示 IQD 文件向数据库提交的查询语句的内容。

2)“Preview”标签页面：显示从数据库查询出的样本数据，如图 7-105 所示。

2. Powerplay 工具

Powerplay 用于浏览 PowerCube 中的数据，生成多维应用报表。

从 Windows“开始”菜单中，选择“程序”→“Cognos Series 7 version 3”→“Cognos PowerPlay”选项，可以启动 PowerPlay，典型的 PowerPlay 的开发界面如图 7-106 所示。

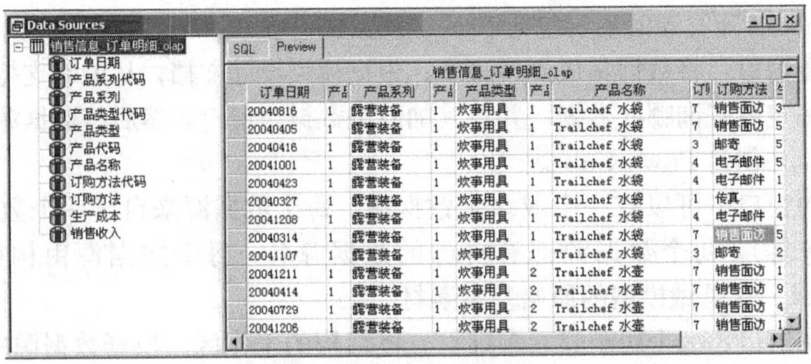

图 7-105 数据源样本数据

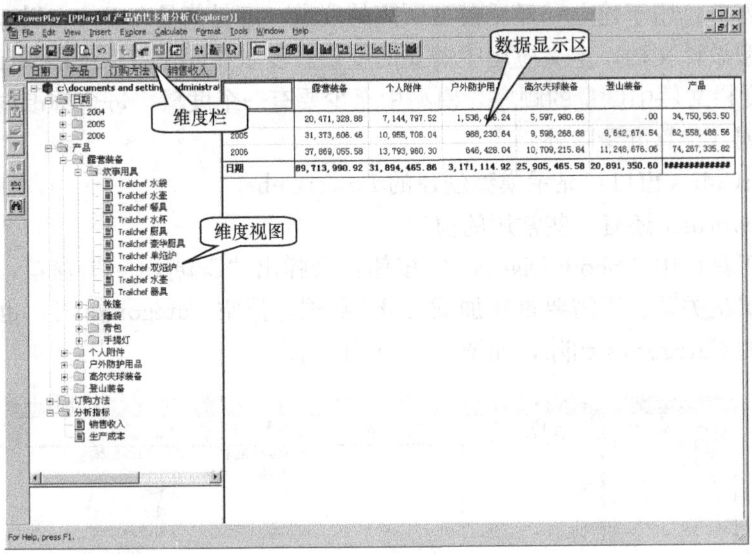

图 7-106 Powerplay 主界面

(1) 维度栏显示了在 Transformer 当中定义的维度、每个维度的层次和包含度量的度量标签。在分析人员查看某个维度的非顶层数据时，维度栏显示各维度当前订维的类别，比如当查看“2005”年数据时，维度栏“日期”标签可以显示“2005”，始终反映着数据探查当前所处的位置。

(2) 在“维度视图”中，反映了立方体的整体层次结构。

(3) 在“数据显示区”中，以表格或图形的方式显示业务人员关心的数据。

在 PowerPlay 中通过拖动一个新的维度标签到显示区可以完成维度的切换和旋转操作，通过直接单击或右击选择“Drill up”或“Drill down”选项实现上探/下钻操作。在 PowerPlay 中还可以设定图形显示、排名、排序、过滤、自定义计算等功能。

最重要的是通过 PowerPlay 可以生成 .ppx 报表，用于数据的展现。

此外，Cognos 也可以通过 Web 方式查看 Cube 数据，在设置好 PPES 之后，就可以通过 Powerpaly 的 Web 门户查看 Cube 数据，打开 IE，输入类似如下 URL：

http：//localhost/cognos/cgi-bin/ppdscgi. exe

效果如图 7-107 所示。

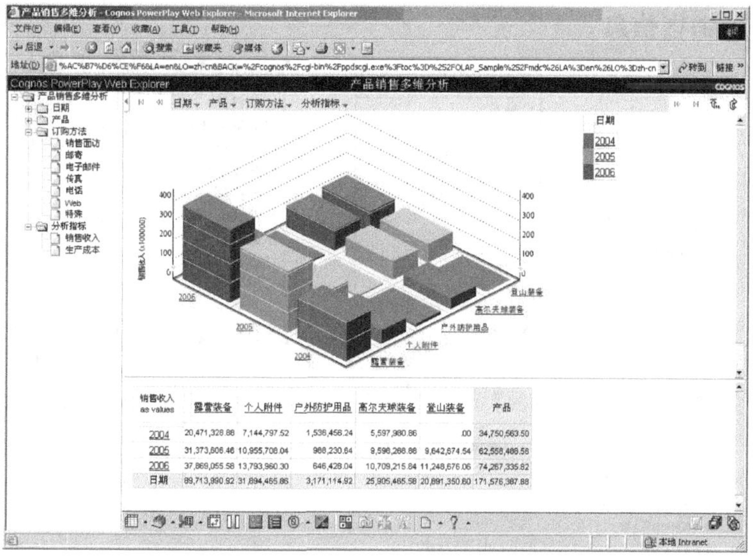

图 7-107　基于 Web 查看 OLAP 数据

二、OLAP 开发案例

下面结合例子讲述 OLAP 开发过程。本例子实现从日期、产品和订购方式三个维度，计算销售收入、生产成本指标。该 OLAP Cube 从 GOSL 数据库中获取数据，因此首先要建立 IQD 文件，作为 OLAP 的数据源，然后使用 Transformer 建立模型，使用 PowerPlay 建立 OLAP 报表。

1. 从 Framework Manger 模型中导出 IQD 数据源

（1）用 Framework Manger 将上一节重创建的模型（Sales _ Model）打开。可以从 Framework Manger 初始界面的“Recent Projects”列表中单击“Sales _ Model”打开模型。

（2）向模型中添加一个新的查询主题。在“Project Viewer”中选择“销售信息”名空间，右击，在弹出菜单中选择“Create”→“Query Subject”选项，命名查询主题为“订单明细 _ olap”，将表 7-15 所列查询项拖入到查询主题中。

表 7-15　　选取的查询主题列表

Query Subject	Query Item	Query Subject	Query Item
订单标题	订单日期	产品描述	产品名称
产品系列	产品系列代码	订购方法	订购方法代码
产品系列	产品系列	订购方法	订购方法
产品类型	产品类型代码	订单明细	销售收入
产品类型	产品类型	订单明细	生产成本
产品	产品代码		

（3）双击“销售信息”名空间节点，确保工作区切换到“销售信息”名空间下的查询主题，选中上一步创建的“订单明细 _ olap”，在 Properties Viewer 中将 externalizeMethod 属性改变为图 7-108 所示的内容。

图 7-108 修改查询主题的 externalize Method 属性

(4) 创建、发布新的 Package，生成 IQD。

1) 在 Project Viewer 中选择"Packages"节点，右击，在弹出菜单中选择"Create"→"Package"，命名 Package 为"PKG _ FOR _ OLAP"，在"Create Package-Define objects"页面中，只选中"订单名细 _ olap"，如图 7-109 所示。

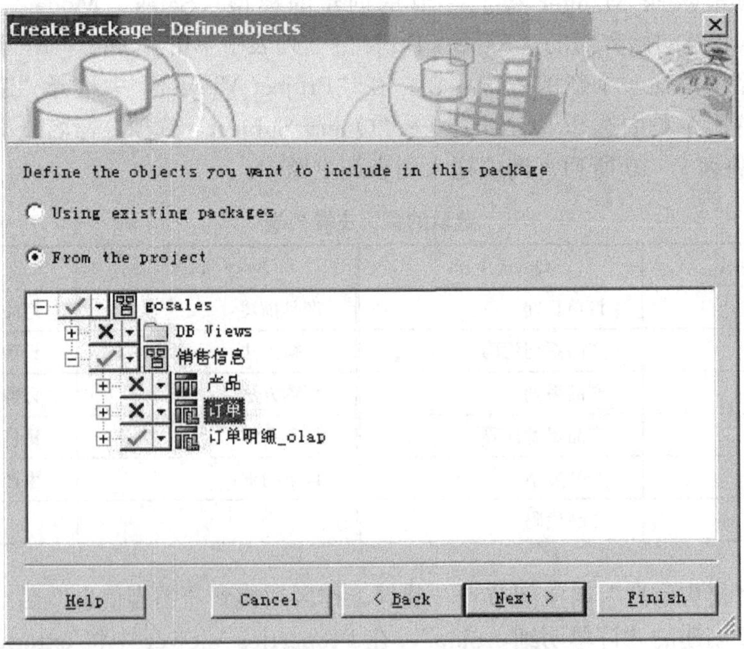

图 7-109 定义 Package 包含的查询项

在接下来的窗口中连续单击“Next”按钮和“Finish”按钮，启动 Package 发布向导，在“Publish Wizard-Select Location Type”窗口中作如下设置。

①选中“Location on the network”单选按钮，设置“network location”为“D: \ OLAP _ Sample \ iqd \ PKG _ FOR _ OLAP”。

②选中“Generate the files for externalized query subjects”复选框，如图 7 - 110 所示。

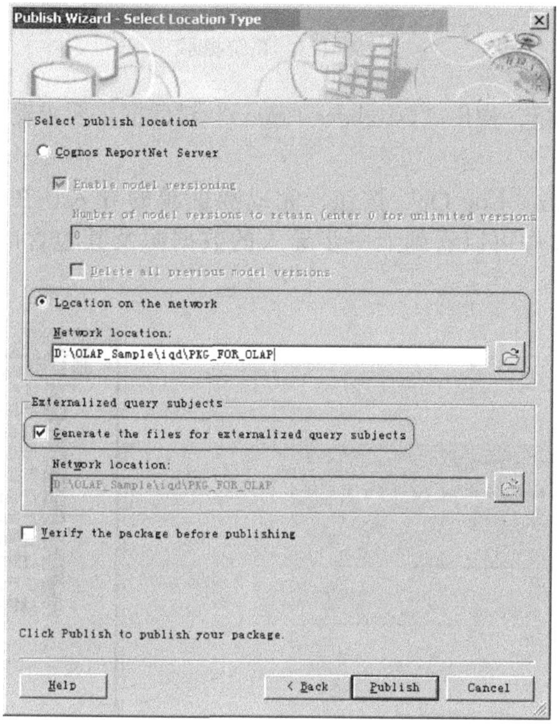

图 7 - 110 设置发布目录

2）单击“Publish”按钮，完成 Package 的发布，保存模型后退出 Framework Manager。

3）在指定的目录下（D: \ OLAP _ Sample \ iqd \ PKG _ FOR _ OLAP），可以看到生成的 IQD 文件。

2. 使用 Transformer 创建 OLAP 模型

(1) 从 Windows “开始”菜单中选择“程序”→“Cognos Series 7 version 3”→“Tools”→“Transformer”选项，启动 Transformer。

(2) 单击工具栏中的“新建”按钮，系统启动创建模型向导。

1）弹出“New Model”窗口，单击“下一步”按钮，在“Model Name”中填写“产品销售多维分析”，作为模型的名字。

2）单击“下一步”按钮，选择默认的数据源类型（iqd）和数据源名称。

3）单击“下一步”按钮，单击“Browse”按钮，定位到 iqd 文件（D: \ OLAP _ Sample \ iqd \ PKG _ FOR _ OLAP \ 销售信息 _ 订单明细 _ olap. iqd）。

4）单击“下一步”按钮，将“Run AutoDesign”复选框勾掉，单击“完成”按钮，系统提示是否从 Access Manager 定位数据库登录信息，如图 7 - 111 所示。

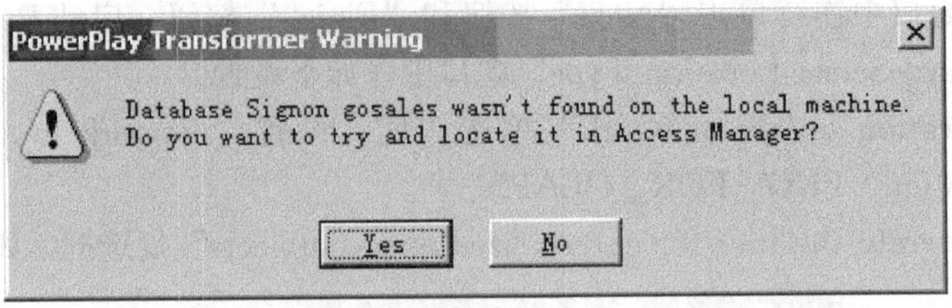

图 7-111 系统提示

5）单击“Yes”按钮，弹出“Database Logon”对话框，要求输入数据库的用户名和密码，如图 7-112 所示。

6）输入密码后单击“Log On”按钮，完成数据源的导入，在 Transformer 开发界面的“Data Sources”窗口中可以看到上一步导入的数据源及其包含的数据项，如图 7-113 所示。

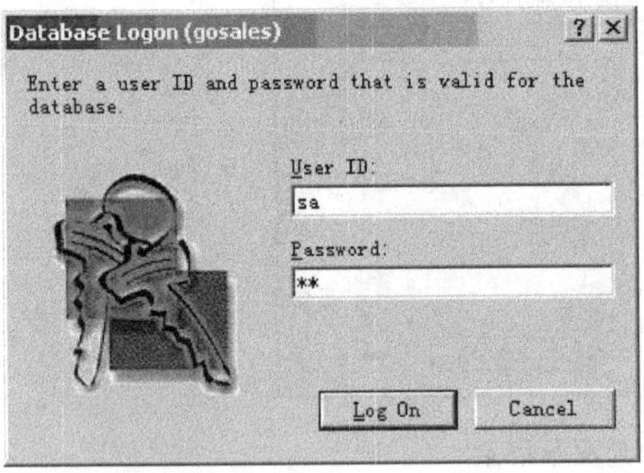

图 7-112 输入登录数据库的用户名和口令

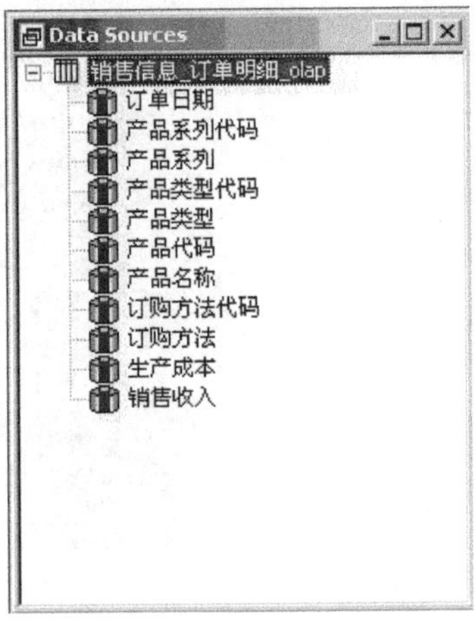

图 7-113 导入的数据源结果

（3）设计维度。

1）添加日期维度。日期维度在 Transformer 中是一种特殊的维度，可以通过 Transformer 内部的“日期向导”来创建，方法如下：

①在 Transformer 开发界面中右击“Dimension Map”窗口任意部位，在弹出的菜单中选择“Date Wizard”选项，启动日期维度创建向导，如图 7-114 所示。

②在“日期向导”的第一步输入创建维度的名称“日期”，单击“下一步”按钮。

③在“日期向导”的第二步中，选择日期维度对应的列“订单日期”，单击“下一步”按钮。

④第三步提示开发人员是否在维度中包含年份，选择“Yes”，单击“下一步”按钮。

⑤第四步提示选择“年份的类型”，选择默认选项，单击“下一步”按钮。

⑥第五步提示开发人员是否在维度中包含季度，选择“No”，单击“下一步”按钮。

⑦第六步提示开发人员是否在维度中包含月份，选择“Yes”，单击“下一步”按钮。

⑧第七步提示开发人员是否在维度中包含周，选择“No”，单击“下一步”按钮。

⑨第八步提示开发人员是否在维度中包含日期，选择“Yes”，单击“下一步”按钮。

⑩第九步提示开发人员指定特定年份的第一天，选择默认选项，单击“下一步”按钮。

⑪第十步提示开发人员设置每周包含的天数，选择默认选项，单击“下一步”按钮。

⑫第十一步提示开发人员是否现在生成日期类别，选择“No”，单击“完成”按钮，初步完成“日期”维度的创建，在“Dimension Map”窗口可以看到新增加的维度和维度的每个层次。

⑬双击“日期”维度“Year”层次，如图 7 - 115 所示。

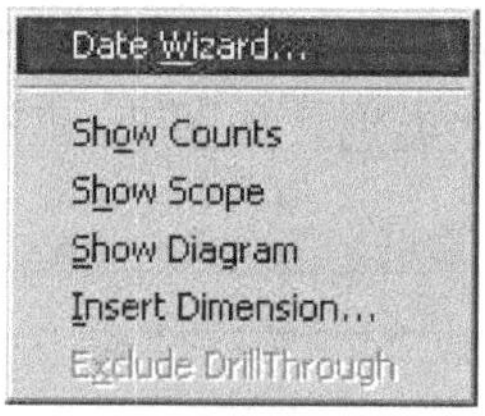

图 7 - 114 启动日期维度创建向导

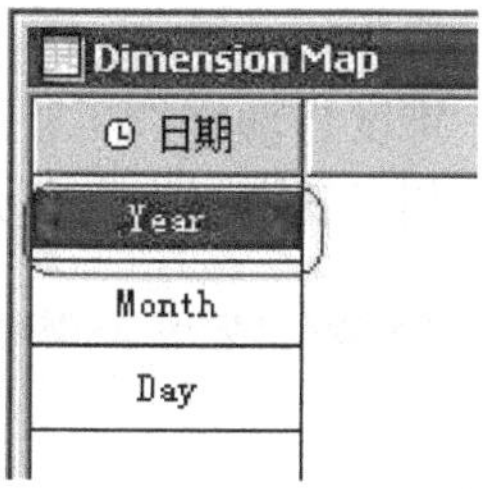

图 7 - 115 选择“Year”层次

在弹出的“Level-Year”对话框中设置“Year”层次的有关属性。

选择“General”标签页，在“Inclusion”下拉列表框中将“Always Include”改为“Default (When Needed)”，即表示在需要时将相应年份加入到该层次。

单击“确定”按钮完成“Year”层次的属性设置，如图7 - 116所示。

⑭同样双击“日期”维度“Month”层次，在弹出的“Level-Month”对话框中设置“Month”层次的有关属性。

选择“General”标签页，在“Inclusion”下拉列表框中将“Always Include”改为“Default (When Needed)”，即表示在需要时将相应月份加入到该层次。

选择“Time”标签页，单击“Modify Format”按钮，弹出“Date Format”对话框，将Code 的值改为“YYYY/MM”，单击“OK”按钮，返回“Time”标签页，如图 7 - 117 所示。

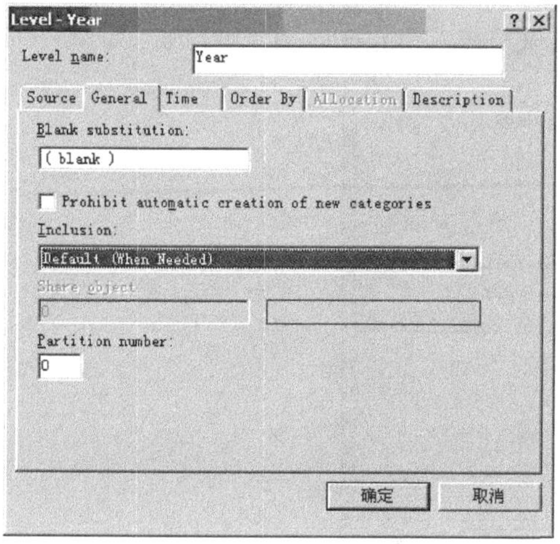

图 7 - 116 设置“Year”层次中“Geneal”标签页的属性

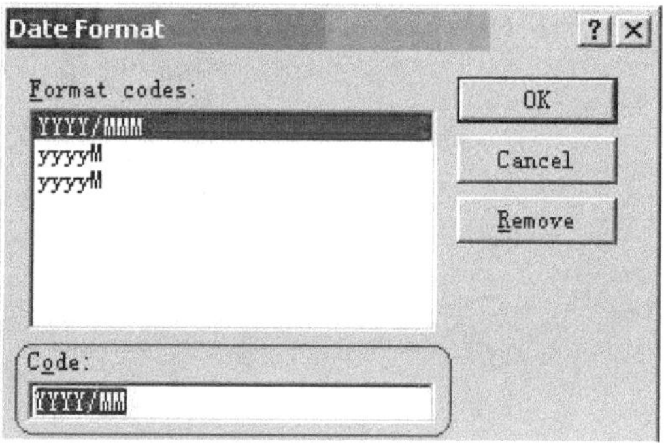

图 7 - 117 设置月份的格式

单击“确定”按钮完成“Month”层次的属性设置。

⑮同样双击“日期”维度“Day”层次，在弹出的“Level-Day”对话框中设置“Month”层次的有关属性。

选择“General”标签页，在“Inclusion”下拉列表框中将“Always Include”改为“Default（When Needed）”，即表示在需要时将相应日期加入到该层次。

单击“确定”按钮完成“Day”层次的属性设置。

⑯单击工具栏中的“Show Diagram”按钮，在弹出的“Categories”窗口中，可以看到系统为“日期”维度自动添加了很多“相对日期类别”，我们不希望加入这种类别，可以用鼠标全选这些“相对日期类别”，按 Delete 键即可删除这些类别，如图 7-118 所示。

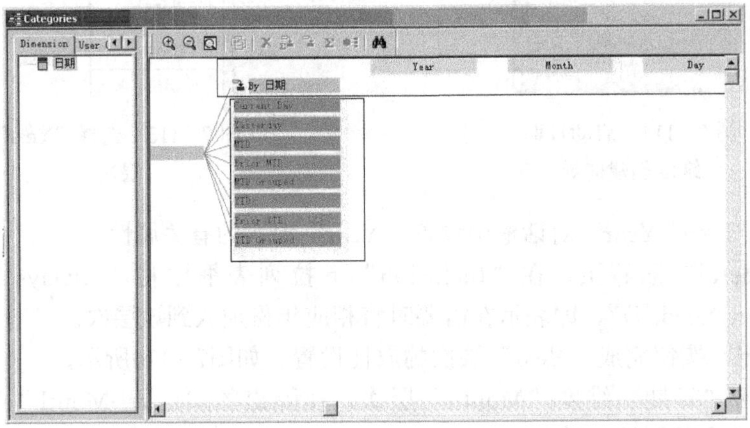

图 7-118　删除自动产生的日期类别

2）添加“产品”维度。

①选中“Dimension Map”窗口，然后单击工具栏中的“Insert”按钮，弹出“Dimension”对话框，在该对话框中指定新创建维度的名称“产品”，如图 7-119 所示。

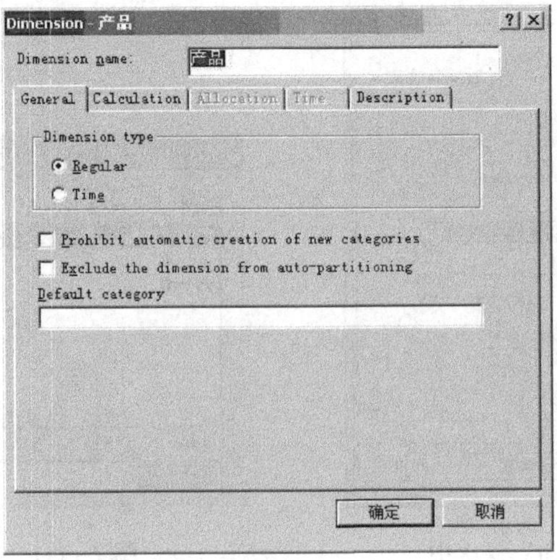

图 7-119　新增“产品”维度

单击“确定”按钮，完成维度创建。

②向“产品”维度中添加层次。

在“Data Sources”窗口中选择“产品系列代码”项，将该项拖入“产品”维度下，如图 7-120 所示。

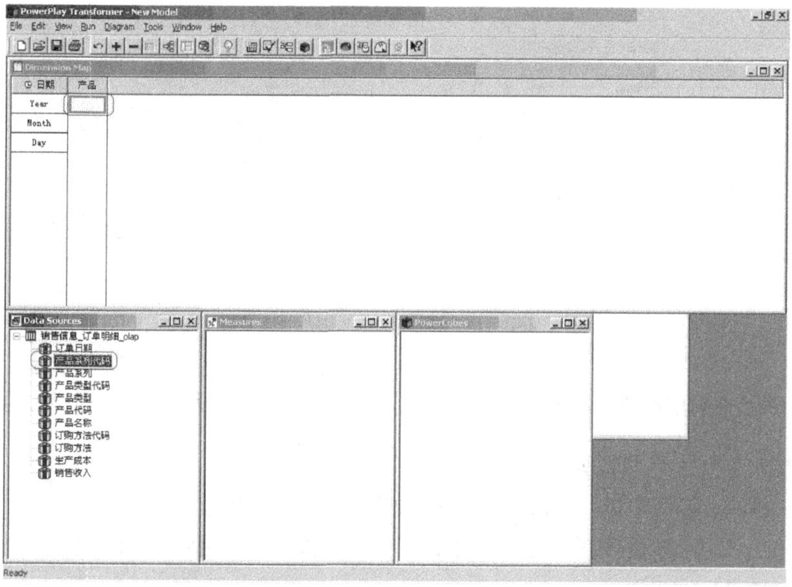

图 7-120　将“产品系列代码”拖入“产品”维度

此时在“产品”维度下便会增加一个“产品系列代码”层次，如图 7-121 所示。

使用同样的方法，将“产品类型代码”、“产品代码”依次拖入到“产品”维度的每个层次当中，最终结果如图 7-122 所示。

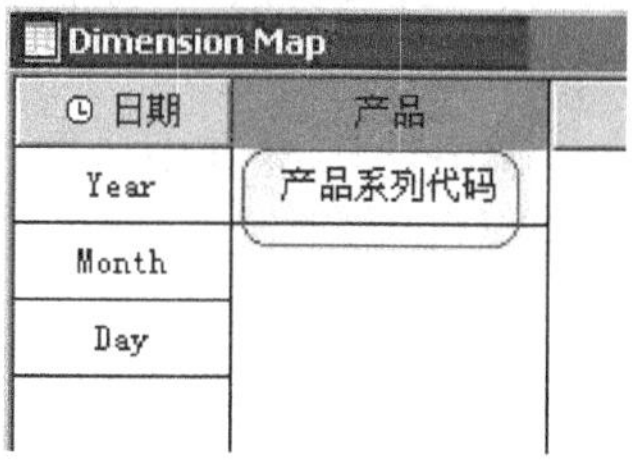

图 7-121　“产品系列”层次

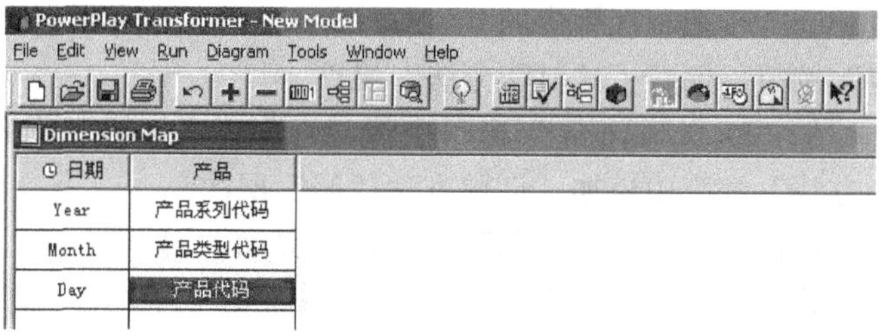

图 7-122　产品维度层次定义结果

修改新添加层次的属性：双击“产品系列代码”层次，弹出“Level-产品系列代码”对话框。在“Source”标签页中，选择“Associations”列表框中的“Label”列，单击出现的“…”按钮，在新弹出窗口的“Name”下拉列表中选择“产品系列”项，即将“产品系列”作为该层次的 Label，单击“OK”按钮，完成 Label 设置，如图 7-123 所示。

在“Order By”标签页中，选择“Sort-by column”列表框中的“Order by”列，单击出现的“…”按钮，在新弹出窗口的“Name”下拉列表中选择“产品系列代码”项，单击

"OK"按钮，返回"Order By"标签页，在"Sort as"框中，选中"Numeric"单选按钮，即设置该层次按照数值型的"产品系列代码"排序，如图7-124所示。

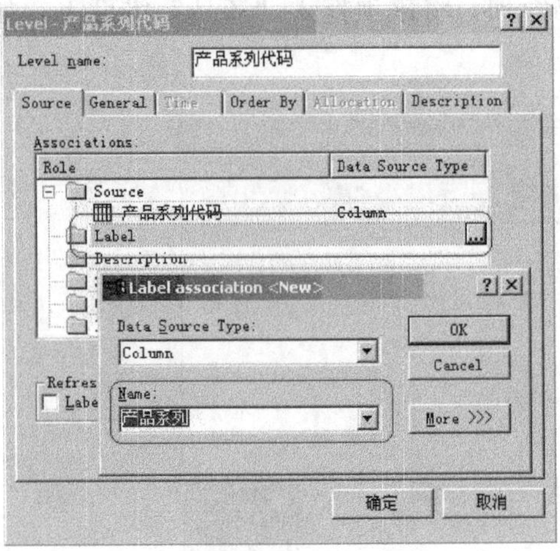

图7-123 产品系列层次的Label设置

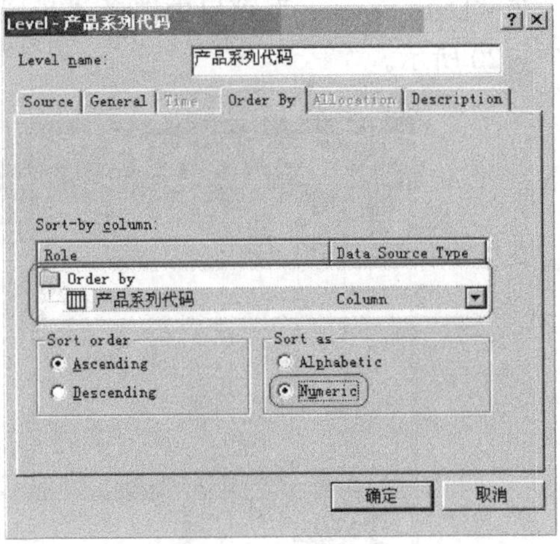

图7-124 设置产品系列层次的排序方式

同理，双击"产品类型代码"层次，设置如下属性。

将"Source"标签页中的"Label"属性设置为"产品类型"。

将"Order by"标签页中的"Order by"属性设置为"产品类型代码"，"Sort as"属性设置为"Numeric"。

双击"产品代码"层次，设置如下属性。

将"Source"标签页中的"Label"属性设置为"产品名称"。

将"Order by"标签页中的"Order by"属性设置为"产品代码"，"Sort as"属性设置为"Numeric"。

3）添加"订购方法"维度。同2）步，选中"Dimension Map"窗口，单击工具栏中的"Insert"按钮，在弹出的"Dimension"窗口指定新创建维度的名称"订购方法"，单击"确定"按钮，创建了"订购方法"维度。

从"Data Sources"窗口中将"订购方法代码"项拖入到"订购方法"维度中，向"订购方法"维度中添加"订购方法代码"层次。

双击"订购方法代码"层次，设置如下属性。

将"Source"标签页中的"Label"属性设置为"订购方法"。

将"Order By"标签页中的"Order by"属性设置为"订购方法代码"，"Sort as"属性设置为"Numeric"。

这样就完成了Cube维度的设计。

（4）设计度量：根据需求，需要添加"销售收入"和"生产成本"两个度量。

1）添加"销售收入"度量。

①选中"Measures"窗口，单击工具栏中的"Insert"按钮，弹出"Measure"对话框，在"Measure name"文本框中填写创建度量的名称"销售收入"。

②在"Measure"对话框的"General"标签页中，设置如下属性。

Output scale：2

Storage type：64-bit floating point

结果如图 7-125 所示。

③在“Measure”对话框的“Type”标签页中，选中“Columns”单选按钮，在“Associations”的列表框中，设置“Source”属性为“销售收入”，如图 7-126 所示。

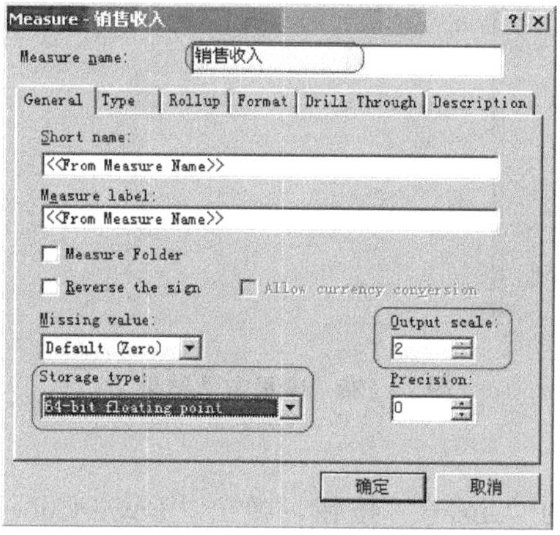

图 7-125　添加“销售收入”度量

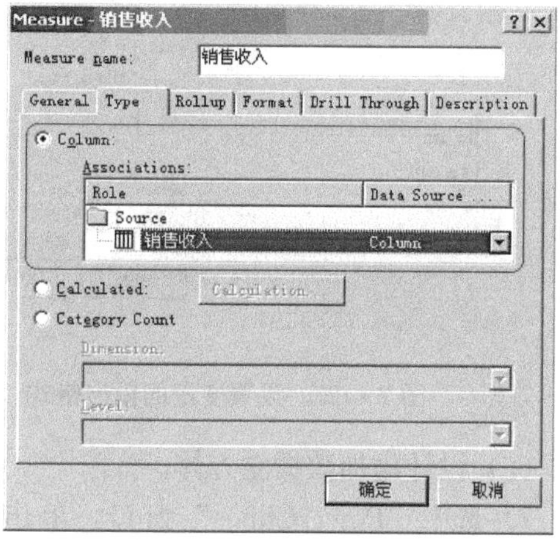

图 7-126　设置度量的数据源

④在“Measure”对话框的“Rollup”标签页中设置度量的汇总方式，选择系统默认的汇总方式，即在所有维度上进行“Sum”汇总。

⑤在“Measure”对话框的“Format”标签页中，将“Format”设置为“#，##0”，将“Decimal places”设置为“2”，即将度量的数据格式设置为包含千位分隔符、保留两位小数，如图 7-127 所示。

单击“确定”按钮，完成“销售收入”度量的创建和属性设置。

2）添加“生产成本”度量。以同样的方法创建、设置“生产成本”度量。

①选中“Measures”窗口，单击工具栏中的“Insert”按钮，弹出“Measure”对话框，在“Measure name”文本框中填写创建度量的名称“生产成本”。

②在“Measure”对话框的“General”标签页中，设置如下属性。

Output scale：2

Storage type：64-bit floating point

③在“Measure”对话框的“Type”标签页中，选中“Columns”单选按钮，在“Associations”列表框中，设置“Source”属性为“生产成本”。

④在“Measure”对话框的“Rollup”标签页中设置度量的汇总方式，选择系统默认的汇总方式，即在所有维度上做“Sum”汇总。

⑤在“Measure”对话框的“Format”标签页中，将“Format”设置为“#，##0”，将“Decimal places”设置为“2”，即将度量的数据格式设置为包含千位分隔符、保留两位小数。

这样就完成了度量的设置，在开发界面的“Measures”窗口中可以看到新创建的度量，如图 7-128 所示。

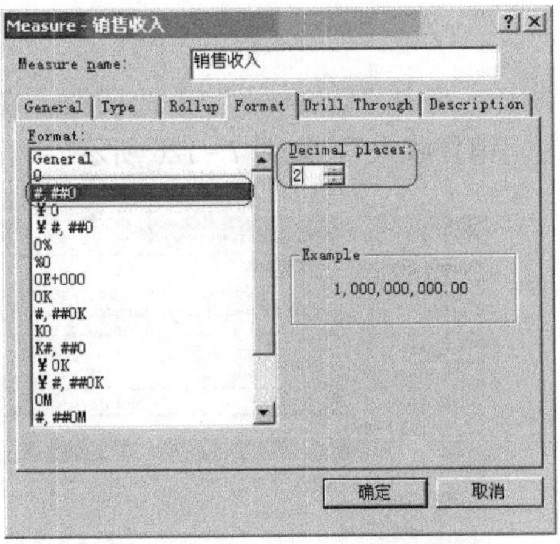

图 7-127　设置度量的输出格式

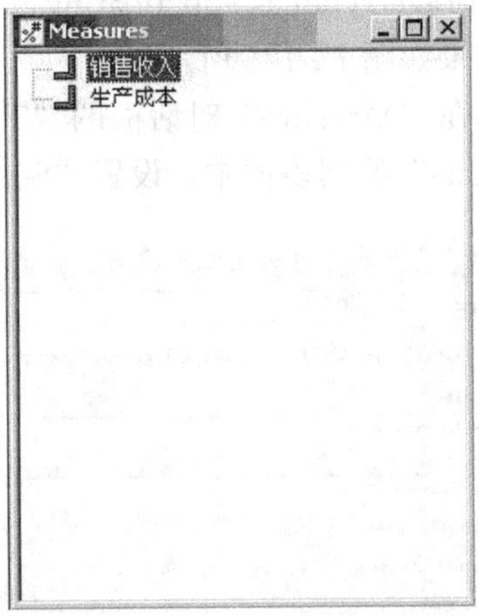

图 7-128　度量定义结果

（5）设计添加数据立方体。

1）选中“PowerCubes”窗口，单击工具栏中的“Insert”按钮，弹出“PowerCube”对话框，在“PowerCube name”文本框中填写创建的 PowerCube 名称“产品销售多维分析”。

2）在该对话框的“Output”标签页，单击“PowerCube file name”文本框后面的“Browse”按钮，选择生成的 PowerCube 文件的存放位置，如“D:\OLAP_Sample\mdc”，单击“打开”按钮，返回“Output”标签页，如图 7-129 所示。

3）切换到“General”标签页，在“Measure name”文本框中填写度量标签的名称“分析指标”，如图 7-130 所示。

图 7-129　定义数据立方体

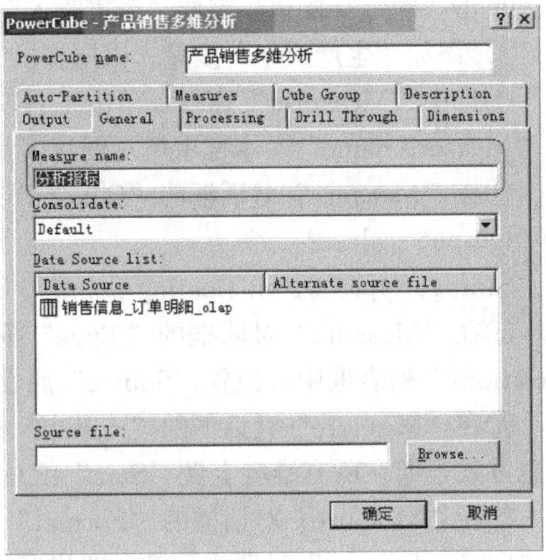

图 7-130　定义度量类别显示方式

单击“确定”按钮，完成 PowerCube 的设置，在开发界面的“PowerCubes”窗口中，可以看到创建的 PowerCube 对象，如图 7-131 所示。

（6）单击工具栏中的“保存”按钮，在“另存为”窗口中选择存放位置，如D:\OLAP_Sample\mdl，文件名设置为“产品销售多维分析”，以“mdl”格式保存开发的OLAP模型。

（7）加载Cube数据：在开发界面的“PowerCubes”窗口中右击“产品销售多维分析”PowerCube对象，在弹出菜单中选择“Create Selected PowerCube”选项，开始Cube的创建，如图7-132所示。

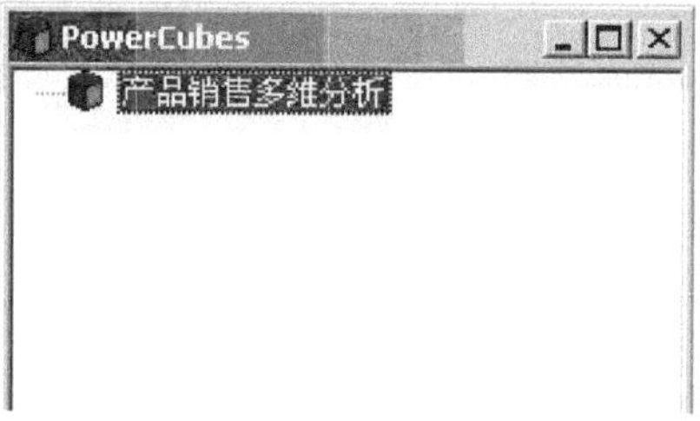

图7-131　数据立方体定义结果

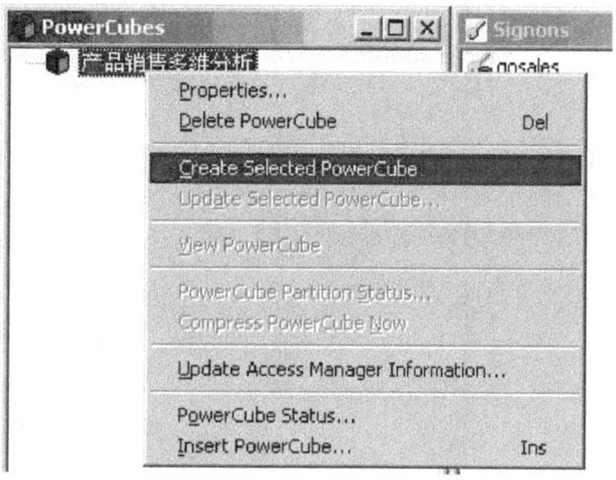

图7-132　加载数据立方体数据

（8）单击工具栏中的“PowerPlay for Windows”按钮，可以打开PowerPlay查看生成的PowerCube数据。

3. 将PowerCube发布到PPES

上面创建的PowerCube在本地生成了一个 *.mdc文件，如果想实现PowerCube在整个企业内的部署，必须将PowerCube部署到PPES上，实现整个企业的数据共享。

（1）在“开始”菜单中，选择“程序”→“Cognos 7 Series Version 3”→“Cognos Server Administration”选项，出现Cognos Server管理界面，如图7-133所示。

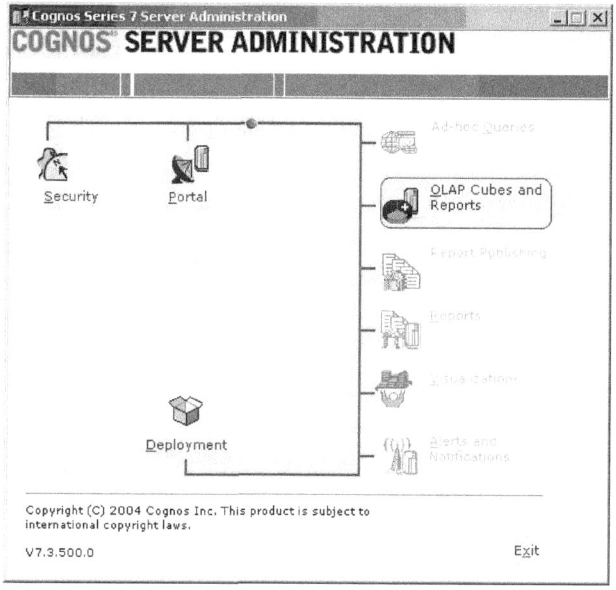

图7-133　Cognos Server管理界面

单击“OLAP Cubes and Reports”图标，启动PPES管理界面，如图7-134所示。

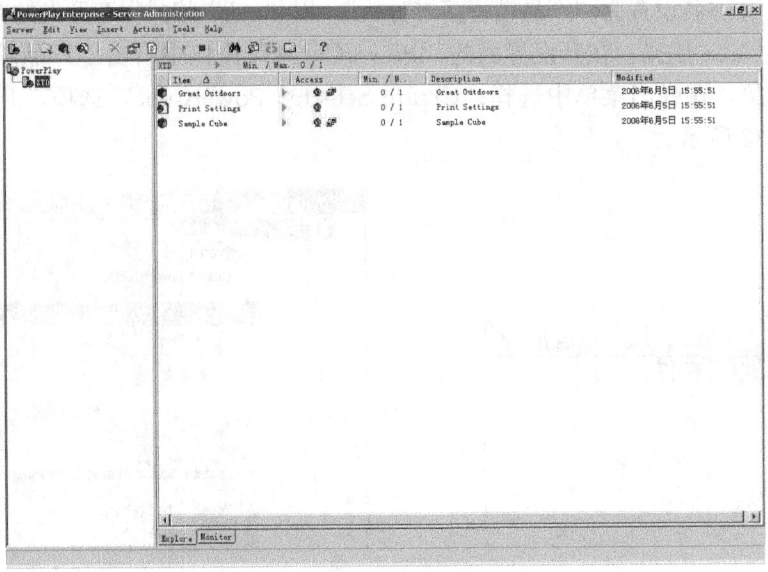

图7-134 PPES管理界面

（2）在PPES管理界面中，单击菜单栏中的“Insert Folder”按钮，弹出“Folder Properties”对话框，在“Name”文本框中指定Folder的名称“OLAP_Sample”，在“Folder source”中指定创建的Folder对应的本地目录，在此输入“D:\OLAP_Sample”，PPES可以识别该目录及其子目录下存在的所有PowerCube、多维报表，并将其纳入PPES管理，如图7-135所示。

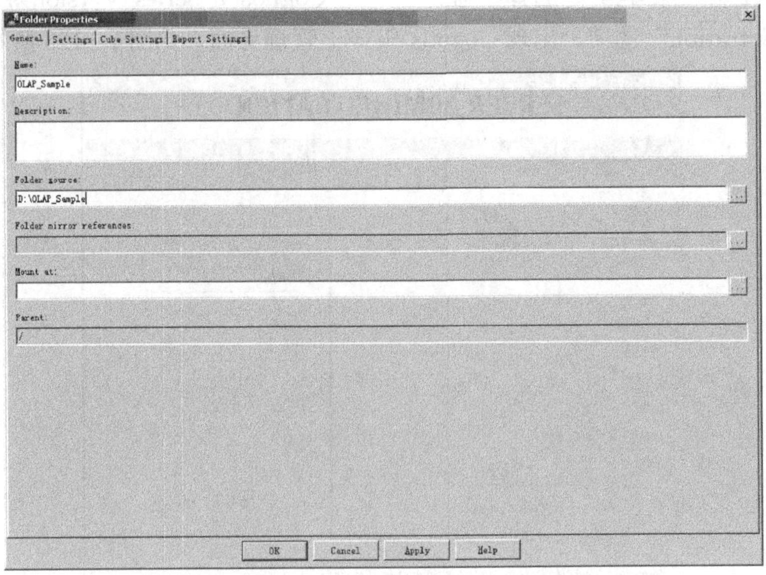

图7-135 设置PPES目录

（3）单击“OK”按钮，完成设置。

4. 使用 PowerPlay 以 Remote 方式创建报表

（1）在“开始”菜单中，选择“程序”→“Cognos 7 Series Version 3”→“Cognos PowerPlay”选项，启动 PowerPlay。

（2）在“Welcome”界面中选择“Create a new report”。

（3）系统弹出“Choose a Local Cube”对话框，在该对话框中选择“Access”选项组中的“Remote”单选按钮，即选择以 Remote 方式打开位于 PPES 上的 Cube，如图 7 - 136 所示。

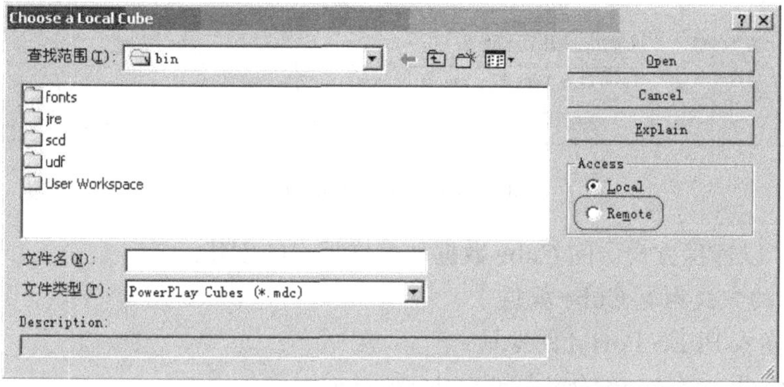

图 7 - 136　以 Remote 方式创建报表

（4）此时系统会切换到“Choose a Remote Cube”对话框，单击“Connections”按钮，弹出“Connections”对话框，单击“Add”按钮，弹出“Add a Connection”对话框，在“Connection”文本框中填写创建的连接的名称“conn _ olap”，在“Server”文本框中填写 PPES 的名称，如 XTD，依次单击“OK”按钮，返回“Choose a Remote Cube”对话框，如图 7 - 137 所示。

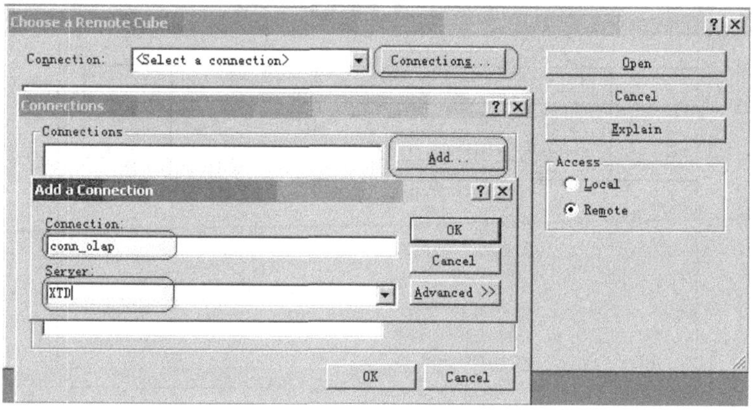

图 7 - 137　定义服务器连接

（5）此时“Choose a Remote Cube”对话框显示上一节创建的 Folder 的树结构，选择“OLAP _ Sample”→“mdc”→“产品销售多维分析”，单击“Open”按钮，打开 Cube。

（6）在 PowerPlay 工具栏中单击“Save”按钮，指定报表存放路径，如“D:\OLAP _ Sample\rpt”，指定报表名称“产品销售多维分析报表”，保存报表，如图

7-138所示。

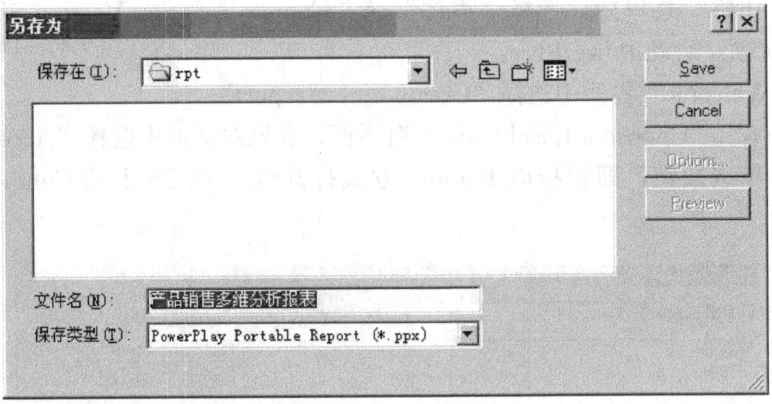

图 7-138 保存多维报表

此时完成了以远程方式访问 Cube 数据的多维报表的创建。

5. 以 Web 的方式浏览 Cube 数据

打开 IE，输入 PPES Portal 的地址：

http：//localhost/cognos/cgi-bin/ppdscgi. exe

在 Web 页面上可以看到在 PPES 中创建的 Folder——OLAP _ Sample，选择“OLAP _ Sample”→“rpt”→“产品销售多维分析报表”选项，可以打开报表。如果 Portal 默认以 PDF 格式打开报表，报表页面如图 7-139 所示。

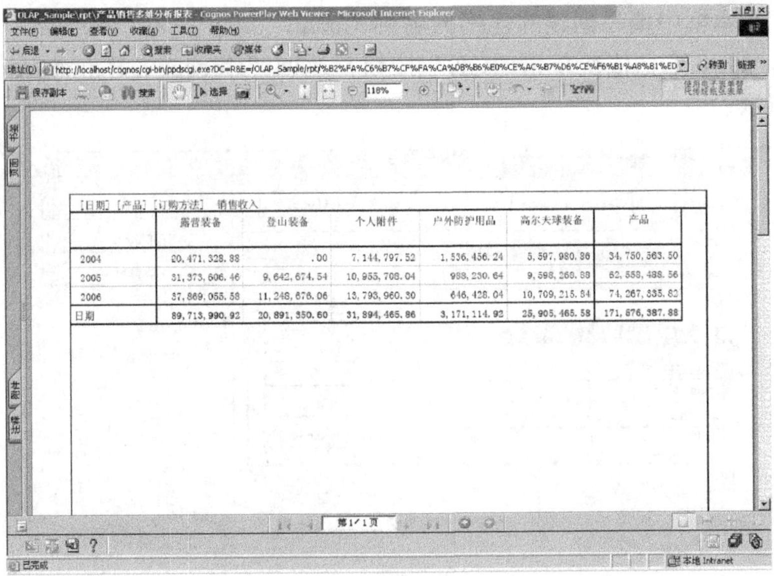

图 7-139 基于 Web 的 PDF 格式多维报表

单击页面左下角“Explorer”图标，可以切换到 Web 页面，如图 7-140 所示。

在该页面中可以进行 OLAP 分析的各类操作，如切片、旋转、图表、自定义计算、自定义子集等操作，可参考相关文档学习 OLAP 分析的常用操作。

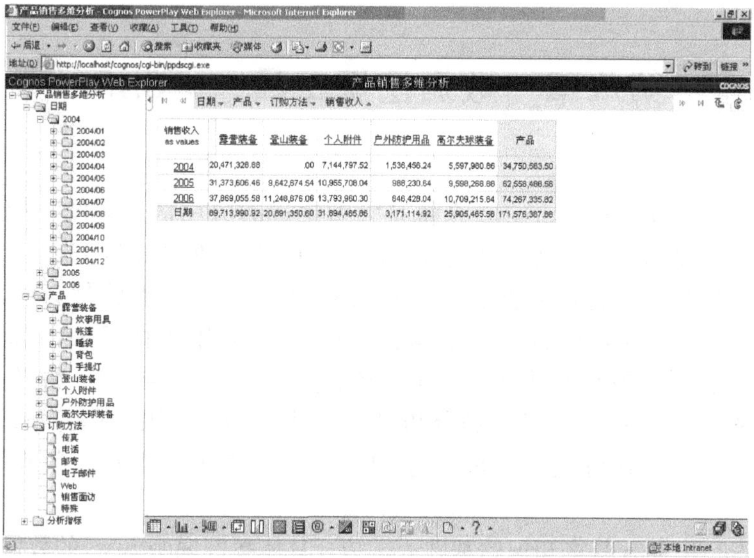

图 7-140 基于 Web 页面的多维报表

第八章　数据挖掘工具——SAS

SAS（Statistic Analysis System）系统是大型集成的应用信息系统，拥有完备的数据访问、数据管理、数据分析和数据展现功能。尤其是在数据分析方面，SAS 以其强大完善的数据管理与统计分析功能被公认为国际标准的统计分析软件。SAS 系统最早由北卡罗来纳大学的两位生物统计学学生编制，并于 1976 年成立了 SAS 软件研究所，正式推出了 SAS 软件。该软件早期的功能限于统计分析，至今统计分析功能依然是它的重要组成部分和核心功能。随着数据分析领域和方法论的不断拓展，SAS 系统的功能也逐渐扩展到线性与非线性规划、时间序列分析、运筹决策支持、数据仓库和数据挖掘等领域。

本章在简要介绍 SAS 基本知识的基础上，结合具体案例说明 SAS 的数据挖掘过程。

第一节　SAS 系统工作环境

一、SAS 的模块化结构

SAS 系统是一个组合软件系统，一共由 50 个左右的功能模块组合而成。通常分成以下几类。

1. 基础模块

（1）SAS/Base 模块：Base 模块是 SAS 系统的核心，负责数据管理，进行用户语言处理，交互应用环境管理，调用其他 SAS 模块。Base 模块对 SAS 数据库提供丰富的数据管理功能，还支持标准 SQL 语言对数据进行操作。Base 模块能够制作从简单列表到比较复杂的统计报表和用户自定的样式的复杂报表。Base 模块还可以进行基本的描述性统计及变量间相关系数的计算，进行正态分布校验等。

（2）SAS/STAT 模块：覆盖了所有的实用数理统计分析方法，是国际统计分析领域的标准软件。STAT 模块提供了十多个过程进行各种类型的回归分析，如 logistic 回归、非线性回归等。此外还提供了基础多种试验设计模型的方差分析工具、一般线性模型、广义线性模型、主成分分析、因子分析等许多专有过程。STAT 还包括了多种聚类准则的聚类分析方法。

（3）SAS/GRAPH 模块：SAS 强有力的图形软件包，可以将数据及其包含着的深层信息以多种图形生动地呈现出来，如直方图、饼图、星型图、曲线图、三维曲面图、等高线图及地理图等。此外，GRAPH 模块提供多种驱动程序，支持广泛的图形输出和标准图形交换文件。

2. 数据仓库及数据挖掘模块

（1）SAS/Warehouse Administrator 模块：数据仓库管理工具。在各类 SAS 模块的基础上提供了一套建立数据仓库的管理层，包括定义数据仓库和主题、数据转换和汇总、汇总数据的更新、Metadata 的建立、管理和查询以及数据集市等的实现。

(2) SAS/MDDB Server 模块：SAS 的多维数据库产品。该模块主要用于 OLAP 分析，将数据仓库或其他数据源的数据以数据立方体的方式存储，以便于用多维数据浏览器等工具快速和方便地访问数据。

(3) SAS/Enterprise Miner 模块：Enterprise Miner 模块是 SAS 企业级数据挖掘工具，基于“SEMMA”理念，为用户提供从抽样工具、数据重组、神经元网络、数据回归到结果显示的许多新过程。

(4) SAS/GIS 模块：SAS 集地理信息系统功能与空间数据的显示和分析于一体。它提供层次化的地理信息，每一层可以是某些地理元素，也可与用户定义的主体相关联。用户可以交互式地缩小或放大地图，利用各种交互式工具进行数据显示和分析。

3. 二次开发模块

(1) SAS/AF 模块：可以通过 AF 模块开发应用程序，通过内置的 SCL 语言，集成 SAS 软件的方法库来开发各种 SAS 的图形用户界面（GUI）应用系统。

(2) SAS/IntrNet 模块：为 SAS Web 应用提供了数据服务和计算服务。

4. 其他模块

SAS 基于数据分析的需要，提供了各种方便且功能强大的工具，例如：

SAS/IML 模块——提供面向矩阵运算的编程语言。

SAS/OR 模块——提供全面的运筹学方法。

SAS/ETS 模块——提供丰富的计量经济学和时间序列分析方法。

SAS/ACCESS 模块——提供业务主要数据库软件的访问接口。

SAS/CONNECT 模块——在网络环境下实现 SAS 系统的分布式处理，如典型的Client/Server 方式。

由此可以看出 SAS 软件功能的丰富和强大，利用 SAS 软件几乎可以完成目前所有的数据处理和分析功能。

二、SAS 主界面介绍

在 Window 操作系统下，若已正确安装了 SAS（V8.2）软件，则安装程序会在系统开始菜单中添加一个“The SAS System”项目，此时可以在 Windows 桌面选择“开始”→“所有程序”→“The SAS System”→“The SAS System for Windows V8”选项，启动 SAS 系统，出现的主界面如图 8-1 所示。

SAS 主界面可以分成主窗口和子窗口两个部分。

1. 主窗口

主窗口是 SAS 的总体工作界面，主要包括以下内容。

(1) 菜单条：也称为下拉菜单，表示在当前激活的子窗口下可进行操作的菜单栏目。由于不同的 SAS 子窗口可以实现不同的功能，所以激活不同的子窗口，菜单的内容也会改变，有些不能使用的功能会自动变灰。

(2) 命令框：菜单条下部左侧的文本输入框即是命令框，是输入和提交 SAS 命令的地方。例如，输入“pgm”并回车就可以使程序编辑器窗口激活，单击“bye”按钮可以退出 SAS 系统。

(3) 工具条：菜单条下部、命令框右侧就是 SAS 的工具条，包含了常用操作的各种按钮。可以在菜单条中选择“Tools”→“Customize”选项，定制菜单条。

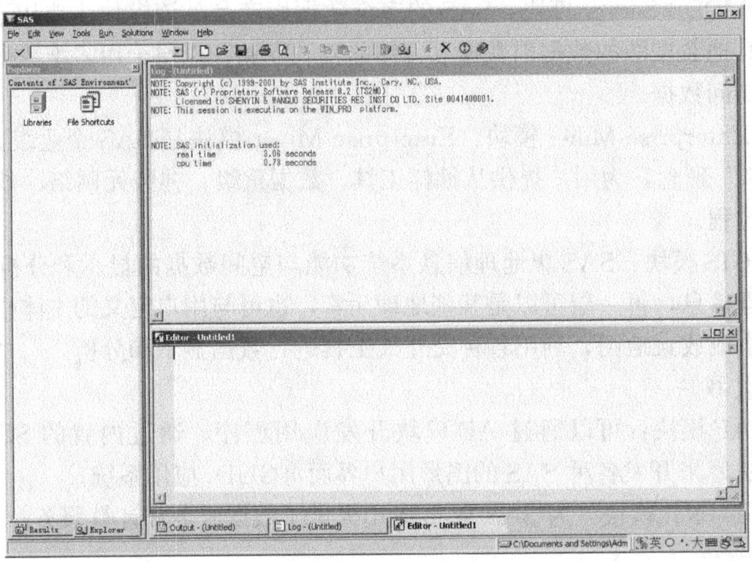

图 8-1 SAS初始界面

(4) 状态条：SAS 主窗口的最下方是状态条，它的左部是信息显示区，中部是运行 SAS 的工作文件夹名称，右部是增强型编辑器光标所在位置。

2. 子窗口

在 SAS 主菜单的中部是一个供打开 SAS 子窗口的工作空间。默认地，SAS 打开以下窗口。

(1) 浏览器（Explorer）：类似于 Windows 系统下的浏览器，可以查看和管理 SAS 文件库和存放在 SAS 文件库中由 SAS 系统创建的数据文件和其他类型的 SAS 文件，也可以建立对非 SAS 文件的快捷方式。在浏览器窗口中单击“Libraries”，可以看到 SAS 文件库中包含的对象，可以双击打开这些对象，同时也可以执行移动、复制、删除和重命名等操作。

(2) 结果窗口（Results）：浏览和管理所提交的 SAS 程序的输出结果，这个窗口将 SAS 进程中提交 SAS 程序的输出结果依次排列成树结构，每次提交 SAS 程序后的输出结果都表示为一个节点，展开节点可以看到不同输出内容的子节点，双击子节点，就可以查看输出结果。

(3) 增强型编辑器（Enhanced Editor）：增强型编辑器仅 Windows 环境下才有，除了提供一般文本输入和编辑功能外，还支持许多有用的编辑功能，包括以下几项。

- 对 SAS 程序不同类型的语句用不同的颜色进行高亮显示并进行语法检查。
- 程序段的展开和收缩功能，便于从宏观上了解程序结构。
- 程序输入时自动缩进功能。
- 可对输入字符串自定义宏。
- 支持键盘快捷方式。

(4) 日志窗口（Log）：日志窗口随时显示 SAS 进程和递交的 SAS 程序的运行信息。

(5) 输出窗口（Output）：显示 SAS 程序的输入结果。

三、SAS 系统文件管理

1. SAS 文件和 SAS 数据集

SAS 为了有效地实现其分析展现功能，建立了自己完善的文件管理方式。例如，在数据组织时，SAS 通过建立数据集（Data Set）文件管理是 SAS 的数据文件。当使用 SAS 自身面向对象工具进行开发时，SAS 可以建立自己的目录册（Catalog）文件，存储和管理创建的应用系统文件，包括界面、源程序和各种对象间的关联。当使用 SAS 进行 OLAP 分析时，SAS 系统建立自己的多维数据文件（MDDB 文件）。这些由 SAS 建立、维护和管理的文件都称为 SAS 文件。

SAS 文件在操作系统下只是许多具有特殊后缀的文件。例如，在 Windows 系统中，SAS 数据文件的后缀是 sas7bdat，sd2 等。SAS 文件可以存放在 Windows 不同的子目录下。除了依靠 SAS 系统外，操作系统无法直接打开这些文件。

SAS 数据集是 SAS 最重要的文件类型，是 SAS 系统中大部分的过程都可以处理的数据对象。一个 SAS 数据集包含两个组成部分：描述部分（Descriptor Portion）和数据部分（Data Portion）。数据集还可以包含一个索引，用于快速定位其包含的记录。SAS 数据集的数据部分可以理解为一个排列在矩阵表格里的数据值的集合。例如，表 8-1 所示的表格（不含第一行）可以是一个数据集的数据部分，包含了 4 个人的姓名、性别、年龄、体重等信息。Name 下的 Jones 是一个数据值，Weight 下的 158.3 也是一个数据值。

表 8-1　　示例数据集

Name	Sex	Age	Weight	Name	Sex	Age	Weight
Jones	M	48	128.6	Jaffe	F	38	115.5
Laverne	M	58	158.3	Wilson	M	28	170.1

数据表的一行也称为一个观测（Observation），代表统计学中一个个体的信息。数据表的列也称为变量（Variable）。一个变量是描述一个特征的数据值。上表中的“Name”“Sex”“Age”“Weight”都是变量。SAS 数据集行列的矩阵排列表示每个变量对应该观测的数据。若一个数据值未知，在 SAS 数据集中就记为一个缺失值。

SAS 数据集的描述部分包含了数据集的一般信息，包括数据集的名称、数据集的创建日期和时间、观测的个数和变量的个数。

此外，描述部分还包含了数据集中每个变量的属性信息，这些信息包括变量的名称、数据类型（数据型和字符型）、长度、输出格式、输入格式和标签等。

2. SAS 逻辑库

按照 SAS 系统自身的文件组织方式，SAS 将自身建立的众多 SAS 文件按照不同需要将其归入若干个 SAS 逻辑库。SAS 逻辑库是一个逻辑概念，在 Windows 系统中，一个逻辑库对应操作系统中的一个文件夹，该文件下存有可识别的 SAS 文件。在 SAS 系统的文件组织中，只有两个层次，SAS 逻辑库是高层次，下一层是 SAS 文件。逻辑库按照存在方式可以分成永久库和临时库两种类型。永久逻辑库是指在结束当前 SAS 进程后再次打开 SAS 系统后仍被保留的逻辑库。初始状态下，SAS 包含两个永久逻辑库：Sashelp、Sasuser。Sashelp 库包含所安装 SAS 系统各个产品相关的 SAS 文件；Sasuser 库包含为满足用户需要而特制的SAS文件，用户的一些设置通常也放在该库中。临时逻辑库仅在SAS进程中存在，当进程结束后，临时库及其内包括的文件全部消失。SAS在进程开始时默认地创建一个名为Work的逻辑库。Work库是一个临时库，是在没有指定逻辑库的情况下SAS进程产生的临时文件存放的位置，它的物理位置在系统配置文件规定的文件夹之下的一个临时生成的文件夹中。

第二节 SAS程序结构

SAS最初是从大型机上的统计分析系统开始，因此其核心操作方式一直是程序驱动的，虽然SAS后来也提供了一些界面操作，方便不同层次的用户使用，但由于统计分析的复杂性和灵活性，程序驱动方式始终处于SAS的核心地位，满足用户自行编程实现各种新算法和统计模型。

一、SAS语句的基本结构

SAS程序由若干个语句组成，多数语句都由特定的关键字开始，语句中可以包含变量名、运算符等，其间以空格分隔。所有的语句都以分号结束，SAS对语句所占的行数并无限制，一个语句可占一行，也可占多行；反之，多个语句也可写在同一行内。下面是一个简单的程序示例。

```
libname exam_ lib 'c:\ ';
data exam_ lib.example;
input x @@;
cards;
1 2 3 4 5 6
;
proc print;
  var x;
run;
```

示例中，第一句“libname”是该句的关键字，后面是相应的语句内容，最后以分号结束本句。第二句换行后在新的一行编写，实际上可以连续书写，SAS根据分号判断上一句已经结束，将后续内容作为一个新SAS语句读入。

SAS程序有模块化的特点，虽然每一个具体的SAS程序可以非常复杂，但其基本结构一般都是由数个完成单个动作的程序步和环境设置语句构成的。在SAS中只有两种程序步：数据部（Data Step）和过程步（Proc Step）。前者创建和修改用于统计分析的数据集，后者则利用已创建的数据集完成特定的统计分析任务。比如上面的示例程序中，第1句是一个环境设置语句，作用是设定一个新的逻辑库exam _ lib；第2～6句构成了一个数据步，其功能是在exam _ lib库下新建一个数据集example；第7～9句则是过程步print，功能是将数据集example中变量x的值在Output窗口输出。

在程序书写完毕后，就可以提交系统执行了。可以选择“run”→“submit”选项，或者直接按F8键，或者在菜单栏直接单击“运行”图标，都可以运行程序。

为了使长程序更为清晰易懂，通常要在程序中使用注释加以说明。SAS注释有以下两种格式。

注释语句：使用星号开始，可占多行，以分号作为结束。

注释段落：使用字符组“/ *”和“* /”包括起来的任何字符内容，可占多行。

例如：

```
* SAS 注释语句示例；
/ * SAS 注释段落示例 * /
```

在数据加工中，SAS 程序还包含了各种运算符，包括算术运算符、比较运算符和逻辑运算符三类。算术运算符用于完成各种数学运算，包括加（+）、减（-）、乘（*）、除（/）、乘方（* *）等。比较运算符用于比较各种常量和变量的数值大小，包括相等（＝或 EQ）、不等（∧＝或 NE）、大于（＞或 GT）、小于（＜或 LT）、大于等于（＞＝或 GE）、小于等于（＜＝或 LE）和包含（IN）。比较运算符得到的结果为真或假，主要用于判断条件分支循环语句中。逻辑运算符用来连接比较得到的结果以构成复杂的条件，包括与（& 或 AND）、或（| 或 OR）、非（∧或 NOT）。

二、SAS 程序的数据步

SAS 程序中数据步的作用就是实现对数据的操作，包括数据集建立、数据访问、数据编辑和数据文件管理，显然，数据步在 SAS 程序中起着非常重要的作用。

SAS 是通过当前进程设置的逻辑库实现对 SAS 数据集的访问和调用，因此 SAS 程序一般在开始都要设置一个逻辑库，对应到操作系统指定的文件目录下。前面提到的 Libname 命令即用于设置逻辑库，一般格式如下：

Liname 库标记‘文件夹目录’选项

在调用时每一个数据集都需要使用两级名称来指定，第一级是库标记，第二级是数据集名，中间用“.”隔开，一般形式如下：

库标记．数据集名

如上面的示例程序中，第一句在指定了 exam _ lib 之后，后面创建了 example 数据集，之后即可在数据步中使用“exam _ lib. example”来调用数据集了。

SAS 数据步均以 DATA 语句开始，用于创建和处理数据集。此外还包含与 DATA 步相关的多种语句，最常用的语句有以下几种。

1. DATA 语句

DATA 语句用于标识数据步的开始，同时命名将要创建的 SAS 数据集。DATA 语句的一般格式如下：

DATA 数据集名；

例如：

DATA work. abc；

或

DATA abc；

2. Input 语句

Input 语句的主要功能是确定变量的读入模式，即数据域中数据对应了哪些变量。Input 语句的格式如下：

INPUT 变量名 ＜变量类型　起止列数＞ …；

尖括号表示其中的内容为可选项，如果不输入，系统以默认值代替。示例如下：

INPUT x y z; INPUT x1－x10; INPUT x MYM y @@;

其中第二句使用了缩写符号，代表定义了 x1、x2…x10 十个变量，第三句中的 MYM 表示变量 x 为字符变量，@@表示数据可以在一行里连续读入，SAS 见到这个符号后，在按变量名依次读取完数据后，不是跳到下一行，而是继续在该行读数据，直至本行结束或到分号为止。

3. CARDS/DATALINES 语句和数据块

CARDS 语句和 DATALINES 语句的功能相同，只是前者适用于任何版本，而后者只在 8.0 以后的版本才能使用。它们均可用于表示数据块的开始，随后紧跟着需要读入的数据，格式如下：

CARDS;
数据块
;
或
DATALINES;
数据块
;

需要注意的是，数据块必须单独占一行或多行，最后表示数据块结束的分号也必须另起一行书写。

4. INFILE 语句

INFILE 语句用于指定一个包含原始数据的外部文本文件，从而使得数据步可以从这一文件读入数据块，在 Input 语句之前使用，语法格式如下：

INFILE ‘外部文件’ 选项;

例如：

```
data ds_ 1;
   infile'D: \ imptdat. dat'
      firstobs=2 obs =5;
   input ID 1- 4 Age 6- 7 ActLevel MYM 9- 12 Sex MYM 14;
run;
```

这段程序表示从'D: \ imptdat. dat'中读取数据，后面的选项设置表示从文件的第 2 行读取，直至第 5 行为止。

需要说明的是，数据步中 CARDS 语句和 INFILE 语句都是用于指定数据块内容的，分别对应了两种数据输入的方式：直接输入方式和外部文件读入方式。

5. SET 语句

SET 语句的功能是将指定数据集的内容完整地复制到新建的数据集中，一开始创建 SAS 数据集时不需要使用 Set 语句。如果在已有数据集的基础上进行数据编辑，则要使用 SET 语句。例如：

```
DATA male_ class;
   set class;
   if sex = ‘M’;
run;
```

该段程序表示从数据集 class 中读取 sex 变量值为“M”的观测，创建 male _ class 数据集，保存输出结果。

三、SAS 程序的过程步

SAS 程序的过程步可以理解成已经编好的用于实现各种统计分析功能的计算机程序，我们只需要按照规定好的格式调用即可。程序步总是用一个 PROC 语句开始，后续紧跟过程步名，用以区分不同的过程步。表 8-2 列举了一些常用的过程步名称及功能。

表 8-2　常见的过程步

过程步名	功　能	过程步名	功　能
SORT	将指定的数据集按照指定的变量排序	FREQ	对指定的分类变量进行统计描述和检验
PRINT	将数据集中的数据列表输出	TTEST	进行两样本 t 检验
GCHART	绘出高分辨率的统计图	ANOVA	进行多变量方差分析
UNIVARIATE	对指定的数据变量进行详细的统计描述	CORR	进行指定变量间的相关分析
MEANS	对指定的数据变量进行简单的统计描述	LOGISTIC	拟合 logistic 回归模型

由此可见，SAS 的许多统计分析功能都是通过过程步来体现的，一个过程步的语法结果如下：

```
PROC 过程名 < DATA = 数据集> < 选项> ;
  该过程的专用语句描述 < 相关语句选项> ;
  < VAR 变量序列; >
  < WHERE 记录选择条件表达式; >
  < BY 变量序列; >
RUN;
```

尖括号内的语句或选项均可以省略，此时过程按照默认值进行处理。下面介绍常见的语句和选项。

1. DATA 选项

DATA 选项用于指明所需处理的数据集名，这里是过程步的一个选项，而不是语句。

2. VAR 语句

如果只想分析某一个或几个特定的变量，则可用 VAR 语句指定它们。例如，对于 PRINT 过程步，如果输入数据集中有 x、y、z 三个变量，但只想显示变量 x 的列表，即可使用 VAR 语句来指定变量，语句如下：

```
proc print;
   var x;
run;
```

3. WHERE 语句

如果要分析的不是整个数据集而是其中的一个子集，那么就可以使用 WHERE 语句设定过滤条件，从而得到预定的数据结果。

4. BY 语句

BY 语句并非是必须语句，它用于指定分组变量，如果需要分组处理数据，如按照性别分组输出统计结果，在过程步中有两种方式实现，一是用不同的 WHERE 语句将统计一个过程步反复写几遍；第二种更高效的方法就是采用 BY 语句，以便按照变量的取值水平将数据集分组执行相应的分析过程。

在使用 BY 语句时，SAS 要求数据集已经使用 SORT 过程按照相应的分组变量进行了排序。若数据集未按照相应分组变量的字母顺序或数值顺序进行升序或降序排列，则程序执行将会出错。

四、结构化语句简介

每一种结构化语言编写的程序都由顺序、分支、循环三种结构构成，SAS 语言也不例外。下面介绍 SAS 分支和循环语句的语法。这些语句可以直接在数据步中使用。

1. 条件语句

SAS 条件语句有 IF…THEN 组合与 SELECT…WHEN 两种。

IF…THEN 语句的语法格式如下：

IF 条件 THEN 程序块 1 <ELSE 程序块 2>；

例如，有如下程序：

```
data temp;
    input x y @@;
    if x> 50 then class= 1 else class=2;
cards;
34 56 78 90 35 67 89 10 23 65 77 45
;
run;
```

该程序根据变量 x 的值，增加一个 class 变量，当 x>50 时，class=1，否则 class=2。

SELECT…WHEN 语句又称条件分支语句，基本语法有两种：

```
SELECT 表达式;
  WHEN 数值 1 执行语句 A;
  WHEN 数值 2 执行语句 B;
  …
  OTHERWISE 执行语句 Z;
END;
```

或

```
SELECT;
  WHEN 条件 1 执行语句 A;
  WHEN 条件 2 执行语句 B;
  …
  OTHERWISE 执行语句 Z;
END;
```

例如，在前面的例子中，若使用 SELECT 语句，则程序如下：

```
data temp;
  input x y @@;
  SELECT;
    WHEN (x< 50) THEN class= 1;
    WHEN (x> = 50) THEN class= 2;
    OTHERSISE;
```

```
  END;
cards;
34 56 78 90 35 67 89 10 23 65 77 45
;
run;
```

2. 循环语句

循环语句有如下三种格式：DO…END、DO…WHILE、DO…UNTIL。循环语句的一般形式如：

```
DO 指标变量 = 初值 TO 终值 < BY 增量>
  WHILE| UNTIL (表达式);
  程序块;
END;
```

例如，对年利率 10%，每年初始投资 MYM4000 共 10 年，但当资产总值超过 MYM50000 时就停止投资，求应当第几年停止投资。使用 SAS 循环语句的程序如下：

```
data invest;
  do Year =  1 to 10 until (capital > 50000);
    capital+4000;
    capital+ (capital *0.10);
  end;
proc print data = invest noobs;
  format capital dollar 12.2;
  title 'Investment Return';
run;
```

程序运行结果如下：

```
Investment Return
Year        capital
8         MYM50, 317.91
```

这一结果表明至第 8 年末总资产已达 \$50317.91，超过 \$50000。

第三节 SAS 数据挖掘实例

本节通过 SAS 软件实现聚类分析的过程，使大家对使用 SAS 分析具有一个直观认识。SAS 中有关聚类分析的过程有 CLUSTER、FASTCLUS、VARCLUS 等，它们均来自于 STAT 模块，可用的观测距离的方法可达 11 种。CLUSTER 过程可以使用 11 种距离中的任何一种进行系统聚类。FASTCLUS 过程以相斥式聚类（Disjoint Clustering）的方法执行聚类分析过程。FACECLUS 过程假设各类别为多元正态分布并具有相等的协方差矩阵，利用合并的类内协方差矩阵的近似估计值进行聚类分析。VARCLUS 过程用来对变量进行聚类分析，即执行所谓指标聚类的功能。

本例是用 FASTCLUS 分析 2006 年 4 大发电集团在 8 个企业经营指标上的相似情况。

假设 2006 年 4 大发电集团的 8 个企业经营指标情况如表 8-3 所示。

表 8-3 企业经营指标数据

经营指标 V1	华能 V2（%）	大唐 V3（%）	华电 V4（%）	国电 V5（%）
ZB1	14.3	7.2	12.8	15.5
ZB2	10.1	3.7	3.1	3.3
ZB3	17.3	15.7	18.9	14.0
ZB4	6.1	14.3	8.5	7.3
ZB5	2.8	11.3	5.7	9.6
ZB6	33.0	36.8	35.3	36.0
ZB7	13.5	8.8	10.8	8.0
ZB8	2.9	2.0	4.9	6.3

基于此数据分析 4 个发电集团在 8 个企业经营指标上的相似情况。根据 4 个发电集团的情况，拟把经营指标分成 3 类。SAS 程序如下：

```
data factclu;
input V1 1 V2 3- 5.1 V3 7- 9.1 V4 11- 13.1 V5 15- 17.1;
cards;
1 143 72 128 155
2 101 37 31 33
3 173 153 189 140
4 61 143 85 73
5 28 113 57 96
6 330 368 353 360
7 135 88 108 80
8 29 20 49 63
;
LABEL V1= '经营指标' V2= '华能' V3= '大唐' V4= '华电' V5= '国电';
proc fastclus data= factclu maxc= 4 LIST maxiter= 4 out= fac;
VAR V2 V3 V4 V5;
PROC freq;
tables cluster* v1/out= fast1 nocol
;
```

程序运行结果如图 8-2 所示。

结果分析如下：

（1）初始聚类中心点之间的最小间距为 25.28913。

（2）INERATION CHANGE IN：每次迭代时聚类中心点的改变情况。

（3）从“Cluster Listing”可以看到分类结果以及每个观察点和中心距的距离。ZB6 单独为一类；ZB2，ZB4，ZB5，ZB8 为一类；ZB1，ZB3，ZB7 为一类。说明这几个发电公司在 ZB6 和 ZB2、ZB4、ZB5、ZB8，以及 ZB1、ZB3、ZB7 上有很大的类似性。

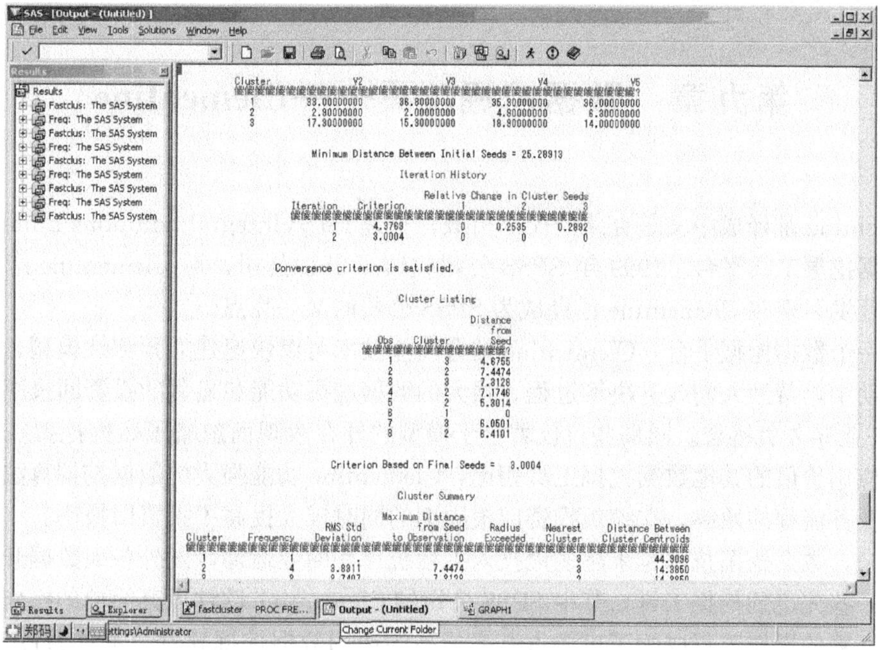
SAS - [Output - (Untitled)]
File Edit View Tools Solutions Window Help
Results
Fastclus: The SAS System
Freq: The SAS System
Minimum Distance Between Initial Seeds = 25.28913
Iteration History
Relative Change in Cluster Seeds
Convergence criterion is satisfied.
Cluster Listing
Criterion Based on Final Seeds = 3.0004
Cluster Summary
Results
Explorer
fastcluster
PROC FRE...
Output - (Untitled)
GRAPH1
Change Current Folder

图 8-2　运行结果

第九章　数据挖掘工具——Clementine

Clementine 翻译成中文是克莱门氏小柑橘，它是 ISL（Integral Solutions Limited）公司开发的数据挖掘工具平台。1999 年 SPSS 公司收购了 ISL 公司，对 Clementine 产品进行重新整合和开发，现在 Clementine 已经成为 SPSS 公司的又一亮点。

作为一个数据挖掘平台，Clementine 结合商业技术可以快速建立预测性模型，进而应用到商业活动中，帮助人们改进决策过程。强大的数据挖掘功能和显著的投资回报率使得 Clementine 在业界久负盛誉。同那些仅仅着重于模型的外在表现而忽略了数据挖掘在整个业务流程中的应用价值的其他数据挖掘工具相比，Clementine 功能强大的数据挖掘算法，使数据挖掘贯穿业务流程的始终，在缩短投资回报周期的同时极大提高了投资回报率。

近年来，数据挖掘技术越来越多地投入工程统计和商业运筹，国外各大数据开发公司陆续推出了一些先进的挖掘工具，其中 SPSS 公司的 Clementine 软件以其简单的操作、强大的算法库和完善的操作流程成为了市场占有率最高的通用数据挖掘软件。本章通过对其界面、各分区模块做简单的介绍，在对操作流程有基本了解后，更深层次地对 Clementine 体系结构与模型、数据文件的读取和数据质量做进一步研究。

第一节　Clementine 系统工作环境与基本操作

一、Clementine 简介

1. Clementine 背景简介

在 Gartner 的客户数据挖掘工具评估中，仅有两家厂商被列为领导者：SAS 和 SPSS。SAS 获得了最高 ability to execute 评分，代表着 SAS 在市场执行、推广、认知方面有最佳表现；而 SPSS 获得了最高的 completeness of vision，表明 SPSS 在视觉界面和技术创新方面遥遥领先。

作为一款将高级建模技术与易用性相结合的数据挖掘工具，Clementine 可帮助您发现并预测数据中有趣且有价值的关系。可以将 Clementine 用于决策支持活动，如：

（1）创建客户档案并确定客户生命周期价值。

（2）发现和预测组织内的欺诈行为。

（3）确定和预测网站数据中有价值的序列。

（4）预测未来的销售和增长趋势。

（5）勾勒直接邮递回应和信用风险。

（6）进行客户流失预测、分类和细分。

（7）自动处理大批量数据并发现其中的有用模式。

这些只是使用 Clementine 从数据中提取有价值信息的众多方式的一部分。只要有数据，且数据中正好包含所需信息，Clementine 基本上都能帮您找到问题的答案。

2. Clementine 的特点

(1) 支持图形化界面、菜单驱动、拖拉式的操作。

(2) 提供丰富的数据挖掘模型和灵活算法。

(3) 具有多模型的整合能力，使得生成的模型稳定和高效。

(4) 数据挖掘流程易于管理、可再利用、可充分共享。

(5) 提供模型评估方法。

(6) 数据挖掘的结果可以集成于其他的应用中。

(7) 满足大数据量的处理要求。

(8) 能够对挖掘的过程进行监控，及时处理异常情况。

(9) 具有并行处理能力。

(10) 支持访问异构数据库。

(11) 提供丰富的接口函数，便于二次开发。

(12) 挖掘结果能够转化为主流格式的适当图形。

除了以上 Clementine 所包含的特点之外，通过对该工具的了解，其还包含以下的特色：

(1) 通过单一节点即可完成部署，将数据流所进行的数据挖掘工作打包成套件输出。

(2) 可隐藏其建立模型的方法与流程，避免知识外流。

(3) 可提供 API 供其他外部程序语言调用，如 C＋＋、C＃、Java、VB 等。

(4) 具有 SSL 加密与密码控制功能。

3. Clementine 客户端和服务器端

Clementine 挖掘工具在 Windows 操作系统下，可以运行在客户端和服务器端两种模式下，一般的情况下，Clementine 工具默认的模式为客户端模式。当用户在服务器端对该工具进行操作时，可在菜单“工具”中选择“服务器登录”，此处需要特别注意的是 Clementine 客户端和服务器端版本必须匹配，只有这样才能进行服务器登录，才能操作和使用该工具。

二、Clementine 操作简介

1. Clementine 用户界面

在 Windows 操作系统下，若已正确安装了 Clementine　10.1 软件，则安装程序会在系统开始菜单中添加一个“The Clementine System”项目，此时可以在 Window 桌面出现 Clementine 图标，双击图标启用服务，一般数据挖掘人员通过用户端完成所有工作，Clementine 用户端的初始界面如图 9-1 所示。

2. Clementine 各分区介绍

(1) 数据流工作区：流工作区是 Clementine 窗口的最大区域，也是构建和操纵数据流的场所。在 Clementine 中，可以在同一流工作区或通过打开新的流工作区一次处理多个流。会话期间，流存储在 Clementine 窗口右上角的“流”管理器中。

(2) 选项板：选项板位于 Clementine 窗口的底部。每个选项板均包含可添加到数据流的一个相关节点组。例如，“数据源”选项板包含可用来将数据读入到模型中的节点；“图形”选项板包含可用来可视化探索数据的节点；“收藏夹”选项板包含数据挖掘人员频繁使用的节点的默认列表。随着对 Clementine 的熟悉，还可以自定义供自己使用的内容。

(3) 管理器：Clementine 窗口右上角有三种类型的管理器。每个选项卡（流、输出和模型）均用于查看和管理相应类型的对象。可以使用“流”选项卡打开、重命名、保存和删

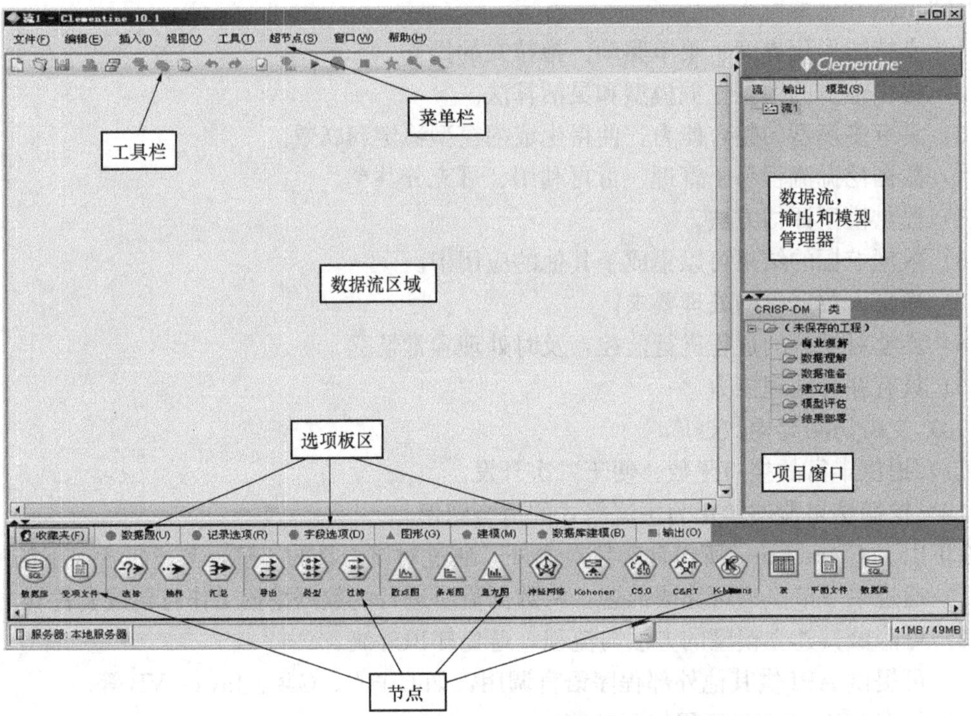

图 9-1 Clementine用户端的初始界面

除在会话中创建的流。Clementine 输出（如图形和表）存储在“输出”选项卡上。可直接从该管理保存输出对象。“模型”选项卡是这几个管理器选项卡中功能最强大的，它包含在 Clementine 中进行的机器学习和建模的结果。这些模型可以直接从“模型”选项卡上浏览或将其添加到工作区的流中。

（4）工程：工程窗口位于 Clementine 窗口右下角，它为组织 Clementine 中的数据挖掘工作提供了一个有效途径。

（5）报告窗口：位于选项板下方，报告窗口提供各种操作的进度反馈，例如数据读入数据流中的时间。

（6）状态窗口：也位于选项板下方，状态窗口提供有关应用程序当前正在执行何种操作的信息以及需要用户反馈时的指示信息。

3. Clementine 可视化编程

（1）增加一个节点。

1）在选项板上双击节点，自动放置节点到数据流区域。

2）将节点从选项板拖放到数据流区域中。

3）在选项板上点击一个节点，然后在数据流区域中点击一下。

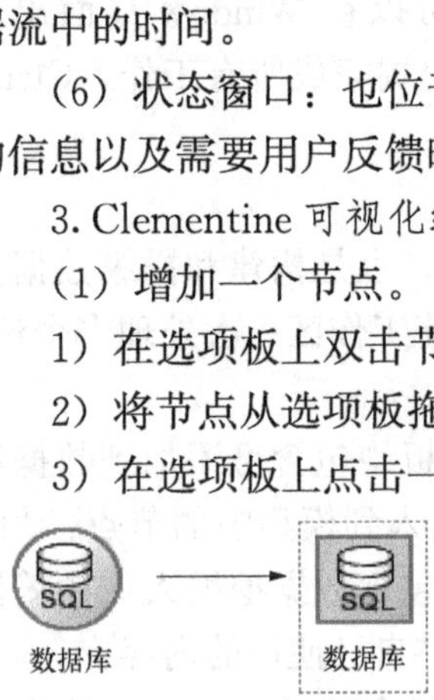

图 9-2 选中前后的对比

此处应当注意的是，当节点在选项板中被选中后，会变成淡蓝色，图 9-2 为选中前后的对比。

（2）连接节点。

方法 1：使用鼠标中键来连接节点。

在数据流区域上，把一个节点连接到另一个上，可以通过鼠标中间键点击和拖放来完成（如果您的鼠标没有中间键，可以通过按住“Alt”键来模拟这个过程）。

方法2：双击选项板上的节点，自动把新节点连接到数据流区域中的“中心”节点上。

（3）源节点。

1）源节点是连接到初始数据源的节点。

2）源节点只能发送数据。

3）不能连接到一个源节点。

（4）终端结点。

1）终端节点是生成输出、图形、表格和模型的节点。

2）不能从终端节点连接到任何节点。

4. Clementine快捷键操作（见表9-1）

表9-1　Clementine快捷键操作

快捷键	功　能	快捷键	功　能
Ctrl+A	全选	Ctrl+Z	复原
Ctrl+X	剪切	Ctrl+Q	选中选定节点的所有下游节点
Ctrl+N	新建流程	Ctrl+W	用Ctrl+Q撤销选定所有下游节点
Ctrl+O	开启流程	Ctrl+E	从选定的节点开始执行
Ctrl+P	打印	Ctrl+S	储存目前流程
Ctrl+C	复制	Alt+Arrow	在流程区中沿箭头所指方向移动选定节点
Ctrl+V	粘贴	Shift+F10	打开选定节点的内容功能表

三、Clementine数据挖掘技术

通过对Clementine数据挖掘工具的了解，进一步总结了Clementine数据挖掘工具的挖掘技术与实现方法（方式），该工具主要的数据挖掘技术可概括为预测技术、聚类技术、关联技术三部分，且每一部分的实现方法也不同，概括如下。

1. 预测技术

实现方法：①Neural Networks；②Rule Induction；③Linear & Logistic Regression；④Sequence Detection。

2. 聚类技术

实现方法：①Kohonen网络；②K-means聚类；③TWO-step聚类。

3. 关联技术

实现方法：①APRIORI；②GRI；③CARMA。

第二节　Clementine数据挖掘的体系结构与模型

一、Clementine数据挖掘体系结构

Clementine数据挖掘系统由各类数据库、挖掘前处理模块、挖掘操作模块、模式评估模块和知识输出模块组成，这些模块的有机组成就构成了数据挖掘系统的体系结构，如图9-3所示。

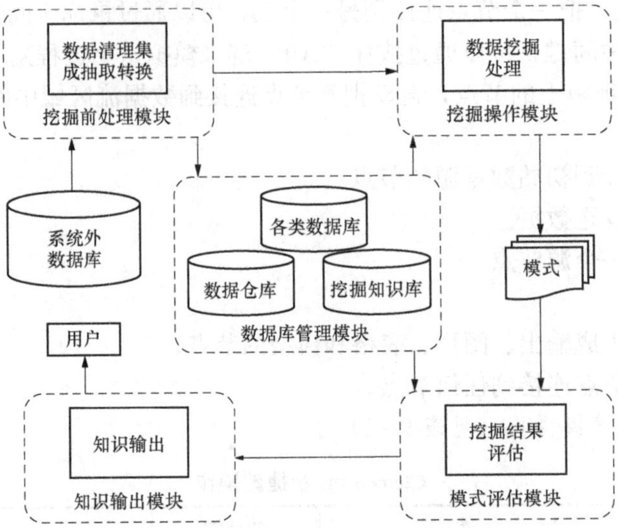

图 9-3 Clementine 数据挖掘系统的体系结构

(1) 数据库管理模块：负责对系统内数据库、数据仓库、挖掘知识库的维护与管理。这些数据库、数据仓库是对外部数据库进行转换、清理、净化得到，它是数据挖掘的基础。

(2) 挖掘前处理模块：对所收集到的数据进行清理、集成、选择、转换，生成数据仓库或数据挖掘库。其中：清理，主要清除噪声；集成，将多种数据源组合在一起；选择，选择与问题相关的数据；转换，将选择数据转换成可挖掘形式。

(3) 模式评估模块：对数据挖掘结果进行评估。由于所挖掘出的模式可能有许多，需要将用户的兴趣度与这些模式进行分析对比，评估模式价值，分析不足原因，如果挖掘出的模式与用户兴趣度相差大，需返回相应的过程（如，挖掘前处理或挖掘操作）重新执行。

(4) 知识输出模块：完成对数据挖掘出的模式进行翻译、解释，以人们易于理解的方式提供给真正渴望知识的决策者使用。

(5) 挖掘操作模块：利用各种数据挖掘算法针对数据库、数据仓库、数据挖掘库，并借助挖掘知识库中的规则、方法、经验和事实数据等，挖掘和发现知识。

二、Clementine 数据挖掘过程模型

Clementine 数据挖掘过程模型，主要包括 Fayyad 模型和 CRISP-DM 模型两种。下面就两种模型分别作简要介绍。

1. Fayyad 数据挖掘模型

Fayyad 数据挖掘模型将数据库中的知识发现看作是一个多阶段的处理过程，它从数据集中识别出以模式来表示的知识，在整个知识发现的过程中包括很多处理步骤，各步骤之间相互影响、反复调整，形成一种螺旋式的上升过程，如图 9-4 所示。

(1) Fayyad 处理过程共分为 9 个处理阶段，分别是：

1) 数据准备：了解 KDD 相关领域的有关情况，熟悉有关的背景知识，并弄清楚用户的要求。

2) 数据选择：根据用户的要求从数据库中提取与 KDD 相关的数据，KDD 将主要从这些数据中进行知识提取，在此过程中，会利用一些数据库操作对数据进行处理。

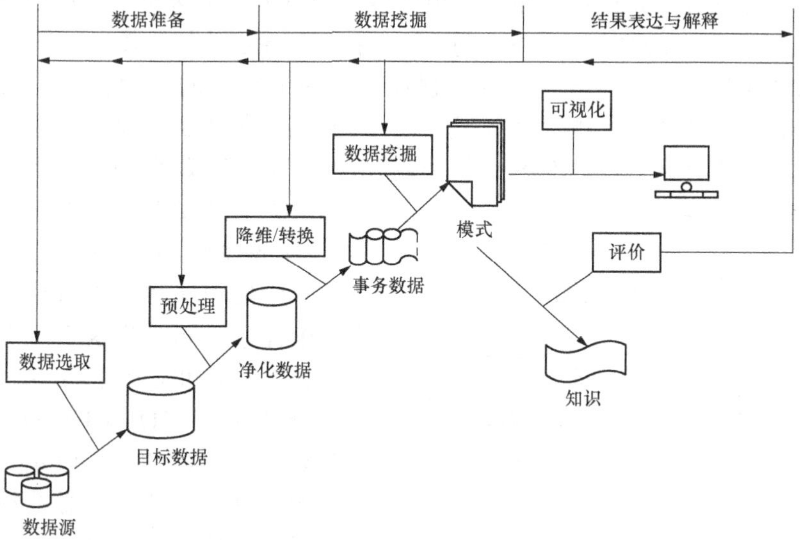

图 9 - 4　Fayyad 数据挖掘过程模型

3）数据清洗和预处理：对数据进行再加工，检查数据的完整性及数据的一致性，对其中的噪声数据进行处理，对丢失的数据可以利用统计方法进行填补。

4）数据降维/转换：对经过预处理的数据，根据知识发现的任务对数据进行再处理，主要通过投影或数据库中的其他操作减少数据量。

5）根据用户的要求确定 KDD 的目标：确定 KDD 是发现何种类型的知识，因为对 KDD 的不同要求会在具体的知识发现过程中采用不同的知识发现算法。

6）确定知识发现算法：根据阶段 5）所确定的任务，选择合适的知识发现算法，这包括选取合适的模型和参数，并使得知识发现算法与整个 KDD 的评判标准相一致。

7）数据挖掘（Data Mining）：运用选定的知识发现算法，从数据中提取出用户所感兴趣的知识，并以一定的方式表示出来。

8）模式解释：对发现的模式（知识）进行解释，此过程为了取得更为有效的知识。

9）知识评价：将发现的知识以用户能了解的方式呈现给用户。这期间也包含对知识的一致性检查，以确信本次发现的知识不与以前发现的知识相抵触。

（2）Fayyad 数据挖掘模型所存在的问题。

Fayyad 过程模型是一个偏技术的模型，该模型在实际应用中存在以下两个问题：

1）为什么选择这些数据？Fayyad 过程模型忽略了具体业务问题的确定。这也是确定选择哪些数据的关键所在。

2）模型怎样使用？数据挖掘是分析型环境中的一门技术，如果数据挖掘是一种数据分析技术，那么数据挖掘应该在分析型环境中使用。但是，挖掘出的模型需要返回到操作型环境中进行应用。因此，需要构成一个从操作型环境到分析型环境再到操作型环境的封闭的信息流。

2. CRISP-DM 数据挖掘模型

CRISP-DM（Cross-Industry　Standard Process for Data Mining，跨行业数据挖掘标准流程）注重数据挖掘技术的应用，解决了 Fayyad 模型存在的两个问题。

CRISP-DM 过程模型从商业的角度给出对数据挖掘方法的理解。目前数据挖掘系统的研制和开发大都遵循 CRISP-DM 标准，将典型的挖掘和模型的部署紧密结合。

（1）CRISP-DM 模型为一个 KDD 工程提供了一个完整的过程描述。该模型将一个 KDD 工程分为 6 个不同的，但顺序并非完全不变的阶段，CRISP-DM 过程模型的基本步骤包括业务理解、数据理解、数据准备、建立模型、模型评价和模型实施，如图 9-5 所示。

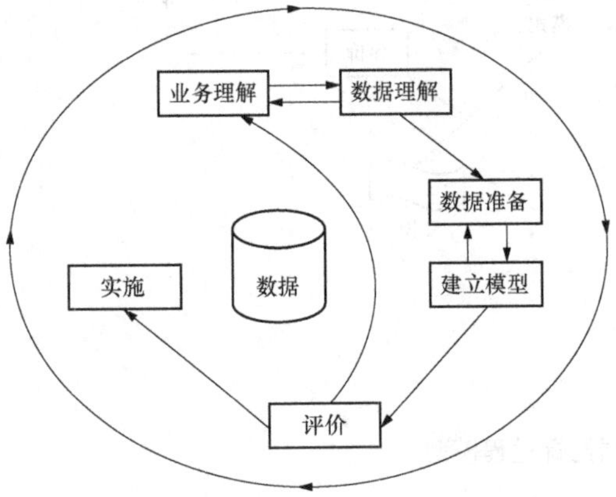

图 9-5 CRISP-DM 数据挖掘过程模型

（2）CRISP-DM 模型的各个阶段任务。

1）业务理解（Business Understanding）：最初的阶段集中在理解项目目标和从业务的角度理解需求，同时将这个知识转化为数据挖掘问题的定义和完成目标的初步计划。

2）数据理解（Data Understanding）：数据理解阶段从初始的数据收集开始，通过一些活动的处理，目的是熟悉数据、识别数据的质量问题，首次发现数据的内部属性，或是探测引起兴趣的子集去形成隐含信息的假设。

3）数据准备（Data Preparation）：数据准备阶段包括从未处理数据中构造最终数据集的所有活动。这些数据将是模型工具的输入值。这个阶段的任务有一个能执行多次、没有任何规定的顺序。任务包括表、记录和属性的选择，以及为模型工具转换和清洗数据。

4）建立模型（Modeling）：选择和应用不同的模型技术，模型参数被调整到最佳的数值。一般，有些技术可以解决一类相同的数据挖掘问题。有些技术在数据形成上有特殊要求，因此需要经常跳回到数据准备阶段。

5）评价（Evaluation）：已经从数据分析的角度建立了高质量显示的模型。在开始最后部署模型之前，重要的事情是彻底地评估模型，检查构造模型的步骤，确保模型可以完成业务目标。这个阶段的关键目的是确定是否有重要业务问题没有被充分地考虑。在这个阶段结束后，一个数据挖掘结果使用的决定必须达成。

6）实施（Deployment）：通常，模型的创建不是项目的结束。模型的作用是从数据中找到知识，获得的知识需要便于用户使用的方式重新组织和展现。根据需求，这个阶段可以产生简单的报告，或是实现一个比较复杂的、可重复的数据挖掘过程。在很多案例中，这个阶段是由客户而不是数据分析人员承担实施的工作。

第三节 Clementine 系统数据文件管理

一、Clementine 中可读取的数据文件格式

在利用 Clementine 数据挖掘工具进行操作时，数据保存的格式不同，读取这些数据时进行的操作当然也就不同，因此数据库在存储数据之前都必须要明确数据的格式，也就是数据的数据类型。

如果不知道某一个数据存储时所使用的数据类型，就无法正确的读出该数据来，因为使

用不同的数据格式去读取同一个数据时，得到的结果也是截然不同的。

在 Clementine　10.1 数据挖掘软件中，该工具可以读取的数据文件格式主要包括以下几种：

（1）文本文件。

（2）SPSS 数据文件。

（3）ODBC 兼容的数据库。

（4）SAS 数据文件。

（5）用户输入文件。

以上为 Clementine　10.1 软件可以读取的数据文件格式，但针对文本文件和 ODBC 兼容的数据库文件在读取数据时所注意的事项，需要做进一步说明。

1. 文本文件

自由字段文本文件是包含分隔符（逗号、制表符、空格或一些其他字符）的数据文件，可以使用变项文件节点读取数据；如果数据是列界定的（字段未被分隔，但是始于相同的位置并有固定长度），应该使用固定文本文件导入固定文件节点。

2. ODBC 兼容的数据库

当使用 Clementine 软件进行 ODBC 兼容的数据库文件进行处理时，需要特别注意的是：使用数据库节点前必须配置 ODBC 驱动去指定数据库的位置；在开始菜单栏找到“控制面板—管理工具”，然后“选择 ODBC”，选择“添加…”，选择合适的 ODBC 驱动，该驱动应该匹配数据库的名称和版本。

二、Clementine 中字段类型与字段方向

1. 定义字段类型

当用 Clementine 数据挖掘工具进行数据处理时，字段类型能够更好地理解正在使用的数据，是一些数据准备和所有建模程序进行的前提条件。对于 Clementine 中，可以定义的字段类型主要有以下几种：

（1）连续型——用于描述数值，如 0～100 或者 0.75～1.25 内的连续值一个连续值可以是整数、实数或日期/时间。

（2）离散型——用于当一个具体值的精确数量未知时描述字符串，一旦数据被读取，其类型就会是标记、集合或者无类型。

（3）集合型——用于描述带有多个具体值的数据（黄、绿、蓝）。

（4）标记型——用于只取两个具体值的数据（真、假）。

（5）无类型——用于不符合上述任一种类型的数据或者含有太多元素的集合类型数据。

2. 字段方向

当 Clementine 对某一数据进行操作时，对所期望的结果进行分析总结之前，需要对数据挖掘工具所期望的字段方向进行预处理，从而可以得到所需的字段和信息。在 Clementine 工具中，所包含的字段方向主要有以下几种：

（1）输入：输入或者预测字段。

（2）输出：输出或者被预测字段。

（3）两者：既是输入又是输出，只在关联规则中用到。

（4）无：建模过程中不使用该字段。

(5) 分区：将数据拆分为训练、测试（验证）部分。

注意：字段方向设置只有在建模时才起作用。

三、数据管理

数据管理归根到底是要以数据为对象，对数据进行分析。学会建立一个正确的数据文件及进行数据管理是做好统计分析的第一步，是为分析做好准备工作。

1. 数据文件的建立与录入

数据结构由变量（variable）、变量值（value）、观察单位或记录（record or case）（在数理统计中称为一个概率事件）等组成（举例：实际就是建立一类似 Foxpro 数据库）。统计数据的描述就是将原始数据经编码以后以某种规范的格式输入电脑。

统计数据实际是科研数据，以实验研究为例，实验研究的三要素为：

(1) 实验因素（factor）与处理（treatment）。

(2) 实验效应（effect）。

(3) 实验对象（unit or case）。

注意：实验因素，即为各种影响因素（independent variable or factor）。在 Clementine 的数据结构中称这些影响因素或预后因素为自变量（independent）或因素（factor）或分组变量。

实验效应：是指受试对象接受实验处理后所出现的实验结果。在数据结构中这些指标也称作各种因变量（dependent variable）或反应变量（response variable）。

实验对象：就是一个个记录（record or case）。

2. 数据文件的整理与转换

在多数情况下，原始数据难以满足数据分析的要求，为了获得符合统计分析的数据或变量，有时要对原始数据文件的变量进行加工、修改、变换或建立新变量，这就是软件要对数据进行整理转换的统计学基础（70 个函数介绍）。有时可能要在数据分析前使用其中的一些方法，也有可能是在数据分析的过程中，也有可能是对数据的后处理（前一次统计分析是后一次分析的基础）。

(1) 数据的整理。数据的整理是对原始数据中的变量或个体进行增加、删除、排序、倒置、合并和加权等的处理过程。

(2) 数据的转换。在整理数据时，常需要把某些变量的数据进行变换，这些数据的变换是通过一个有效的数值表达式或使用 Clementine 的内部函数（常用的有对数、平方根、倒数、百分位数的平方根反正弦等）来实现。另外连续变量还可以变换为分类变量。

第四节 Clementine 数据质量

一、遗漏值的定义与处理方法

1. 遗漏值的定义

在处理遗漏值方面，有些建模技巧比其他通常的方法要好。比如，GRI、C5.0 和 APRIORI 就能较好地处理在类型节点上被明确地确定为遗漏的值。

在 Clementine 中有两种类型的遗漏值：

(1) 系统遗漏值。也被称作 nulls，这些值在数据库中被留为空格，而且在类型节点上它们并不被明确设置为“遗漏”。系统遗漏值在 Clementine 中显示为 $null$ 。

（2）使用者自定遗漏值。称作空格 blanks，类似“unknown ”、99 、－1 这些值在类型节点上被明确地定义为遗漏。确定为空格的数据值被标记为特殊对待，而且在大多数计算中被剔除。

2. 遗漏值的处理方法

在处理遗漏值的问题上，用户可以根据数据的以下特征来确定最好的方法：

（1）数据集的大小。

（2）含有空格的字段的数量。

（3）遗漏信息的总量。

除了以上所说的方法外，以下这些选项主要围绕删除字段和记录或者寻找一种输入数值的合适方法：

（1）忽略带有遗漏值的字段。

（2）忽略带有遗漏值的记录。

（3）用默认值替换遗漏值。

（4）从模型中导出的值替换遗漏值。

在决定使用哪种方法时，使用者也应该考虑带有遗漏值的字段的类型：

（1）连续型。对于诸如连续型的数值字段，使用者应该在建模前就剔除任何非数值的值，因为如果在数值型字段中包含空格，那么许多模型都将无法执行。

（2）离散型。对于诸如 set 和 flag 的符号字段类型，改变遗漏值并不是必要的，但这样可以增加模型的精确性。

二、遗漏值的处理

1. 处理带遗漏值的记录

处理遗漏值有两种选择：用户可以使用 Select 节点删除员工记录；如果数据集很大，使用者可以在一个 Select 节点使用@BLANK 和@NULL 函数来剔除带有空格的所有记录。

注意，当使用者使用@BLANK 时，用类型节点预先指定空格会很有帮助的。对于方法的选择取决于某一特定属性中遗漏值数量的多少和该属性的重要程度。

2. 处理带遗漏值的字段

（1）带有大量遗漏值的字段，可以用 Filter 节点来过滤掉有大量遗漏值的字段。

使用者可以不剔除字段，而是使用类型节点来把这些字段定位成 None。这将把字段仍保留在数据集中，但又把它们排除在建模之外。

使用者也可以选择保留字段并用诸如平均值这样有意义的默认值来代替。

（2）在只有少量遗漏值的情况下，插入值来代替空格是很有用的。常用于确定替代值的四种方法是：

1）使用者可以用类型节点来确保字段类型只覆盖了合法的值，然后对需要替换空格的字段将 Check 栏设置成 Coerce。

2）使用者可以基于某个特定的条件用 Filler 节点选择带有遗漏值的字段。可以设置条件来测试这些值并用一个具体的值或者由 Set Globals 节点建立的全局变量来替换它们。

3）使用者可以用类型节点和 Filler 节点来定义空格和替换它们。首先，使用类型节点指定关于构成遗漏值的信息；然后，使用 Filler 节点选择需要替换的字段。例如，如果字段

“Age” 是 18～65 之间的连续变量，但也包含一些间断和负值，在类型节点的 Specify Values 对话框中选择白色空白选项并且将负值加入到遗漏值清单中。在 Filler 节点，选择字段“Age”，设置条件@BLANK（@FIELD），然后用表达式－1 改变 Replace（或者一些其他的数值）。

4）最理想的选择是通过训练类神经网络和建立模型来确定和产生遗漏值的最佳替换值。然后使用者可以通过 Filler 节点用此值来替换空格。注意，每个值将被替换的字段至少需要一个模型，而且值只能被具有充分精确度的模型替换。这种选择是耗时的，但如果每个字段的替代值都很好，那它将改善整个模型。

3. 关于遗漏值的 CLEM 函数

以下函数常用于 Select 节点和 Filler 节点中，以剔除或填补遗漏值：

（1）@BLANK（FIELD）。

（2）@NULL（FIELD）。

（3）Undef。

@函数可以同@FIELD 函数一起使用以识别一个或者多个字段中空格或者遗漏值的存在。

当用 Select 节点剔除记录时，注意 Clementine 语法使用三值逻辑，而且在选择语句中自动包括遗漏值。

要选择和包含所有处方药类型为 C 的记录，应使用到下述选择语句：

Drug = ’drugC’ and not（@NULL（Drug））

在这种情况下，Clementine 的早期版本把遗漏值排除在外。

第三篇　数据仓库与数据挖掘应用篇

第十章　数据仓库与数据挖掘在电力行业应用概述

我国电力市场化改革一直在不断地推进，在电力营销领域中，电力企业的服务理念由计划用电向市场开拓转变，由用电管理向营销服务转变。这种以市场为导向、对内以营销为中心、对外以客户服务为中心的新机制，需要企业的管理层、决策层对变化的环境做出快速、科学的决策。

电力营销数据仓库系统正是在这样的背景下产生，并被很多的电力公司应用。其很好地解决了以前基于联机事务处理的用电管理信息系统历史数据难以利用、统计口径多、数据的一致性不能保证而难以全面地掌握企业经营信息、查询效率低、决策应用和业务应用相互干扰、相互之间的数据共享困难等影响决策的问题，帮助企业更好地分析和决策，其实施和应用为很多电力公司带来了巨大的效益。

本节以某省电力公司基于数据仓库的营销决策支持系统的设计为例，介绍了系统的需求分析、系统架构、数据模型的设计、ETL 开发等内容。

第一节　电力行业信息化建设概况

电力信息化是指电子信息技术在电力工业应用中全过程的统称，是电力工业在电子信息技术的驱动下由传统工业向高度集约化、高度知识化、高度技术化工业转变的过程。电力信息化是国民经济信息化的一个组成部分，电力信息化工程是被原电力工业部确定的电力工业五项跨世纪的科技导向型工程之一。计算机信息网络是电力工业信息化的基础。电力工业信息化建设的重点是信息资源的开发，是电力工业信息化的核心。各级电力企业信息化的实现是电力信息化的主要内容，电力企业信息化包括生产过程自动化和管理信息化。

实现企业信息化第一步要实现企业生产过程自动化，通过生产一线的计算机自动控制系统直接采集在线生产信息，比如电力企业的电厂控制、变电站控制等，该系统的建设一般在与电厂、变电站建设同时得以同步建设，直接从建设资金中列支经费。生产过程自动化的实现可以显著提高生产效率，减少生产失误，减少工作人员，提高生产质量和数量，从而提高经济效益。

第二步是实现企业管理信息化，该系统一般在企业组建运行一段时间、生产过程自动化系统稳定运行、管理体制基本稳定的情况下开始实施。管理信息化是企业管理机关内部的信息系统，其信息直接由在线生产系统传输和基层单位报送，主要内容应包括机关办公自动化、业务数据处理、共享信息查询、电子邮件、Internet 使用等功能。企业信息化有利于实现经济方式从粗放型向集约型转变，有利于建立资源优化配置的经济运行体制，有利于调整产品结构、扩大作业空间、降低资源消耗、加速资金周转、引发人员的行为变革和思想革命、开拓市场，提高经济效益。

一、我国电力企业实施信息化的基本历程

电力行业是应用信息技术较早的行业之一，信息技术在电力企业的应用起始于20世纪60年代初。从应用的过程来看可分为以下三个阶段。

第一阶段（20世纪60～70年代），电力企业的信息技术应用从生产过程自动化起步，首先应用在发电厂自动监测/监控和变电站自动监测/监控方面。

第二阶段（20世纪70～80年代），专项业务应用阶段，即电网调度自动化、电力负荷控制、计算机辅助设计、计算机仿真系统等应用开始深入广泛开展，某些应用达到了较高的水平；管理信息系统则刚刚起步，并经历了失败较多的痛苦过程。

20世纪90年代后进入了第三阶段，即信息技术应用进一步发展到综合应用，由操作层向管理层延伸，实现管理信息化，建立各级企业的管理信息系统；同时其他专项应用系统也进一步发展到更高的水平。科学研究试验则贯穿了信息技术应用的三个阶段之中，并在每次大规模应用之前发挥了重大作用。

每一阶段的典型应用即构成了电力信息化重大工程。到目前为止，电力系统的规划设计、基建、发电、输电、供电等各环节均有信息技术的应用。各级电力企业在发电厂计算机控制、变电站自动化、电网调度自动化、电力负荷管理、管理信息系统、计算机辅助设计、计算机仿真、科研试验等领域有了一定的应用，在发电厂计算机控制、电网调度自动化方面取得了较高的水平。

二、电力信息化发展现状

通过几个阶段的建设，电力行业信息化的发展取得了一定的成果，下面分别从信息化基础装备、信息化网络等方面介绍发展现状。

（一）电力信息化基础装备现状

截至2004年底，电力系统拥有计算机近60万台，小型机和工作站3000多台，其余为微型计算机，1993年起每年以超过20%的速率增长。全系统拥有各类规模局域网2800余个，包括了10Mbps的以太网、100Mbps的FDDI或快速以太网、155Mbps的ATM等。近几年新建办公楼基本拥有PDS布线系统、楼宇自控系统、消防自动控制系统、闭路电视系统、智能照明控制系统、保安系统以及计算机网络系统，达到了智能化办公的要求。

1997年8月原电力工业部正式颁发《全国电力计算机信息网络建设规划》，拉开了电力信息网络建设的序幕。国家电力信息网（State Power Information Network，SPInet）是以全国电力系统通信网为基础，以国家公共通信资源为辅助数据通道，连接原国家电力公司系统内所有单位计算机信息网络的信息服务网。它应用了国际互联网（Internet）的成熟技术，广域网协议采用TCP/IP，是原国家电力公司企业内联网（Intranet），是电力工业信息化的公共基础设施，是电力系统同国内外进行信息交流的窗口。其宗旨在于为电力系统实现电子化信息交换和信息资源共享服务，促进电力工业信息资源开发与利用，加快电力工业信息化进程，为电力工业的可持续发展服务。

（二）电力信息化网络情况

国家电力信息网分为四级结构。

第一级网络（SPInet—Ⅰ）：连接原国家电力公司与各电力集团公司、直属省电力公司

及其他直属单位的信息网络，一级网是国家电力信息网的主干网。

第二级网络（SPInet—Ⅱ）：各区域电力公司、电力集团公司连接所属省电力公司及其他直属单位的信息网络，二级网是区域电力信息网。

第三级网络（SPInet—Ⅲ）：各省公司（局）连接地区供电公司（局）及其他直属单位的信息网络，三级网是省电力信息网。

第四级网络（SPInet—Ⅳ）：地区供电公司（局）连接县电业局及其他直属单位的信息网络，四级网是地区电力信息网。

根据电力信息网的层次性结构，网络管理也采用分层次、分布式的形式。各区域电力公司、省电力公司、地区供电公司建立各自的网络中心，各级网络中心设在各级信息中心或相应的职能管理部门之下，并明确相应的管理制度和工作规则。全国网络中心设在中国电力信息中心。各级网络中心在中国电力信息中心网络中心的主控下，分层次、按区域进行网络管理和控制。

国家电力信息网的建设过程及发展目标如下：

1998 年上半年初步完成电力信息网一级网的建设。实现原国家电力公司同部分在京单位、区域电力公司、省电力公司的连接入网，完成相应标准化工作，完成与国家经济信息系统的网间互联。

1999 年底实现了在京其他单位的接入，全面完成一级网的建设，初步完成二级网的建设。

2000 年底实现了原国家电力公司、区域电力公司、电力集团公司、省电力公司、地区供电公司及大型发电企业的网络互联，初步完成三级网的建设。

2010 年实现电力系统县电力局（供电局）以上单位的联网，完成电力信息网四级网的建设，全面实现系统内电子化信息交换。

目前，国家电力信息网的建设情况如下：

连接 16 家单位的一级网建设基本完成，于 1998 年 8 月 28 日开通，并接入因特网；“国家电力信息网运行管理暂行规定”已于 1999 年 4 月开始在一级网接入单位实行。华北、东北初步完成了二级网建设；江苏、湖北初步完成了三级网建设；华东、华中、华南、云南、内蒙古完成了广域网规划，正在进行网络联网实施；西北、山东、福建、四川、黑龙江、浙江、甘肃等完成了广域网规划，准备实施。

（三）电力通信网与调度系统数据网络

电力专用通信网经过几十年的建设已初具规模，形成了微波、载波、卫星、光纤、无线移动通信等多种类、功能齐全的通信手段，通信范围覆盖全国，成为生产控制系统、电网调度自动化系统以及计算机网络信息传输和交换的重要基础设施。目前，电力系统拥有微波干线 33000 多千米、光纤 3000 多千米、微波站 1100 多个、卫星地球站 32 座、110kV 以上电力线载波电路 65 万话路千米以及 800MHz 移动通信等设备。在各网省公司电话会议网的基础上，目前已初步建成以国家电网公司为中心的全国电话会议网，通过网省电力公司的汇接，可同时开通近 700 个电话会议分会场。在此基础上的电视会议系统也正在建设之中。

调度系统数据网络是电力生产实时信息传输的网络，基于电力通信网络，一级网基本建成，二级网工程正在实施。该网络传输的主要信息是电力调度实时数据、生产管理数据、通信监测数据等，是电力指挥安全生产和调度自动化的重要基础。

（四）电力信息资源的开发

电力信息资源的开发利用目标是，经过10～15年的建设，完善健全电力信息资源系统开发利用组织保障体系，形成集中、统一、稳定的信息采集渠道，基本建成覆盖全行业各门类的电力信息资源共享体系，为电力企业向集约型转变服务。

电力信息资源主要由政务信息、业务信息、综合服务信息和辅助决策信息构成。开发利用的重点是业务信息。重点完成的项目如下：

(1) 建立和完善各级管理信息系统。按阶段任务完成各级管理信息系统建设和实用化验收，并将其他业务系统联入管理信息系统。

(2) 建立网上综合信息查询系统，建成包括文字、图像、图形在内的多媒体分布式和集中式综合信息数据库。

(3) 建立宏观辅助决策系统。有计划地建立辅助决策的方法库、知识库、模型库及专家库等，研究有关经济运行、电力生产和宏观管理的定性和定量的分析和算法。编制辅助决策软件，开发宏观决策信息。

按照上述建设目标和思路，1998年5月原国家电力公司制定了《中国电力信息资源开发利用规划》并下发，作为网上信息资源开发的总体依据。1998年12月国家电力公司数据总体规划工作已经完成。初步开发成功了“中国电力之窗”、“世界电力之窗”并上网运行；正在开发“科技信息之窗”、“电力宏观决策分析系统”等内容。

三、存在的主要问题

进入20世纪末期，尽管信息技术在电力系统的应用得到了前所未有的发展，各级电力企业纷纷建立各种各样的信息系统，如办公自动化（OA）、生产管理系统、设备管理系统、燃料管理系统、电力市场和营销系统、电力调度系统、送电和配电地理信息系统、呼叫中心（Call Center）等。然而，这些信息系统往往是根据某个企业，甚至是某个部门自身需求而设计的，信息的采集、加工和存储大多着眼于本企业或本部门的信息，忽视了相互之间信息沟通和共享的要求。这样建立起来的信息系统虽然覆盖了各方面的信息，但同时也形成了一个个信息孤岛，这就使得原本可以相互沟通和共享的信息被一道道“篱笆”分隔开，为进一步建立数据仓库等更深入的应用设置了一定的障碍。

以目前五大发电集团公司的信息系统现状为例，大多数集团公司所属电厂的现有信息系统千差万别，由于没有采用统一的信息编码，致使集团内部各信息系统数据和信息的直接共享和交换十分困难。产生这一现象的原因很多，但其主要原因是缺乏科学的总体规划，有些企业做了总体规划但大多是建立在现有数据基础之上，没有从各方面进行分析和研究，最终使规划束之高阁，没有真正的实用价值。建设企业的信息系统需要从全局着眼、从过程入手、从重点突破。从全局着眼就是要从企业的整体利益出发考虑问题，不但要考虑企业整体信息化工作中需要解决的问题，还要考虑企业发展过程中对信息化的要求（如电厂和变电站的生命周期信息管理），充分考虑企业内部的信息、上游供应的信息、下游用户的信息以及企业生产经营的环境，认真科学地做好企业信息化规划。从过程下手就是在做好信息化规划的同时，还要把信息化工作落在实处，包括信息调研、编码的统一、制定规范、流程优化等。此外，工作中还应贯彻总体规划、分步实施的原则。从重点突破是说信息化工作千头万绪，应该突出重点，区分轻重缓急，特别要及早解决那些重要并难于回溯的应用问题。

从另外一个方面来说，电力企业经过长久的信息化建设，保存了海量的电力系统运行数据。现阶段电力系统信息化建设主要体现在建立 SCADA/EMS、DMS、MIS 以及 GIS 等一些自动化应用系统。电力企业解除管制的商业环境以及更加多变的电力市场，使得信息和知识成为电力公司最有价值的资源。然而，由于各地区及部门间信息化建设的不平衡性和独立性，导致了目前电力企业信息化不能构造有效的知识管理系统，信息传递困难，难以提供企业级的决策分析支持，主要表现在以下几个方面。

（1）异构性强，信息集成度差。电力企业各应用系统在数据建模、软硬件平台、应用系统平台和开发工具等方面都存在显著的差异，从而导致彼此数据交换困难，使得各个应用系统在信息上成为相对孤立的“自动化孤岛”，不易与其他系统交换数据或在企业范围内实现集成。

（2）数据冗余和多信息源问题。由于建设时期的不同以及当时技术水平的限制，造成了过量的数据冗余和多信息源等问题，使得数据资源访问困难，难以进行有效的决策分析。

（3）缺乏企业级的决策支持系统。电力企业各应用系统信息共享困难，管理系统难以跨应用系统实施生产业务流程管理，不能构造有效的知识管理系统，难以提供管理层和决策层的综合分析和辅助决策支持。

电力企业信息化的上述特征使得电力企业迫切需要为企业管理、决策分析等应用建造一个数据中心，数据仓库系统是这类数据中心一种非常好的实现方式。可以预测，随着电力行业信息化的进一步深入，数据仓库和数据挖掘技术将会在电力行业有很大的作为，事实上，很多公司已经在进行有益的尝试，并希望能为其决策增值。

第二节　数据仓库与数据挖掘在电力行业应用

数据仓库和数据挖掘技术作为新兴科学，在我国正在受到越来越多的关注。目前，无论在金融企业、电信企业，还是制造企业，零售业都对数据仓库与数据挖掘应用产生了强烈的兴趣，并且已经有许多企业进行了大量的实际应用的部署。相比而言，由于观念、技术、人才等方面的原因，数据仓库与数据挖掘技术在电力行业的应用尚处于起步阶段。当前，数据仓库和数据挖掘技术在电力行业的应用主要有以下几个方面，其中，除了电力营销领域以外，其他几个方面的应用较少，应用成功的则更少。

（一）发电厂设备检修

发电厂发生的设备故障往往在偶然性之后隐藏着规律性，建立设备状态数据集市，采用数据挖掘方法，对发电厂设备故障进行统计分析，将得出的结论和状态监控相结合，发现问题后可及时安排检修。

应用数据挖掘的关联分析方法可以确定发电厂开关设备故障率同温度、雨量、雷暴、负荷的关系。这种方法先通过采用 Apriori 算法找出频繁项集，并通过频繁项集产生强关联规则的方法进行挖掘，可找出导致设备故障关键因素的域值。在状态监控中，如发现关键因素的状态值落入域值，应及时安排检修。

此外，应用数据挖掘的序列模式分析方法可发现并预测各种设备的故障率分布，应用分类和聚类分析方法可为各种设备划分适当的故障类型。综合应用这些方法能够达到更好的处理效果。

（二）电力系统负荷预测

目前较常用的电力系统负荷预测的方法是：结合经济发展的特点和电网的用电特定结构，采用专家系统法、模糊数学法、神经网络法、优选组合法或小波分析法等较先进的预测技术和方法对传统数据库的数据进行处理，得到预测结果。在电力系统负荷预测中引入数据仓库的好处如下所述。

（1）通过提高数据的数量和质量提高分析预测的准确度。

1）提高数据采集的范围和数据量。数据仓库的建立是面向主题的，所以凡是与主题相关的数据都需要采集，包括业务数据、历史数据、办公数据、数据和外部数据；数据形式多样，有关系型数据库、非关系型数据库、文件系统、电子表格、文本格式、格式等，这些数据经过处理后存储在一起。这是传统数据库做不到的。

传统数据库一般是定期对数据进行备份和删除，所以数据库中保留的是最近一段时间所有表单的数据，但是预测时需要的是某些信息的长期数据。例如，长期负荷预测需要对几十年的数据进行处理，一般数据库很难保存这么大的数据量。数据仓库可以满足这样的需求。

2）通过数据集成，提高数据源的质量。数据进入数据仓库之前先要进行筛选、清理、转换等标准化处理，然后再加载到数据仓库，提高了数据源的质量，所以利用数据仓库的数据进行分析预测相对直接调用传统数据库中的数据进行分析预测可以提高预测的准确度。

（2）减少编程的难度和工作量。基于传统数据库的预测分析需要通过程序对数据进行预处理，编程有一定难度，利用数据仓库数据重整对数据进行预处理，是在数据库中进行，不需要编程，从而降低应用程序编程难度，减少编程人员的工作量。

另外，可以方便使用基于数据仓库的多种管理工具和应用工具进行数据处理和分析，进行多种形式的操作，并以多种形式表达出来，使对信息的处理过程更加灵活、方便，方便应用人员直接参加预测，减少大量编程工作，进一步提高预测准确度。

（3）将预测分析用的数据从传统数据库中独立出来，减少由于预测分析时消耗大量系统资源而对传统数据库上其他系统的应用产生影响，同时提高预测分析的响应速度。

（4）大大提高预测的范围和力度。有的决策分析可能导致系统长达数小时的运行，这就必定消耗大量系统资源，这是事务联机处理系统无法承担的。有的预测分析会因为数据量不够被迫放弃。数据仓库解决了这些问题，大大提高了决策分析预测的范围和力度。

（三）地区电力调度

地区电力调度同时担负着所在城市及城市所辖市县电网的调度运行工作和所在城市的配电网管理工作。由于历史的原因，电网调度和配电网管理彼此独立，并由不同职责部门负责。针对地区电网调度的 EMS（能量管理系统）和配电网管理的 DMS（配电管理系统）是彼此独立的两个系统，多数软件由不同的生产厂家提供，各种功能相对独立，数据不一致问题突出，相互之间的数据共享困难。而电力调度部门在进行决策和分析时需要分析大量的数据，既要有输电网的数据，又要有配电网的数据，并要求能挖掘出数据之间的相互关联，很显然这种传统的 EMS 和 DMS 数据模式不适合决策分析的需求。随着电网规模的不断扩大和电力市场竞争机制的引入，EMS 和 DMS 各自积累了海量的数据，如何更好地利用和管理这些日益庞大的同构和异构数据库，并挖掘出数据之间的潜在联系，帮助企业更好地分析和决策，已成为地区供电企业日益紧迫的需求。数据仓库技术可以把企业内、外部数据进行有效的集成，并应用于分析型处理，以此建立起来的系统主要包括以下几个子系统。

（1）OLAP子系统。在EMS和DMS中，调度人员通过联机事务处理（OLTP）和SQL可对数据库进行简单查询。随着时间的推移，电网规模不断扩大，EMS和DMS中的数据量也急剧增加，调度人员需要从多个维度来观察调度系统的运营情况，从而辅助决策。很显然，传统的简单查询模式已不能满足电力调度人员的需求。OLAP针对某个特定主题进行联机数据访问、处理和分析，通过直观的方式从多个维度、多种数据综合程度将系统的运营情况展现给使用者。它通过对多维组织后的数据进行切片、切块、聚合、钻取、旋转等分析动作，剖析数据使调度人员能从多种维度、多个侧面、多种数据综合程度查看数据；了解数据背后的规律，从而辅助决策。

（2）数据挖掘子系统。随着计算机技术在电力系统的广泛应用，地区电力调度部门已经积累了大量的运行数据和非运行数据，这些数据记录了地区供电企业多年的运行状况，电力调度人员急需对这些历史数据进行深入分析，以获得有价值的信息，辅助调度员进行决策，提高电网运行的可靠性。数据挖掘是一个利用各种分析工具在大量数据中发现模型和数据间关系的过程。数据挖掘从大量数据中提取隐含在其中的人们事先未知，但又是潜在有用的信息，并以人们可以理解的模式展现。它的基本过程是首先对数据进行预处理，然后选择算法，提取规则，并对结果进行评价。

（3）用户界面子系统。用户界面子系统主要是把OLAP和数据挖掘的分析结果通过友好的界面展现给最终用户，从而辅助用户进行决策。目前数据仓库在电力系统的应用还处于探讨阶段，没有大规模地投入使用，因此在建设地区调度数据仓库时，不应采用传统的瀑布式开发方法，而是采用螺旋式开发的方法，将一个庞大的任务划分成多个阶段，在每个阶段完成后，再开始新的开发，从而避免由于早期考虑不完善而造成巨大的经济损失。

（四）电力营销

电力营销的核心是：电力企业必须面向市场、面向消费，适应不断变化的环境，及时做出正确的反应，使电力企业真正成为用户满意的电力商品提供者和服务者，并且，要力争用最少的费用、最快的速度、最好的质量将电力商品送达消费者和用户。

对任何一个电力企业来说，它都是在不断变化着的社会环境中生存运行的，都是与其他企业、社会公众相互开展市场经营活动的。电力市场营销环境可能给电力企业带来市场机会，也可能形成市场威胁。因此，电力企业要想在不断变化着的社会环境中生存发展，就必须分析营销环境，以掌握各种营销信息，把握各种变化和趋势；进行SWOT分析，分析自身的优势和劣势，分析环境带来的是机会还是挑战；通过信息分析，清楚地了解市场发展情况、需求趋势以及自身及其他竞争对手的各方面情况，从而有针对性地进行取长补短的经营决策，尽可能地扩大电力能源的消费，获得尽可能大的市场份额、尽可能多的利润。

目前，我国供电企业营销自动化系统正在逐步建设中，各供电企业在营销系统的建立上都有相对较大的投入，但是目前存在以下问题。

（1）电力企业基于营销业务应用的信息系统建设已经取得一定成效。

（2）供电企业的海量数据资源已经形成，而各数据资源的有效利用还待进一步开发。

（3）在不同业务的信息系统中的数据存在关联关系（相关分析），但这种数据关联关系没有被很好运用，营销系统基本停留在业务处理的层面，更多的纵向数据挖掘没有完成，更没有形成横向的数据管理，无法进行业务数据的动态分析。

（4）另一方面，由于营销系统的长期建设和运行，电力企业信息系统的完整性、数据的准确性在不断提升。而随着全社会信息化建设推进，电力信息系统与其他行业信息系统的接口和数据采集也在不断地被完善。

基于这一现状，在营销系统的基础上建立数据仓库系统已经成为当前各供电企业信息建设中急待解决的问题。

需要指出的是，目前很多的电力公司已经注意到了这些问题，以及数据仓库对解决这些问题存在的巨大潜力，并着手规划并付诸实施，通过数据仓库可以解决以下问题。

（1）数据源异构的问题。由于目前电力公司存在两大业务系统，分别为电力营销系统和负控系统，而这两大系统数据挖掘的基础系统分别是在不用数据库平台上进行开发的，系统数据源、数据连接方式均有差别。针对这一问题，可以通过数据抽取工具将位于不同平台、不同数据库中的数据按照一定的规则，集中在一个数据仓库中，达到充分利用各种数据源的目的。

（2）数据的不一致性问题。对于电力营销系统和负控系统中存在的业务数据不一致，应该根据数据一致性原则，通过数据普查由数据录入员根据实际情况输入或由后台程序转换的方式，将需要的数据转移到数据仓库后进行转换，从而保证数据仓库中数据的完全一致，这对做出正确的决策是至关重要的。

（3）无法充分利用历史数据的问题。数据仓库将传统的业务系统中大多存储在磁带、光盘等不同的介质上的历史数据进行大量的汇总，因而使得基于历史数据的分析在数据仓库系统中显得易如反掌。但是，目前电力公司营销系统的实际情况是，历史数据比较难以获得，有些用户的历史数据根本没有相应的信息系统进行记录。对这一问题，可以通过在各分公司抽取典型用户，进行数据普查由数据录入人员输入系统的方式来获得历史数据。

（4）分析的效率问题。决策分析主要是针对各种汇总数据进行的，而业务系统中存储的都是具体的数据，因而在进行数据分析时，势必要进行大量的计算，效率很低。针对这一问题，可以通过本项目的实施搭建数据仓库平台，在基于数据仓库进行分析时，效率会显著提高，因为在数据仓库中存储的就是一些经过预先计算的汇总数据。

第十一章　某省电力营销数据仓库应用系统建设

我国电力市场化改革一直在不断推进，在电力营销领域中，电力企业的服务理念由计划用电向市场开拓转变，由用电管理向营销服务转变。这种以市场为导向、对内以营销为中心、对外以客户服务为中心的新机制，需要企业的管理层、决策层对变化的环境做出快速、科学的决策。

电力营销数据仓库系统正是在这样的背景下产生，并被很多电力公司应用。其很好地解决了以前基于联机事务处理的用电管理信息系统历史数据难以利用、统计口径多、数据的一致性不能保证而难以全面地掌握企业经营信息、查询效率低、决策应用和业务应用相互干扰、相互之间的数据共享困难等影响决策的问题，帮助企业更好地分析和决策，其实施和应用为很多电力公司带来了巨大的效益。

本节以某省电力公司基于数据仓库的营销决策支持系统的设计为例，介绍系统的需求分析、系统架构、数据模型的设计、ETL 开发等内容。

第一节　系统需求分析

（一）某省电力公司现状

20 世纪 90 年代以来，某省电力公司在信息系统的建设上投入了相当大的人力、财力和物力，先后开发了针对各种电力业务和管理的计算机系统，包括用电管理、生产管理、调度管理、财务系统、生产计划系统、办公自动化（OA）以及用电营销系统。这些系统的投产运行大大提高了企业整体运行效率。其中营销 MIS 系统在全省范围内进行了统一，即各个所属市级单位采用同一个系统，统一升级和更新。

进入 21 世纪，电力企业提出要实现"以客户为中心"的管理理念和经营思想，这对传统的营销管理和决策方式提出了挑战。对于该省电力公司来说，首先，由于各个市级电力公司的营销系统相互独立，省公司不能及时获得决策所需要的信息，而是通过发文件的形式获取，得到数据以后还要花费人力物力去汇总；其次，无论是省公司还是所属各个市级电力营销部的管理者和决策者只能根据固定的、定时的报表系统获得有限的业务信息，无法适应激烈的市场竞争；再次，已经使用了十多年的营销 MIS 系统，积累了大量的历史数据，这些海量数据分散并没有很好地组织，从而不能升华为有用的信息及时提供给业务分析人员与管理决策者，使得系统资源的投资跟不上业务扩展的要求；另外，由于财务和营销分属不用的系统，获得涉及两方面的汇总信息非常困难。总之，随着该省电力行业的发展，对电力营销信息管理的需求提出更高的要求，公司高层领导希望能在原有的基础上整合数据资源，并能更好地汇总、分析、预测企业多年来积累的庞大的营销业务数据、财务数据、资金运作数据等数据资源，而且决策信息能及时获得。

基于以上考虑，该公司决定建立一个电力营销数据仓库系统，通过该系统收集分散的各种详细数据源，建立以各种主题为导向、唯一的数据仓库，让企业领导人、业务主管，对客户分类、服务、销售量、销售代理、销售地区等进行分析，掌握收入和利润的结构、客户的特性和服务关系、便利的客户服务，从而降低营运风险和成本，扩大市场，创造利润，支持企业的决策。

（二）业务需求分析

通过对该电力公司详细调查确定的业务需求结果如下：

1. 供电服务投诉分析

通过供电服务投诉的分析可以了解电力公司在某段时间内各部门的服务质量，从而找出服务的薄弱环节，提高服务水平和管理水平。根据投诉的比重及时调整客户服务工作和公司其他部门的阶段工作重点，检验服务质量的工作重点的调整效果。

2. 抢修统计分析

在抢修统计分析中需要了解电力公司对用户报修后的抢修状况，为设备检修等部门提供数据支持，找出用户报修的重点，加强防范措施，减少事故发生率，分析抢修的反应时间，以便制定更规范的工作流程。

3. 电价分析

电价对电力企业的经济效益乃至其生存发展具有举足轻重的作用，同时与国民经济中的各个行业、人民群众生活有着十分密切的关系。因此，对电价执行历史情况的分析、对未来电价执行的预测以及电价的影响分析，可以有效地帮助该省电力公司市场营销部合理制定电价政策，有效预测电价政策对售电量等的影响，为推动电价改革提供数据基础。

4. 电费分析

电费分析主要是分析电费收入的发展规律和特点，分析内容包括售电收入、平均电价、电费回收、峰平谷电费、限电拉电、电费损失情况等。

5. 负荷分析

负荷分析是电力营销的基础工具，为电力负控管理提供用电规律，提高负控管理的预见性。分析用户用电的季节性规律和特点，为电力营销提供各行业/大客户的用电特点，提高营销针对性和营销预测的准确性。

6. 售电市场分析

电量销售情况是该公司最为关心的问题，采集各市级电业局、供电局的销售数据，通过纵横向比较，及时掌握下属公司的经营状况，并且结合当前的市场形势，对未来电量销售情况做出趋势分析，为管理者提出经营建议。

（三）功能需求分析

根据该省电力公司的业务需求，提出了以下的功能需求。

1. 数据抽取整理功能

要求从营销系统、财务系统以及其他业务系统中能定期地自动抽取数据，并按照业务规则组织成可供分析挖掘使用的信息。在数据抽取过程中应不影响数据源系统的任何功能，并且对数据源系统的性能的影响也要保证在不影响正常使用的范围内。

2. 报表功能

对于目前该省电力公司的各业务部门的报表，需要提供快速制作、发布的功能。通过权限的管理，各部门可以在安全的环境下达到数据共享。满足目前该省电力公司所需要的大部分报表功能，作为其他业务系统的补充和完善。

3. 多维分析功能

提供数据仓库特有的多维分析功能，对于该省电力公司建立的分析主题通过图形化的前端，支持交互式查询、钻入和旋转，业务的图形化显示和钻取功能来帮助用户发现企业发展的趋势及企业运作中的异常情况。

4. 决策分析功能

在数据整理的基础上，通过多种数据分析技术的运用，针对该省电力公司的某些业务主题进行业务分析，找出在大量历史数据中隐藏的业务知识逐步建立业务领域数据库和决策分析模型。

5. 用户发布功能

该省电力公司各个层次的决策者都必须能够以一种将数据转化为公司最有价值的财富——信息的方式，对数据进行访问和处理。随着该省电力公司的业务发展，用户在信息系统的开发和使用上越来越占主体地位，用户需要及时地把自己的分析结果发布给公司内部其他人员，要求提供一个灵活、便捷的发布功能。

（四）系统性能需求

根据系统的特点及用户需求情况，对系统的性能做了规定。

1. 数据精度

在进行向数据库文件提取数据时，要求数据记录定位准确，在向数据库文件数组中添加数据时，要求输入数据准确。满足业务分析的精度需求，考虑到可扩展性的要求，对数据的精度应尽量以最细的度量提取。数据在读取、修改后无二义性的产生。

2. 时间特性

（1）响应时间应在人的感觉和视觉事件范围内。

（2）大量的无人机交互的数据操作应在系统空闲时自动完成。

3. 灵活性

当需求发生某些变化时，系统架构不发生变化。操作方式、数据结构、运行环境基本不会发生变化，只是将对应的数据库文件内的记录改变，或将过滤条件改变。

4. 系统安全性、可靠性需求

提供多级系统安全措施，保护数据和系统的绝对安全。系统运行稳定，具备自动修复、错误提醒能力。

5. 数据存储需求

满足各业务系统数据整合后的存储需求，同时考虑需要建立数据立方体以及业务数据量在不断地增加中，所以数据库的容量应能方便地扩展。数据库应具有自动备份及恢复的功能，实现数据库崩溃、数据丢失的快速恢复。

6. 系统接口需求

（1）用户接口。用户通过 PC 进行运行、使用、维护、管理等操作。

（2）硬件接口。本系统不需要特定的硬件或硬件接口进行支撑。

（3）软件接口。系统软件的软件接口应遵循电力行业的规范标准执行。

（4）通信接口。本系统的通信接口由所使用的 PC 决定。

第二节　系统架构设计

根据系统需求分析的结果，可将该省电力营销数据仓库决策支持系统体系架构划分为三个部分。

（1）业务源系统整合部分：利用现有财务系统、各个所属市级电力公司营销系统建立汇总数据库系统、增量数据库系统两个部分。

（2）数据仓库存储部分：涵盖 ODS、DDS、AppModel、OLAP、Metadata（元数据）5 个部分，及其之间的 ETL 开发工作。

（3）数据展现部分：利用 Cognos 工作，开发适应用户需求的报表、统计分析等应用。

（一）系统逻辑结构

系统逻辑架构如图 11-1 所示。从图中可以看到，系统整体架构主要包括以下几个主要部分。

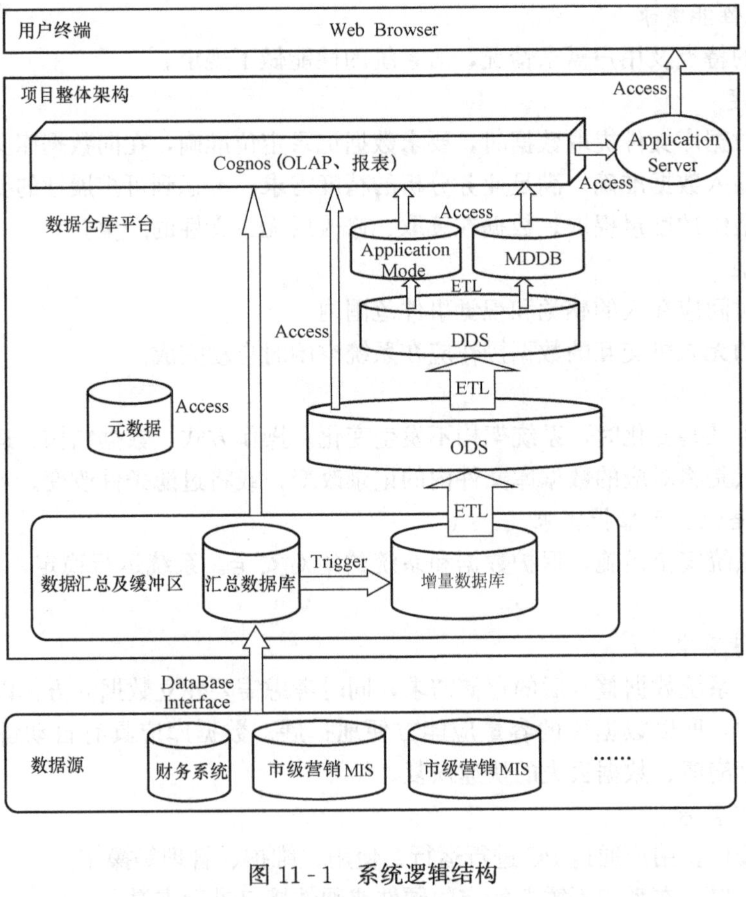

图 11-1　系统逻辑结构

1. 汇总数据库

由于该省电力公司的营销数据是存放在下面各个市级单位的服务器中的，首先解决的一个问题是使数据从物理上进行统一，同时考虑到该省电力营销 MIS 是该省电力公司主要的业务系统，在此系统基础上完成大量的业务操作和信息查询。数据仓库建立的主要数据来源依赖于它，数据模型与业务模型差异相当大，为了满足建立数据仓库的需求，同时不增加业务系统工作瓶颈问题，故采用一个汇总数据库定期通过数据库接口将不同地理位置的数据汇总到同一个服务器，以方便下一步数据处理。

汇总数据库和各个地市营销管理信息系统进行数据实时同步。这个汇总数据库系统由很多镜像系统组成，每个镜像系统和某个市级单位的营销数据库对应。这里的财务数据直接通过省公司的财务系统获得。值得注意的是，由于该省的营销 MIS 是统一的（由同一个公司开发，运行于同一个平台，采用相同的数据库系统），所以这一过程不存在异构系统的问题，处理起来较方便。

在汇总数据库上增加一些触发器（Trigger），实现增量的数据产生以方便 ETL 过程的实现。

为建立汇总数据库系统，同时不会影响营销管理信息系统的正常工作，提出的三项开发前提是：不能在原系统建立新的数据表，不能在原系统中修改数据表结构，不能在原系统中添加新的 Trigger。同时，不能影响业务系统的性能，该系统规定与业务系统的数据差异为 1 天的有效期。

2. 增量数据库

增量数据库实质是一个专为 ETL 设计的临时数据存储区，有时也称为数据缓冲区。由于汇总数据库只是实现了地理位置的统一，汇总数据库中的数据没有时间戳，使得增量数据的抽取变得很困难，因此在汇总数据库的数据对象上设计了一系列触发器，并利用这些触发器来生成增量数据库中的数据。一般说来，增量数据库中的数据结构是和汇总数据库相同的，但只记录增量的信息。

3. 数据加载（ETL）

虽然“创建数据仓库就是从操作环境中抽取数据，然后将这些数据载入数据仓库”这种想法非常诱人，但是事实远非如此。仅仅是将数据从操作型环境中取出并放到数据仓库中几乎挖掘不出数据仓库的任何潜力。数据仓库中的数据应该是集成的，这一点前面已经说得很清楚。数据加载的任务包括数据的抽取、清洗、转换和加载等。在这个系统中，整个数据仓库的 ETL 过程非常复杂，大致可以分为数据加载Ⅰ、数据加载Ⅱ和数据汇总三个部分。

我们把从增量数据库到 ODS 的数据加载过程称为数据加载Ⅰ，从 ODS 到 DDS 的数据加载过程称为数据加载Ⅱ，而 DDS 到 MDDB（Multi dimensional Data Base）数据之间的数据处理过程称为数据汇总。

从技术上讲，数据加载Ⅰ和数据加载Ⅱ比较类似，可以采用相似的技术手段（本系统中采用 Datastage 作为 ETL 工具）。但由于数据汇总的目标是 OLAP 数据，因此数据汇总过程和前面两个数据加载过程在技术实现手段上有根本的区别。OLAP 数据汇总过程、数据加载机制和管理方式与前述两种数据加载过程完全不同。

4. ODS

数据存储一般分为 ODS、DDS 和 MDDB 三个部分。ODS 又称为企业级数据仓库，是整个数据仓库的主体存储之一。ODS是一个集成和集中化的数据存储，它由多个主题的企业级数据组成，包括低层的、细粒度的、需要长期保存的数据。ODS必须以关系型数据库来存储和管理数据，最佳的结构通常是按照与业务远景和战略一致的主题而划分的第三范式。用一句话来描述，ODS是“用企业级的第三范式（3NF）实体关系（ER）模型来存储数据的中央共享业务数据总库”。上述定义虽然简单，但内容非常丰富。数据缓冲区中的数据通过数据加载Ⅰ进入ODS，然后又通过数据加载Ⅱ进入DDS。从理论上说，ODS应该是DDS唯一的数据源。

5. DDS

DDS又称为多维数据存储，代表用多维模型存储的数据，也是整个数据仓库以及本系统最主要的数据存储地之一。和ODS相比，虽然两者都是采用关系型数据库的存储方式，但所使用的数据模型是完全不同的。ODS采用的是“企业级的实体关系模型”，DDS采用的则是所谓的“分主题的多维关系模型”（例如星型、雪片型等），这些模型都比第三范式更容易操控。由于多维关系模型本质上是为了实现快速查询而设计的，因此DDS的数据查询速度往往比EDW要快得多。这也是为什么针对数据仓库中关系数据库的查询90%会落在DDS中的原因。

6. MDDB

MDDB数据是专门为多维查询应用提供服务的数据。MDDB数据和ODS、DDS一起构成了整个数据仓库以及本系统的主体数据存储部分。由于OLAP应用事实上已经成为数据仓库的标准应用形式之一，因此MDDB数据在数据仓库中的作用和地位也越来越重要。

7. Application Model

顾名思义，Application Model是专为某个特殊应用设计的模型，其中的数据往往是专为某张报表或者某个应用而存在的，并不适合用于共享。正因为如此，所以对Application Model中的数据模型并没有什么特殊的规定，主要考虑应用开发的方便。

8. Application Server

现在的应用开发往往采用三层结构，Application Server就是中间的一层。在本系统中，Application Server由Cognos Server、WEBLogic Application Server组成。

9. 元数据

元数据管理体系是整个数据仓库技术架构中至关重要的部分。其管理范围可以从缓冲区开始，一直到具体的应用系统。在理想的情况下，整个数据仓库的所有行为都应该是由元数据驱动的，因此元数据又可以看作是数据仓库的DNA。

（二）系统物理架构

系统的物理结构如图11-2所示。汇总及增量数据库集群服务器采用两台集群服务器，建立一个单独的数据库，在该数据库中部署了财务及营销系统汇总数据、增量数据、ETL加载临时文件、ETL加载异常数据、部分Application Model数据等。

DW集群服务器采用两台集群服务器，建立一个单独的数据库，在该数据库中部署有ODS、DDS、Application Model、OLAP等应用所有的数据。

中间层应用服务器将采用两台Application Server，一台工作，另一台备份，以提高系统安全性。

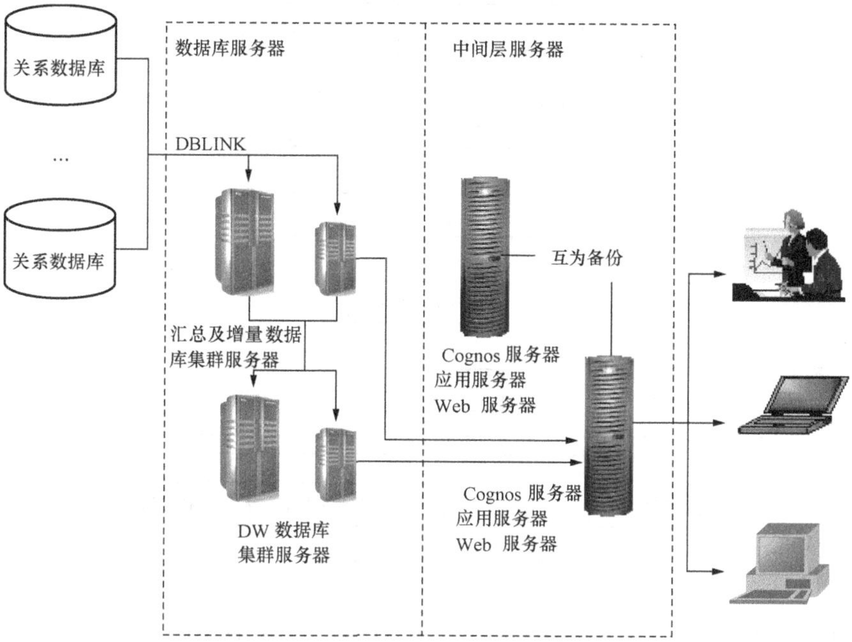

图 11-2　系统物理结构

第三节　数据模型设计

在本系统中，数据模型的设计采用数据仓库的技术来实现。数据仓库中的数据总共有两大类：业务数据和元数据。这里所要描述的主要是业务数据的存储和模型问题。业务数据是数据仓库的根本所在，也是建立数据仓库及元数据的目的。正如前面所描述的，在本系统的逻辑机构中，业务数据的存储又被分为三大块：ODS、DDS 和 MDDB 数据。

上述三大块数据并不是相互独立的：数据源中的数据经过数据加载 I 后产生了 ODS，ODS 中的数据经过数据加载 II 后产生了 DDS，而 DDS 中的数据经过数据汇总后最终产生了 MDDB 数据。图 11-3 是整个数据仓库系统的存储架构。

（1）各地市电力营销系统和其他数据源是该省电力数据仓库的数据源。其数据内容并不属于数据仓库。

（2）汇总数据库是各个市级单位电力营销系统数据物理上的汇总，其中的数据结构和电力营销系统基本一致，最主要的差异是本数据库每天从各市级电力营销系统数据库同步更新一次。

（3）企业级数据仓库又称为 ODS，是整个数据仓库的主体存储之一。ODS 的设计出发点是全面性和可扩展性。ODS 是一个全企业共享的、中性的 3NF 模型。ODS 的数据存储在 Oracle10g DB 中。

（4）多维数据存储又称为 DDS，是整个数据仓库的主体存储之一。DDS 的设计出发点是高效性和高可用性。DDS 是一个全企业共享的、中性的多维模型。DDS 的数据存储在 Oracle10g DB 中。

（5）应用模型又称为 App Model，是一个面向应用的关系型数据库。应用模型的数据存

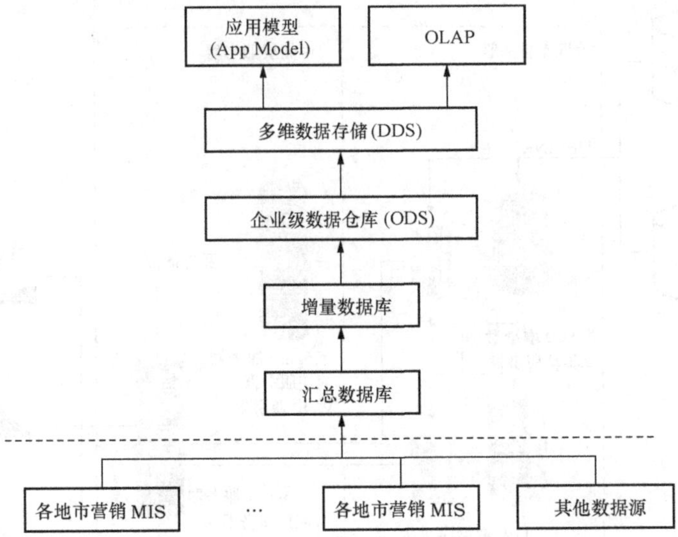

图 11-3 系统存储架构

储在 Oracle10g DB 中。显然，应用模型是偏向应用的，而不是中性的。

(6) OLAP 是专为多维分析服务的数据，其存储格式是 Oracle 的 OLAP Server，采用的是多维数据库而不是关系型数据库。OLAP 也是偏向应用的模型，不是中性模型。

（一）ODS 模型设计

ODS 是一个全企业共享的数据库，其中包含了整个数据仓库中的所有基础数据。企业级数据仓库主要实现以下目标。

(1) 汇集企业的业务数据。

(2) 使用统一的数据标准和模型。

(3) 能够适应业务的变化，即要保证整个数据模型的稳定性。

为了实现上述目标，在设计企业级数据仓库的数据模型时必须遵循以下设计原则。

(1) 采用第三范式（3NF）的数据模型：数据没有冗余，并且同一个数据只被保存一次。

(2) 对业务逻辑进行抽象，使之能够适应更广泛的需求：用面向对象的方法对业务流程进行分析和抽象。

下面我们介绍在该系统的 ODS 模型中用到的一些原则，主要包含以下内容。

1. 基础对象

在该省基于数据仓库的决策支持系统的 ODS 数据模型中，主要抽象出以下基础对象。

(1) Party（参与者）：所有活动或者事件的主体，可以是一个人、一个机构、一个客户或者内部分支机构等，在该系统中如营销部、计量部、抄表人等。

(2) Item（事物）：在生产销售活动中出现的任何事物，可以是一件物品、一项服务，或者是某个虚拟的事物。

(3) Category（种类）：可以指任何一种分类的方式，例如行业等。

(4) Activity（活动）：企业内某一个特定的业务活动，例如计算、记账等。

(5) Measure（度量）：数字型的测量值，如电量、电费、见抄数等。

(6) Status（状态）：所有状态，如收费状态等。

(7) 还有一些其他的基础对象，如财务科目等。

以上这些基础类构成了对整个该省电力业务活动中所有静态事物的描述体系。事实上每一个基类都可以描述很多种不同的事物，而每一个具体的事物都是某一个基类的子类，这种描述方式是通过继承关系来实现的。

2. 继承

继承是ODS模型中的一个重要特性，即每一个基类都可以派生出若干个子类，这些子类和父类拥有相同的主键，而且可以自动地继承父类的所有信息。图11-4所示是该系统中一个继承的例子。

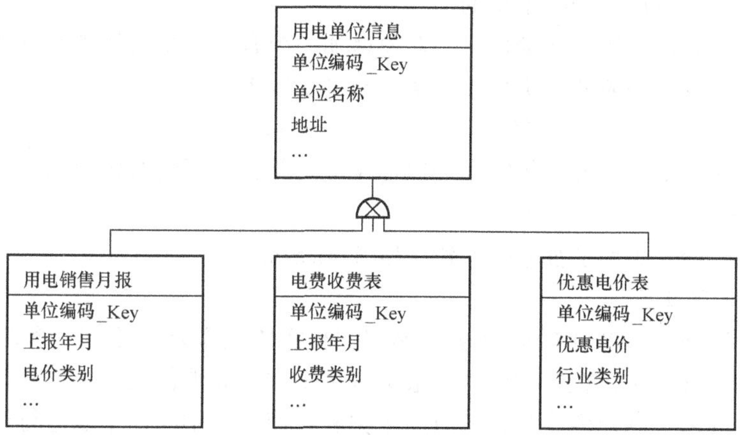

图11-4　继承关系

3. 对象关系

在ODS模型中，表示对象之间的关系可以有多种方式。

(1) 最简单的一种方式也是最传统的，就是在一个对象表中加入另一个对象的识别字段。例如，在电源档案表中加入客户代码。这种方法的好处是简单易行，缺点是只能表达一对一的对应关系。

(2) 第二种方法是采用专门的对象表来描述一个对象和另一个对象之间的关系。例如，图11-5描述了用电单位及其电价类别之间的关系（可以描述多对多关系）。

(3) 在此系统的ODS模型中，还有一种更加通用的对象关系表达方式，是专门用来表达基础对象之间的关系的，即通过一个对象来描述两个以上对象之间的关系，这种方法的优点是具有很高的可扩展性，缺点是不易理解。

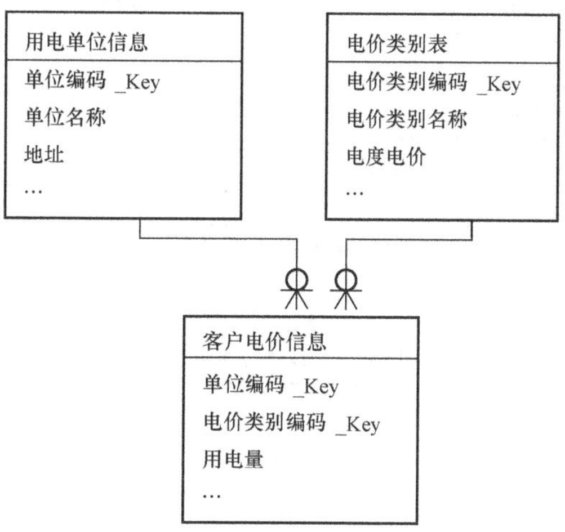

图11-5　多对多关系

4. 交易

在 ODS 中，把那些用来描述业务动作的数据称为交易数据。在对交易数据的处理中，可以采用两种不同的方法。

(1) 对于那些常用且重要的交易数据，采用传统的建模方法，其结构和业务系统基本一致，无非是采用了一些新的 ID，或者去除了一些多余的数据。最典型的例子包括电量电费信息、电费收费信息等。

(2) 除此以外，还有一种更加通用的交易数据描述方式，它具有很强的可扩展性。

5. 历史信息的记录以及时间戳

在本系统的 ODS 模型中，为了记录对象的历史变动信息，规定了以下规则。

(1) 给每个对象增加一个数字型的 ID。

(2) 给每个需要记录历史变动信息的对象增加一个有效开始时间和有效结束时间字段。

同样，为了记录交易表的历史变动信息，定义了以下规则。

(1) 给每个交易表加上一个 Version Number 字段。

(2) 为了查询方便，增加一个 CurrentFlag 字段，并且使当前有效数据的 CurrentFlag=1，无效数据的 CurrentFlag=0。

(3) 为每一个交易表增加加载时间戳字段 TimeStamp。

(二) DDS 模型设计

顾名思义，DDS 建模采用的就是多维模型。与实体关系建模不同，多维建模所产生的多维模型看起来非常对称，在模型中间一般会有一个占主导地位的表，它是模型中唯一与其他表有多个关联的表。其他表一般都仅有一个关联，使其与中间这个表进行连接。位于主题中心的表就是所谓的事实表，其他表称为维度表。

在此系统中，对整个数据仓库，DDS 建模主要使用到两种多维模型：星型模型和雪花模型。

1. DDS 建模过程

一般地讲，任何项目的多维建模过程都必须覆盖以下 5 项内容。

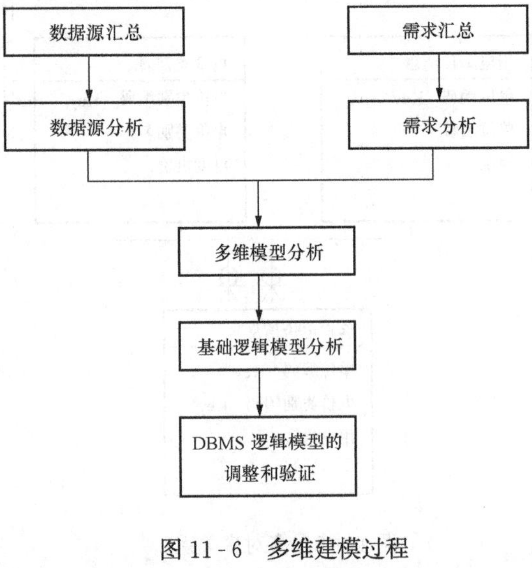

图 11-6 多维建模过程

(1) 梳理数据建模元素（事实、度量、维度）。

(2) 设计和完善事实、度量、维度。

(3) 多维模型设计及验证。

(4) 关系型数据库和 OLAP 逻辑模型设计、调整、验证。

(5) 物理模型设计、实施。

在本系统的实际操作中，实现上述 5 个方面工作内容的具体步骤和流程图大致如图 11-6所示。

2. 数据源汇总

毫无疑问，DDS 的主要数据源是 ODS。除了 EDW 以外，本系统数据仓库的建设还存在其他的数据源，以及各部门提供的其他数据等。本步骤的任务包含以下几个方面。

（1）确定数据源的范围和内容，这里主要是指 EDW 以外的数据源内容。

（2）获得所有数据源的数据字典，并把它们汇总起来。

3. 数据源分析

在数据源汇总完成以后，还需要对这些数据进行分析。本步骤的主要工作内容是对数据源中的表（或者其他类型数据）逐一进行分析，并将其所包含的内容梳理、分解成多维建模需要的三大类数据元素：事实、维度和度量。在此过程完成以后，多维模型的建立就会比较容易。以星型模型为例，维度和度量一起将组成事实表，而维度加上它所属的属性则组成维度表。

4. 需求汇总

在获得了各个业务部门的需求后，需求汇总的主要目的是从整个企业业务的角度出发，获得目前数据仓库准备实现的所有需求，同时剔除、合并各个部门之间相同或者相似的需求。

5. 需求分析

在需求汇总完成以后，还需要对这些需求进行分析。主要方法是对每一条需求逐一进行分析，得出本需求在实现过程中需要用到的数据，再将这些数据的内容根据多维模型的要求分成事实、维度、度量三大类信息并记录下来。其中，维度和相关的属性组成维度表；度量和相关的维度组成事实表。维度没有一个严格的定义，主要是指在业务分析中我们关注的角度；而度量主要是指从维度的角度来统计发生的一些业务指标或者统计量。在需求分析时遵循以下原则。

（1）如果一个需求涉及的数据只是简单地查询 EDW 的数据，就不在 DDS 中建立模型，而是采用直接查询 EDW 的方式实现该需求。

（2）明确标识数据源不满足的需求。

（3）度量、维度、属性命名要规范，这样方便识别相同或者相近的数据需求。

（4）如果需求之间维度相同，度量不同，则可以将其合并。

（5）如果需求之间度量相同，维度不同，也可以将其合并。

（6）对于度量和维度都相同而维度的粒度不同的需求，只需保存粒度最细的需求，如果粗粒度的数据需求不是 OLAP 而是报表，那么需要保存粗粒度的汇总表以提高报表的性能。

最后需要获得的成果是下面的三张表格（形式不限）。

（1）业务需求涉及的事实。

序号	需求编号	需求点名称	是否实现	涉及事实
1	0001	售电量分析	是	售电量统计
2	0002	电费分析	是	应收余额分析
				季节性电价效用分析
				售电结构分析
…	…	…	…	…

（2）业务需求事实汇总。

序号	事实名称	数据粒度	相关度量
1	售电量统计	时间	峰电量
		行业	谷电量
		供电局	平电量
		……	电量合计
2	应收余额分析	供电单位	应收账款余额
		日历年月	
		客户类型	
…	…	…	…

(3) 业务需求维度汇总。

序号	维度	维度类型	相关属性
1	时间	Time	年、季度、月份
2	行业	Char	工业、农业等
…	…	…	…

6. 多维模型分析

在完成了数据源分析和需求分析以后，就需要开始进行多维模型分析工作。完成了本阶段以后，DDS 的数据内容将被基本确定，且这些信息已经完全被归纳为三种类型：事实、维度和度量。概括起来说，本阶段的主要目的有以下两个方面。

(1) 将数据源分析和需求分析的结果汇总起来，充分考虑数据和需求这两个方面的因素，最终确定在 DDS 中应该包含的事实以及数据粒度。

(2) 在逻辑上整理出 DDS 中的所有维度、每个维度所需要的属性，以及所有事实的度量指标，为具体的逻辑模型设计工作做好准备。

具体地说，最终按照下面描述的详细工作步骤来完成本阶段的工作。

(1) 核对需求分析中出现的所有事实，查找其中是否存在缺乏数据源的度量指标，并对该指标和对应的需求进行标记。核对需求分析中出现的所有事实，找出其中的所有衍生度量指标（即不能从数据源中直接获得但可以通过其他指标计算获得），并对该指标进行标记。

(2) 根据需求、数据量以及经验三方面的考虑确定所有 DDS 事实和度量指标的数据粒度（即在 DDS 中将出现的最细一层数据）。必须指出的是，DDS 不必满足 100%的需求，对于那些有明细数据查询的需求，可以考虑直接通过 ODS 数据实现支持。

(3) 对从两种途径获得的所有维度进行汇总和整理，获得最终的 DDS 维度及维度层次列表。在此基础上，对所有维度进行整理，获得“维度模型”。在维度模型中，必须明确以下两项内容：同属于同一个“维度”的各个维度层次之间的汇总路径和逻辑；对于某些简单的维度，如果不准备设置维度表，应该列出其所有成员。

(4) 将每个维度的相关属性汇总到一起，剔除其中多余的信息。如果维度属性太多，也可以对其进行分组（在将来的数据模型中，每组属性将对应一个维度表）。

7. 基础逻辑模型设计

在完成了多维模型分析以后，就可以开始 DDS 的基础逻辑模型设计了。所谓的基础逻辑模型设计，实际上是特指对 DDS 逻辑组织结构的设计，以及该组织结构中基础数据（即最细粒度的数据）的逻辑设计。基础逻辑模型设计主要包含以下几个方面的工作。

（1）DDS 数据组织结构设计。

（2）维度表设计。

（3）基础事实表设计。

8. 逻辑模型的调整和验证

在完成了上述所有工作以后，整个 DDS 的关系型数据逻辑模型就可以确定了。但在正式确定 DDS 的逻辑模型以前，还需要进行模型的调整和验证工作，具体内容包括以下几项。

（1）组织内部讨论，收集各种意见，并挑选合理的内容进行相应调整。

（2）再次检查模型的需求覆盖和数据覆盖程度，看看是否有遗漏的数据。

（3）再次检查模型设计，如代理键、汇总表、维度汇总路径、数据粒度等，并最终确认。

（4）检查词汇表，看是否有不合习惯的用法，以及是否符合命名规范，并作相应调整。

（5）确认所有目标数据的数据来源和加载频率，并加以记录。

（6）从业务角度确认必要的数据计算逻辑和计算公式，并加以记录。

（7）上述工作完成以后，输出阶段性文档。

9. 多维模型

通过以上步骤，可以很好地进行 DDS 建模，最终形成大量的多维模型，图 11-7 就是其中一个针对售电量分析的星型模型。

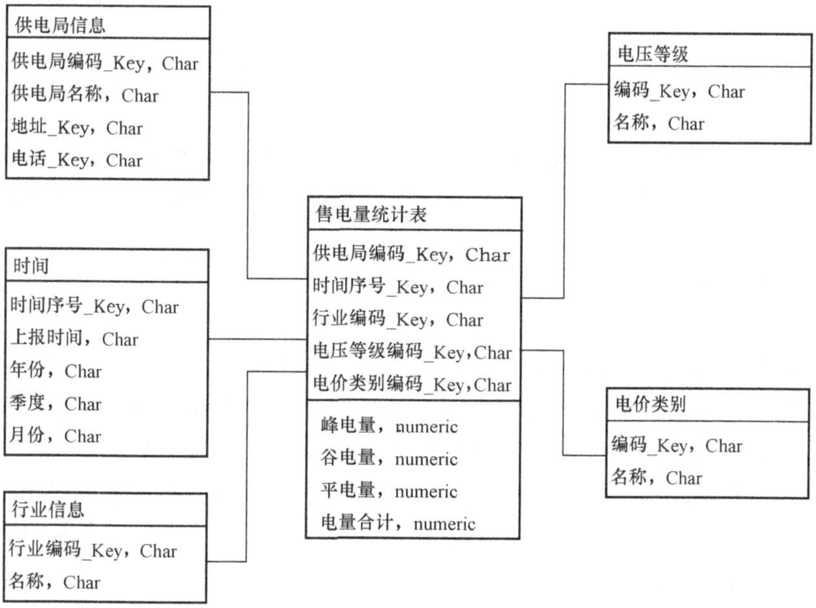

图 11-7　售电量分析星型多维模型

（三）模型设计命名规范

数据仓库中的数据对象有严格的命名规范。其中，表名和字段名分别遵循不同但类似的命名规则。以下是该系统中表的命名规则。

（1）表名以前缀打头，后面跟上最多不超过5个英文单词。

（2）在前缀和单词之间、单词和单词之间用下划线隔开。

（3）ODS前缀共有6种，分别是ODSC，ODSCV，ODSI，ODSO，ODSR，ODSF。其中，ODSC代表业务代码表，ODSCV代表业务代码表（视图），ODSI代表内部使用的代码表，ODSO代表对象表，ODSR代表对象之间的关系表，ODST代表交易表或者业务表，ODSF代表财务表。

（4）DDS前缀共有3种，分别是DDSD，DDSF，DDSA，DDSDMV，DDSFMV。其中，DDSD代表维度表，DDSF代表事实表，DDSA代表专为应用设计的表，DDSDMV代表维度表物化视图，DDSFMV代表事实表物化视图。

（5）英文单词必须使用缩写（除非该单词不超过4个字母）。

（6）表名最长为30个字符。

字段的命名和表名类似，只是不需要前缀，具体规则如下：

（1）字段名最多不超过6个英文单词。

（2）单词和单词之间用下划线隔开。

（3）英文单词必须使用缩写（除非该单词不超过4个字母）。

（4）字段名最长30个字符。

英文单词缩写规则如下：

（1）遵循通行的英文缩写规则。

（2）所有英文单词及其对应的缩写必须能够在文件dictionary.csv中找到，在该文件中列出了整个命名过程中使用过的所有英文单词及其缩写。

第四节 数据库规划

在此系统实施中会新增两个数据库：一个是汇总及增量数据库，另一个是数据仓库存储数据库。由于这两个数据库各自的作用及存储的要求不同，在数据库规划方面也会有所区别。

（一）各数据库介绍

1. 汇总及增量数据库

汇总及增量数据库主要存储各个市级单位营销系统数据库的镜像、增量数据、ETL过程临时数据等信息。对于营销系统镜像采用物化视图＋表单一次性生成方式来加载数据。采用物化视图主要处理日常变化的数据表单、同时又是数据仓库所需的业务数据，非物化视图方式的表单主要处理表单数据基本不变化的数据，如客户类型代码表等。对镜像数据库的相同表单与营销系统在处理上会有如下差异：①相同表单字段数少；对于业务系统中非简单数据类型字段不予处理（简单数据类型：CHAR、DATE、FLOAT、NUMBER、VARCHAR2），对于业务系统结构变化新增字段，但对数据仓库又用不上的不予处理。②表的物理层设计：针对业务系统现有数据量，优化镜像系统中的数据存储。③索引设计：索引的设计会结合镜像系统中应用的需求进行重新设计，在数据加载时只保留主键索引，根据数据模型及业务需要设计适当的索引。镜像数据库的建立在经过严格的测试后才能部署到生产系统中。

2. 数据仓库数据库

DW 数据库是数据仓库系统的核心数据库，在该数据库中部署有 EDW、DDS、Application Model、OLAP 等应用所有的数据。

（二）数据库物理规划

系统数据库物理规划涉及用户方案设定、软硬件配置及数据库初始参数、控制文件、表空间管理、表及索引数据量估算及其存储参数设置等内容。下面简单介绍该系统使用的软硬件配置及数据库初始参数和对控制文件的规划。

1. 软硬件配置及数据库初始参数

参数名	汇总及增量数据库	DW 数据库	说明
操作系统	UNIX	UNIX	HP 9000 系列小型机系统
内存	40GB	40GB	物理内存
硬盘大小	100TB	100TB	
数据库版本	Oracle10g	Oracle10g	
数据库类型	Data Warehouse	Data Warehouse	
数据库连接类型	MTS	MTS	多线程服务器 MTS 连接类型
数据库字符集	UTF16 字符集	UTF16 字符集	
SGA 配置	5G	5G	在数据库初始设计阶段采用按比例配置方式（物理内存的 50%～70%），在实际应用中按系统调优方式修改
db _ block _ size	16KB	16KB	数据块大小，建立后不能修改
log _ archive _ start	YES	YES	采用归档日志，数据集中备份
service _ names	CISMV	SHEDW	
instance _ name	CISMV1 CISMV2	CISMV1 CISMV2	一个 DB，多个 INSTANCE，之间采用 RAC 机制
db _ name	CISMV	SHEDW	与 service _ names 一致

2. 控制文件

每个数据库都有一个控制文件，控制文件是一个二进制文件，记录了数据库的物理结构，控制文件包含如下信息：数据库名称；关联的数据文件，REDOLOG 文件名称及其物理位置；数据库建立的 timestamp；当前日志序列号；检查点信息。数据库启动时服务器上的控制文件必须可用，没有控制文件，数据库就不能打开 MOUNT，恢复也是相当困难的。

控制文件的管理如下：

多个控制文件存放在不同的物理位置，即在不同的硬盘上建立多份控制文件。备份控制文件，特别是每次改变数据库的物理结构时必须备份控制文件，变更包含如下信息：增加、删除、改名数据文件，增加、删除表空间，或修改表空间的读写属性，增长、删除 REDOLOG 文件或组。控制文件的大小随着 MAXDATAFILES，MAXLOGFILES，MAXLOG-

MEMBERS，MAXLOGHISTORY，以及 MAXINSTANCES parameters 的改变而改变。最大的数据文件数量不能小于数据库参数 db _ files。

（三）数据库安全性设计

数据库的安全性可以在很多方面得到体现，在 Server 端的数据库安全，整个网络环境上的数据库安全，这些安全方面的挑战将通过具体的用户和对象的权限设定来完成。

1. 管理默认用户

严格管理 sys 和 system 用户，修改其默认密码，禁止用该用户建立数据库应用对象。删除或锁定数据库测试用户 scott。

2. 权限管理机制

（1）权限的分类。权限分为系统权限和对象权限，系统权限是指在数据库系统一级执行的操作，或者是对于某个类型的 SCHEMA 执行某一类的操作，对于数据库的影响是非常大的。对象的权限是对于某个单独的 SCHEMA 做一些动作，比如查询、删除和插入某个 SCHEMA 下的某张表的某个记录，对象的权限可以设置到某个用户下某张表的某个列。对象权限的赋予一般由对象的所有者来进行。

（2）管理系统和对象权限。实现权限的管理可以是普通的使用命令行的方式来赋予和取消权限，也可以通过角色和视图来管理。

3. 数据库级用户权限设计

按照应用需求，设计不同的用户访问权限，包括系统管理用户、普通用户等，按照业务需求建立不同的应用角色。例如：角色 _ 查询，角色 _ 维护。用户访问另外的用户对象时，通过创建同义词对象 synonym 进行访问。

4. 角色与权限

确定每个角色对数据库表的操作权限，如创建、检索、更新、删除等。每个角色拥有刚好能够完成任务的权限，不多也不少。在应用时再为用户分配角色，则每个用户的权限等于他所兼角色的权限之和。目前除了数据库自带的角色外，计划再根据需求增加以下角色：系统维护、电力营销查询、电力营销报表、电力营销审计。

5. 应用级用户设计

应用级的用户账号密码不能与数据库相同，防止用户直接操作数据库。用户只能用账号登录到应用软件，通过应用软件访问数据库，而没有其他任何途径操作数据库。

6. 用户密码管理

用户账号的密码由系统进行加密处理，对于数据访问使用用户，可定期更改用户及账号，在数据库服务器及应用服务层进行少量配置文件修改，而无需修改应用。

第五节 ETL 开发

ETL 过程即抽取、变换、加载数据过程。具体来讲，数据抽取是数据源接口，包括原始数据接口和外部数据接口，源数据接口从业务系统中抽取数据，为数据仓库输入数据。数据变换是确保数据集中所有数值一致和被正确记录的处理过程。数据转化包含对来自多个生产系统的数据源的处理，保证数据按要求装入数据仓库。数据装载部件负责将数据按照物理数据模型定义的表结构装入数据仓库。这些步骤包括清空数据域、填充空格、有效性检查等。在数据仓库构筑中，传统上作业量最大、日常运行中问题最多的是从业务数据库向数据仓库抽取、变换、集成数据的作业：原因是为了从各种不同种类和形式的业务应用中抽取、变换、集成数据，并将其存储到数据仓库，要求对数据的质量进行维护和管理。ETL 系统需要能够在限定的时间内完成对日常数据的周期性自动加载流程，支持对初始数据及历史数据的加载，并满足未来扩充的要求。因此对 ETL 过程进行一定的设计和规范。

根据数据仓库的逻辑架构，整个数据仓库的数据加载过程可能非常复杂，但加载的对象不外乎是业务数据和元数据两种。从业务数据加载的角度讲，数据加载过程在功能上大致可以分为 ODS 数据加载（数据加载Ⅰ），DDS 数据加载（数据加载Ⅱ）和 OLAP 数据加载（数据汇总）三个部分。这里仅介绍业务数据的加载过程，整个系统的 ETL 存储架构如图 11 - 8 所示。

（一）ETL 工具

在本系统中，选择的 ETL 工具是 Ascential 软件公司的 Data Stage，目前该软件是业界最全面的数据集成产品。Data Stage 的架构如图 11 - 9 所示。

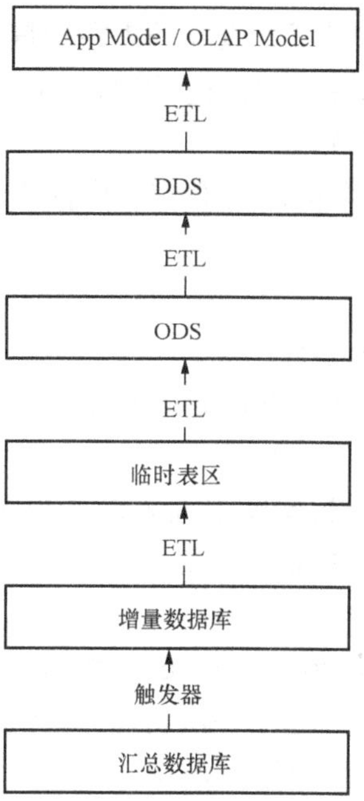

图 11 - 8　ETL存储架构

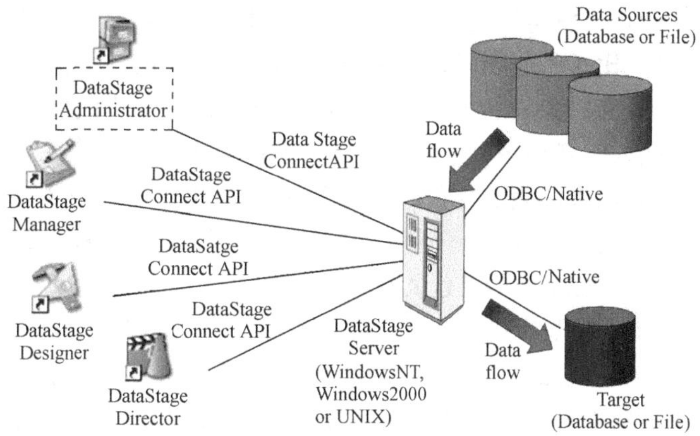

图 11 - 9　Data Stage体系架构

Data Stage 由以下 4 个客户工具组成。

（1）Administrator：在服务器端管理 Data Stage 的项目和服务器端的操作。

（2）Designer：建立 Data Stage 的 Job 并且编译执行的程序。

（3）Director：运行和监控 Data Stage 的 Job。

（4）Manager：允许查看和编辑在 Data Stage 中存储的内容。

通过这 4 个工具，Data Stage 可以对数据源（Data Sources）的数据按照要求进行抽取、清洗、转换和加载等，然后放入目标数据库。Data Stage Server 可以运行在 Windows NT、Windows 2000、UNIX 等各种平台上。

图 11-10 为 Data Stage 实现的其中一个事实表的生成过程。

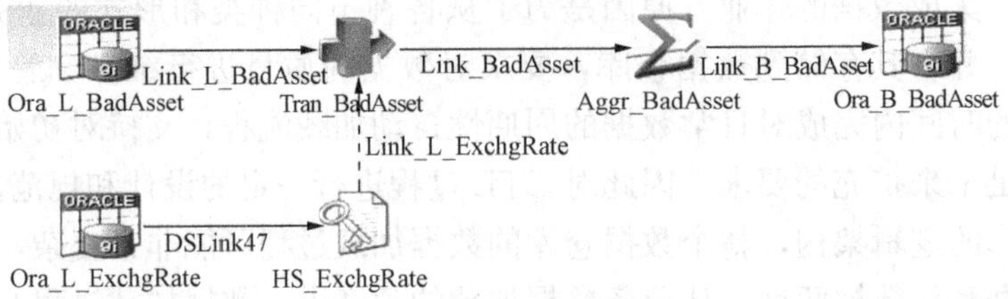

图 11-10 Data Stage数据抽取实现

（二）增量数据库的生成

所谓的增量数据库，是指记录汇总数据库变化的数据库。因为我们无法直接知道汇总数据库中有哪些数据出现了更新，因此在汇总数据库的相关表中安装了一些触发器，当这些表发生删除、插入和更新事件时，触发器会自动地将相应修改记录至相应的信息中。

在此系统中，记录信息采用了如下策略。

(1) 数据结构和汇总数据库基本一致，在镜像数据库中凡是安装了触发器的表在增量数据库中都会有一个同名的对应表，且字段也基本相同，只是增量数据库的表多了两个字段：时间戳 TimeStamp 和更新类型 ChangeType（取值只能是 D，I，U）。

(2) 每发生一次 Delete 或者 Insert 事件后触发器都会在增量数据库的对应表中插入一条记录，并加入时间戳和更新类型。

(3) 当发生档案表 Update 事件时，触发器必须判断以下情况。

1) 比对所有字段，如果没有字段发生变化，则忽略本 Update 事件。

2) 如果源表的主代码（例如客户代码）字段的值没有发生变化，则触发器在增量数据库中插入一条记录（忽略 Update 前的信息），且 ChangeType 置为“U”。

3) 如果源表的主代码字段发生了变化，则触发器需要在增量数据库中插入两条记录，一条记录更新前的字段值，并标记为“D”；另一条记录更新后的字段值，并标记为“I”。

（三）ODS 的 ETL 流程

ODS 数据加载指的是从数据缓冲区（增量数据库）或者是镜像系统到 ODS 的数据处理过程。数据加载方式分为初始全量加载和增量加载。初始全量加载就是第一次将业务系统中的所有数据全部加载到 ODS 中；现处于测试阶段，初始全量加载的数据来源于业务系统的汇总数据库系统。增量加载是从数据缓冲区（增量数据库）抽取增量数据到 ODS 中。在 ODS 模型中，所有的目标表被分为以下 5 种类型。

(1) 代码表（以 EDWC 和 EDWI 开头的表）。

(2) 对象表（以 EDWO 开头的表）。

(3) 关系表（以 EDWR 开头的表）。

(4) 交易表（以 EDWT 开头的表）。

(5) 财务表（以 EDWF 开头的表）。

由于 ODS 的逻辑模型比较抽象，映射过程过于复杂，对其中部分表建立临时表，减少映射的复杂度，所以 EDW 数据加载过程中增加一步临时表的加载，由于临时表的表结构和数据缓冲区（增量数据库）的差不多，只增加了 OLDID、NEWID 和 EDWFLAG，所以临时表数据加载实际上要完成4大任务：抽取、清洗、映射和装载。总之，在整个ODS的加载过程中，目标表的加载是有先后次序要求的，具体次序是：代码表、临时表、对象表、关系表、交易表、财务表。

（四）DDS的ETL流程

DDS数据加载指的是从EDW到DDS的数据处理过程。DDS数据加载实际上也包括了5大任务：抽取、转换、汇总、计算和装载。DDS的数据抽取技术和ODS相似。和ODS数据加载的数据转换过程一样，DDS的数据转换过程也可能非常复杂，它的目标是把数据从ODS的ER模型转变为DDS的多维模型。ODS和DDS的数据粒度可能是不同的，在这样的情况下需要进行数据汇总，这是DDS重要的一环。虽然这里的数据汇总远没有OLAP数据汇总那么复杂，但汇总的业务逻辑是完全相同的，因此DDS的数据汇总过程对将来的OLAP数据汇总非常重要。而且，DDS中有大量的衍生数据，这些数据需要通过额外的计算过程才能获得。从某种意义上说，高粒度的汇总数据也是衍生数据，其计算过程就是前面所描述的数据汇总过程。数据计算过程可能非常简单，也可能非常复杂。DDS的数据价值往往取决于其中的衍生数据，而一些高层次的衍生数据往往需要通过决策支持系统来实现。如果能够把决策支持系统中获得的成果放入DDS中，DDS就能够更好地为决策支持服务，使数据仓库的价值最大化。DDS数据装载就是把最后结果写入DDS数据库的过程，所需要的技术和EDW数据装载基本相同。

DDS中主要存在两种类型的表，即维度表（以DDSD打头）和事实表（以DDSF打头）。

在进行DDS数据加载时，必须首先加载维度表，然后再加载事实表。下面分别说明维度表和事实表的数据加载流程。

（五）数据加载策略

数据从操作型环境转移到数据仓库环境的过程中，必须确定一个时间作为每次ETL的起始时间。两次ETL之间的时间间隔称为数据周期，反映数据仓库中数据的刷新速度。数据仓库中最细节的数据每日产生一条，然而，这些数据在操作型环境中对应的数据在一天当中可能被多个不同时间发生事务修改。没有必要把每次数据变化都及时地反映到数据仓库中，这样做付出的代价太大。一般来说，从操作型环境数据发生变化到这个变化反映到数据仓库中至少应该经历24小时，也就是说数据周期应该不小于24小时。这么长的数据周期其实是必须的，它使得在数据仓库中不必做事务性处理，保证数据在转入数据仓库之前达到稳定状态。

通过作业调度功能，管理员根据目标数据表的更新周期和源数据就绪时间，制定日常数据的ETL时刻表。管理员通过Datastage的作业调度功能进行运行时刻设置，自动在规定条件满足时启动相应的ETL作业。

系统维护管理就是要给运行人员提供运行维护的程序及制定相应的维护管理流程，运行人员按照规定好的维护流程使用相应的维护程序定期或不定期完成相关的维护工作，主要应包括下列维护程序。

（1）日初始化脚本：完成每日ETL系统初始化环境的设置。

（2）日结脚本：完成每日ETL系统运行完成以后的环境清理工作。

（3）异常数据汇报及处理（对于不能及时处理的需上报主管业务部门）。

（4）文件清理：删除不需要的临时文件及临时表。

（5）控制ETL Job的运行Schedule维护界面：设置ETL Job运行的Schedule。

（6）单独 ETL 任务运行界面：便于运行人员在必要的时候通过手工可以单独执行。

（7）参数维护：针对 ETL 过程使用的参数（全局或局部）进行维护及修改。

第六节 系 统 实 现

系统最终实现需求阶段提出的电价、负荷及售电量分析等功能。这里仅以售电市场数据分析为例进行介绍，如图 11 - 11 所示。

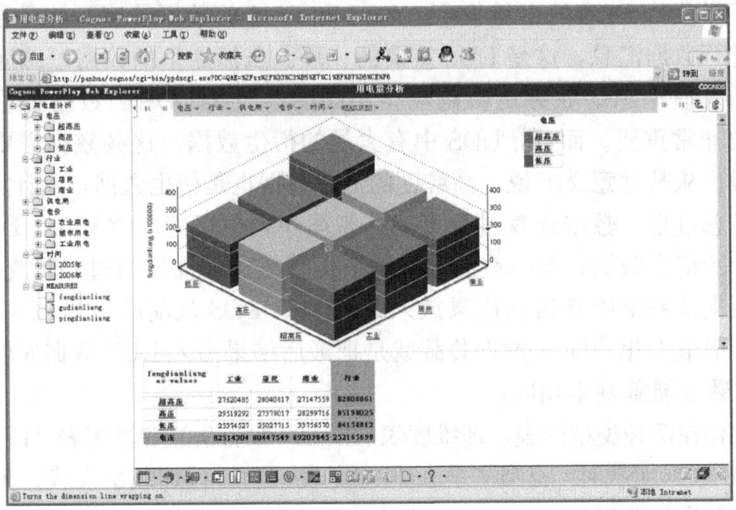

图 11 - 11 系统应用展示

通过分析客户售电量的变化趋势与规律来提供营销策略参考，考查的度量指标为售电量，分析的角度为时间、地域、电价类别和行业类别等。通过售电市场分析结果，为企业经营提供决策支持。

（1）不同用电时间段的售电量分析。根据不同月份用电总量统计数据，纵向分析各个月份售电量变化趋势，横向比较不同月份售电量差异，形成多维分析，比较不同月份之间售电量变化的差异；了解市场需求的时间属性，及时捕捉市场的变化。

（2）不同地区的用电分析。分析地区售电量历史数据，形成该地区售电量变化曲线，根据曲线走势判断该地区未来电量变化趋势；分析各地区对总体售电量涨跌的贡献率；根据该地区各行业用户分布情况，结合行业发展综合指标，进一步分析、判断该地区售电量潜力；分析各经济指标对电量涨幅的贡献率。

（3）不同电价类别的售电量分析。针对不同类别的电价，统计售电量历史数据，分析不同类别电价的对应售电量变化趋势；通过多维分析，横向和纵向相结合，立体、直观地分析售电量变化率差异，可以得到不同电价类别的售电量增长潜力，为用电营销部分的电价调整提供决策依据。

（4）不同行业的用电分析。按照行业分类，统计行业售电量，比较历史数据，形成不同行业售电量变化曲线；纵向分析某一行业售电量随时间变化的趋势：横向比较不同行业售电量的差异，重点关注不同行业之间售电量变化、行业用电潜力、各类用户需求潜力和区域用电增长潜力等，为企业决策人员提供重要的决策依据。

第十二章　数据挖掘在某电厂设备故障与煤质分析中的应用

自 1882 年英国人在上海开设了中国第一座电厂，中国电厂发展至今已有 132 年历史，从传统的火力发电到现在的水电、核电。电力行业伴随着社会发展进程，已经成为人类生活的一部分。

随着科技的发展，发电设备也在更新换代，电力生产活动的安全性、可靠性也随之提高。随着设备种类、数量的增多，从事电力事业的人数增长，电力企业资产管理的复杂度也在提升。从原始的发电设备管理、原材料采购粗略的记录，到现在设备的定期维护、检修，原材料成分、种类区分的详细记录，电力企业资产管理的内容也变得繁杂，管理繁杂程度也提升了数倍，传统的管理思想已经不适用于当前的企业资产管理环境。

与此同时，随着经济全球化进程的加快，企业所面临的机遇与挑战并存，企业为了生存、发展，必须掌握未来资讯。这就意味着企业要充分利用历史数据进行分析、总结，只有掌握企业信息，才能对企业进行管理，保证其良好运维，从而获得最大经济效益。因此，提高电厂经济效益成为每个电力企业所关心的重点。提高经济效益，归根结底是对成本的控制，在此，主要对电厂煤的选择进行研究，即如何选择优质煤，降低煤耗，是考虑的主要因素。因为降低发电煤耗可以提升机组的经济运行水平，另外优质煤还可以降低环境污染，降低因碳排放与硫排放等成分引起的污染治理费用，因此要加强入厂煤质的预报，选择优质煤。

本节以某电厂企业资产管理系统中的电厂资产数据为例，介绍了数据挖掘的整个过程，通过数据挖掘的方法，寻求数据价值，提高电厂资产管理效率和经济效益。

第一节　基于关联规则的设备故障类型分析

进入 21 世纪后，市场竞争加剧，每天都有新公司成立，旧公司倒闭，所以企业的生存压力受到了严峻的考验。众多企业开始意识到，信息与数据才是企业生存和发展的关键。所以很多企业对资产管理自动化、信息化有了新的认知和关注。从资产手工档案管理再到计算机记录数据，再到使用集成式 EAM 管理系统，严格控制企业资源流入流出。企业资源管理经历了这样的三个阶段。在当今社会，企业必须要引进新型 EAM 管理系统如 IFS EAM、Oracle EAM 系统等，这也是企业要做大做强的必经之路。

现代管理理论在纳入信息化技术后，除了很大程度上提高管理质量与效率外，日常工作产生的各种数据项，也引起了企业的关注。因此，数据挖掘也被越来越多的企业所看重。主要用来通过数据分析，进一步透析企业资源管理隐含的规律，提高管理资源的利用水平，实现成本的精准控制。

正是由于越来越多的企业开始采用 EAM 系统，所以每个企业想要提高竞争力，就要从细微处做起，而研究数据价值，也是当前许多企业所看到的一点。所以，企业中数据分析人员的增长也印证了大数据背景下，数据所带来的价值。对企业而言，集成化 EAM 对生产效率的提高，成本的精准分析，也是对企业本身的一种彻底的剖析。越来越多的企业选择了建立或扩大数据库来维系或壮大他们的管理系统。因此，数据挖掘在企业中的作用就格外的重要。

本文通过实例，运用两种不同的方法，了解数据挖掘技术在企业资源管理中的应用情况，同时也可以通过部分数据的分析，推断出数据挖掘技术对于企业资产管理的重要性。

在这里，本节主要运用 Apriori 算法，将准备好的数据进行简单的数据挖掘。通过关联分析方法，可以得到一定的分析结果，通过图形或者其他的表述形式更加直观地了解这些数据之间的联系。

（一）Apriori 算法

Apriori 算法是一种典型的关联规则算法。把数据中多次出现的项目的集合成为频繁项集，频繁项集在所有项目中出现的频率称为支持度。

假设数据集为 S，Apriori 算法在人为设置最小支持度后，开始寻找满足最小支持度的频繁项集 S1，然后在 S1 中继续按照设置的最小支持度，再次找出 S1 的频繁项集 S2。直至找不出符合最小支持度的频繁项集。

关联规则的产生：

(1) 对每个频繁项集 S、S1、S2、…，找出其非空子集。频繁项落在每个非空子集中的概率称为置信度。

(2) 非空子集的置信度在大于设置的最小置信度阈值后，输出生成该子集与频繁项之间的规则。

（二）数据挖掘的必要性

设备在使用中，往往会产生各种故障，每种设备发生故障的类型可能有多种。多类型设备发生的故障类型则更多。而电厂中的设备往往由于其生产品为电这一能源特性。保持供电稳定，减少设备维修停机时间非常重要。在进行数据分析，得知设备最可能发生的故障类型后，也可以减少维修人员负担，降低出工成本。

图 12-1 IFS EAM 系统信息

通过 Apriori 算法，挖掘设备类型的种类，及各设备会发生的故障类型，计算其故障率，这样更加有助于维修人员去快速查找故障部位，申请维修备件。然后及时更换，降低设备停机时间。做到一系列的后续工作，降低出工成本，实现成本控制。

（三）数据准备

本次数据挖掘关联分析的数据来源于某电厂 IFS EAM 系统中的工单数据。其数据导出流程如下：

(1) 选取 IFS EAM 系统（见图 12-1）中，时间更新最近且较完整的数据（见图 12-2）。本次选取数据为该电厂历史的工单数据，如图 12-3 所示。

(2) 使用系统中的导出功能，将工单数据导出为 xls 格式（见图 12-4），可被 Microsoft office Excel 打开编辑（见图 12-5）。

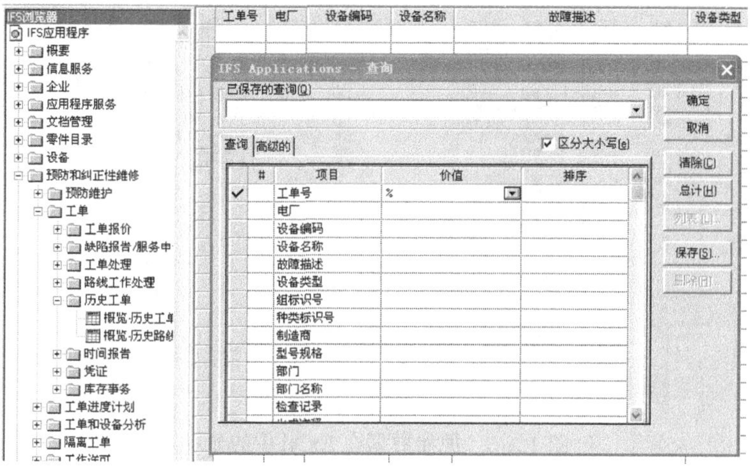

图 12 - 2　确定所需工单范围

图 12 - 3　IFS EAM 系统中的工单数据显示

图 12 - 4　数据导出过程

(3) 由于导出字段名过多，在数据挖掘时不需要的内容太多，需要处理掉无用的字段。除此之外还需要将作废工单、错误工单等无意义工单去除。所需字段见表 12 - 1。

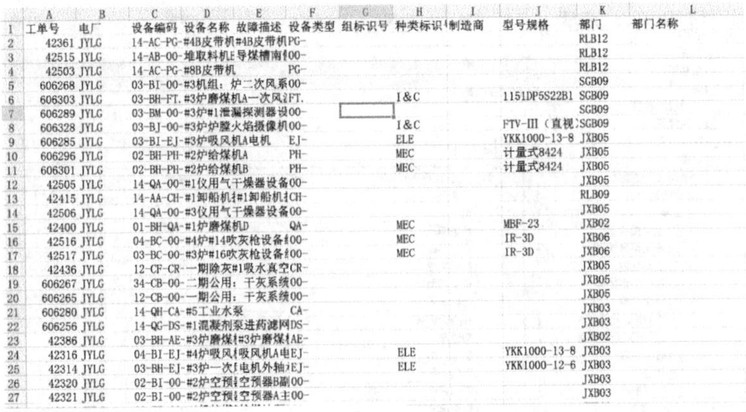

	A	B	C	D	E	F	G	H	I	J	K	L
1	工单号	电厂	设备编码	设备名称	故障描述	设备类型	组标识号	种类标识	制造商	型号规格	部门	部门名称
2	42361	JYLG	14-AC-PG-#4B皮带机#4B皮带机			PG-					RLB12	
3	42515	JYLG	14-AB-00-堆取料机E导煤槽南			00-					RLB12	
4	42503	JYLG	14-AC-PG-#8B皮带机			PG-					RLB12	
5	606268	JYLG	03-BI-00-#3机组：炉二次风系			00-					SGB09	
6	606303	JYLG	03-BH-FT.#3炉磨煤机A一次风			FT.		I&C		1151DP5S22B1	SGB09	
7	606289	JYLG	03-BM-00-#3炉#1泄漏探测器设			00-					SGB09	
8	606328	JYLG	03-BJ-00-#3炉炉膛火焰摄像机			00-		I&C		FTV-Ⅲ（直视	SGB09	
9	606285	JYLG	03-BI-EJ-#3炉吸风机A电机			EJ-		ELE		YKK1000-13-8	JXB05	
10	606296	JYLG	02-BH-PH-#2炉给煤机A			PH-		MEC		计量式8424	JXB05	
11	606301	JYLG	02-BH-PH-#2炉给煤机B			PH-		MEC		计量式8424	JXB05	
12	42505	JYLG	14-QA-00-#1仪用气干燥器设备			00-					JXB05	
13	42415	JYLG	14-AA-CH-#1卸船机#1卸船机			CH-					RLB09	
14	42506	JYLG	14-QA-00-#3仪用气干燥器设备			00-					JXB05	
15	42400	JYLG	01-BH-QA-#1炉磨煤机D			QA-		MEC		MBF-23	JXB02	
16	42516	JYLG	04-BC-00-#4炉#14吹灰枪设备			00-		MEC		IR-3D	JXB06	
17	42517	JYLG	03-BC-00-#3炉#16吹灰枪设备			00-		MEC		IR-3D	JXB06	
18	42436	JYLG	12-CF-CR-一期除灰#1吸水真空			CR-					JXB05	
19	606267	JYLG	34-CB-00-二期公用：干灰系统			00-					JXB05	
20	606265	JYLG	12-CB-00-一期公用：干灰系统			00-					JXB05	
21	606280	JYLG	14-QH-CA-#5工业水泵			CA-					JXB03	
22	606256	JYLG	14-QG-DS-#1混凝剂泵进药滤网			DS-					JXB03	
23	42386	JYLG	03-BH-AE-#3炉磨煤#3炉磨煤			AE-					JXB02	
24	42316	JYLG	04-BI-EJ-#4炉吸风吸风机A电			EJ-		ELE		YKK1000-13-8	JXB03	
25	42314	JYLG	03-BH-EJ-#3炉一次电机外轴			EJ-		ELE		YKK1000-12-6	JXB03	
26	42320	JYLG	02-BI-00-#2炉空预空预器B副			00-					JXB03	
27	42321	JYLG	02-BI-00-#2炉空预空预器A主			00-					JXB03	

图 12-5　原始数据在 Excel 中的显示

表 12-1　　　　所　需　字　段

工单号	电厂	设备类型	部门	检修项目	出错原因	错误描述	故障现象	故障现象描述	纠正措施

（4）在去除大部分数据噪声之后，挖掘所需要的数据整洁地出现在 Excel 表格中，大大降低了噪声数据的干扰。（见表 12-2）

表 12-2　　　　部 分 数 据 信 息

工单号	电厂	设备类型	部门	检修项目	出错原因	错误描述	故障现象	故障现象描述	纠正措施
42321	JYLG	00-	JXB03	VX02	LLB	缺少润滑	LEK	泄漏	LUB
42318	JYLG	00-	JXB03	VX02	LEK	泄漏	LEK	泄漏	DLE
42683	JYLG	FB-	JXB02	VX02	LEK	泄漏	LEK	泄漏	EXC
42625	JYLG	00-	JXB02	VX01	LEK	泄漏	LEK	泄漏	DLE
42679	JYLG	BH-	SGB10	VX02	EQB	设备破损	MIS	设备部件不全	GEN
42547	JYLG	FB-	JXB02	VX02	AR	需调整	NS	不到位	LUB
42586	JYLG	00-	JXB02	VX02	LEK	泄漏	LEK	泄漏	DLE
42587	JYLG	00-	JXB02	VX02	LEK	泄漏	LEK	泄漏	DLE
43402	JYLG	FF-	JXB05	VX01	LEK	泄漏	LEK	泄漏	DLE
43437	JYLG	EP-	SGB15	VX01	PB	部件损坏	LEK	泄漏	
43418	JYLG	FB-	SGB15	VX02	AR	需调整	BQ	坏质量	
43419	JYLG	FB-	SGB15	VX02	AR	需调整	BQ	坏质量	
42331	JYLG	FB-	JXB03	VX01	LEK	泄漏	LEK	泄漏	DLE
42330	JYLG	FB-	JXB03	VX02	LEK	泄漏	LEK	泄漏	DLE
42460	JYLG	CA-	SGB10	VX01	AR	需调整	UNF	指示不准	
42488	JYLG	CP-	JXB06	VX02	LEK	泄漏	LEK	泄漏	DLE
42340	JYLG	00-	YXB12	VX01	AR	需调整	UNF	指示不准	REP
42379	JYLG	FB-	JXB02	VX02	AR	需调整	NS	不到位	GEN

（四）数据分析

1. 初步分析

利用 Excel 软件，对数据进行初步的统计工作，见表 12 - 3。

表 12 - 3　　各设备类型故障数量

设备类型	汇总	设备类型	汇总	设备类型	汇总
00-	1148	BK-	12	BH-	2
FB-	548	CR-	12	BV-	2
CA-	297	AT.	11	CU-	2
FF-	231	XD-	11	DG.	2
QE-	122	PH-	10	DW-	2
EK-	119	AP-	9	DX-	2
CD-	112	BB-	9	FE.	2
PG-	104	DG-	9	FS.	2
FA-	96	FL-	8	IG-	2
AM-	84	PC-	8	IJ-	2
FC-	66	QA-	8	IS-	2
DL-	62	BE-	7	PV-	2
DF-	47	BL-	7	QF-	2
SC-	43	DU-	7	QH-	2
QW-	42	ER-	7	SB-	2
CQ-	40	FT-	7	SG-	2
AL-	38	IF-	7	SI.	2
PG.	38	QC-	7	XC-	2
CP-	36	XH-	7	AB-	1
F0-	36	DA-	6	AF-	1
FR-	35	EQ-	6	CT.	1
FS-	35	PS.	6	DC-	1
CL-	34	BP-	5	DJ-	1
DH-	34	FD-	5	DR-	1
EP-	28	QB-	5	DV-	1
FG-	28	AE.	4	EA-	1
CE-	27	DB-	4	ED-	1
DS-	26	DS.	4	FH-	1
DT.	24	EC-	4	FM-	1
EJ-	23	FE-	4	FQ-	1

续表

设备类型	汇总	设备类型	汇总	设备类型	汇总
AH-	21	FG.	4	FX-	1
ZS.	21	HE-	4	HA-	1
PT.	20	PQ-	4	IR-	1
LG.	19	QJ-	4	JD-	1
TE.	19	TA-	4	JJ-	1
CW-	18	TG.	4	JL-	1
JM-	18	AJ-	3	KF-	1
CH-	17	CJ-	3	MT.	1
HB-	17	CK-	3	PA-	1
U0.	17	DK-	3	PB-	1
BA-	14	DN-	3	PM-	1
CS-	14	DT-	3	QI.	1
H0-	14	HC-	3	RE.	1
LS.	14	JH-	3	SS.	1
LT.	14	PP-	3	TI.	1
ZT.	14	PS-	3	TP-	1
FK-	13	AE-	2	TS.	1
FT.	13	AQ-	2	TT.	1
QM-	13	BG-	2	VI.	1

由表 12－3 可以得出，该电厂的设备故障主要集中在 00-、FB-、CA-、FF-、QE-、EK-、CD-、PG-、FA-、AM-、FC-、DL-上，其中又有 00-的故障次数最多，占主要故障设备的 38%之多（见图 12－6）。因此，可以得知，00-型号的设备故障率较高，人员应该加强对该类型设备的巡检。

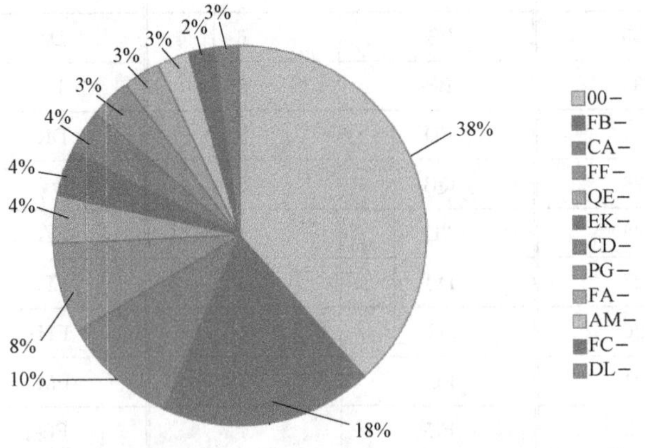

图 12－6 各主要类型设备故障百分比

表 12-4　　故障错误描述

错误描述	汇总	错误描述	汇总
泄漏	2157	运行被中断	17
需调整	1039	过热	12
部件损坏	458	绝缘损坏	11
管道或滤网堵塞	308	短路	10
轴承破损	68	接地	9
设备破损	56	低电压	3
缺少润滑	36	过电压	3
转动设备卡死	28	计划停运	3
缺少物料	18	雷击	2
设备进水或受潮	17	转向不正确	1

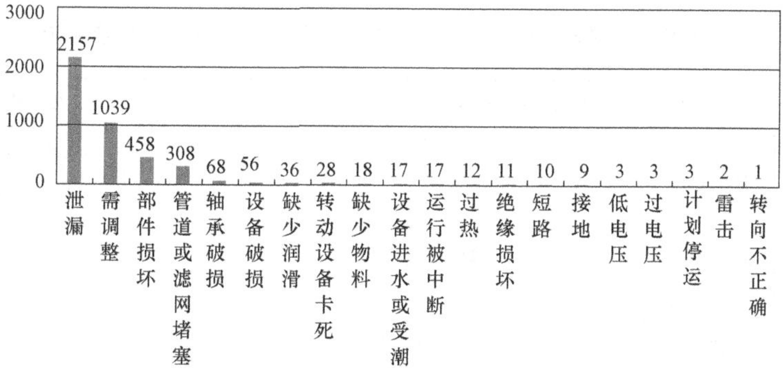

图 12-7　主要故障错误

由表 12-4 及图 12-7 可知，设备的泄漏是导致设备故障的最主要原因。因此，维修人员在日常维护的时候应着重检查设备的关键卡位是否拧紧，防止发生泄漏故障。其次，需调整也占据了一大部分故障错误。因此加强巡检频率，及时调整设备状态，以防止故障停机，影响生产作业。

2. 建模分析（深层次关联分析）

这里将使用 SPSS 公司开发的 Clementine 数据挖掘平台，对数据进行更深层次的分析。

（1）将处理过的数据表格插入到 Clementine 中，用类型节点来完成对需要分析字段的过滤，连接 Apriori 模型，如图 12-8 和图 12-9 所示。

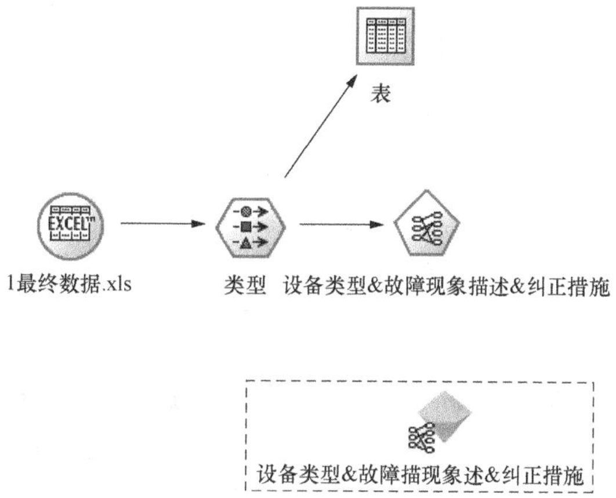

图 12-8　生成关联规则模型

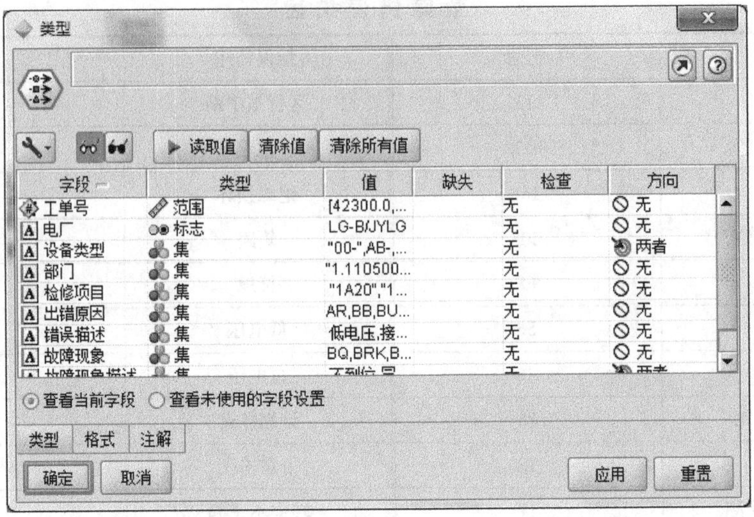

图 12-9 将设备类型、故障现象字段、纠正措施设为分析字段

（2）设置最低支持度及最小置信度（见图 12-10），以分析频繁项集之间的关联规则。

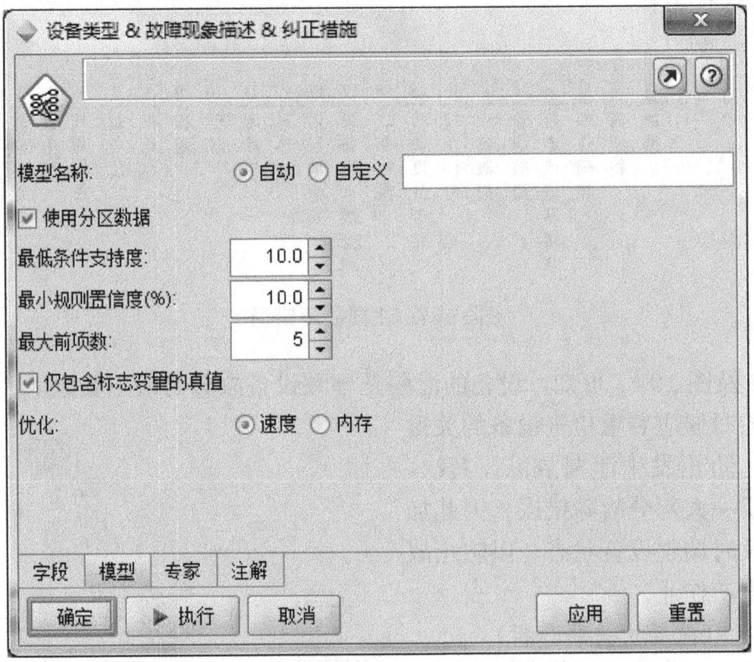

图 12-10 设置最低支持度及最小置信度

（3）生成报告结果，对结果进行解读（见表 12-5）。

表 12-5 关联规则模型分析结果

编号	前项	后项	支持度 %	置信度 %
1	设备类型 = FB-	故障现象描述 = 泄漏	12.876	66.423
2	设备类型 = 00-	故障现象描述 = 泄漏	26.974	59.495

续表

编号	前项	后项	支持度 %	置信度 %
3	设备类型 ＝ 00- 故障现象描述 ＝ 泄漏	纠正措施 ＝ DLE	16.048	53.441
4	故障现象描述 ＝ 泄漏	纠正措施 ＝ DLE	60.55	45.285
5	设备类型 ＝ 00-	纠正措施 ＝ DLE	26.974	32.056
6	设备类型 ＝ FB-	纠正措施 ＝ GEN	12.876	31.569
7	设备类型 ＝ FB-	纠正措施 ＝ DLE	12.876	29.015
8	故障现象描述 ＝ 泄漏	设备类型 ＝ 00-	60.55	26.504
9	设备类型 ＝ 00-	纠正措施 ＝ REP	26.974	21.603
10	设备类型 ＝ 00-	纠正措施 ＝ GEN	26.974	21.167
11	故障现象描述 ＝ 泄漏	纠正措施 ＝ GEN	60.55	17.889
12	设备类型 ＝ FB-	纠正措施 ＝ REP	12.876	17.701
13	设备类型 ＝ 00- 故障现象描述 ＝ 泄漏	纠正措施 ＝ GEN	16.048	17.277
14	故障现象描述 ＝ 泄漏	纠正措施 ＝ REP	60.55	17.074
15	设备类型 ＝ 00- 故障现象描述 ＝ 泄漏	纠正措施 ＝ REP	16.048	16.545
16	故障现象描述 ＝ 泄漏	设备类型 ＝ FB-	60.55	14.125
17	设备类型 ＝ FB-	故障现象描述 ＝ 不到位	12.876	13.321
18	设备类型 ＝ FB-	纠正措施 ＝ ADJ	12.876	10.766

表 12－5 按照置信度降序排列。那么支持度和置信度分别是什么意思呢？用具体数据来分析。如表 12－5 中第 1 行数据，前项为设备类型 FB-，后项为故障现象描述＝泄漏，支持度为 12.876%，置信度为 66.423%。其含义是，设备类型 FB-和故障为泄漏在拥有这两项事件中同时出现的概率为 12.876%。置信度含义是，如果设备类型为 FB-，那么发生泄漏的概率为 66.423%。再如 17 行中数据，设备类型为 FB-，故障为不到位，置信度为 13.321%，意思是，FB-发生故障时，有 13.321%概率发生不到位的故障。这便为维修人员的检修过程提供很大的帮助，能够尽快找出故障发生位置。

再如第 3 行中，前项有两个，设备类型 ＝ 00-和故障现象描述 ＝ 泄漏，后项为纠正措施 ＝ DLE，支持度为 16.048%，置信度为 53.441%。其含义即是，当设备 00-发生泄漏故障时，使用 DLE 方法解决故障的概率为 53.441%。这样的数据可以帮助维修人员减少故障分析时间，调整维修方案顺序。还可以为企业增加新的知识经验，更换维修员工后也可以快速学习该类型故障的检修方案及纠正措施。

第二节　聚类分析在电厂煤质分析中的应用

本节主要运用 K-means 算法。将准备好的入厂煤数据进行简单的数据挖掘。通过聚类方法，可以得到各批次、产地入厂煤的主要成分分析，通过图形和表格的形式更加直观地了解各品种入厂煤成分的差异性以及对入厂煤的选择偏好。

（一）K-means 算法

K-means 算法是很典型的基于距离的一种聚类算法，将距离作为相似性的评价指标，即认为两个对象的距离越近，其相似度就越大。该算法认为簇是由距离靠近的对象组成的，因此它的最终目标就是得到紧凑且独立的簇。

（二）数据挖掘的必要性

当今技术发展条件下，电厂的发电设备的更新换代也是非常快的，每一次设备的更换，代表着新型发电设备的出现。随着设备的发展，针对不同地区和用电需求的差异，一个发电厂中可能有多种规格的发电设备。而不同的发电设备，对所使用的煤质也有不同的要求。除了针对不同设备的煤质特殊要求外，煤质本身也要符合当前电厂用煤的共性要求。

在当前煤炭资源减少的情况下，煤炭质量也是不如以前。其次在利益驱使下，一些投机取巧的煤炭供应商会使用煤质较差的煤炭。这些煤炭一般含矸量（煤炭中石子含量）过高，煤炭颗粒过大，容易在煤炭制粉时，造成设备叶片、护板损伤。然后是硫元素的控制，燃烧生成的二氧化硫等气体除了会造成酸雨现象，对空气的污染也在当前空气质量降低的时代有着严重的消极作用，并且会对锅炉造成腐蚀作用。所以，控制入厂煤的煤质，对电厂设备维护有着重要的实际价值。

在入厂煤的每次检测中，每个产地、每个批次的煤各成分的含量都会有所不同。本节将通过 K-means 算法，挖掘目前所有入厂煤的成分分析数据，将不同成分含量的煤按照其成分比重聚类。这样将更加清晰地看出不同批次的煤炭地质量差异，从设备健康度方向为电厂的煤炭采购提供参考性意见。

（三）数据准备

此次数据挖掘聚类分析的数据来源于 EAM 系统中入厂煤记录数据，其中主要包含属性为 Mtar（水分）、Aar（灰分）、Var（挥发分）、Sar（硫含量）、Mad（空气干燥基水分）等。

整理后全部数据见附录一中的附表 1，部分数据见表 12－6。

表 12－6　　　　部分入厂煤成分含量数据

取样编码	采购订单号	煤种名称	Mtar(%)	Aar(%)	Var(%)	Sar(%)	Mad(%)	Ad(%)	Vd(%)	Fcd(%)	Std(%)	Vdaf(%)
3007027-2	23844	大同优混	12.97	11.34	25.56	0.91	8.19	13.03	29.36	57.61	1.05	33.76
2007059-1	23842	大同优混	12.3	13.07	25.35	0.95	6.11	14.9	28.91	56.19	1.09	33.97
3007026-2	23815	大同优混	8.93	11.32	25.43	0.88	2.31	12.43	27.93	59.64	0.96	31.89
3007025-1	23814	张南优	8.06	23.7	25.21	0.68	2.33	25.78	27.42	46.8	0.74	36.94

续表

取样编码	采购订单号	煤种名称	Mtar(%)	Aar(%)	Var(%)	Sar(%)	Mad(%)	Ad(%)	Vd(%)	Fcd(%)	Std(%)	Vdaf(%)
2007058-1	23813	淮南混	7.09	29.1	26.12	0.66	1.21	31.32	28.11	40.57	0.71	40.93
2007057-2	23532	神混 2 号	16.68	10.8	26.12	0.52	5.66	12.96	31.34	55.7	0.63	36.01
2007056-2	23621	大友 1 号	9.98	21.92	24.16	1.2	2.03	24.35	26.83	48.82	1.34	35.47
3007024-1	23802	张南优	9.34	23.2	24.7	0.73	4.04	25.59	27.24	47.17	0.8	36.61
2007055-2	23531	神配 2 号	11.16	17.46	27.34	0.43	3.71	19.65	30.77	49.58	0.49	38.3
2007054-2	23436	准混 2 号	11.66	16.78	26.86	0.49	3.5	18.99	30.4	50.61	0.56	37.53
2007053-1	23536	大同优混	8.62	13.67	25.15	0.89	3.73	14.96	27.53	57.51	0.98	32.37
2007052-1	23535	淮南混	6.37	29.44	26.45	0.85	1.42	31.45	28.25	40.3	0.91	41.21

（四）数据分析

将准备好的数据集中地导入 Clementine。选择需要分析对象，格式化导入到 K-means 算法模型。

1. 选择需要分析的数据属性（见图 12 - 11）

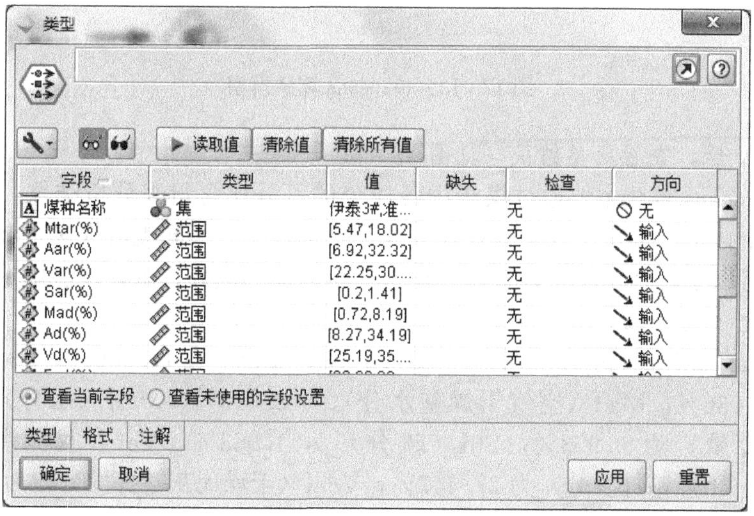

图 12 - 11　入厂煤聚类字段

2. 设置聚类数量（见图 12 - 12）

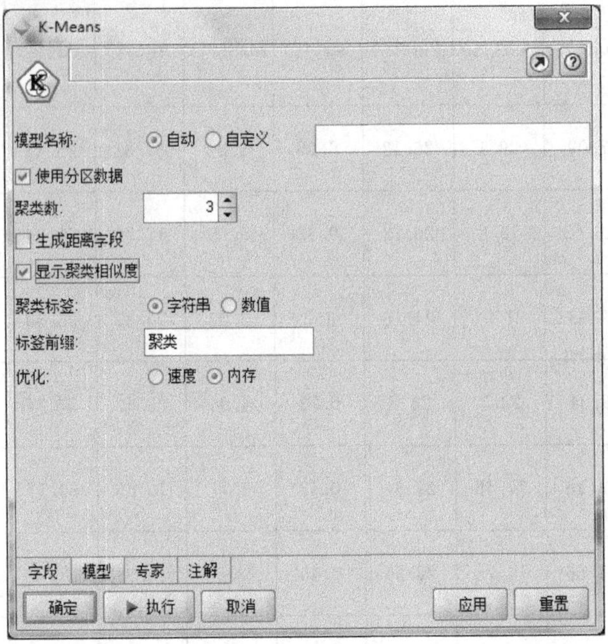

图 12 - 12　设置聚类数量

3. 生成 K-means 聚类算法模型（见图 12 - 13）

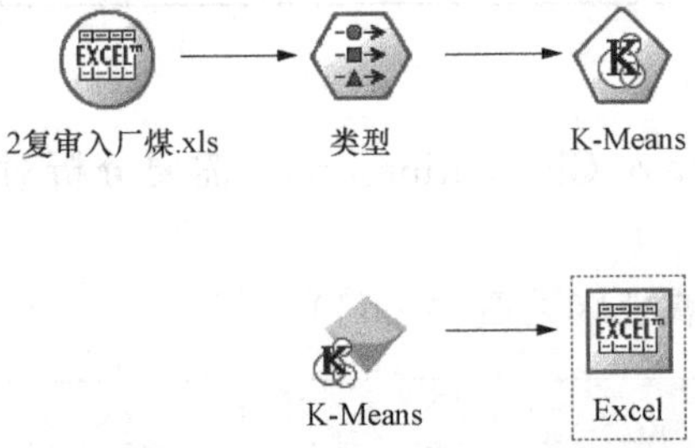

图 12 - 13　K-means 算法模型

4. 操作结束后，查看聚类结果（见图 12 - 14）

三类的 K-means 算法主要通过煤炭中各成分的百分比含量来分析结果。可以看到，在这个聚类过程中，每一类煤炭分类的各成分含量差别较大。不同类的煤炭主要成分百分比相差较大。由此可以了解到，需要查看每一类入厂煤具体的成分含量，才能确定不同煤质及成分含量的百分比（见图 12 - 15）。

聚类 1：Aar（灰分）为 15.672%，Ad（干燥基灰分）为 17.486%，Fcd（固定碳）比例最大，为 55.036%，Mad（空气干燥基水分）为 2.436%，Mtar（水分）为 10.523%，Sar（硫元素含量）为 0.953%，Std（硫分）为 1.063%，Var（收到基挥发分）为 24.586%，Vd（干燥基挥发分）为 27.447%，Vdaf（干燥无灰基挥发分）为 33.321%。

聚类 2：Aar（灰分）为 24.79%，Ad（干燥基灰分）为 27.094%，Fcd（固定碳）为 45.062%，Mad（空气干燥基水分）为 2.152%，Mtar（水分）为 8.718%，Sar（硫元素含

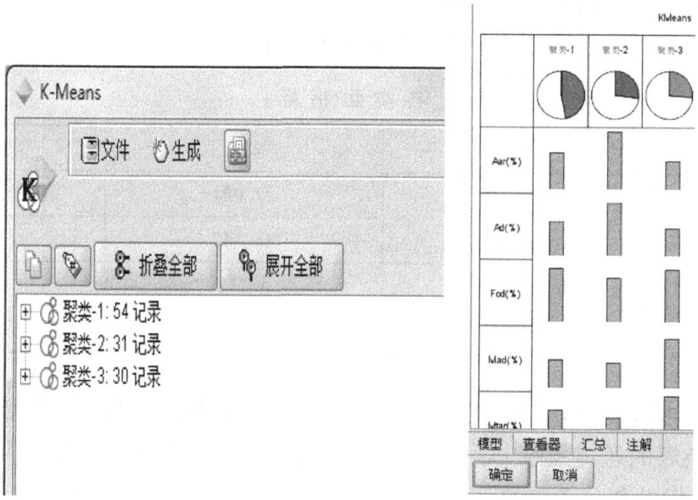

图 12-14　聚类结果及各类占比

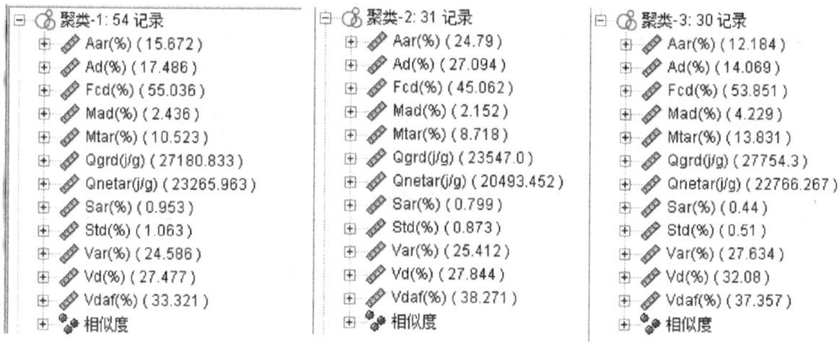

图 12-15　三类煤质成分百分比含量

量）为 0.799%，Std（硫分）为 0.873%，Var（收到基挥发分）为 25.412%，Vd（干燥基挥发分）为 27.844%，Vdaf（干燥无灰基挥发分）为 38.271%。

聚类 3：Aar（灰分）为 12.184%，Ad（干燥基灰分）为 14.069%，Fcd（固定碳）为 53.851%，Mad（空气干燥基水分）为 4.229%，Mtar（水分）为 13.831%，Sar（硫元素含量）为 0.44%，Std（硫分）为 0.51%，Var（收到基挥发分）为 27.634%，Vd（干燥基挥发分）为 32.08%，Vdaf（干燥无灰基挥发分）为 37.357%。

5. 结果分析

Aar：收到基灰分与 Ad：干燥基灰分。煤燃烧后剩余的残渣部分，含量越低，煤燃烧成分越高。

Fcd：固定碳。含量越多越好。

Mtar：水分。Mad：空气干燥基水分。水分越多，越不利于运输和保存。通常要求煤炭中的水分在 10%左右。

Std：硫分，Sar：硫元素含量。属于煤中的有害元素。通常要求在 1%以下才能用于燃烧。过多的硫分会对设备造成损害。

Var：收到基挥发分，Vd：干燥基挥发分，Vdaf：干燥无灰基挥发分。用来判断煤的变质程度。燃烧中用来确定锅炉型号和煤炭分类。

上述对比指标可以通过表 12 - 7 进行主要指标对比。

表 12 - 7 **各类煤指标**

项	类 1	类 2	类 3
Ad 灰分（%）	17.486	27.094	14.069
Fcd 固定碳（%）	55.036	45.062	53.851
Mtar 水分（%）	10.523	8.718	13.831
硫分 Std（%）	1.063	0.873	0.51

在三类比较中可以看出，第二类的灰分明显高于其他两类，且固定碳含量过低。在电厂发电需求中，这类煤的燃烧效率与另外两类相比太低，在三类煤中质量是最差的。类 1 与类 3 的对比中，类 1 中的灰分含量高于类 3，在燃烧后会产生比类 3 更多的废渣，其次，在硫分的对比上，类 1 已经高于了 1%，而类 3 只有 0.51%。因此，无论是从废渣处理角度还是从废气排放上，类 3 的煤炭质量都要优于类 1。

因此，在这 3 类中，仅从煤炭质量角度，类 3 的煤炭应作为电厂采购入厂煤时的第一选择。

那么将类 3 所包含的煤炭来源列举出来，查看其名称和来源。

表 12 - 8 **类 3 所包含入厂煤**

取样编码	送样日期	采购订单号	煤种名称	MYMKM-K-Means
2007057-2	02-May-2007	23532	神混 2 号	聚类-3
2007055-2	29-Apr-2007	23531	神配 2 号	聚类-3
2007054-2	26-Apr-2007	23436	准混 2 号	聚类-3
3007023-2	21-Apr-2007	23273	神混	聚类-3
3007022-1	19-Apr-2007	23433	伊泰 3 号	聚类-3
3007020-2	07-Apr-2007	23272	神混	聚类-3
3007019-1	29-Mar-2007	23030	伊泰 3 号	聚类-3
3007018-2	27-Mar-2007	23034	神混	聚类-3
2007039-2	23-Mar-2007	22828	神混	聚类-3
2007038-1	21-Mar-2007	22825	伊泰 3 号	聚类-3
2007033-2	13-Mar-2007	22708	神混	聚类-3
3007014-1	27-Feb-2007	22526	伊泰 3 号	聚类-3
2007025-2	24-Feb-2007	22422	神混	聚类-3
3007012-2	18-Feb-2007	22423	伊泰 3 号	聚类-3
3007011-1	16-Feb-2007	22420	神混	聚类-3
2007020-1	10-Feb-2007	22295	准混 2 号	聚类-3
2007019-1	08-Feb-2007	22294	神混	聚类-3

续表

取样编码	送样日期	采购订单号	煤种名称	MYMKM-K-Means
3007008-2	04-Feb-2007	22153	神混	聚类-3
2007015-2	29-Jan-2007	21879	准混 2 号	聚类-3
3007005-3	24-Jan-2007	21877	神混	聚类-3
3007005-1	23-Jan-2007	21877	神混	聚类-3
3007004-2	18-Jan-2007	21783	神木	聚类-3
3007002-1	09-Jan-2007	21587	神木	聚类-3
3333017-1	25-Dec-2006	21176	张南优	聚类-3
3333016-3	25-Dec-2006	21175	神木	聚类-3
3333016-2	24-Dec-2006	21175	神木	聚类-3
3333014-2	20-Dec-2006	20994	神混	聚类-3
3333011-1	12-Dec-2006	20954	准混 3 号	聚类-3
3333009-2	06-Dec-2006	20806	神混	聚类-3
2006132-1	03-Dec-2006	20735	蒙混	聚类-3

由表 12-8 可得知，神混与伊泰 3 号煤在类别 3 中居多。因此电厂可以考虑主要使用这两种品种煤。

附 录

附表 1 入厂煤记录数据

采购订单号	煤种名称	Mtar(%)	Aar(%)	Var(%)	Sar(%)	Mad(%)	Ad(%)	Vd(%)	Fcd(%)	Std(%)
23844	大同优混	12.97	11.34	25.56	0.91	8.19	13.03	29.36	57.61	1.05
23842	大同优混	12.3	13.07	25.35	0.95	6.11	14.9	28.91	56.19	1.09
23815	大同优混	8.93	11.32	25.43	0.88	2.31	12.43	27.93	59.64	0.96
23814	张南优	8.06	23.7	25.21	0.68	2.33	25.78	27.42	46.8	0.74
23813	淮南混	7.09	29.1	26.12	0.66	1.21	31.32	28.11	40.57	0.71
23532	神混 2 号	16.68	10.8	26.12	0.52	5.66	12.96	31.34	55.7	0.63
23621	大友 1 号	9.98	21.92	24.16	1.2	2.03	24.35	26.83	48.82	1.34
23802	张南优	9.34	23.2	24.7	0.73	4.04	25.59	27.24	47.17	0.8
23531	神配 2 号	11.16	17.46	27.34	0.43	3.71	19.65	30.77	49.58	0.49
23436	准混 2 号	11.66	16.78	26.86	0.49	3.5	18.99	30.4	50.61	0.56
23536	大同优混	8.62	13.67	25.15	0.89	3.73	14.96	27.53	57.51	0.98
23535	淮南混	6.37	29.44	26.45	0.85	1.42	31.45	28.25	40.3	0.91
23273	神混	11.84	12.43	27.04	0.63	3.32	14.1	30.67	55.23	0.71
23534	张南优	8.5	23.88	24.83	0.86	2.64	26.1	27.14	46.76	0.93
23433	伊泰 3 号	17.16	7.47	28.7	0.33	6.01	9.01	34.64	56.35	0.39
23435	大友 1 号	10.76	19.59	23.64	0.82	2.12	21.96	26.49	51.55	0.92
23434	准混 2 号	12.23	19.79	25.28	0.52	5.68	22.55	28.81	48.64	0.59
23270	大同优混	8.72	19.48	24.69	0.99	2.92	21.34	27.05	51.61	1.08
23271	大同优混	12.3	12.61	23.98	1.03	2.09	14.38	27.34	58.28	1.17
23269	张南优	8.91	23.31	24.66	0.85	3.63	25.59	27.07	47.34	0.93
23272	神混	12.58	11.85	28.53	0.38	3.44	13.56	32.63	53.81	0.43
23035	大友 1 号	10.18	17.91	23.43	0.8	1.98	19.94	26.09	53.97	0.89
23224	准混 2 号	11.39	18.45	26.14	0.49	2.39	20.82	29.51	49.67	0.55
23029	大同优混	11.4	12.42	24.15	0.96	2.02	14.02	27.26	58.72	1.08
23030	伊泰 3 号	16.77	7.53	29.24	0.3	7.14	9.05	35.13	55.82	0.37
23028	大同优混	9.37	14.92	24.9	1.41	2.35	16.47	27.48	56.05	1.56
23034	神混	11.62	14.1	27.72	0.49	3.98	15.96	31.37	52.67	0.55
23027	大同优混	12.75	15.48	24.7	0.96	3.65	17.74	28.31	53.95	1.1
22828	神混	12.29	13.97	28.04	0.38	3.17	15.92	31.97	52.11	0.43
22825	伊泰 3 号	16.25	8.15	26.74	0.21	4.17	9.74	31.93	58.33	0.25
22826	大同优混	10.23	14.19	24.02	1.24	2.12	15.81	26.76	57.43	1.38
22824	大同优混	14.35	10.12	24.08	0.65	2.7	11.82	28.11	60.07	0.76

续表

采购订单号	煤种名称	Mtar(%)	Aar(%)	Var(%)	Sar(%)	Mad(%)	Ad(%)	Vd(%)	Fcd(%)	Std(%)
22823	大同优混	10.02	18.27	24.73	1.26	4.94	20.3	27.49	52.21	1.4
22827	大友1号	13.7	16.07	22.71	0.65	2.09	18.62	26.31	55.07	0.76
22708	神混	14.15	12.99	25.83	0.63	2.95	15.14	30.09	54.77	0.73
22705	大同优混	8.2	19.03	24.81	1.26	1.6	20.73	27.02	52.25	1.37
22707	准混2号	11.9	19.37	25.41	0.55	2.53	21.99	28.84	49.17	0.63
22703	张南优	6.55	24.38	25.7	0.91	1.43	26.09	27.5	46.41	0.97
22706	大友1号	15.54	12.21	23.23	0.74	2.39	14.46	27.51	58.03	0.87
22702	大同优混	7.32	17.45	25.39	1.2	1.28	18.83	27.4	53.77	1.3
22702	大同优混	8.27	17.36	24.96	1.17	1.95	18.93	27.21	53.86	1.27
22525	准混2号	11.97	19.48	25.44	0.59	2.85	22.13	28.9	48.97	0.67
22460	大同优混	14.65	11.77	23.11	0.53	3.06	13.79	27.08	59.13	0.62
22526	伊泰3号	16.4	6.92	27.48	0.2	5.25	8.27	32.88	58.85	0.24
22461	大同优混	7.54	19.46	26.02	1.17	1.83	21.05	28.15	50.8	1.26
22422	神混	12.02	13.08	28.72	0.39	2.23	14.87	32.65	52.48	0.44
22459	张南优	7.21	26.86	25.23	1.2	1.98	28.94	27.19	43.87	1.3
22419	淮南混	6.93	28.96	26.55	0.82	0.98	31.11	28.53	40.36	0.88
22421	大友1号	10.57	20.01	23.48	0.71	1.72	22.37	26.25	51.38	0.79
22423	伊泰3号	17.3	7.88	28.82	0.33	5.92	9.53	34.85	55.62	0.39
22418	大同优混	12.29	15.9	23.81	0.93	1.7	18.13	27.14	54.73	1.06
22420	神混	12.74	13.57	27.65	0.45	3.41	15.55	31.69	52.76	0.52
22417	大同优混	11.08	12.74	25.69	1.1	1.82	14.33	28.89	56.78	1.24
22293	张南优	5.47	32.32	25.52	1	1.38	34.19	26.99	38.82	1.05
22295	准混2号	13.39	16.3	25.99	0.59	3.81	18.82	30	51.18	0.69
22292	大同优混	9.68	16.55	25.28	0.98	3.46	18.32	27.99	53.69	1.09
22294	神混	12.24	12.56	28.8	0.39	4.35	14.31	32.82	52.87	0.45
22155	大同优混	7.54	18.59	25.79	1.09	1.78	20.11	27.9	51.99	1.18
22153	神混	11.88	12.56	28.68	0.47	5.3	14.26	32.54	53.2	0.53
22112	大友1号	9.45	18.2	24.84	0.86	1.01	20.1	27.43	52.47	0.95
22112	大友1号	10.77	14.64	24.69	0.74	1.59	16.41	27.67	55.92	0.83
22091	张南优	6.83	26	26.32	1.02	1.38	27.91	28.25	43.84	1.1
22061	张南优	10.41	12.17	25.27	0.61	2.2	13.59	28.21	58.2	0.69
21879	准混2号	13.1	16.33	26.03	0.52	1.74	18.79	29.95	51.26	0.6
21958	大同优混	10.97	16.41	24.06	0.91	1.67	18.43	27.02	54.55	1.03
21820	大同优混	9.73	20.55	24.6	0.75	2.63	22.77	27.25	49.98	0.83
21881	大同优混	8.69	18.76	24.86	1.16	1.53	20.54	27.23	52.23	1.27
21880	淮南混	7.65	27.27	25.58	0.83	0.91	29.53	27.7	42.77	0.9

续表

采购订单号	煤种名称	Mtar(%)	Aar(%)	Var(%)	Sar(%)	Mad(%)	Ad(%)	Vd(%)	Fcd(%)	Std(%)
21877	神混	10.37	13.66	28.82	0.41	2.38	15.24	32.16	52.6	0.46
21878	大友 1 号	13.81	13.42	23.3	0.77	2.84	15.57	27.04	57.39	0.9
21877	神混	11.2	13.24	29.05	0.42	3.12	14.91	32.71	52.38	0.47
21821	大同优混	10.85	17.73	22.95	1.2	2.62	19.89	25.74	54.37	1.35
21820	大同优混	9.73	20.45	25.11	0.77	2.27	22.65	27.82	49.53	0.85
21783	神木	17.2	7.13	26.63	0.35	6.65	8.61	32.16	59.23	0.42
21784	大同优混	8.65	17.1	24.92	1.31	1.68	18.71	27.28	54.01	1.43
21714	大同优混	11.07	11.55	26.28	0.96	2.24	12.99	29.55	57.46	1.07
21713	大同优混	6.92	25.81	26.64	1.05	2.18	27.72	28.62	43.66	1.12
21702	大友 1 号	11.97	17.33	23.48	0.58	3.58	19.68	26.67	53.65	0.66
21587	神木	12.64	12.89	27.58	0.47	4.81	14.76	31.57	53.67	0.54
21500	大同优混	8.22	15.14	25.06	1.14	1.03	16.5	27.3	56.2	1.24
21463	淮南混	7.99	26.82	25.93	0.44	1.21	29.15	28.18	42.67	0.48
21462	张南优	9.43	15.97	24.79	0.91	1.93	17.63	27.37	55	1
21461	准混 2 号	11.02	20.37	25.37	0.71	2.3	22.9	28.52	48.58	0.8
21434	大同优混	9.94	15.88	25.32	0.88	1.93	17.63	28.11	54.26	0.98
21433	大同优混	10.65	14.49	24.44	1.07	4.17	16.22	27.35	56.43	1.2
21287	淮南混	8.28	28.26	25.23	0.36	1.02	30.81	27.51	41.68	0.39
21420	大友 1 号	9.82	20.25	23.76	0.71	1.87	22.45	26.34	51.21	0.78
21176	张南优	11.4	20.76	24.12	0.97	3.64	23.43	27.22	49.35	1.1
21286	大同优混	12.18	13	23.81	0.85	3.39	14.8	27.11	58.09	0.96
21037	张南优	6.7	31.78	24.99	1.2	1.83	34.06	26.78	39.16	1.28
21178	大友 1 号	10.35	17.49	23.96	0.84	1.51	19.5	26.72	53.78	0.93
21176	张南优	14.39	14.4	26.57	0.96	4.73	16.82	31.04	52.14	1.12
21175	神木	16.21	9.6	26.25	0.41	4.8	11.46	31.32	57.22	0.49
21175	神木	18.02	9.78	25.96	0.45	6.75	11.92	31.67	56.41	0.55
20991	大同优混	10.08	11.47	25.93	1.31	1.81	12.76	28.83	58.41	1.46
21036	阳优	7.89	15.13	25.82	0.94	1.17	16.42	28.03	55.55	1.02
20994	神混	14.15	12.26	27.55	0.47	3.46	14.28	32.09	53.63	0.55
20990	淮南混	6.82	28.2	26.11	0.44	0.94	30.26	28.02	41.72	0.47
21035	大同优混	10.31	19.5	25.06	1.13	1.36	21.75	27.94	50.31	1.26
20993	大同优混	7.44	18.5	24.88	1.14	0.72	19.98	26.88	53.14	1.23
20992	张南优	7.37	26.59	25.01	1.01	1.68	28.7	27	44.3	1.09
20890	大同优混	8.7	19.57	28.45	0.9	2.07	21.43	31.17	47.4	0.98
20889	大同优混	9.54	19.18	24.16	0.72	1.86	21.2	26.71	52.09	0.79
20954	准混 3 号	17.23	8.76	26.81	0.33	3.96	10.59	32.39	57.02	0.4

续表

采购订单号	煤种名称	Mtar(%)	Aar(%)	Var(%)	Sar(%)	Mad(%)	Ad(%)	Vd(%)	Fcd(%)	Std(%)
20887	新汶混	9.44	30.58	23.39	1.16	1.05	33.76	25.83	40.41	1.28
20888	大同优混	11.68	20.09	22.25	0.8	2.38	22.75	25.19	52.06	0.9
20886	大同优混	12.71	14.27	22.97	0.55	2.18	16.35	26.31	57.34	0.63
20808	张南优	10.32	16.1	24.87	0.85	2.05	17.95	27.73	54.32	0.95
20806	神混	10.05	14.07	29.23	0.4	4.33	15.64	32.5	51.86	0.45
20807	淮南混	8.5	29.45	24.75	0.33	0.89	32.19	27.05	40.76	0.36
20735	蒙混	12.25	16.99	30.25	0.39	2.83	19.36	34.48	46.16	0.44
20734	大同优混	11.76	9.73	26.3	0.75	2.28	11.03	29.8	59.17	0.85
20736	准混	13.42	14.28	24.81	1.35	5.24	16.49	28.65	54.86	1.56
20733	大同优混	6.56	16.97	26.73	1.16	1.78	18.16	28.61	53.23	1.24
20732	张南优	11.28	21.86	24.76	0.93	4.19	24.64	27.91	47.45	1.04

参 考 文 献

[1] 潘华，高杨杨，等．改进的 K-means 算法在电厂煤分析中的应用 [J]．上海电力学院学报，2015，9.
[2] 薛薇．基于 Clementine 的数据挖掘 [M]．北京：中国人民大学出版社．2013.
[3] W. H. Inmon. 数据仓库 [M]．北京：机械工业出版社．2010.
[4] 邢继武．提高电厂经济效益途径浅析 [J]．经济论丛，2012，12.
[5] GONZALEZ T. Clustering to minimize and maximum inter cluster distance [J]．Theoretical Computer Science，2008，38 (2-3)．
[6] Pal，N. R. Bez dek，J. C. On cluster validity for the fuzzy c-means model [J]．IEEE Transactions on Fuzzy Systems，2010，3 (3)．
[7] 袁方，孟增辉，于戈．对 K－means 聚类算法的改进 [J]．计算机工程与应用，2004，4.
[8] 王彦龙．企业级数据仓库（EDW）原理、设计与实践 [M]．北京：电子工业出版社，2009.
[9] 薛富波，张文彤，田晓燕．SAS8. 2 统计应用教程 [M]．北京：兵器工业出版社，2004.
[10] Elson，Raymond J. Data warehouse strategy [D]．D. B. A. USA：University of Sarasota，2002.
[11] 潘华，施泉生．基于神经网络的数据挖掘方法在电力工程事故控制效果评价中的应用研究 [J]．吉首大学学报（自然科学版），2006，4 (4)，26-28.
[12] 潘华．管理信息系统案例分析 [M]．上海电力学院内部教材，2006.
[13] 潘华. 电力企业网络招投标模拟系统的设计与实现 [J]．上海电力学院学报，2006，12.
[14] 潘华. 基于 Web 的建筑企业投标模拟系统的设计与开发 [J]．计算机应用研究，2007，7.
[15] Zhang Dequn，Panhua. A Research on Network Based Bidding and Tendering Simulation System for Construction Corporations. International Conference On Management Science & Engineering，2003.
[16] 赵钊林．基于数据仓库的电力营销决策支持系统的设计 [J]．计算机时代，2006 (11)．
[17] 王艳煌．数据仓库与决策支持系统 [J]．武汉交通管理干部学院学报，2002，4 (3)：76-80.
[18] 黄晓斌，邓爱贞．现代信息管理的深化－数据挖掘和知识发现的发展趋势 [J]．现代图书情报技术，2003 (4)．
[19] 赵伯中．基于数据仓库的决策支持系统（DSS）的研究与应用 [D]．硕士，贵州大学，2004.
[20] 郭建海．数据仓库技术在电力营销决策支持系统中的应用和研究 [D]．硕士，同济大学，2005.
[21] 刘洪．电力市场分析决策支持系统研究与设计 [D]．硕士，天津大学，2005.
[22] 朱莉．数据仓库与数据挖掘技术在电力营销系统中的研究与应用 [D]．硕士，东北大学，2003.
[23] 刘晓琴．数据仓库技术在电力行业决策支持系统中的应用研究 [D]．硕士，四川大学，2004.
[24] 王克龙．基于数据仓库的决策支持系统研究与实现 [D]．硕士，南京理工大学，2004.
[25] 苏新宁，杨建林，等．数据仓库和数据挖掘 [M]．北京：清华大学出版社，2006.
[26] 王丽珍，周丽华，等．数据仓库与数据挖掘原理及应用 [M]．北京：科学出版社，2005.
[27] 李志刚．决策支持系统原理及应用 [M]．北京：高等教育出版社，2005.